工业和信息化“十三五”人才培养规划教材

Photoshop CC 设计与应用任务教程

黑马程序员 / 编著

人民邮电出版社
北京

图书在版编目（CIP）数据

Photoshop CC设计与应用任务教程 / 黑马程序员编著. -- 北京 : 人民邮电出版社, 2017.1 (2021.6重印)
工业和信息化"十三五"人才培养规划教材
ISBN 978-7-115-43932-1

Ⅰ. ①P… Ⅱ. ①黑… Ⅲ. ①图象处理软件一教材 Ⅳ. ①TP391.413

中国版本图书馆CIP数据核字(2016)第298232号

内 容 提 要

随着 Adobe CS 系列版本的结束，新版本 CC 随之而来。Photoshop CC 是 Adobe 产品一次历史性的升级，除去 CS6 版本中所包含的功能，Photoshop CC 新增了相机防抖动功能、图像提升采样、属性面板改进，以及 Creative Cloud（云服务）等功能。

全书共分为 10 个情境，结合 Photoshop CC 的基本工具和基础操作，提供了 27 个精选案例，并且每个情境完成后，均有相应的课后练习，以帮助读者全面、快速吸收所学知识。其中，情境 1 介绍了图像处理的基础知识，包括图形的分类、图像的色彩模式、Photoshop CC 的工作界面等；情境 2 至情境 10 通过精彩的案例，演示 Photoshop 在不同设计领域的应用，涉及"标志设计""Banner 设计""卡片设计""DM 设计""书籍装帧""UI 设计""网页设计""招贴设计"和"包装设计"等。每一个情境均包含 2～4 个任务，如"DM 设计"中包含家电、女装、家居三种风格迥异的设计任务，有助于读者掌握多种设计技巧。

本书附有配套视频、素材、教学 PPT 等资源，而且为了帮助初学者更好地学习本书讲解的内容，还提供了在线答疑，希望可以帮助更多读者。

本书既可作为高等院校本、专科相关专业的平面设计课程的教材，也可作为 Photoshop 的培训教材，是一本适合网页制作、美工设计、广告宣传、包装装帧、多媒体制作、视频合成、三维动画辅助制作等行业人员阅读与参考的优秀读物。

◆ 编　　著　黑马程序员
责任编辑　范博涛
责任印制　焦志炜
◆ 人民邮电出版社出版发行　　北京市丰台区成寿寺路 11 号
邮编　100164　　电子邮件　315@ptpress.com.cn
网址　http://www.ptpress.com.cn
北京隆昌伟业印刷有限公司印刷
◆ 开本：787×1092　1/16
印张：23　　2017 年 1 月第 1 版
字数：573 千字　　2021 年 6 月北京第 13 次印刷

定价：49.80 元

读者服务热线：(010)81055256　印装质量热线：(010)81055316
反盗版热线：(010)81055315
广告经营许可证：京东市监广登字20170147号

序言 FOREWORD

本书的创作公司——江苏传智播客教育科技股份有限公司（简称“传智教育”）作为第一个实现 A 股 IPO 上市的教育企业，是一家培养高精尖数字化专业人才的公司，公司主要培养人工智能、大数据、智能制造、软件、互联网、区块链、数据分析、网络营销、新媒体等领域的人才。公司成立以来紧随国家科技发展战略，在讲授内容方面始终保持前沿先进技术，已向社会高科技企业输送数十万名技术人员，为企业数字化转型、升级提供了强有力的人才支撑。

公司的教师团队由一批拥有 10 年以上开发经验，且来自互联网企业或研究机构的 IT 精英组成，他们负责研究、开发教学模式和课程内容。公司具有完善的课程研发体系，一直走在整个行业的前列，在行业内竖立起了良好的口碑。公司在教育领域有 2 个子品牌：黑马程序员和院校邦。

一、黑马程序员——高端 IT 教育品牌

“黑马程序员”的学员多为大学毕业后想从事 IT 行业，但各方面条件还不成熟的年轻人。“黑马程序员”的学员筛选制度非常严格，包括了严格的技术测试、自学能力测试，还包括性格测试、压力测试、品德测试等。百里挑一的残酷筛选制度确保了学员质量，并降低了企业的用人风险。

自“黑马程序员”成立以来，教学研发团队一直致力于打造精品课程资源，不断在产、学、研 3 个层面创新自己的执教理念与教学方针，并集中“黑马程序员”的优势力量，有针对性地出版了计算机系列教材百余种，制作教学视频数百套，发表各类技术文章数千篇。

二、院校邦——院校服务品牌

院校邦以“协万千名校育人、助天下英才圆梦”为核心理念，立足于中国职业教育改革，为高校提供健全的校企合作解决方案，其中包括原创教材、高校教辅平台、师资培训、院校公开课、实习实训、协同育人、专业共建、传智杯大赛等，形成了系统的高校合作模式。院校邦旨在帮助高校深化教学改革，实现高校人才培养与企业发展的合作共赢。

（一）为大学生提供的配套服务

1. 请同学们登录“高校学习平台”，免费获取海量学习资源。平台可以帮助高校学生解决各类学习问题。

高校学习平台

2. 针对高校学生在学习过程中的压力等问题，院校邦面向大学生量身打造了 IT 学习小助手——“邦小苑”，可提供教材配套学习资源。同学们快来关注“邦小苑”微信公众号。

"邦小苑"微信公众号

（二）为教师提供的配套服务

1. 院校邦为所有教材精心设计了"教案+授课资源+考试系统+题库+教学辅助案例"的系列教学资源。高校老师可登录"高校教辅平台"免费使用。

高校教辅平台

2.针对高校教师在教学过程中存在的授课压力等问题，院校邦为教师打造了教学好帮手——"传智教育院校邦"，教师可添加"码大牛"老师微信/QQ：2011168841，或扫描下方二维码，获取最新的教学辅助资源。

"传智教育院校邦"微信公众号

三、意见与反馈

为了让教师和同学们有更好的教材使用体验，您如有任何关于教材的意见或建议请扫码下方二维码进行反馈，感谢对我们工作的支持。

前言 FOREWORD

本书从基础的 Photoshop CC 界面布局开始讲起，以循序渐进的方式详细讲解了图像基本操作、选区、图层、绘画、颜色调整、照片修饰、路径、文字、滤镜等功能，内容基本涵盖了 Photoshop CC 相关工具和命令。书中精心安排了具有针对性的实例，不仅可以帮助读者轻松掌握软件使用方法，更能应对数码照片处理、平面设计等实际工作。还能帮助读者掌握从产生设计理念到实现制作设计的全过程。

为什么要学习本书

Photoshop CC 是计算机、设计、多媒体等相关专业读者必需要掌握的软件之一。但是现今市面上鲜有“情境+任务式”讲授知识点的 Photoshop 图书。为了帮助更多爱好 Photoshop 的从业人员，我们觉得有必要推出一本实践任务式图书，让大家在学习专业技能的同时，深入体会到 Photoshop CC 的强大功能。

本书摒弃了传统讲菜单、讲工具的教学方式，采用“情境+任务式”的编写体例，既通俗易懂又兼顾趣味性，同时本书还将 Photoshop 的基础知识点、工具的操作技巧融入到不同的设计案例中（如卡片设计、UI 设计、包装设计等），让读者学完一章内容即可掌握一种设计形式，有助于读者掌握多种设计技巧，提升学习的趣味性。

如何使用本书

本书针对的是零基础或者初步了解 Photoshop 的读者，共分为 10 个情境，结合 Photoshop CC 的基本工具和基础操作，提供了 27 个精选案例，并且在每个情境完成后，均有相应的课后练习，以帮助读者全面、快速吸收所学知识。各情境讲解内容介绍如下。

- 情境 1：介绍了图像处理的基础知识，包括图形的分类、图像的色彩模式、Photoshop CC 的工作界面等。
- 情境 2：介绍了标志设计的相关知识，主要包括标志设计的原则和基本流程。
- 情境 3：介绍了 Banner 设计的相关知识，主要包括 Banner 设计的特点、原则和构图方式。
- 情境 4：介绍了卡片设计的相关知识，主要包括卡片设计的特点和设计流程。
- 情境 5：介绍了 DM 设计的相关知识，主要包括 DM 宣传的优势和印刷输出注意事项。
- 情境 6：介绍了书籍装帧的相关知识，主要包括书籍装帧的构成要素、基本原则和装订方式。
- 情境 7：介绍了 UI 设计的相关知识，主要包括 UI 的应用范围和设计原则。
- 情境 8：介绍了网页设计的相关知识，主要包括网页设计基本结构和设计流程。
- 情境 9：介绍了招贴设计的相关知识，主要包括招贴设计分类、构成要素和特点。
- 情境 10：介绍了包装设计的相关知识，主要包括包装设计的类型、构成要素和基本原则。

全书按照 Photoshop 的不同应用领域划分知识点，涉及“标志设计”“卡片设计”“书籍装帧”“UI 设计”“网页设计”和“包装设计”等。读者需要多上机实践，掌握多种设计技巧。教师在使用本书时，可以结合教学设计，采用任务式的教学模式，通过不同类型的任务案例，提升读者软件操作的熟练程度和对知识点的掌握与理解。

致谢

本书的编写和整理工作由传智播客教育科技股份有限公司完成，主要参与人员有吕春林、张绍娟、王哲、乔婷婷、连蕊蕊、张鹏、李凤辉、陈亚坤、王佳、顾勇、丛磊、张国玉、王佳、李洋、高莹等。全体人员在这近一年的编写过程中付出了很多辛勤的汗水，在此一并表示衷心的感谢。

意见反馈

尽管我们尽了最大的努力，但教材中难免会有不妥之处，欢迎各界专家和读者朋友来函给予宝贵意见，我们将不胜感激。您在阅读本书时，如发现任何问题或有不认同之处可以通过电子邮件与我们取得联系。

请发送电子邮件至 itcast_book@vip.sina.com。

黑马程序员

2016 年 9 月 8 日于北京

目录 CONTENTS

专属于教师和学生的在线教育平台

高校教辅平台

IT学习更简单

学生扫码关注“邦小苑”获取教材配套资源及相关服务

IT教学更有效

教师获取教材配套资源

教学大纲 教学设计 教学PPT 考试系统 教学辅助案例 在线编程

教师扫码添加“码大牛”获取教学配套资源及教学前沿资讯

添加QQ/微信2011168841

1 Chapter

情境 1 Photoshop CC 入门

学习目标

- 了解图像处理基础知识，能够掌握图像处理的基本概念
- 掌握 Photoshop CC 工作界面，熟悉 Photoshop 的基本操作

Photoshop CC 是 Adobe 公司旗下最为出名的图像处理软件之一。它提供了灵活便捷的图像制作工具和强大的像素编辑功能，被广泛运用于数码照片后期处理、平面设计、网页设计及 UI 设计等领域。本情境将带领读者了解图像处理基础知识、认识 Photoshop CC 的工作界面，为软件的学习奠定一定的基础。

1.1 图像处理基础知识

在使用 Photoshop CC 进行图像绘制与处理之前，首先需要了解一些与图像处理相关的知识，以便快速、准确地处理图像。本节将针对位图与矢量图、图像的色彩模式、常用的图像格式等图像处理基础知识进行详细讲解。

1.1.1 位图与矢量图

计算机图形主要分为两类：一类是位图，另一类是矢量图。Photoshop CC 是典型的位图软件，但也包含一些矢量功能。

1. 位图

位图也称点阵图（Bitmap Images），它是由许多点组成的，这些点称为像素。当许多不同颜色的点组合在一起后，便构成了一幅完整的图像。

像素是组成图像的最小单位，而图像又是由以行和列的方式排列的像素组合而成的，像素越高，文件就越大，图像的品质也就越好。位图可以记录每一个点的数据信息，从而精确地制作色彩和色调变化丰富的图像。但是，由于位图图像与分辨率有关，它所包含的图像像素数目是一定的，将图像放大到一定程度图像就会失真，边缘会出现锯齿，如图 1-1 所示。

原图

局部放大

图1-1 位图原图与放大图对比

2. 矢量图

矢量图也称向量式图形，它使用数学的矢量方式来记录图像内容，以线条和色块为主。矢量图像最大的优点是无论放大、缩小或旋转都不会失真；最大的缺点是难以表现色彩层次丰富且逼真的图像效果。以图 1-2 中的矢量图像为例，将其放大至 400%后，局部效果如图 1-3 所示，放大后的矢量图像依然光滑、清晰。

另外，矢量图占用的存储空间要比位图小很多，但它不能创建过于复杂的图形，也无法像位图那样表现丰富的颜色变化和细腻的色彩过渡。

图1-2 矢量图原图

图1-3 矢量图局部放大

1.1.2 图像的色彩模式

图像的色彩模式决定了显示和打印图像颜色的方式，常用的色彩模式有 RGB 模式、CMYK 模式、灰度模式、位图模式、索引模式等。

1. RGB 模式

RGB 颜色被称为真彩色，是 Photoshop 中默认使用的颜色，也是最常用的一种颜色模式。RGB 模式的图像由 3 个颜色通道组成，分别为红色通道（Red）、绿色通道（Green）和蓝色通道（Blue）。其中，每个通道均使用 8 位颜色信息，每种颜色的取值范围是 0～255。这 3 个通道组合可以产生 1 670 万余种不同的颜色。

另外，在 RGB 模式中，用户可以使用 Photoshop 中所有的命令和滤镜，而且 RGB 模式的图像文件比 CMYK 模式的图像文件要小得多，可以节省存储空间。不管是扫描输入的图像，还是绘制的图像，一般都采用 RGB 模式存储。

2. CMYK 模式

CMYK 模式是一种印刷模式，由分色印刷的 4 种颜色组成。CMYK 的 4 个字母分别代表青色（Cyan）、洋红色（Magenta）、黄色（Yellow）和黑色（Black），每种颜色的取值范围是 0%¯100%。CMYK 模式在本质上与 RGB 模式没有什么区别，只是产生色彩的原理不同。

在 CMYK 模式中，C、M、Y 这 3 种颜色混合可以产生黑色。但是，由于印刷时含有杂质，因此不能产生真正的黑色与灰色，只有与 K（黑色）油墨混合才能产生真正的黑色与灰色。在 Photoshop 中处理图像时，一般不采用 CMYK 模式，因为这种模式的图像文件不仅占用的存储空间较大，而且不支持很多滤镜。所以，一般在需要印刷时才将图像转换成 CMYK 模式。

3. 灰度模式

灰度模式可以表现出丰富的色调，但是也只能表现黑白图像。灰度模式图像中的像素是由 8 位的分辨率来记录的，能够表现出 256 种色调，从而使黑白图像表现得更完美。灰度模式的图像只有明暗值，没有色相与饱和度这两种颜色信息。其中，0%为黑色，100%为白色，K 值是用来衡量黑色油墨用量的。使用黑白和灰度扫描仪产生的图像常以灰度模式显示。

4. 位图模式

位图模式的图像又称黑白图像，它用黑、白两种颜色值来表示图像中的像素。其中的每个像素都是用 1 bit 的位分辨率来记录色彩信息的，占用的存储空间较小，因此它要求的磁盘空间最少。位图模式只能制作出黑、白颜色对比强烈的图像。如果需要将一副彩色图像转换成黑白颜色的图像，必须先将其转换成灰度模式的图像，然后再转换成黑白模式的图像，即位图模式的图像。

5. 索引模式

索引模式是网上和动画中常用的图像模式，当彩色图像转换为索引颜色的图像后会包含256种颜色。索引模式包含一个颜色表，如果原图像中的颜色不能用256种颜色表现，则Photoshop会从可使用的颜色中选出最相近的颜色来模拟这些颜色，这样可以减少图像文件的尺寸。颜色表用来存放图像中的颜色并为这些颜色建立颜色索引，且可以在转换的过程中定义或在生成索引图像后修改。

1.1.3 常用的图像格式

在Photoshop中，文件的保存格式有很多种，不同的图像格式有各自的优缺点。Photoshop CC支持20多种图像格式，下面针对其中常用的几种图像格式进行具体讲解。

1. PSD格式

PSD格式是Photoshop的默认格式，也是唯一支持所有图像模式的文件格式。它可以保存图像中的图层、通道、辅助线和路径等信息。

2. BMP格式

BMP格式是DOS和Windows平台上常用的一种图像格式。BMP格式支持1~24位颜色深度，可用的颜色模式有RGB、索引颜色、灰度和位图等，但不能保存Alpha通道。BMP格式的特点是包含的图像信息比较丰富，几乎不对图像进行压缩，但其占用的磁盘空间较大。

3. JPEG格式

JPEG格式是一种有损压缩的网页格式，不支持Alpha通道，也不支持透明。其最大的特点是文件比较小，可以进行高倍率的压缩，因而在注重文件大小的领域应用广泛。例如，网页制作过程中的图像如横幅广告、商品图片、较大的插图等都可以保存为JPEG格式。

4. GIF格式

GIF格式是一种通用的图像格式。它是一种有损压缩格式，而且支持透明和动画。另外，以GIF格式保存的文件不会占用太多的磁盘空间，非常适合于网络传输，是网页中常用的图像格式。

5. PNG格式

PNG格式是一种无损压缩的网页格式。它结合GIF和JPEG格式的优点，不仅无损压缩、体积更小，而且支持透明和Alpha通道。由于PNG格式不完全适用于所有浏览器，所以其在网页中比GIF和JPEG格式使用得少。但随着网络的发展和因特网传输速度的改善，PNG格式将是未来网页中使用的一种标准图像格式。

6. AI格式

AI格式是Adobe Illustrator软件所特有的矢量图形存储格式。在Photoshop中可以将图像保存为AI格式，并且能够在Illustrator和CorelDraw等矢量图形软件中直接打开并进行修改和编辑。

7. TIFF格式

TIFF 格式用于在不同的应用程序和不同的计算机平台之间交换文件。它是一种通用的位图文件格式，几乎所有的绘画、图像编辑和页面版式应用程序均支持该文件格式。

TIFF格式能够保存通道、图层和路径信息，由此看来它与PSD格式并没有太大区别。但实际上，如果在其他程序中打开以TIFF格式所保存的图像，其所有图层将被合并，只有用Photoshop打开保存了图层的TIFF文件，才可以对其中的图层进行编辑修改。

1.2 Photoshop CC 基础知识

启动 Photoshop CC 后，执行“文件→打开”命令，打开一张图片，即可进入软件操作界面，如图 1–4 所示。

图1–4　Photoshop CC工作界面

1.2.1　菜单栏

菜单栏作为一款操作软件必不可少的组成部分，主要用于为大多数命令提供功能入口。下面将针对 Photoshop CC 的菜单分类及如何执行菜单栏中的命令进行具体讲解。

1. 菜单分类

Photoshop CC 的菜单栏依次为“文件”菜单、“编辑”菜单、“图像”菜单、“图层”菜单、“文字”菜单、“选择”菜单、“滤镜”菜单、“3D”菜单、“视图”菜单、“窗口”菜单及“帮助”菜单，如图 1–5 所示。

图1–5　菜单栏

各菜单的具体说明如下。

- “文件”菜单：包含各种操作文件的命令。
- “编辑”菜单：包含各种编辑文件的操作命令。
- “图像”菜单：包含各种改变图像的大小、颜色等的操作命令。
- “图层”菜单：包含各种调整图像中图层的操作命令。
- “文字”菜单：包含各种对文字的编辑和调整功能。

- “选择”菜单：包含各种关于选区的操作命令。
- “滤镜”菜单：包含各种添加滤镜效果的操作命令。
- “3D”菜单：用于实现 3D 图层效果。
- “视图”菜单：包含各种对视图进行设置的操作命令。
- “窗口”菜单：包含各种显示或隐藏控制面板的命令。
- “帮助”菜单：包含各种帮助信息。

2. 打开菜单

单击一个菜单即可打开该菜单命令，不同功能的命令之间采用分割线隔开。其中，带有▶标记的命令包含子菜单，如图 1-6 所示。

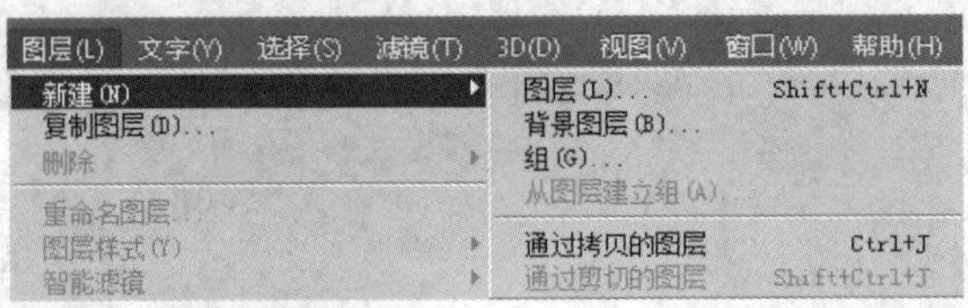

图1-6 子菜单

3. 执行菜单中的命令

选择菜单中的一个命令即可执行该命令。如果命令后面有快捷键，则按快捷键可快速执行该命令。例如，按【Ctrl+A】组合键可执行“选择→全部”命令，如图 1-7 所示。

有些命令只提供了字母，要通过快捷方式执行这样的命令，可按【Alt】键+主菜单中的字母打开主菜单，然后再按下命令后面的字母执行该命令。例如，依次按【Alt】键、【L】键、【D】键可执行“图层→复制图层”命令，如图 1-8 所示。

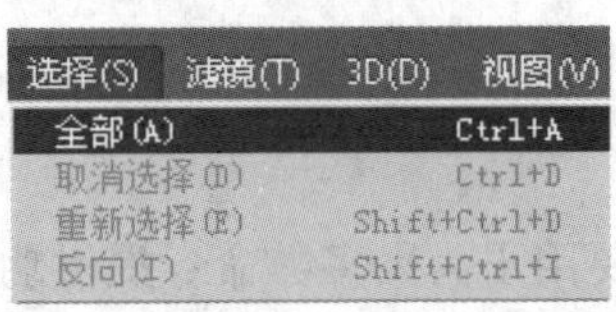

图1-7 “选择→全部”命令

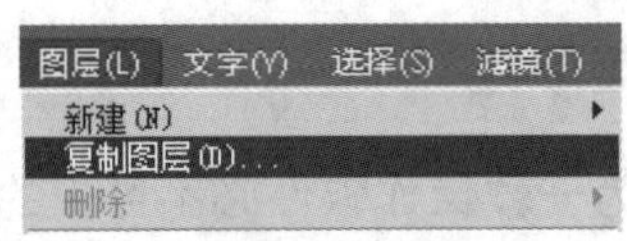

图1-8 “图层→复制图层”命令

注意

如果菜单中的某些命令显示为灰色，则表示它们在当前状态下不能使用。此外，如果一个命令的名称右侧有“...”状符号，则表示执行该命令时会弹出一个对话框。

1.2.2 工具箱

工具箱是 Photoshop 工作界面的重要组成部分。Photoshop CC 的工具箱主要包括选框工具、绘图工具、填充工具、编辑工具、修复工具、快速蒙版工具等，如图 1-9 所示。下面针对 Photoshop CC 的工具箱进行具体讲解。

1. 移动工具箱

默认情况下，工具箱停放在窗口左侧。将光标放在工具箱顶部，单击并向右拖动鼠标，可以将工具箱拖出，放在窗口中的任意位置。

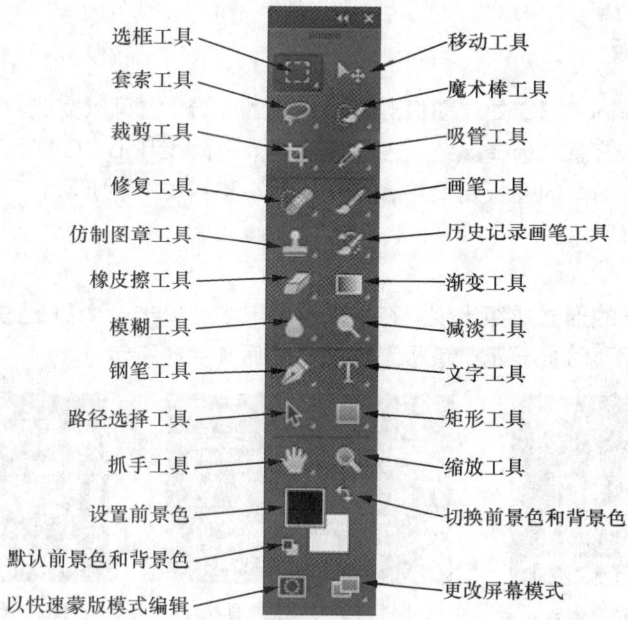

图1-9 工具箱

2. 显示工具快捷键

要了解每个工具的具体名称，可以将光标放置在相应工具的上方，此时会出现一个黄色的图标，上面会显示该工具的具体名称，如图 1-10 所示。工具名称后面括号中的字母，代表选择此工具的快捷键，只要在键盘上按下该字母，就可以快速切换到相应的工具上。

3. 显示并选择工具

由于 Photoshop CC 提供的工具比较多，因此工具箱中并不能显示所有的工具，有些工具被隐藏在相应的子菜单中。在工具箱的某些工具图标上可以看到一个小三角符号◢，表示该工具下还有隐藏的工具。在工具箱中带有◢的工具图标上右击，就会弹出隐藏的工具选项，如图 1-11 所示。将光标移动到隐藏的工具上然后单击，即可选择该工具，如图 1-12 所示。

图1-10 显示工具箱快捷键

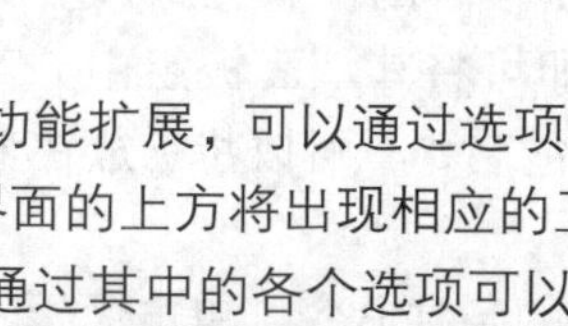

图1-11 隐藏的工具选项

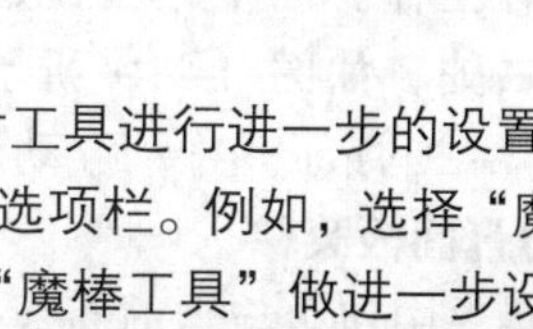

图1-12 选择隐藏工具

1.2.3 选项栏

选项栏是工具箱中各个工具的功能扩展，可以通过选项栏对工具进行进一步的设置。当选择某个工具后，Photoshop CC 工作界面的上方将出现相应的工具选项栏。例如，选择“魔棒工具”时，其选项栏如图 1-13 所示，通过其中的各个选项可以对“魔棒工具”做进一步设置。

图1-13 选项栏

1.2.4 控制面板

控制面板是 Photoshop CC 处理图像时不可或缺的部分，它可以完成对图像的处理操作和相关参数的设置，如显示信息、选择颜色、图层编辑等。Photoshop CC 界面为用户提供了多个控制面板组，分别停放在不同的面板窗口中，如图 1–14 和图 1–15 所示。下面针对与控制面板相关的操作进行具体讲解。

1. 选择面板

面板通常以选项卡的形式成组出现。在面板选项卡中，单击一个面板的名称，即可显示该面板。例如，单击“色板”时会显示“色板”面板，如图 1–16 所示。

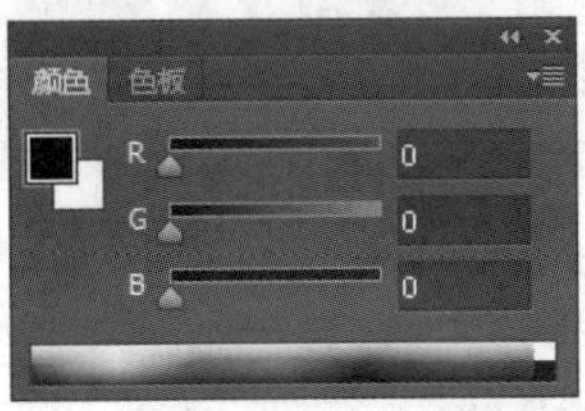

图1–14 “颜色”面板

图1–15 “调整”面板

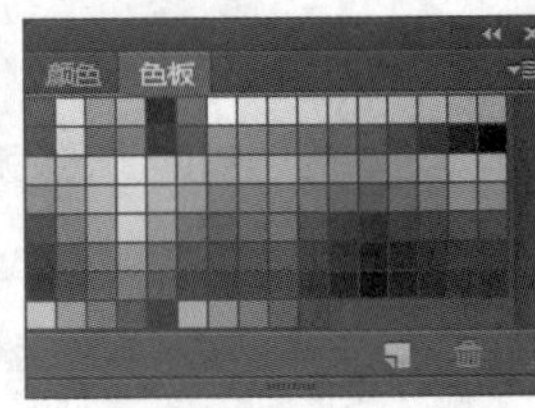

图1–16 选择面板

2. 折叠/展开面板

面板是可以自由折叠和展开的。单击面板组右上角的三角按钮，可以将面板进行折叠，折叠后的效果如图 1–17 所示。折叠后，单击相应的图标又可以展开该面板，如单击“颜色”图标，即可展开如图 1–18 所示的“颜色”面板。

图1–17 折叠面板

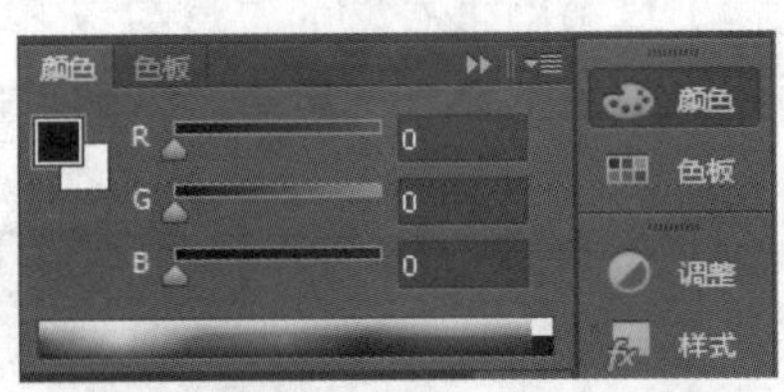

图1–18 “颜色”面板

3. 移动面板

面板在工作界面中的位置是可以移动的。将光标放在面板的名称上，单击并向外拖动到窗口的空白处，如图 1–19 所示，即可将其从面板组中分离出来，从而独立成为一个浮动面板，如图 1–20 所示。拖动浮动面板的名称，可以将它放在窗口中的任意位置。

4. 打开面板菜单

面板菜单中包含与当前面板有关的各种命令。单击面板右上角的按钮，可以打开面板菜单，如图 1–21 所示。

5. 关闭面板

在一个面板的标题栏上右击，可以显示快捷菜单，如图 1–22 所示。选择“关闭”命令，可以关闭该面板。选择“关闭选项卡组”命令，可以关闭该面板组。对于浮动面板，单击右上角的按钮即可将其关闭。

图1-19　移动面板

图1-20　浮动面板

图1-21　面板菜单

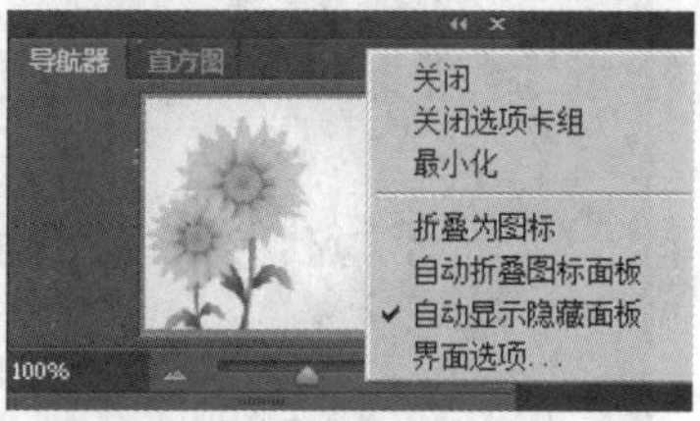

图1-22　面板快捷菜单

1.2.5　图像编辑区

在 Photoshop CC 窗口中打开一个图像，会自动创建一个图像编辑窗口。如果打开了多个图像，则它们会停放到选项卡中，如图 1-23 所示。单击一个文档的名称，即可将其设置为当前操作的窗口，如图 1-24 所示。另外，按【Ctrl+Tab】组合键，可以按照前后顺序切换窗口；按【Ctrl+Shift+Tab】组合键，可以按照相反的顺序切换窗口。

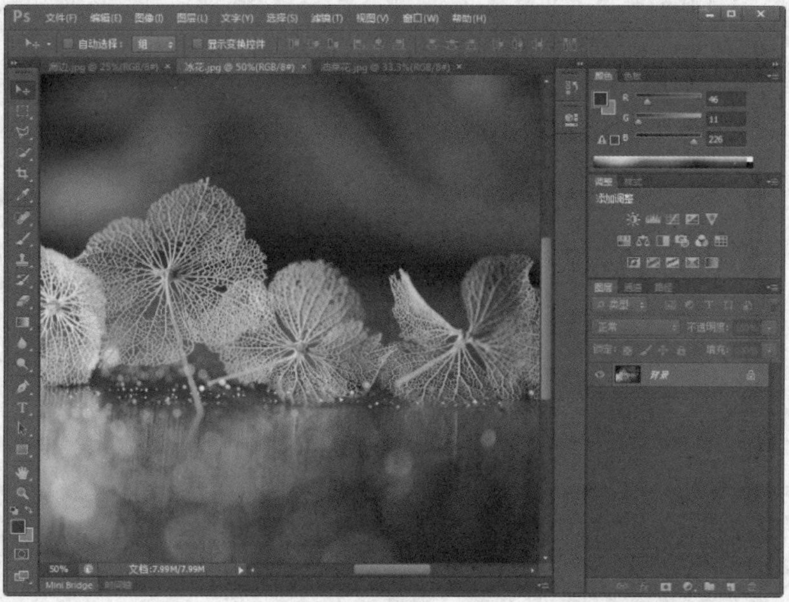

图1-23　打开多个图像

图1-24 当前操作窗口

单击一个窗口的标题栏并将其从选项卡中拖出，它便成为可以任意移动位置的浮动窗口，如图 1-25 所示。拖动浮动窗口的一角，可以调整窗口的大小，如图 1-26 所示。另外，将一个浮动窗口的标题栏拖动到选项卡中，当图像编辑区中出现蓝色方框时释放鼠标，可以将窗口重新停放到选项卡中。

图1-25 浮动窗口

图1-26　调整窗口大小

1.3 课后练习

学习完前面的内容，下面来完成课后练习吧！

请打开 Photoshop CC，新建一个 400 像素 × 400 像素的画布。

Photoshop CC

2 Chapter

情境 2
标志设计

学习目标

- 掌握标志设计的基本设计原则，能够独立完成标志的设计和制作
- 掌握图层的基本操作，学会新建、删除、复制、显示及隐藏图层
- 掌握“形状工具”的使用，可以绘制矩形、椭圆形

通过对情境 1 的学习，相信读者对 Photoshop CC 这款功能强大的绘图软件已经有了一个基本的了解。在 Photoshop CC 中，“图层”作为最核心的工具之一，几乎承载了所有图像的编辑和操作。本章将通过任务式案例的形式对“图层”和“形状工具”进行详细讲解。

2.1 标志设计简介

标志设计（或称 Logo 设计）是通过图形、字体、颜色等元素的搭配运用，直观地反应企业形象、品牌和文化特质的载体。随着数字时代的到来与网络文化的迅速发展，现代 Logo 的概念更加完善、成熟，标志的应用与推广已建立了完善的系统。

常用的 Logo 形式主要有 3 种：字体 Logo，是基于企业名称演变的 Logo，如图 2-1 和图 2-2 所示；抽象 Logo，即图形与公司类型并无明显联系，可能更多地基于一种感觉或情绪，如图 2-3 和图 2-4 所示；具象 Logo，即使用直接与公司业务类型相关的图形，如图 2-5 和图 2-6 所示。

图2-1　北京同仁堂

图2-2　中国电信

图2-3　百事

图2-4　大众

图2-5　国家大剧院

图2-6　暴风影音

2.1.1 标志设计的设计原则

所有的设计工作都有一定的设计准则和规范，标志设计当然也不例外。一般来说，标志设计的常用原则如下。

1. 简单、易识别

简单、易识别是 Logo 设计的基本原则，即使在小尺寸的环境下，Logo 也应该被快速识别。麦当劳的 Logo 设计源于麦当劳英文的首字母——M，如图 2-7 所示。即使在黑夜，人们的视觉不是很敏感的时候，看到 M 的霓虹灯也会立即识别并产生食欲和消费欲，如图 2-8 所示。

2. 永恒性

Logo 的设计需要经受时间的考验，要能够充分展示公司的沟通意图。经典的耐克对勾商标由卡罗琳·戴维森在 1971 年设计，至今仍然深入人心，如图 2-9 所示。几十年过去了，只要看到对勾形状，即可肯定这是耐克品牌，同时意味着信任和品味。

3. 通用性

Logo 的设计需要在各种媒介和材质上适用，即使在黑色或者白色底色下也均能良好地显示。华为的标志是一个有渐变效果的花瓣，如图 2-10 所示。即使以单色使用，仍然可以准确地辨别品牌属性，如图 2-11 所示。

图2-7　麦当劳标志

图2-8　标志的识别应用

图2-9　耐克经典标志

4. 规范性

Logo 不论使用何种载体，都需要遵循设计师预设的设计规范，如图 2-12 所示。设计规范一般会对 Logo 的颜色、形状、排列和扩展方式等几个方面进行规范。

图2-10　标准华为标志

图2-11　单色华为标志的应用

图2-12　标注规范

2.1.2　标志设计的色彩应用

对于设计而言，色彩的选择尤为关键。标志是一个企业形象的符号，应当具备可读性、传播性和记忆性，而标志色彩的应用对于标志传播和记忆有着尤为重要的影响。

标志色彩的选择应当根据企业性质或者产品特点，并结合企业自身发展的需要进行分析和构思。科技类企业常选择蓝色、绿色作为标准色，如图 2-13 所示；而金融类企业则常选用红色、金色作为标准色，如图 2-14 所示。

当然，每一个企业又会因自身发展战略的不同而对色彩有所侧重。并不是说科技类企业的标志就必须是蓝色、绿色的，金融类企业的标志就必须是红色、金色的。例如，锤子科技的 Logo 就是红色的，而交通银行的 Logo 则是蓝色的，如图 2-15 和图 2-16 所示。因此，标志设计师在完成 Logo 颜色的选取前，一定要深入了解企业的实际需求，为企业量身定制最符合需求的色系设计。

图2-13　诺基亚科技Logo

图2-14　广发银行Logo

图2-15　锤子科技Logo

图2-16　交通银行Logo

2.1.3　标志设计的流程

设计的过程是思维发散的过程，一般遵循固定的设计流程。在实际工作中，设计流程并不是绝对的。有的流程可能会被跳过或忽略，如调研与讨论；而有的流程会反复停留，如修改与扩展。本节通过讲解标志设计的流程为读者提供一个关于设计流程的思路，为其日后的设计工作奠定设计流程的概念。

1. 设计命题

任何设计开始的工作都是一个命题，即以客户的要求“我要一个什么设计”开始。例如，客户要求设计制作一个炸鸡品牌的 Logo——POP CHICKEN。

2. 调研与讨论

在得到命题之后，设计师或设计团队需要进行最初的调研和讨论，以确定设计的颜色、形式、定位等要素。例如，炸鸡是一个餐饮的品牌，在颜色上应以纯度、明度较高的红色、橙色这类暖色为主；形象上可以选择与鸡有关的造型为主要形象；受众人群一般为年轻一代的快速消费者等。

3. 起草草图

经过讨论之后，主设计师需要将讨论结果转化成视觉形象，即最初的草图，如图 2-17 和图 2-18 所示。当然，草稿可能有很多方案，这时需要筛选出若干满意的方案继续进行下面的流程。

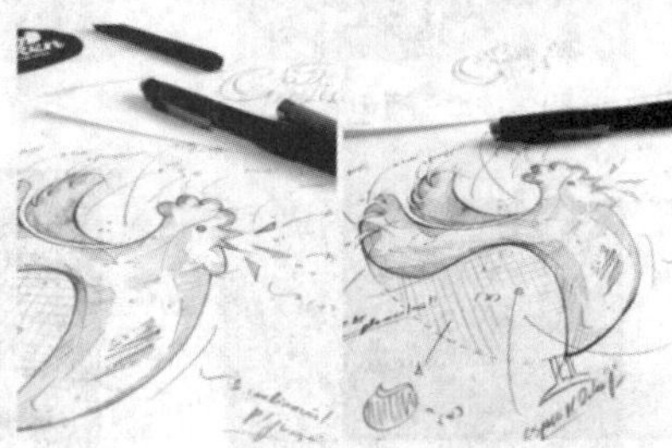

图2-17　草图1

4. 制作

根据确定的草图使用软件制作，得到矢量效果，如图 2-19～图 2-22 所示。在矢量效果的制作中，会修正一些草图中的不足，也可能增加一些新的设计灵感。Logo 尽量应用矢量工具制作，这样在日后的使用中可以随意地更改其大小而不失真。

图2-18　草图2

图2-19　绘制1

图2-20　绘制2

5. 提交与修改

当设计好满意的矢量效果后，提交至客户。在与客户讨论的过程中，得到客户的反馈信息，并根据反馈进行修改和再检阅，最终得到满意效果，如图 2-23 所示。

图2-21　绘制3

图2-22　绘制4

图2-23　客户检阅效果

6. 扩展

扩展是对客户满意基础上的形象进行再创造或应用。其中，对颜色的扩展如图 2-24 所示；对 Logo 在不同材质的载体上的扩展如图 2-25～图 2-31 所示。

7. 提交设计

将设计提交给客户，这是所有流程的最后一步，意味着一个作品的暂时终结，也意味着客户的肯定和设计工作的价值。

图2-24　颜色扩展

图2-25　纸质

图2-26　玻璃贴

图2-27　皮革烫印效果

图2-28　杯体应用

图2-29　杂志应用

图2-30　名片应用

图2-31　宣传片应用

以上流程对于一般的设计工作基本都适用。本书因主要讲解 Photoshop CC 的操作和使用方法，故而将详细讲解制作的流程和操作软件的使用。

2.2 任务 1：简狐家居 Logo

通过对 2.1 节的学习，读者认识了关于标志设计的基本常识和流程。下面将设计制作一款家居 Logo，开启认识和学习 Photoshop CC 的序幕。通过本任务的学习，读者可以掌握图层的基本概念和操作，以及其他基础工具的操作。

图2-32　简狐家居Logo效果图

2.2.1 任务描述

现代家居的流行风格以简单、前卫、不拘一格和个性化为主。简狐家居是一所现代家居风格的家居设计工作室，要求运用已有素材，设计一款时尚、风格化强烈的 Logo，以确定产品的整体定位和风格，最终设计效果如图 2-32 所示。

2.2.2 任务分析

为了整体的VI设计风格统一，简狐家居提供了一系列的素材图片以供参考和使用，如图2-33和图 2-34 所示。根据素材图片可得出整体设计是一个蓝色色调的简洁风格的 Logo，配以“简狐家居”的英文内容，更具现代感。

图2-33 参考素材图片

图2-34 背景素材图片

2.2.3 任务制作

1. 置入素材

STEP 1 打开 Photoshop CC 软件，执行“文件→打开”命令（或按【Ctrl+O】组合键），在弹出的“打开”对话框中选择“【任务 1】background.png”，单击“打开”按钮，打开所选文件，如果 2-35 所示。

STEP 2 打开素材所在的文件夹，选择“大腿.png”“后背.png”“脸.png”“前胸.png”“尾巴.png”“文字信息.png”“右耳.png”和“左耳.png”，如图 2-36 所示。

图2-35 打开图片

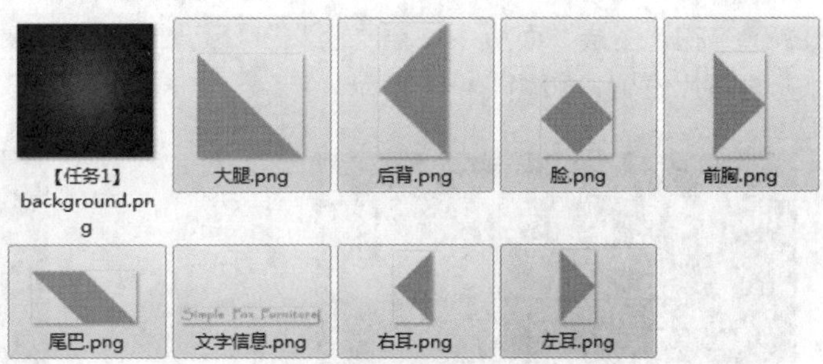

图2-36 选择图片文件

STEP 3 拖动STEP 2中所选的文件至系统任务栏中的 PS 图标处（注意：不要释放鼠标），当弹出 Photoshop CC 工作界面后，移动指针到画布中并释放鼠标，将所选图片置入画布，效果如图 2-37 所示。

STEP 4 连续按【Enter】键，将所选图片全部置入画布中。此时，在“图层”面板中将生成每一张图片所对应的“智能对象”图层，如图 2-38 所示。

2. 调整素材

STEP 1 在“图层”面板中单击选择“右耳”图层。在工具箱中选择“移动工具”，按住鼠标左键在画布中拖动，将“右耳”图层拖至空白区域，如图 2-39 所示。

图2-37　置入文件

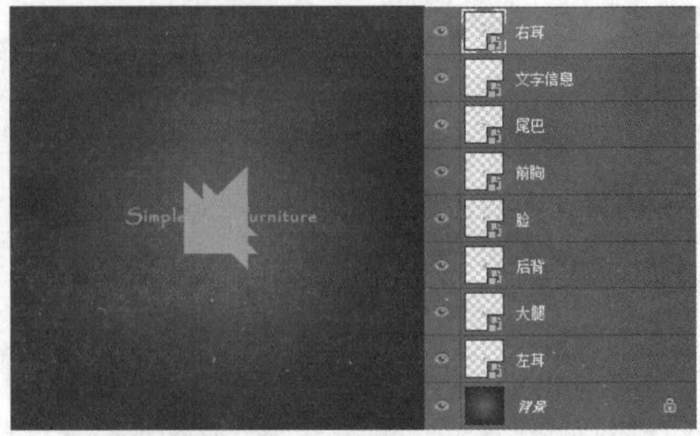

图2-38　置入素材图片

STEP 2 在“图层”面板中单击选择“左耳”图层，并在画布中移动它至如图 2-40 所示的位置。

图2-39　移动“右耳”位置

图2-40　移动“左耳”位置

STEP 3 在“图层”面板中单击选择“脸”图层，并移动它至图 2-41 所示的位置。

STEP 4 在“图层”面板中按照“前胸”“后背”“大腿”和“尾巴”的顺序，逐一选择图层，调整对应的图片位置，如图 2-42 所示。

图2-41　移动“脸”位置

图2-42　调整图层位置

STEP 5 在“图层”面板中单击选择最顶层图层，按住【Shift】键的同时，单击“背景”图层的上一层，将除“背景”图层以外的所有图层选中，如图 2-43 所示。

STEP 6 选择“移动工具”，将选中的图层整体移至画面中心位置，如图 2-44 所示。

STEP 7 在“图层”面板中单击选择“文字信息”图层，并将其移动至狐狸图案下方的合适位置，如图 2-45 所示。

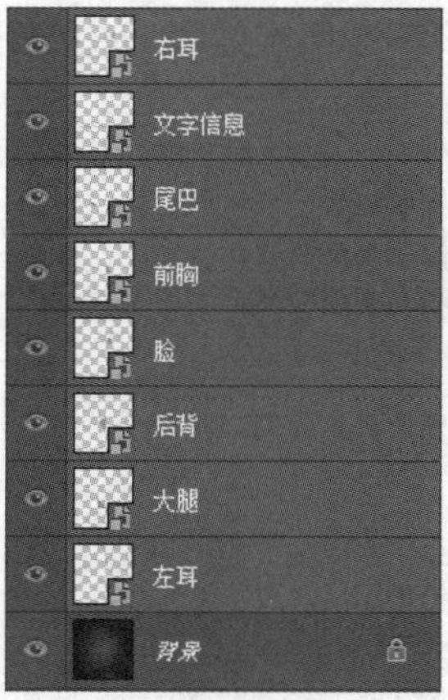

图2-43　选择图层

图2-44　移动图层位置

图2-45　移动文字位置

3. 调整画面细节

STEP 1 选择“缩放工具”，在选项栏中选择“放大”按钮，单击画布放大画面到 400%，在文档名称处可查看放大倍数，如图 2-46 所示（按住【Alt】键的同时单击画面可自动切换到缩小状态）。

STEP 2 选择“抓手工具”（或按【Space】快捷键），按住鼠标左键移动画面，使狐狸和文字主体全部显示在画布中，如图 2-47 所示。

图2-46　查看放大倍数

图2-47　移动画布

STEP 3 在“图层”面板中选择对应的图层，再选择“移动工具”，按方向键【→】、【←】、【↑】、【↓】轻移位置，使身体每个部分之间位置匀称。

STEP 4 执行“文件→存储”命令（或按【Ctrl+S】组合键），将文件保存到指定的文件夹。

2.2.4　知识点讲解

1. “图层”面板

“图层”面板用于创建、编辑和管理图层，面板中包含所有的图层、组和图层效果，如图 2-48 所示。

其中，常用选项的讲解如下。

- 图层类型：通过该下拉面板可选择一种图层类型，如名称、效果、模式、属性、颜色，通过类型的筛选，使“图层”面板只显示此类图层，隐藏其他类型的图层。
- 图层混合模式：用来设置选中图层与下面图像产生混合的模式，默认为“正常”模式。
- 眼睛图标：显示眼睛的图层为可见图层，单击眼睛图标即可隐藏图层。

• 图层样式图标fx：单击该图标按钮，在打开的下拉列表中选择一个图层效果，进行图层样式的添加。

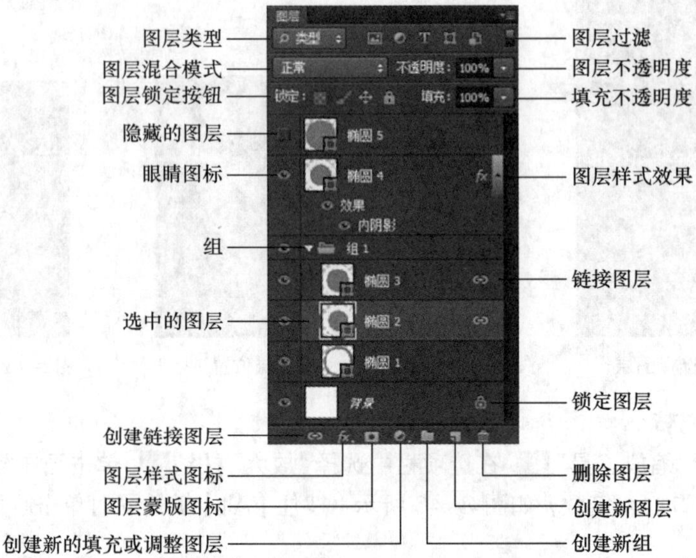

图2–48 “图层”面板各选项解释

• 图层蒙版图标：单击该图标按钮，可为当前图层或组添加图层蒙版。图层蒙版用于遮盖图像，但不会将其破坏。

• 创建新组：单击该图标按钮可以创建一个新的图层组。

• 创建新图层：单击该图标按钮可以创建一个新的普通图层。

• 删除图层：单击该按钮可以删除选中的图层或图层组。

• 填充不透明度：用于设置当前图层的不透明度（范围为 0% ~ 100%），使当前图层呈现透明状态，以显示下面图层的图像内容。

• 图层不透明度：用于设置当前图层填充的不透明度（范围为 0% ~ 100%），该按钮与不透明度类似，但不会影响图层效果。

2. 图层的概念和分类

图层，在 Photoshop 中几乎承载了所有的基本编辑和操作。图层对于图像的编辑十分重要，如果没有图层，所有的图像都在一个平面上，Photoshop 中大部分操作都无法方便地进行了。

“图层”是由英文单词“layer”翻译而来的。使用 Photoshop CC 制作图像时，通常将图像的不同部分分层存放，并由所有的图层组合成复合图像。如图 2–49 所示即为多个图层组合而成的复合图像。

多图层图像的最大优点是可以单独处理某个元素，而不会影响图像中的其他元素。例如，可以随意移动图 2–49 中的“雨伞和雨鞋”，而画面中的其他元素不会受到任何影响。

仔细观察图 2–49，不难看出其中各图层的显示状态不同，如“雨伞和雨鞋”所在的层为透明状态，“RAINBOW”所在的层显示为T。这是因为在 Photoshop CC 中可以创建多种类型的图层，它们的显示状态和功能各不相同。

（1）“背景”图层

当创建一个新的不透明图像文档时，会自动生成“背景”图层。默认情况下，“背景”图层位于所有图层之下，为锁定状态，不可调节图层顺序和设置图层样式。双击“背景”图层时，可将其转换为普通图层。在 Photoshop CC 中，“背景”图层的显示状态为□。

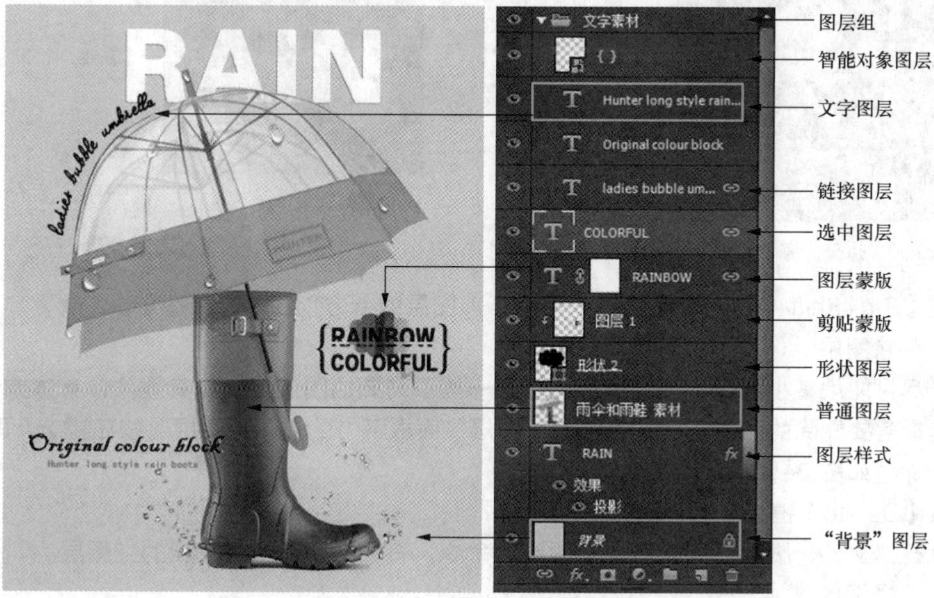

图2-49　由多个图层组成的图像

（2）普通图层

用户还可以通过复制现有图层或者创建新图层来得到普通图层。在普通图层中可以进行任何与图层相关的操作。在 Photoshop CC 中，新建的普通图层的显示状态为▩。

（3）文字图层

使用“文字工具”可以创建文字图层，文字图层不可直接执行滤镜效果。在 Photoshop CC 中，文字图层的显示状态为T。

（4）形状图层

通过使用“形状工具”或“钢笔工具”可以创建形状图层，在 Photoshop CC 中，形状图层的显示状态为■，其中黑色部分是形状的缩览图。

（5）图层组

图层组类似于 Windows 的文件夹，用来管理图层，便于进行分类、查找和编辑的操作。单击图 2-49 中最顶端“文字素材”组的三角图标，可以折叠或重新展开图层组，折叠图层组的效果如图 2-50 所示。如果要将多个图层创建在一个图层组内，可以同时选中这些图层，执行“图层→图层编组”命令（或按【Ctrl+G】组合键）即可。图层组可以像普通图层一样，调整排列顺序、复制、链接、对齐和分布、建立蒙版和添加图层样式。

3. 图层的基本操作

在 Photoshop CC 中，用户可以根据需要对图层进行一些操作，如创建图层、删除图层、选择图层、显示与隐藏图层等。

（1）创建普通图层

用户在创建和编辑图像时，新建的图层都是普通图层，常用的创建方法有以下两种。

- 单击“图层”面板下方的“创建新图层”按钮▣，可创建一个普通图层，如图 2-51 所示。

图2-50　折叠“文字素材”图层组

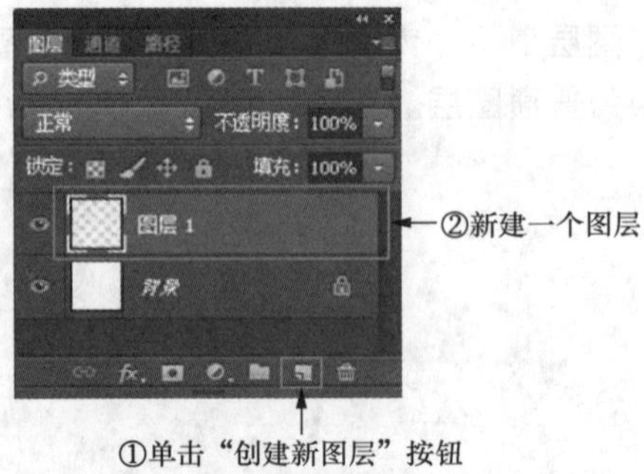

图2-51　新建普通图层

- 按【Ctrl+Shift+Alt+N】组合键，可在当前图层的上方创建一个新图层。

（2）删除图层

为了尽可能地减小图像文件的大小，对于一些不需要的图层可以将其删除，具体方法如下。

- 选择需要删除的图层，将其拖动到“图层”面板下方的“删除图层”按钮上，即可完成图层的删除，如图 2-52 所示。
- 按【Delete】键可删除被选择的图层。
- 执行“文件→脚本→删除所有空图层”命令，将删除所有未被编辑的空图层。

（3）选择图层

制作图像时，如果想要对图层进行编辑，就必须选择该图层。在 Photoshop CC 中，选择图层的方法有多种。

- 选择一个图层：在“图层”面板中单击需要选择的图层。
- 选择多个连续图层：单击第一个图层，然后在按住【Shift】键的同时单击最后一个图层。
- 选择多个不连续图层：在按住【Ctrl】键的同时依次单击需要选择的图层。
- 取消某个被选择的图层：在按住【Ctrl】键的同时单击已经选择的图层。
- 取消所有被选择的图层：在“图层”面板最下方的空白处单击或单击其他未被选择的图层，即可取消所有被选择的图层，如图 2-53 所示。

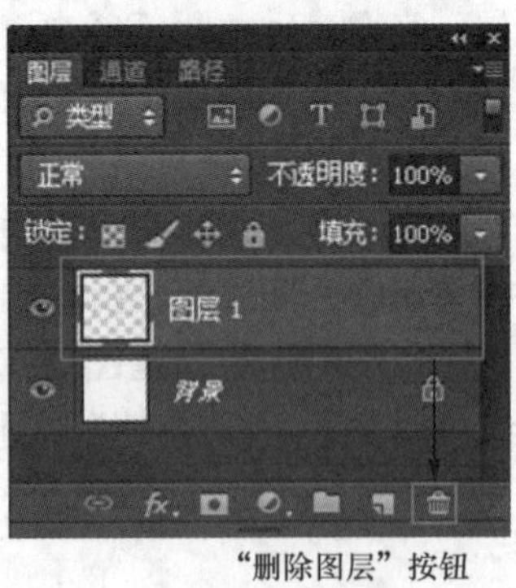

图2-52　删除图层

图2-53　取消所有被选择的图层

注意

按住【Ctrl】键进行选择时，应单击图层缩览图以外的空白区域。如果单击缩览图，则会将图层中的图像载入选区。

（4）图层的显示与隐藏

制作图像时，为了便于图像的编辑，经常需要隐藏/显示一些图层，具体方法如下：单击图层缩览图前的“指示图层可见性”图标，即可显示或隐藏相应的图层。显示的图层为可见图层，不显示的图层为隐藏图层，具体效果如图 2–54 所示。

图2–54　显示图层和隐藏图层

（5）图层的排列

在“图层”面板中，图层是按照创建的先后顺序堆叠排列的。将一个图层拖动到另外一个图层的上面（或下面），即可调整图层的堆叠顺序。改变图层顺序会影响图层的显示效果，如图 2–55 所示，改变了“太阳”和“云彩”的排列顺序，影响了画面中“太阳”和“云彩”的位置关系。

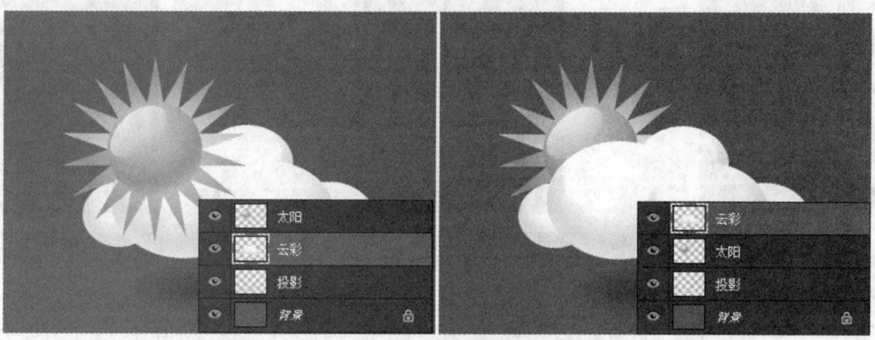

图2–55　图层顺序

选择一个图层，执行“图层→排列”子菜单中的命令，如图 2–56 所示，也可以调整图层的堆叠顺序。其中，“置为顶层”（或按【Shift+Ctrl+]】组合键）为将所选图层调整到最顶层；“前移一层”（或按【Ctrl+]】组合键）或“后移一层”（或按【Ctrl+[】组合键）为将所选图层向上或向下移动一个堆叠顺序；“置为底层”（或按【Shift+Ctrl+[]组合键】为将所选图层调整到最底层。

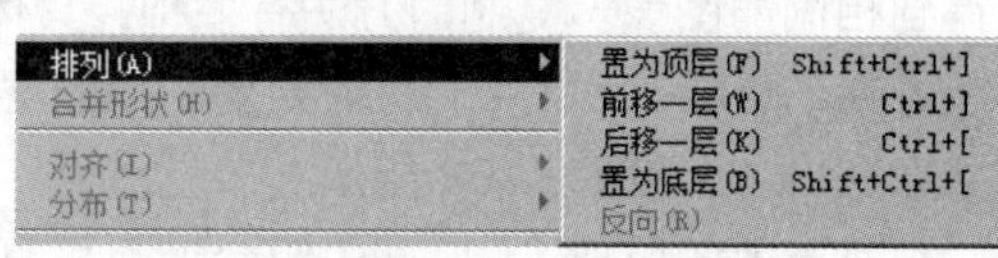

图2–56　“图层→排列”子菜单

（6）图层的合并

将相同属性的图层合并，不仅可以节约磁盘空间、提高操作速度、减小文件大小，还可以更方便地管理图层。图层的合并主要包括“向下合并图层”“合并可见图层”“盖印图层”和“拼合图像”。

- 向下合并图层

选中某一个图层后，执行“图层→向下合并”命令（或按【Ctrl+E】组合键），即可将当前图层及其下方的图层合并为一个图层，如图 2-57 所示。

• 合并可见图层

选中某一个图层后，执行“图层→合并可见图层”命令（或按【Shift+Ctrl+E】组合键），即可将所有可见图层合并到选中的图层中，如图 2-58 所示。如果选中的图层中包含“背景”层，那么所有可见图层将会合并到“背景”图层中，如图 2-59 所示。

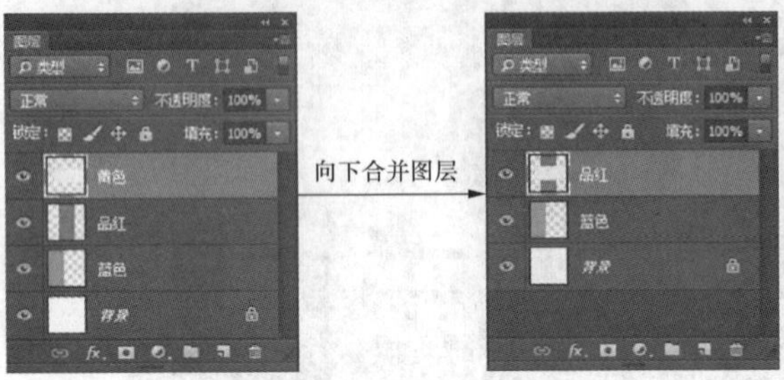

图2-57　向下合并图层

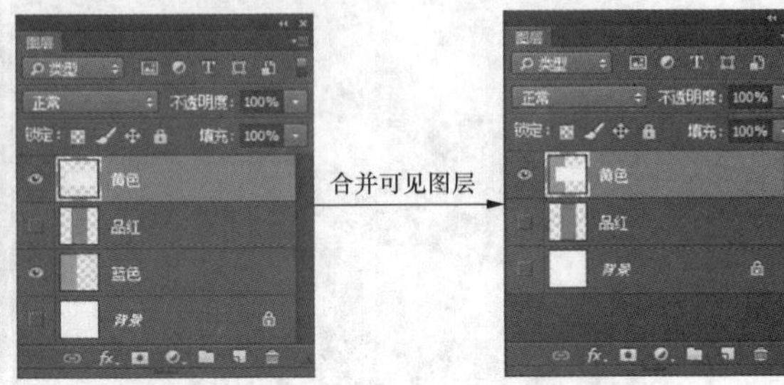

图2-58　合并可见图层到选中的图层中

• 盖印图层

“盖印图层”可以将多个图层内容合并为一个目标图层，同时使其他图层保持完好。按【Shift+Ctrl+Alt+E】组合键可以盖印所有可见的图层，如图 2-60 所示。

图2-59　合并可见图层到“背景”图层中

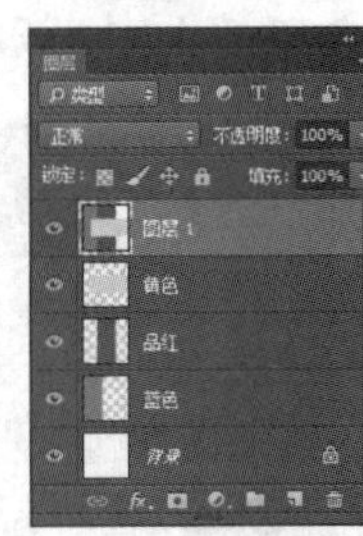

图2-60　盖印可见图层

• 拼合图像

执行“图层→拼合图像”命令，可将所有图层都拼合到“背景”图层中去，如果有隐藏的图层，则会弹出一个提示，询问是否删除隐藏的图层。

（7）图层的复制

一个图像中经常会包含两个或多个完全相同的图像，在 Photoshop 中可以对图层进行复制来得到相同的图像。复制的方法有多种，具体如下。

• 在“图层”面板中，将需要复制的图层拖动到“创建新图层”按钮上，即可复制该图层，效果如图 2-61 和图 2-62 所示。

• 对当前图层按【Ctrl+J】组合键，可复制当前图层。

• 在“移动工具”状态下，按住【Alt】键不放，选中需要复制的图层并拖动，即可复制当前图层。

• 选择一个图层并右击，在弹出的快捷菜单中执行“复制图层”命令，弹出“复制图层”对话框，单击“确定”按钮，即可复制该图层。

4. 移动工具

“移动工具”（快捷键【V】）主要用于实现图像的选择、移动等基本操作，是用于调整图像位置的重要工具。选中目标图层后，选择“移动工具”，按住鼠标左键不放在画布上拖动，即可将该图层移动到画布中的任何位置，如图 2-63 所示。

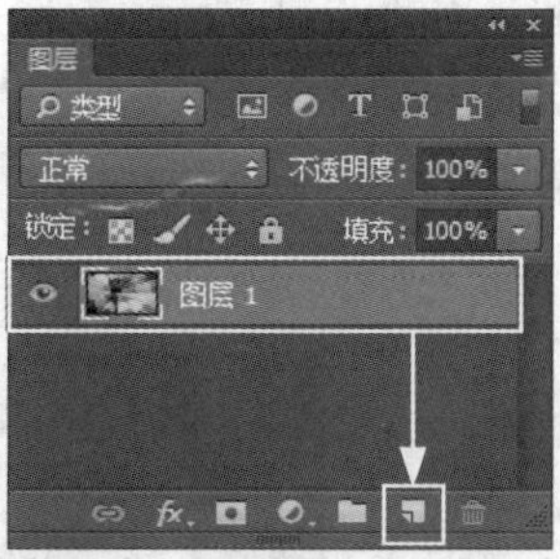

图2-61　复制当前的图层

图2-62　图层的复制

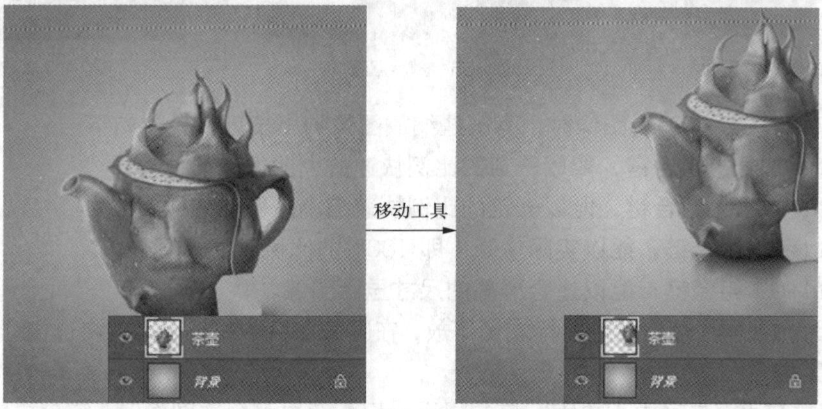

图2-63　移动图像

使用“移动工具”时，有一些实用的小技巧，具体如下。

- 按住【Shift】键的同时拖动图像，可使图像沿水平、竖直或 45° 的方向移动。
- 按住【Alt】键的同时移动图像，可对图像所在的图层进行移动复制。
- 按住【Ctrl】键不放，在画布中单击某个图像，可快速选中该图像所在的图层。在编辑复杂的图像时，经常用此方法快速选择图像所在的图层。
- 选择“移动工具”后，可通过其选项栏中的“对齐”及“分布”选项，快速对多个选中的图层执行“对齐”或“分布”操作，如图 2-64 所示。

图2-64　“对齐”与“分布”选项

- 若想选择图层中的部分进行移动操作，可先建立选区再使用“移动工具”。
- 在“背景”图层建立选区并移动，选区将被背景色自动填充。

多学一招：如何对图像进行小幅度的移动？

使用“移动工具”时，每按一下方向键【→】、【←】、【↑】或【↓】，便可以将图像移动一个像素的距离；如果按住【Shift】键的同时再按方向键，则图像每次可以移动 10 个像素的距离。

5. 缩放工具

编辑图像时，为了查看图像中的细节，经常需要对图像在屏幕中的显示比例进行放大或缩小，这时就需要用到“缩放工具”。打开素材图像“猕猴桃”，如图 2-65 所示。选择“缩放工具”(快捷键【Z】)，当光标变为形状时在图像窗口中单击，即可放大图像到下一个预设百分比，连续单击效果如图 2-66 所示；按住【Alt】键（光标变为形状）单击，可以缩小图像到下一个预设百分比，连续单击效果如图 2-67 所示。

图2-65　素材图像“猕猴桃”

图2-66　放大图像

图2-67　缩小图像

在 Photoshop CC 中编辑图像时，有一些缩放图像的小技巧，具体如下。

- 按【Ctrl+加号】组合键，能以一定的比例快速放大图像。
- 按【Ctrl+减号】组合键，能以一定的比例快速缩小图像。
- 按【Ctrl+1】组合键，能以实际像素（即 100%的比例）显示图像。
- 按【Ctrl+0】组合键，能以适合屏幕的尺寸显示图像。
- 选择“缩放工具”后，按住鼠标左键不放，在图像窗口中拖动，可以将选中区域局部放大。

6. 抓手工具

当图像尺寸较大，或者由于放大窗口的显示比例不能显示全部图像时，窗口中将自动出现垂直或水平滚动条。如果要查看图像的隐藏区域，使用滚动条既不准确又比较麻烦，这时，可以使用“抓手工具”进行画面的移动。

选择“抓手工具”(快捷键【H】)，鼠标指针状态变为，在画面中按住鼠标左键不放并拖动，可以平移图像在窗口中的显示内容，以观察在图像窗口中无法显示的内容，如图 2-68 所示。

图2-68　平移视图

注意

在使用其他工具时，按住【Space】键不放，鼠标指针状态变为，即可快速实现“抓手工具”的切换，拖动查看画面。释放【Space】键，即可切换回原工具的使用状态。

2.3 任务 2：咨询公司 Logo

在实际设计中，一个项目会有很多的灵感和方案，但在本书中只做一种方案供读者学习 Photoshop CC 的基本操作。本节将设计一款咨询公司的 Logo，通过该任务读者可以掌握“矩形工具”以及自由变换的基本操作。

2.3.1 任务描述

本任务为信远瑞德咨询公司的 Logo 设计，图 2-69 为最终制作效果图。完成一个优秀的设计作品，需要设计者从企业名称、成立背景、公司定位、经营范围、发展方向等多方面深入剖析，从而提炼出相关的元素完成方案的构思和制作。

图2-69 信远瑞德Logo效果图

2.3.2 任务分析

咨询公司属于商业性公司，接收委托者的意向和要求，运用专门的知识和经验，用脑力劳动提供具体服务。信远瑞德是一家以诚信、远见、睿智为企业理念的咨询公司，企业宗旨是通过公司努力为客户创造更大的效益和发展。

通过对公司基本信息的整合，以空心的方格子为形象基础，意在表达通过信远瑞德能够对客户产生的影响和给客户带来的不同。4 个立面颜色意在表达可以针对任何性质的公司并带来多样化的方案。

2.3.3 任务制作

1. 绘制 Logo 的基本形状

STEP 1 打开 Photoshop CC 软件，按【Ctrl+N】组合键，在“新建”对话框中设置“名称”为【任务 2】咨询公司 Logo、“宽度”为 800 像素、“高度”为 800 像素、“分辨率”为 300 像素/英寸、“颜色模式”为 CMYK 颜色、“背景内容”为白色，如图 2-70 所示。单击“确定”按钮，完成画布的创建。

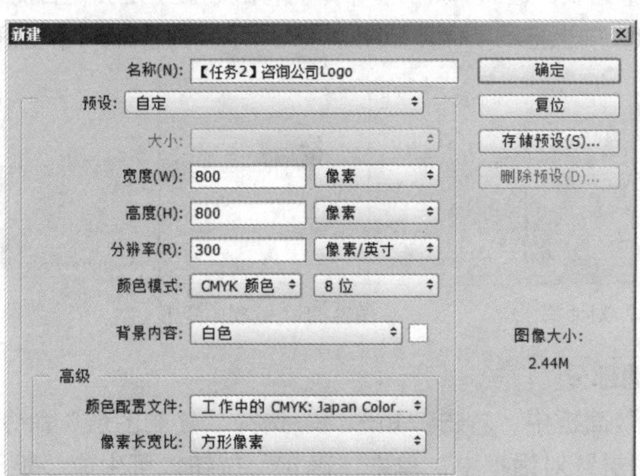

图2-70 “新建”对话框

STEP 2 在工具箱中选择“矩形工具”，在其选项栏中设置“工具模式”为形状。

STEP 3 在选项栏中单击“填充”右侧的图标，弹出下拉面板，选择“纯色”按钮，单击“拾取器”图标，如图 2–71 所示；在弹出的“拾取器”对话框中对 RGB（30、40、85）值进行设置，如图 2–72 所示。

STEP 4 在选项栏中单击“描边”右侧的图标，单击弹出的下拉面板中的“无颜色”按钮，设置后的选项栏如图 2–73 所示。

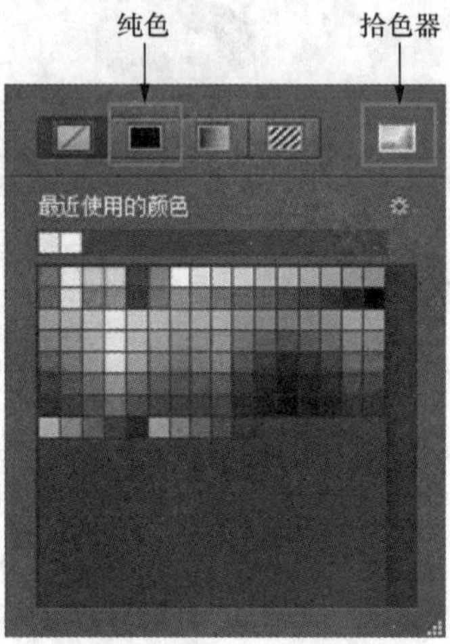

图2–71 下拉面板

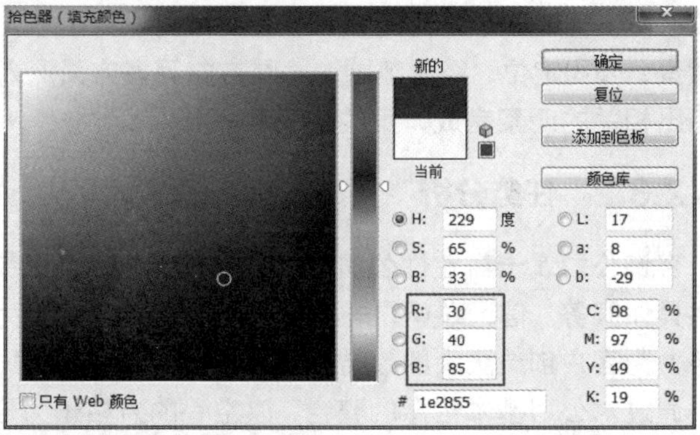

图2–72 “拾色器”对话框

图2–73 “矩形工具”选项栏

STEP 5 在画布中单击，弹出“创建矩形”对话框，设置“宽度”为 240 像素、“高度”为 120 像素，如图 2–74 所示。单击“确定”按钮，效果如图 2–75 所示。在“图层”面板中，得到“矩形 1”。

STEP 6 执行“编辑→自由变换”命令（或按【Ctrl＋T】组合键），矩形边缘出现定界框，如图 2–76 所示。右击弹出菜单列表，选择“斜切”命令。将鼠标置于定界框右侧边点，当光标形状变为时，单击左键并按住不放，向上拖动鼠标，如图 2–77 所示。按【Enter】键确定“自由变换”命令。

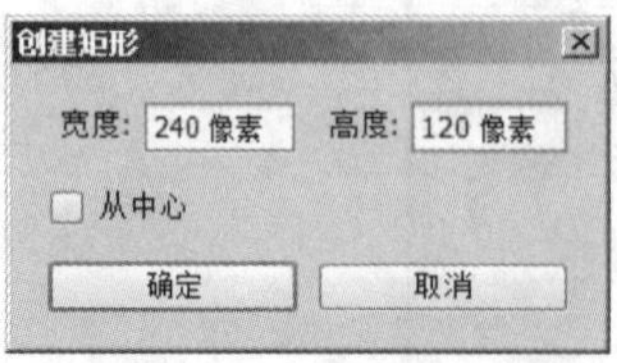

图2–74 “创建矩形”对话框

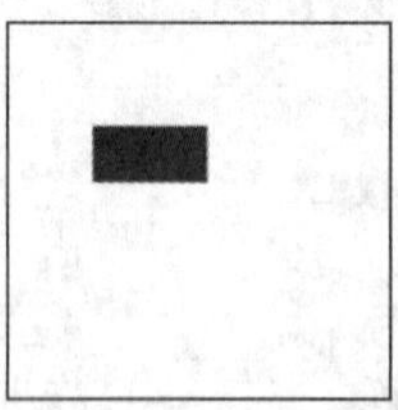

图2–75 绘制的矩形

图2–76 定界框

2. 绘制 Logo 其他部分

STEP 1 在“图层”面板中，右击“矩形 1”选择“复制图层”命令（或按【Ctrl+J】组合键），在弹出的“复制图层”对话框中，单击“确定”按钮，可生成“矩形 1 拷贝”。

STEP 2 在“矩形工具”选项栏中设置“填充”为红色（RGB：240、70、50），效果如

图 2-78 所示。

STEP 3 按【Ctrl+T】组合键，在定界框上右击选择“垂直翻转”命令，效果如图 2-79 所示。

STEP 4 轻移“矩形 1 拷贝”到适当的位置，如图 2-80 所示。按【Enter】键确定“自由变换”命令。

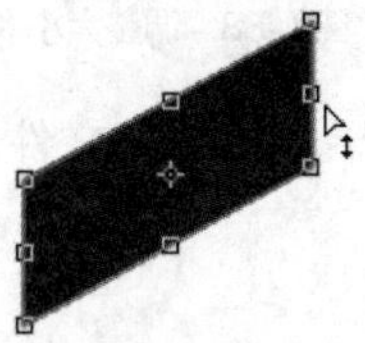

图2-77 “斜切”命令

图2-78 更改“矩形1副本”颜色

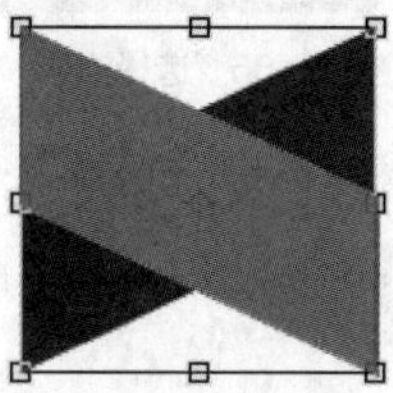

图2-79 “垂直翻转”命令

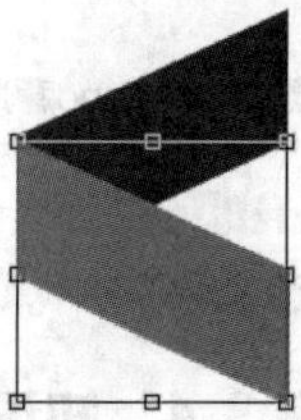

图2-80 移动“矩形1拷贝”

STEP 5 在“图层”面板中按住【Ctrl】键的同时，单击“矩形 1”，将“矩形 1”和“矩形 1 拷贝”同时选中，效果如图 2-81 所示。

STEP 6 按【Ctrl+J】组合键，得到“矩形 1 拷贝 2”和“矩形 1 拷贝 3”。选择“移动工具”，按住【Shift】键，将“矩形 1 拷贝 2”和“矩形 1 拷贝 3”向右移至合适位的置，效果如图 2-82 所示。

STEP 7 按【Ctrl+T】组合键，在定界框上右击选择“垂直翻转”命令，效果如图 2-83 所示。按【Enter】键确定“自由变换”命令。

STEP 8 在“图层”面板中，选择“矩形 1 拷贝 3”，在选项栏中设置“填充”为蓝色（RGB：25、110、180）；选择“矩形 1 拷贝 2”，在选项栏中设置“填充”为黄色（RGB：255、205、0），效果如图 2-84 所示。

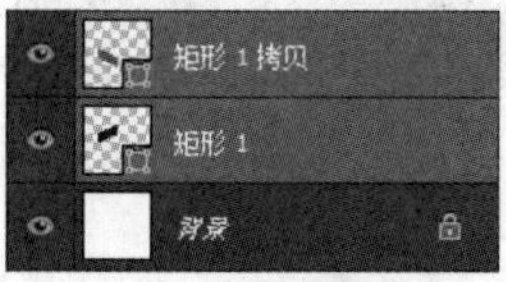

图2-81 选择图层

图2-82 移动位置

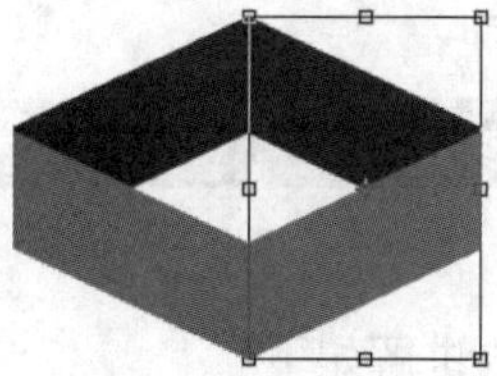

图2-83 “垂直翻转”命令

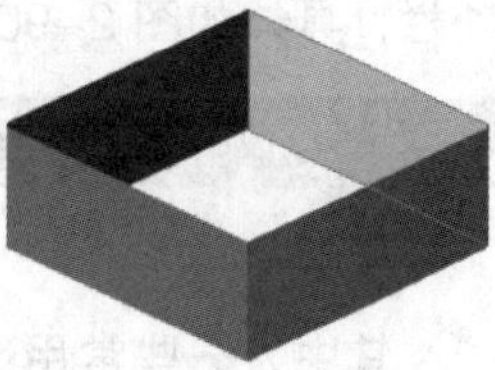

图2-84 设置“填充”

STEP 9 按【Ctrl+S】组合键，将文件保存在指定文件夹中。

3. 应用效果

STEP 1 按【Ctrl+O】组合键，在弹出的“打开”对话框中选择“【任务 2】Logo 背景.jpg”，单击“打开”按钮，打开所选文件，如图 2-85 所示。

STEP 2 切回“【任务 2】咨询公司 Logo.psd”所在画布。在“图层”面板中，选中除“背景”图层以外的所有图层，如图 2-86 所示。

STEP 3 选择“移动工具”，拖动所选图层至 STEP 1 中打开的“【任务 2】Logo 背景”画布中，如图 2-87 所示。

STEP 4 按【Ctrl+T】组合键，将光标移至定界框角点，当光标形状变为↖↘时，按住【Shift+Alt】组合键的同时，向内拖动鼠标，将 Logo 缩小并调整位置，如图 2-88 所示。按【Enter】键确定“自由变换”命令。

图2-85 Logo背景

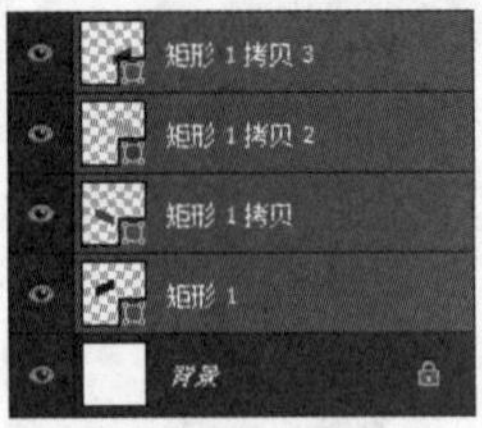

图2-86 选择图层

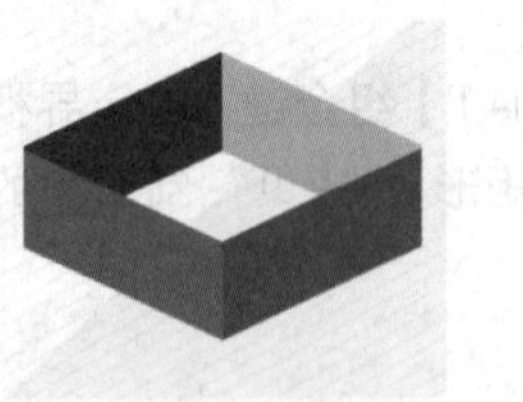

图2-87 置入“Logo背景”画布中

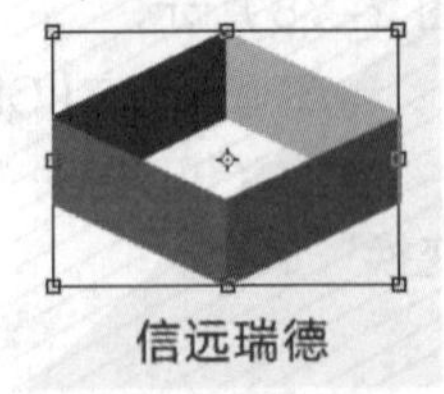

图2-88 调整大小和位置

STEP 5 按【Ctrl+S】组合键，以名称“【任务 2】咨询公司 Logo 效果.psd”将文件保存在指定文件夹中。

2.3.4 知识点讲解

1. 矩形工具

“矩形工具”是形状工具组最基础的工具之一。使用“矩形工具”可以很方便地绘制矩形或正方形，有一些实用的小技巧，具体如下。

- 按住【Shift】键的同时拖动鼠标，可创建一个正方形。
- 按住【Alt】键的同时拖动鼠标，可创建一个以单击点为中心的矩形。
- 按住【Shift+Alt】组合键的同时拖动鼠标，可以创建一个以单击点为中心的正方形。
- 选中“矩形工具”后，在画布中单击鼠标左键，会自动弹出“创建矩形”对话框，可自定义宽度和高度的具体数值，如图2-89 所示。

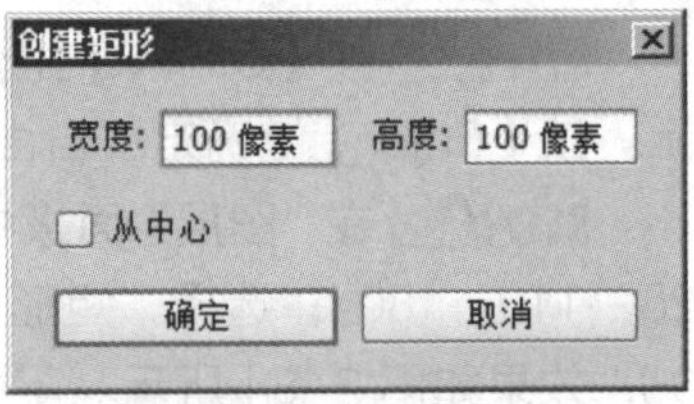

图2-89 “创建矩形”对话框

熟悉了“矩形工具”的基本操作后，接下来我们看一下其选项栏，具体如图 2-90 所示。

图2-90 “矩形工具”选项栏

其中，一些常用选项的讲解如下。

- 形状：单击“形状”右侧的按钮，会弹出一个下拉列表，其中包含形状、路径和像素 3 个选项，如图 2-91 所示。
- 填充：单击该图标，在弹出的下拉面板中，可以设置填充颜色，如图 2-92 所示。其中，下拉面板顶部的按钮可分别将所绘制的形状设置为无颜色、纯色、渐变、图案的状态。图 2-92 所示的面板为“渐变”的设置面板，与渐变编辑器的使用方法类似。
- 描边：单击该图标，在弹出的下拉面板中，可以设置描边颜色，具体选项和设置与填充面板类似。
- 3点：用于设置描边的宽度。
- 单击该图标，在弹出的下拉面板中可以设置描边样式、端点及角点的类型，如图 2-93 所示。其中的“更多选项”按钮，可以用来更详细地设置虚线并可储存预设。
- W：用于设置矩形的宽度或椭圆的水平直径。
- 保持长宽比，启用此按钮，可按当前形状的比例进行缩放。

图2-91　下拉列表

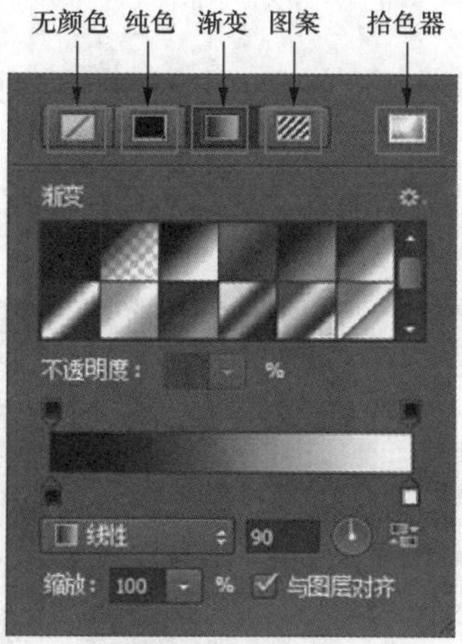

图2-92　填充面板

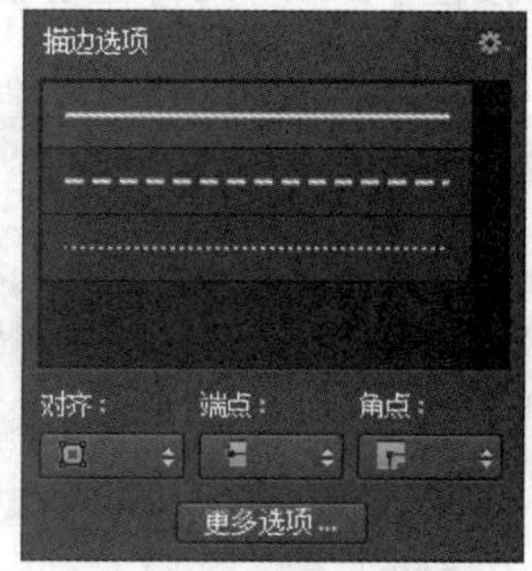

图2-93　设置“描边选项”

- H: ：用于设置矩形的高度或椭圆的垂直直径。
- ：路径操作选择按钮，单击该按钮，弹出路径的布尔运算下拉列表，可进行路径的布尔运算操作。
- ：单击该按钮，弹出路径对齐方式列表。
- ：单击该按钮，弹出路径排列方式列表。

2. 自由变换的变换操作

“自由变换”是集合了移动、旋转、缩放、扭曲、变形、翻转等一系列变换的命令。选中需要变换的图层对象，执行“编辑→自由变换”命令（或按【Ctrl+T】组合键），图层对象的四周会出现带有角点的框（一般称之为“定界框”），如图 2-94 所示。

定界框 4 个角上的点被称为“定界框角点”，4 条边中间的点被称为“定界框边点”，定界框中心的点被称为“中心点”，如图 2-95 所示。用户可以根据需要拖动定界框的边点或角点，进而调整图层对象的大小，具体操作如下。

图2-94　定界框

图2-95　定界框角点与边点

（1）自由缩放

将鼠标指针移动至定界框边点或定界框角点处，待光标变为↖↘状时按住鼠标左键不放，拖动鼠标即可随意调整图层对象的大小，如图 2-96 所示。

（2）等比例缩放

按住【Shift】键不放，拖动定界框角点，即可等比例缩放图层对象，如图 2–97 所示。

（3）中心点等比例缩放

按住【Shift+ Alt】组合键不放，拖动定界框角点，即可以中心点等比例缩放图层对象，如图 2–98 所示。

图2–96　自由缩放

图2–97　等比例缩放

图2–98　中心点等比例缩放

（4）旋转

将鼠标指针移动至定界框角点处，待光标变为状时按住鼠标左键不放，可拖动光标，对图层对象进行旋转，如图 2–99 所示。移动中心点的位置可以改变图层对象的旋转效果，即以中心点的位置为圆心进行旋转，如图 2–100 所示。

3. 自由变换的变形操作

在定界框上右击，弹出自由变换菜单列表，如图 2–101 所示。通过列表可以看出，自由变换的功能十分强大。除了“缩放”“旋转”的基本功能以外，还可以对图像进行“斜切”“扭曲”“透视”与“变形”操作。一般情况下，称“缩放”与“旋转”为变换操作，称“斜切”“扭曲”“透视”与“变形”为变形操作。

图2–99　旋转

图2–100　移动中心点的位置旋转

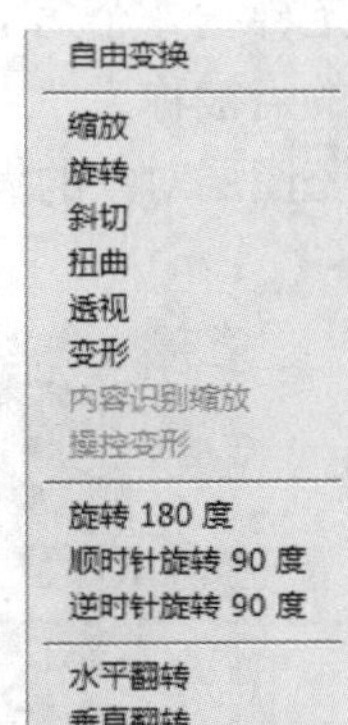

图2–101　自由变换菜单列表

（1）斜切

按【Ctrl+T】组合键调出图像定界框并右击，在弹出的菜单中选择“斜切”命令，将鼠标指针置于定界框外侧，光标会变为或状，按住左键不放并拖动鼠标可以沿水平或垂直方向斜切对象，如图 2–102 所示。

（2）扭曲

在菜单中选择“扭曲”命令，将鼠标指针放在定界框的角点或边点上，光标会变为状，按住左键不放并拖动鼠标可以扭曲对象，如图 2-103 所示。

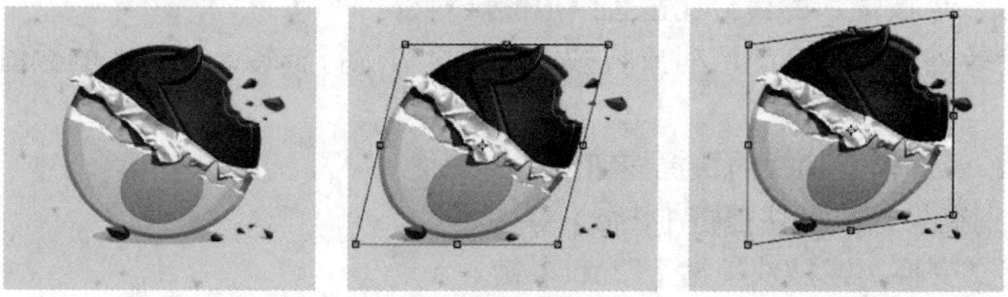

原图　　水平斜切　　垂直斜切

图2-102 斜切图像

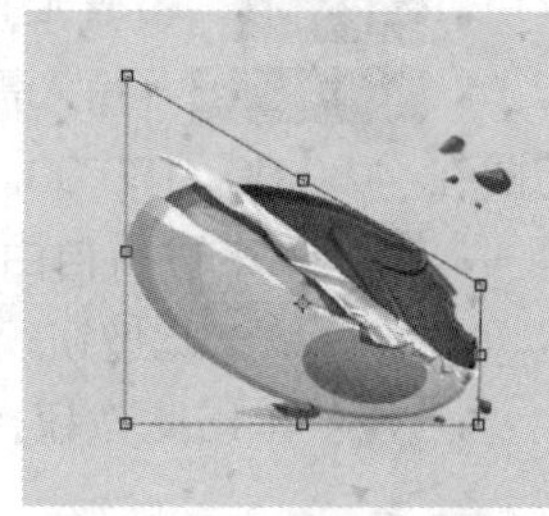

图2-103 扭曲图像

（3）透视

在菜单中选择“透视”命令，将光标放在定界框的角点或边点上，光标会变为▷状，按住左键不放并拖动鼠标可进行透视变换，如图 2-104 所示。

（4）变形

在菜单中选择“变形”命令，画面中将显示网格，将鼠标指针放在网格内，光标变为▷状，拖动控制杆或网格可进行变形变换，如图 2-105 所示。

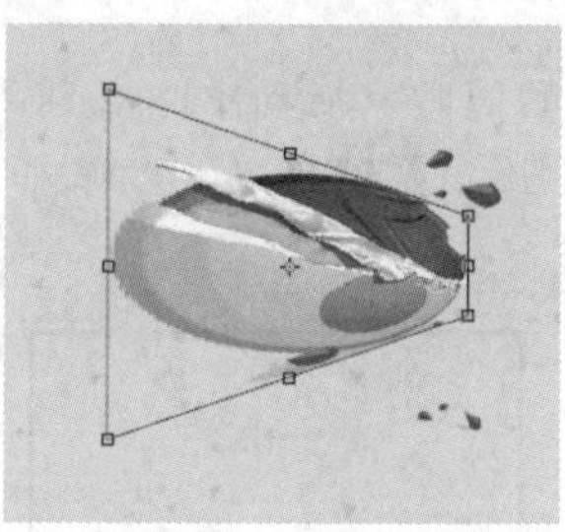

图2-104 透视图像

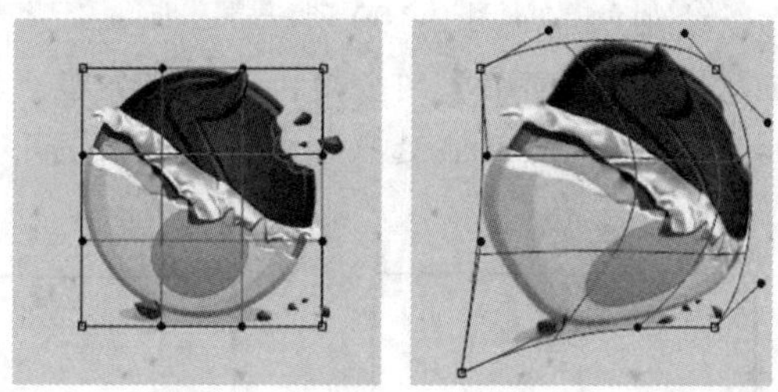

变形前　　变形后

图2-105 变形图像

除了变换操作和变形操作以外，在自由变换菜单列表中还提供了“水平翻转”和“垂直翻转”命令，如图 2-106 所示。这两个命令常用于制作镜像和倒影效果，效果如图 2-107 所示。

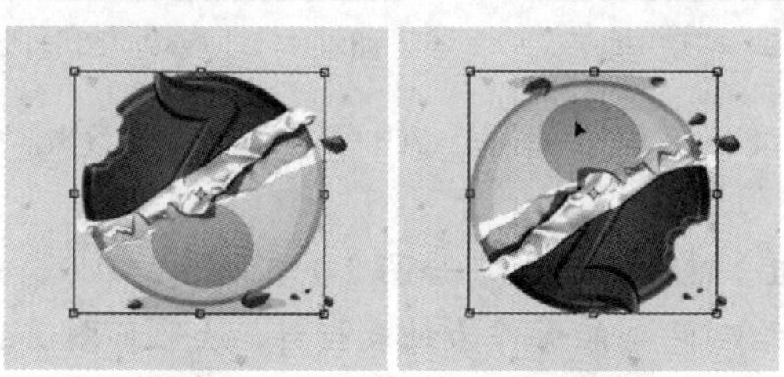

水平翻转　　垂直翻转

图2-106 “水平翻转”和“垂直翻转”命令

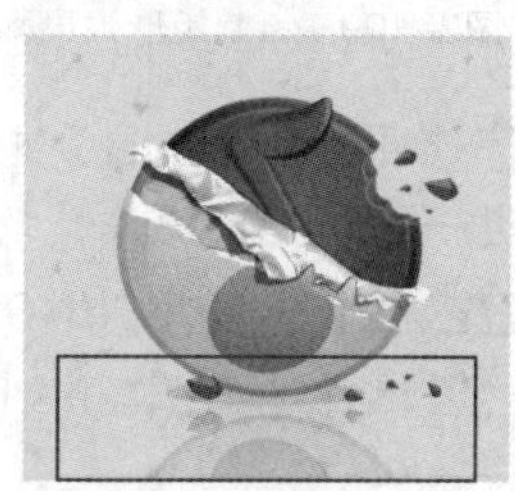

图2-107 倒影效果

当执行“自由变换”命令时，选项栏会切换到该命令的选项设置，具体如图 2-108 所示。

图2-108 “自由变换”选项栏

图 2-108 展示了“自由变换工具”的相关选项，对其中一些常用选项的解释如下。

- W: 100.00%：设置水平缩放，可按输入的百分比水平缩放图层对象。

- ：保持长宽比，单击此按钮，可按当前对象的比例等比缩放。
- H: 100.00%：设置垂直缩放，可按输入的百分比垂直缩放图层对象。
- 0.00 度：输入需要旋转的角度值，图层对象将按照该角度值进行旋转，可输入的数值范围在-180.00~180.00。
- ：用来进行自由变换和变形模式切换的快捷按钮。
- ：单击此按钮，可取消变换，或按快捷键【Esc】键。
- ：单击此按钮，可提交变换，或按快捷键【Enter】键。

多学一招：通过“自由变换”的复制绘制简易钟表表盘

对图像进行变换操作后，按【Ctrl+Shift+Alt+T】组合键，可以复制当前图像，并对其执行最近一次的变换操作，步骤如下。

STEP 1 按【Ctrl+N】组合键，在“新建”对话框中设置“宽度”为 300 像素、“高度”为 300 像素、“分辨率”为 72 像素/英寸、“颜色模式”为 RGB 颜色、“背景”内容为白色，单击“确定”按钮。

STEP 2 选择“矩形工具”，在画布中绘制一个矩形形状，设置“填充”为黑色、“描边”为无颜色，绘制效果如图 2-109 所示。

STEP 3 按【Ctrl+T】组合键，调出定界框。按住【Alt】键的同时，拖动中心点到画面中心位置，如图 2-110 所示。在选项栏中设置“旋转”为 30°，按【Enter】键确定，效果如图 2-111 所示。

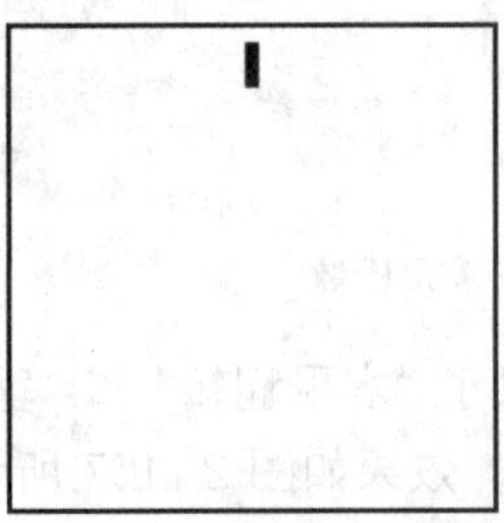
图2-109　绘制矩形效果

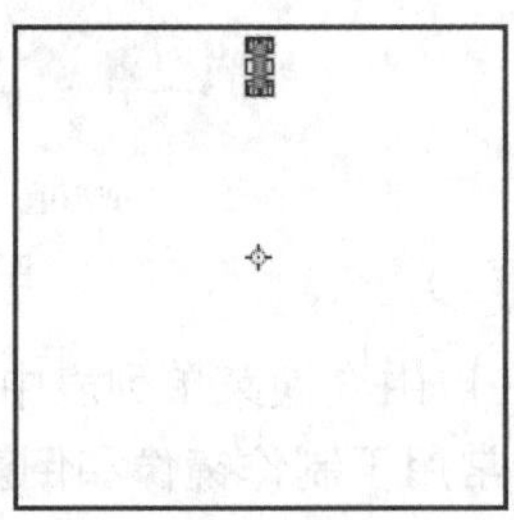
图2-110　移动中心点

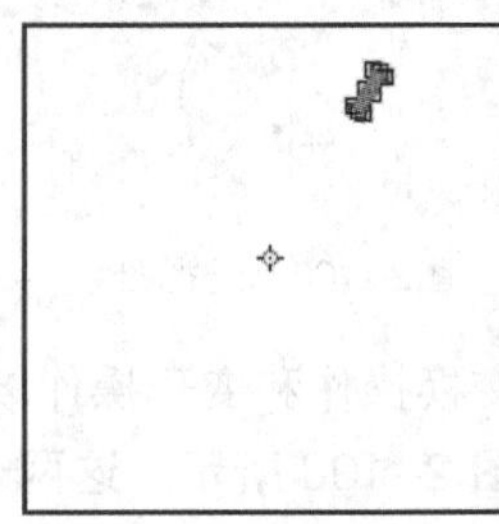
图2-111　旋转“图层1”

STEP 4 再次按【Enter】键，确定自由变换。按【Ctrl+Shift+Alt+T】组合键，复制“矩形 1”，并执行最近一次的变换操作，效果如图 2-112 所示。

STEP 5 重复使用【Ctrl+Shift+Alt+T】组合键，最终效果如图 2-113 所示。

STEP 6 选择“矩形工具”，在画布中绘制两个矩形作为钟表指针，效果如图 2-114 所示。

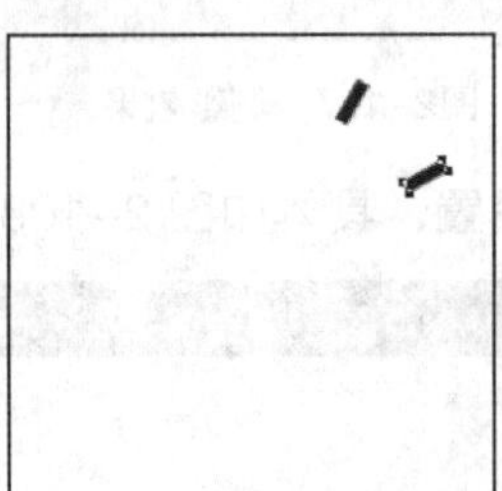
图2-112　自由变换复制

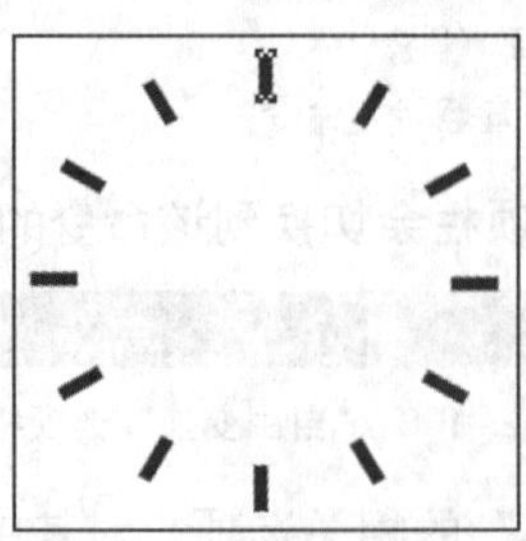
图2-113　再次自由变换复制

图2-114　绘制钟表指针

2.4 任务 3：能源企业 Logo

企业性质千差万别，以致企业形象和企业宣传定位也千差万别。Logo 作为直接传播企业文化的视觉符号，作用尤为关键。本节将设计一款能源公司的 Logo，以学习“椭圆工具”与布尔运算的基本操作。

2.4.1 任务描述

本任务为一家能源企业（阿雷诺能源）的 Logo 设计。客户要求设计简洁、易识别，能够通过简单的图形体现企业的经营性质，更能体现企业和谐、环保、安全、清洁的经营理念，图 2-115 所示为最终制作效果图。

2.4.2 任务分析

作为一家能源公司，从公司性质方面，可以通过能量、环保、核心技术等几个方面进行扩展；从颜色方面，作为清洁能源，绿色、蓝色都是比较符合企业性质的颜色；从企业经营理念方面，适合使用圆润、整体的造型。通过对信息的整合和扩展，最终以电影《钢铁侠》中钢铁侠的能量块为灵感，制作一个圆形的 Logo，如图 2-116 所示。

2.4.3 任务制作

1. 新建文件和绘制的外形

STEP 1 打开 Photoshop CC 软件，按【Ctrl+N】组合键，在“新建”对话框中设置“名称”为【任务 3】阿雷诺能源 Logo、“宽度”为 400 像素、“高度”为 400 像素、“分辨率”为 300 像素/英寸、“颜色模式”为 CMYK 颜色、“背景内容”为白色，单击“确定”按钮，完成画布的创建。

STEP 2 将鼠标指针定位在工具箱中的“矩形工具”上右击，会弹出形状工具组，如图 2-117 所示，单击选择“椭圆工具”。

图2-115 阿雷诺能源Logo效果图

图2-116 钢铁侠形象

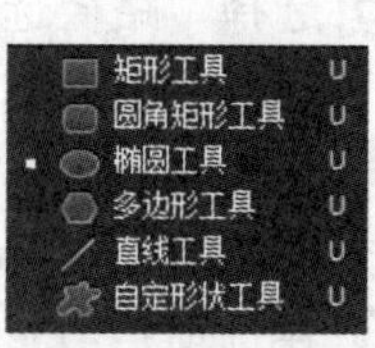

图2-117 形状工具组

STEP 3 在“椭圆工具”选项栏中，设置“工具模式”为形状、“填充”蓝色（RGB：60、150、210），如图 2-118 所示。

图2-118 “椭圆工具”选项栏

STEP 4 将鼠标指针定位在画布的中心位置上，按住鼠标左键拖动的同时按【Shift+Alt】组合键，绘制一个以单击点为圆心的正圆形状，如图 2-119 所示。此时，“图层”面板中将出现图层“椭圆 1”。

STEP 5 重复STEP 4的操作，绘制一个略小的正圆形状，如图 2-120 所示，得到“椭圆 2”。

STEP 6 在“图层”面板中同时选中“椭圆 1”和“椭圆 2”。选择“移动工具”，在其选项栏中选择“垂直居中对齐”和“水平居中对齐”按钮，将“椭圆 1”和“椭圆 2”垂直和水平方向居中对齐。

STEP 7 按【Ctrl+E】组合键，合并“椭圆 1”和“椭圆 2”。选择“路径选择工具”，在画布中选中STEP 5中绘制的“椭圆 2”形状。

STEP 8 在选项栏中单击“路径操作”按钮，打开下拉面板，选择“减去顶层形状”命令，如图 2-121 所示。此时，画面效果如图 2-122 所示。

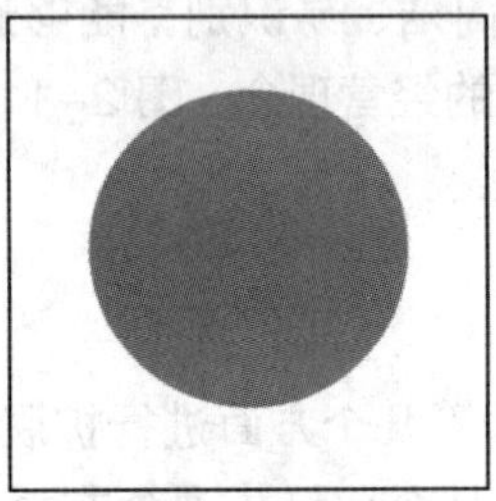

图2-119 绘制正圆形状

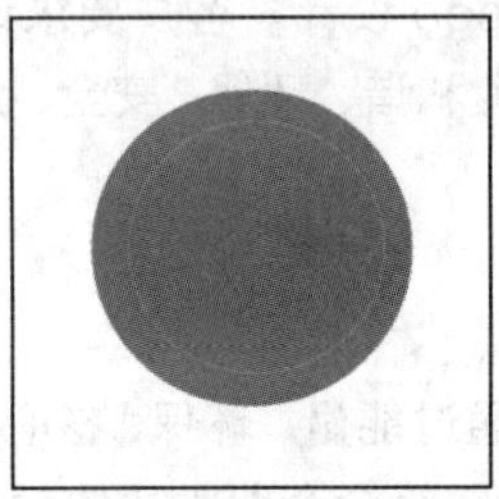

图2-120 再次绘制正圆形状

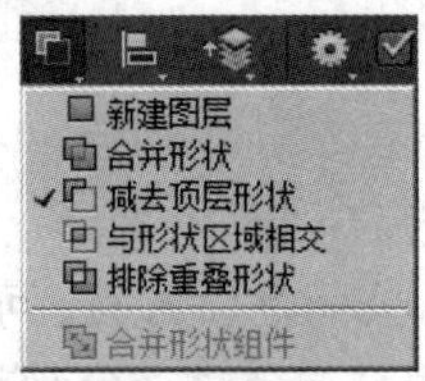

图2-121 “减去顶层形状”命令

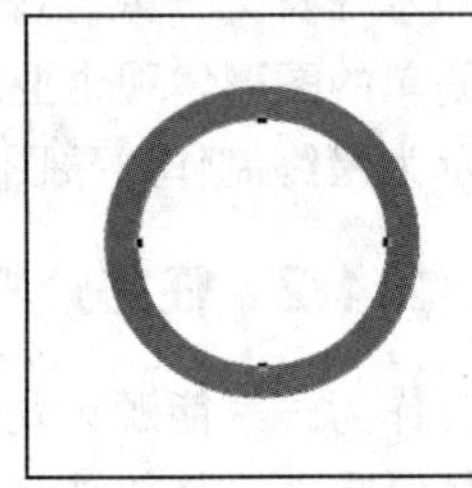

图2-122 “减去顶层形状”效果

2. 绘制圆形元素

STEP 1 选择“椭圆工具”，拖动鼠标绘制的同时按住【Shift】键，可绘制正圆形状。连续绘制 3 个正圆形状，其位置和大小如图 2-123 所示。此时，“图层”面板中将出现图层“椭圆 3”“椭圆 4”和“椭圆 5”。

STEP 2 在“图层”面板中选中“椭圆 3”“椭圆 4”和“椭圆 5”，按【Ctrl+J】组合键，得到复制图层。然后，按【Ctrl+E】组合键，将其合并，得到“椭圆 5 拷贝”。

STEP 3 在“图层”面板中单击“椭圆 3”“椭圆 4”和“椭圆 5”图层前的“指示图层可见性”图标，将其隐藏。

STEP 4 在“图层”面板中选择“椭圆 2”和“椭圆 5 拷贝”，按【Ctrl+E】组合键，将其合并，得到“椭圆 5 拷贝”。

STEP 5 选择“路径选择工具”，按住【Shift】键的同时，在画布中依次选中STEP 1中绘制的 3 个正圆形状，如图 2-124 所示。

STEP 6 在选项栏中单击“路径操作”按钮，打开下拉面板，选择“减去顶层形状”命令，此时，画面效果如图 2-125 所示。

STEP 7 在选项栏中单击“路径操作”按钮，选择“合并形状组件”命令，在弹出的对话框中单击“是”按钮，效果如图 2-126 所示。

STEP 8 在“图层”面板中单击“椭圆 3”“椭圆 4”和“椭圆 5”图层前的“指示图层可见性”图标，将其显示。

STEP 9 在“图层”面板中选择“椭圆 3”。按【Ctrl+T】组合键，按住【Shift+ Alt】组合键的同时，将“椭圆 3”中心点等比缩小，如图 2-127 所示。

STEP 10 继续对“椭圆 4”和“椭圆 5”进行中心点等比缩小，如图 2-128 所示。

STEP 11 选择“椭圆工具”，在画布中心绘制一个正圆形状，如图 2-129 所示。

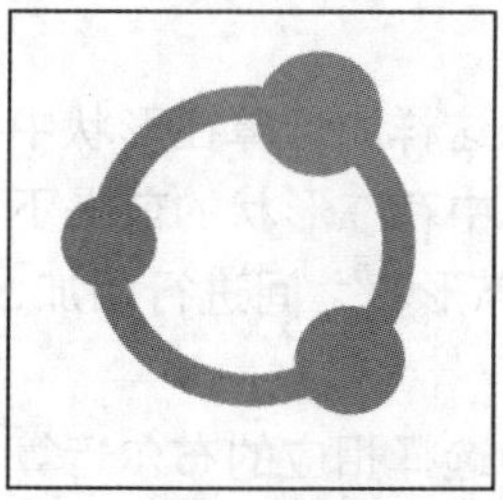
图2–123 绘制正圆形状

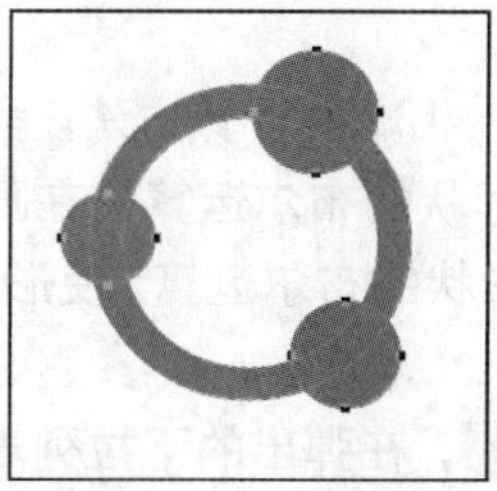
图2–124 选择正圆形状

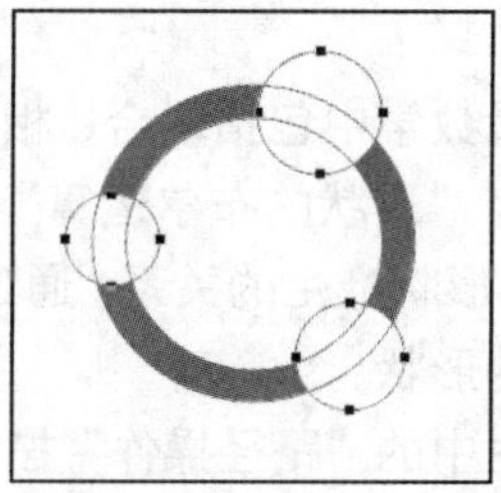
图2–125 “减去顶层形状”效果

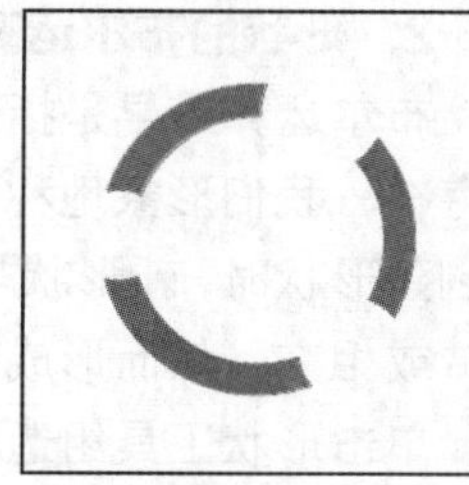
图2–126 “合并形状组件”效果

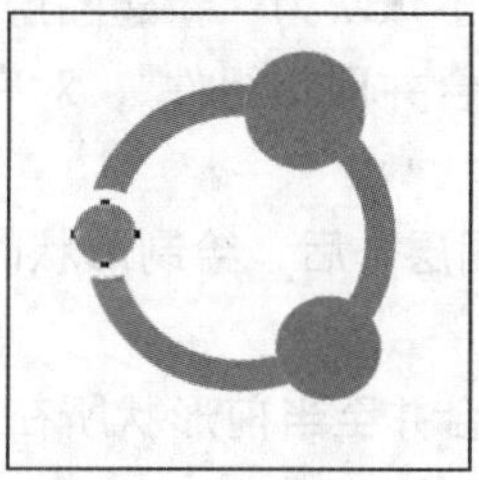
图2–127 缩小“椭圆3”

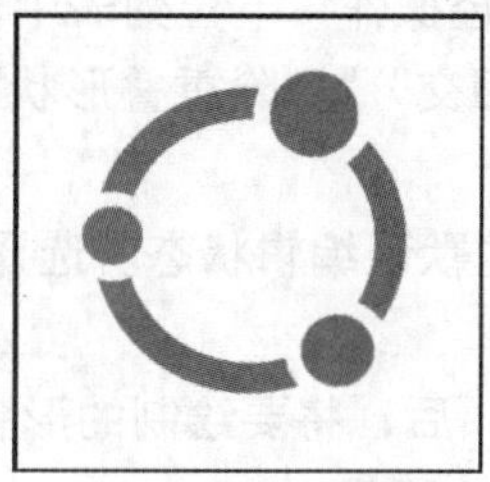
图2–128 等比缩小

图2–129 绘制正圆

STEP 12 在“图层”面板中选择除“背景”图层以外的所有图层。按【Ctrl+E】组合键，将其合并。

STEP 13 按【Ctrl+S】组合键，将文件保存在指定文件夹中。

2.4.4 知识点讲解

1. 椭圆工具

“椭圆工具”作为形状工具组的基础工具之一，常用来绘制正圆或椭圆。右击“矩形工具”，会弹出形状工具组，选择“椭圆工具”，如图 2–130 所示。

选中“椭圆工具”后，按住鼠标左键在画布中拖动，即可创建一个椭圆，如图 2–131 所示。

使用“椭圆工具”创建图形时，有一些实用的小技巧，具体如下。

- 按住【Shift】键的同时拖动鼠标，可创建一个正圆。
- 按住【Alt】键的同时拖动鼠标，可创建一个以单击点为中心的椭圆。
- 按住【Alt+Shift】组合键的同时拖动鼠标，可以创建一个以单击点为中心的正圆。
- 使用【Shift+U】组合键可以快速切换形状工具组里的工具。
- 选中“椭圆工具”后，在画布中单击鼠标左键，会自动弹出“创建椭圆”对话框，可自定义宽度和高度的具体数值，如图 2–132 所示。

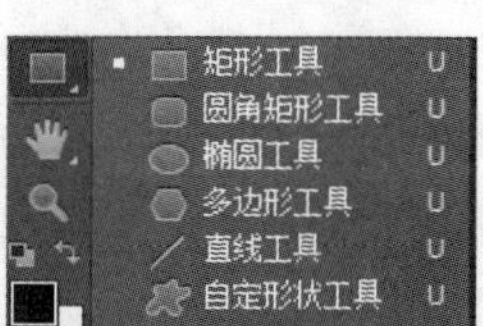

图2–130 形状工具组

图2–131 创建椭圆

图2–132 “创建椭圆”对话框

2. 形状的布尔运算

布尔运算最早是指逻辑数学中包括联合、相交、相减的计算方法。类似这样的运算在形状中也存在，我们形象地称之为“形状的布尔运算”。形状的布尔运算是在画布中存在形状的前提下再创建形状时，新形状与现形状产生的关系。通过形状的布尔运算，使形状与形状之间进行相加、相减或相交，从而形成新的形状。

单击形状工具组选项栏中的“路径操作”按钮，在弹出的下拉列表中选择相应的布尔运算方式即可，如图 2–133 所示。

通过图 2–133 容易看出，在“路径操作”下拉列表中，从上到下依次为“新建图层”“合并形状”“减去顶层形状”“与形状区域相交”“排除重叠形状”以及“合并形状组件”，对它们的具体讲解如下。

- **新建图层**：为所有形状工具的默认编辑状态。选择“新建图层”后，绘制形状时都会自动创建一个新图层。
- **合并形状**：选择“合并形状”后，将要绘制的形状会自动合并至当前形状所在的图层，并与其合并成为一个整体，如图 2–134 所示。
- **减去顶层形状**：选择“减去顶层形状”后，将要绘制的形状会自动合并至当前形状所在的图层，并减去后绘制的形状部分，如图 2–135 所示。
- **与形状区域相交**：选择“与形状区域相交”后，将要绘制的形状会自动合并至当前形状所在的图层，并保留形状重叠部分，如图 2–136 所示。

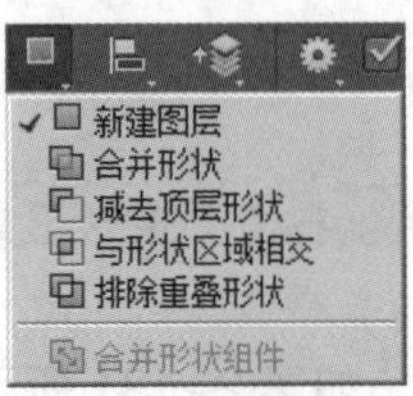

图2–133 “路径操作”下拉列表

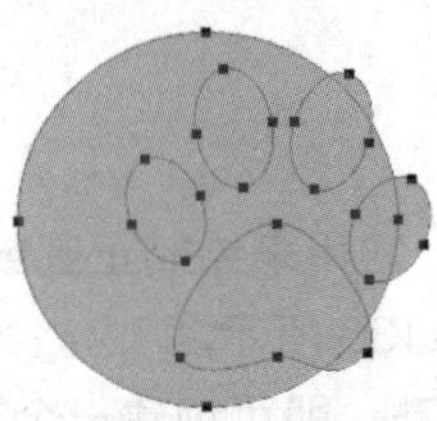
图2–134 合并形状

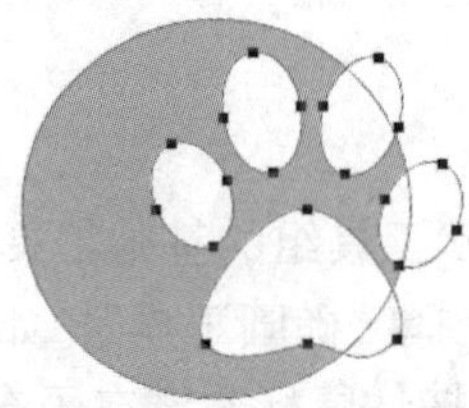
图2–135 减去顶层形状

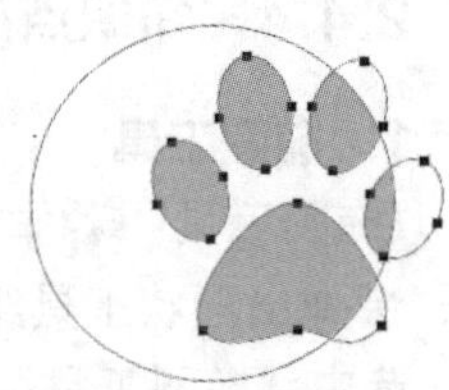
图2–136 与形状区域相交

- **排除重叠形状**：选择“排除重叠形状”后，将要绘制的形状会自动合并至当前形状所在的图层，并减去形状重叠部分，如图 2–137 所示。
- **合并形状组件**：用于合并进行布尔运算的图形，如图 2–138 所示。

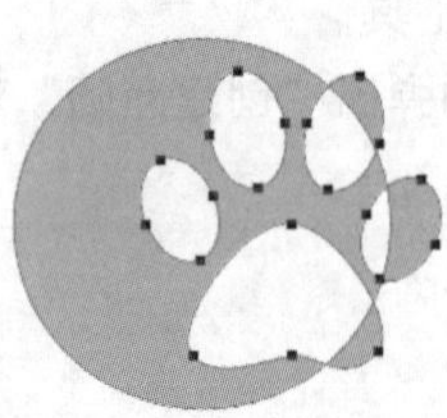
图2–137 排除重叠形状

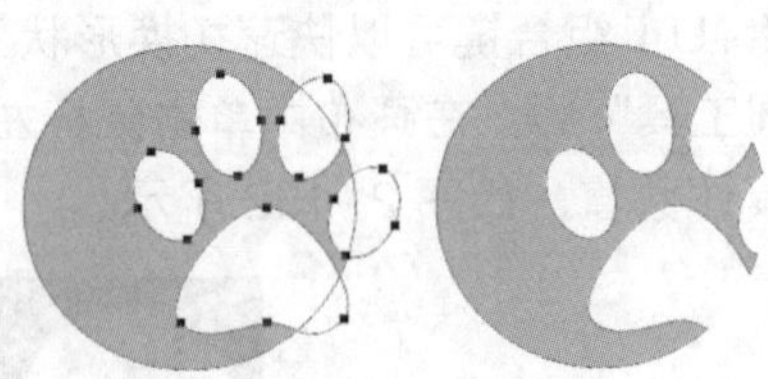
合并形状组件前　合并形状组件后

图2–138 合并形状组件

注意

执行“路径操作”时，将需要进行操作的形状合并到同一图层。如果每个形状的“填充”和“描边”的颜色不同，则所有合并形状以图层顺序最顶层的形状的“填充”和“描边”为准。

3. 撤销操作

在绘制和编辑图像的过程中，会出现失误或对创作的效果不满意的情况。当希望恢复到前一步或原来的图像效果时，可以使用撤销操作命令。

（1）撤销上一步操作

执行“编辑→还原”命令（或按【Ctrl+Z】组合键），可以撤销对图像所做的最后一次修改，将其还原到上一步编辑状态。如果想要取消“还原”操作，再次按【Ctrl+Z】组合键即可。

（2）撤销或还原多步操作

执行“编辑→还原”命令只能还原一步操作，如果想要连续还原，可连续执行“编辑→后退一步”命令（或按【Alt+Ctrl+Z】组合键），逐步撤销操作。

如果想要恢复被撤销的操作，可连续执行“编辑→前进一步”命令（或按【Alt+Shift+Z】组合键）。

（3）撤销到操作过程中的任意步骤

“历史记录”面板可将进行过多次处理的图像恢复到任何一步（系统默认前20步）操作时的状态，即所谓的“多次恢复”。执行“窗口→历史记录”命令，将会弹出“历史记录”面板，如图2-139所示。

这时，选择“历史记录”面板下的任何一步操作，图像即恢复到该操作时的状态。值得一提的是，在“历史记录”面板的右下方有3个按钮，对它们的具体解释如下。

- 从当前状态创建新文档：基于当前操作步骤中的图像状态创建一个新的文件。
- 创建新快照：基于当前的图像状态创建快照。
- 删除当前状态：选择一个操作步骤，单击该按钮可将该步骤及后面的操作删除。

单击“历史记录”面板右上方的按钮，将弹出“历史记录”面板菜单，如图2-140所示。

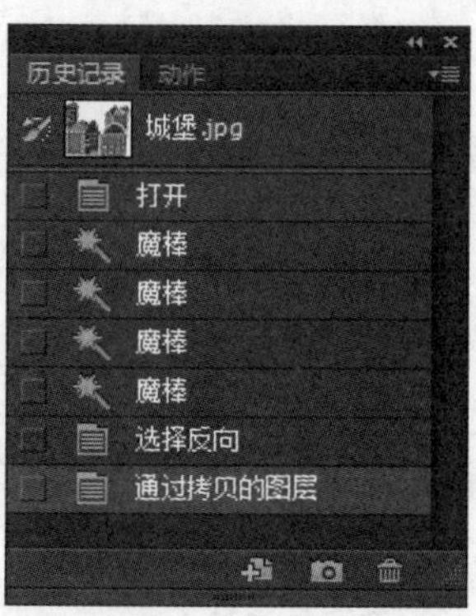

图2-139 “历史记录”面板

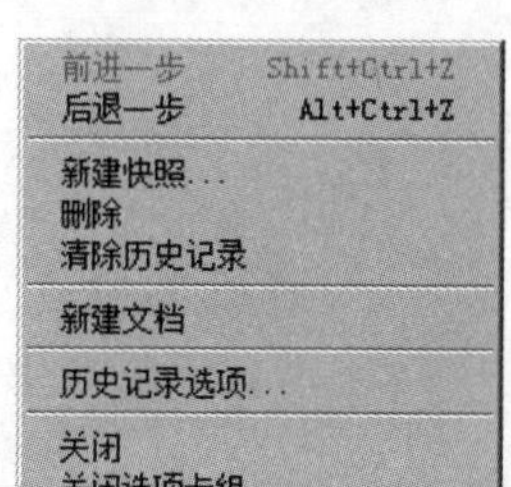

图2-140 “历史记录”面板菜单

多学一招：如何设置“历史记录”面板恢复步数？

“历史记录”面板中可以保留的历史记录的最大值，系统默认是20。如果想扩大或缩小默认值，可执行“编辑→首选项→性能”命令，打开“首选项”对话框，在历史记录与高速缓存中可设置“历史记录状态”的数值。值得注意的是，该数值越大所占缓存就越大。

2.5 课后练习

学习完标志设计的内容，下面来完成课后练习吧！

请使用所学工具绘制如图 2-141 所示的 Logo。

图2-141 Logo的练习

Photoshop CC

3 Chapter

情境 3 Banner 设计

学习目标

- 掌握 Banner 设计的基本常识，独立完成 Banner 的设计与制作
- 掌握“文字工具”的基本操作，学会输入点文本与段落文本
- 掌握“渐变工具”的使用，可以熟练进行渐变编辑器的设置

通过 Photoshop CC 强大的图像编辑功能，可以随心所欲地对图像进行修改、合成与再加工，这为设计者的创作工作提供了便利和创作空间。本情境将通过 4 款 Banner 案例，对“文字工具”和“渐变工具”进行详细讲解。

3.1 Banner 简介

Banner 一般可翻译为网幅广告、旗帜广告、横幅广告等，狭义地说是表现商家广告内容的图片，是互联网广告中最基本、最常见的广告形式，如图 3–1 所示。

图3–1 最常见的Banner形式

当用户访问电商网站时，第一眼获取的信息非常关键，直接影响了用户在网站的停留时间和访问深度。然而，仅凭文字的堆积，很难直观又迅速地传递给用户关键信息，这时就需要 Banner 将文字信息图片化，通过更直观的信息展示提高页面转化率，因此 Banner 的设计十分重要。

Banner 一般使用 gif 格式的图像文件，多数情况下可以使用静态图形。随着互联网的发展，新兴的 Rich Media Banner（富媒体广告）赋予了横幅更强的表现力和交互内容，但一般需要用户使用的浏览器插件（Plug–in）支持。

3.1.1 Banner 的设计特点

因为 Banner 设计应用在网站中，所以与传统纸媒设计相比较其特点略有不同。除了设计应该遵循的视觉美观、色调统一、形式突出等特点外，Banner 还具有以下两个特点。

1. 大小限制严格

为了提高网页的加载速度，设计 Banner 时，对其大小要求比较严格。一般需将 Banner 的大小控制在 50KB 以内，分辨率设置为 72 像素/英寸。过大的 Banner 会使加载速度过慢而影响浏览网页的速度和用户体验，从而直接影响网站的转化率。

2. 可以被点击

和传统纸媒最大的区别是，Banner 一般都有链接，可以通过单击 Banner 引领用户进入并了解详情。可以被点击的互动性，是 Banner 与其他设计特点最大的不同了。通过点击率，也可以直观地反映出 Banner 的被认可程度。

由于点击会使用户的访问进入深入介绍的页面，页面的统一性和连续性也需要在 Banner 中体现。

3.1.2 Banner的设计原则

通过以上 Banner 的设计特点可以得出，Banner 的存在就是为了迅速传递信息，提高转化率。以此特点为基准，能够总结出 Banner 在设计方面需要注意的原则。遵循这些原则，可以使Banner 最大化地实现争取眼球、深入浏览的效果。

1. 对齐原则

对齐原则指的是相关的内容要对齐，方便用户视线快速移动，一眼就看到最重要的信息，如图 3–2 所示。当然，有些时候设计师是为了美观而设计成对齐的。

2. 聚拢原则

聚拢原则是指将内容分成几个区域，相关内容都聚在一个区域中。一个 Banner 最好只有一个主题，不论是文字信息还是图片信息都是为了这个主题服务的，如图 3–3 所示。

图3–2 对齐原则

图3–3 聚拢原则

3. 留白原则

在设计中不要把 Banner 中的内容排得过满，要留出一定的空间，这样既减少了 Banner 的压迫感，又可以引导读者的视线，突出重点内容，如图 3–4 所示。过多的话语、图片和元素反而会导致广告毫无效果。

4. 降噪原则

颜色过多、字体过多、图形过繁，都是分散读者注意力的“噪声”，所以整合很关键。将不同元素整合、去其冗杂，就能达到降噪的目的，如图 3–5 所示。

图3–4 留白原则

图3–5 降噪原则

5. 对比原则

加大不同元素的视觉差异，这样既增加了 Banner 的活泼程度，又突出了视觉重点，方便用户一眼就浏览到重要的信息，如图 3–6 所示。

通过以上原则的内容可概括出 Banner 设计最主要的原则——醒目。

3.1.3 Banner 的常用构图方式

构图是指在平面空间中安排和处理对象的位置和关系，把局部的元素组成一个整体的画面，以表现构思中预想的艺术形象和审美效果。Banner 的构图有以下几种基本形式。

1. 左右式

左右式是最常见的构图方式，该构图方式分别把主题元素和主标题左右摆放，直观地展示文案和图像，给人以稳定、直观的感觉，如图 3-7 所示。

图3-6 对比原则

图3-7 左右式Banner

2. 正三角式

采用正三角形构图，可以使 Banner 展示立体感强烈，重点突出，构图稳定自然，空间感强。此类构图方式给人以安全感和可靠感，如图 3-8 所示。

3. 倒三角式

采用倒三角形构图，一方面突出强烈的空间立体感，同时构图动感活泼，通过不稳定的构图方式，激发创意感，给人以运动的感觉，如图 3-9 所示。

图3-8 正三角式Banner

图3-9 倒三角式Banner

4. 对角线式

采用对角线构图方式能够改变常规的排版方式，适合组合展示，比重相对平衡，构图上活泼稳定，且有较强的视觉冲击力，如图 3-10 所示。

5. 扩散式

扩散式构图运用射线、光晕等辅助图形对图片主体进行突出，构图活泼、有重点、次序感强，且利用透视的方式围绕口号进行表达，给人以深刻的视觉印象，如图 3-11 所示。

图3-10 对角线式Banner

图3-11 扩散式Banner

3.2 任务 4：牧场 Banner

通过对 3.1 节的学习，读者了解了关于 Banner 的设计特点和常用构图方式。下面将设计制作一款以文字为主体的 Banner，学习文字工具的基本操作和文字属性的设置。通过本任务的学习，读者还可以了解前景色和背景色、油漆桶工具等常用工具。

3.2.1 任务描述

现代生活将食品安全推至生态高度，生态产品的特点在于节约能源、无公害、无污染。梅花鹿肉产自呼伦贝尔草原牧场，依托北纬 50 度、中温带季风性气候、世界公认的优质牧草带等一系列得天独厚的优势自然条件，以自然之水、天养牧草、天地精华，提供了市场稀缺的高品质、零添加、零污染的梅花鹿肉。要求运用已有素材，设计一款自然、醒目的 Banner，最终设计效果如图 3–12 所示。

图3–12　牧场Banner效果图

3.2.2 任务分析

本 Banner 的主题是产自呼伦贝尔牧场的梅花鹿肉。厂家为 Banner 提供了一段文字描述，由于字数偏多，Banner 的设计需要考虑文字所占的比重和面积，这就要求背景简洁以突出文字。

草原中清丽的风景、广阔的天空、茂密的牧草、纯净的夜空都是可取的素材点，图 3–13 ~ 图 3–15 所示为牧场常见素材。根据素材图片制作出一个简洁、空灵的背景，配以“梅花鹿肉”的装饰文字，同时突出零污染、零添加的健康理念。

图3–13　素材“草原背景”

图3–14　素材“牧场的草”

图3–15　素材“星空”

3.2.3 任务制作

1. 制作背景

STEP 1 打开 Photoshop CC 软件，按【Ctrl+N】组合键，在“新建”对话框中设置“名称”为【任务 4】牧场 Banner、“宽度”为 1120 像素、“高度”为 600 像素、“分辨率”为 72 像素/英寸、“颜色模式”为 RGB 颜色、“背景内容”为白色。

STEP 2 单击工具箱中的“默认前景色和背景色”按钮 （或按【D】键），重置前景色和背景色。这时，“前景色”恢复为默认的黑色，“背景色”恢复为默认的白色。重置前后的对比效果如图 3-16 所示。

STEP 3 右击工具箱中的“渐变工具” 选择第 2 项“油漆桶工具” ，在画布中单击（或按【Alt+Delete】组合键填充黑色前景色），效果如图 3-17 所示。

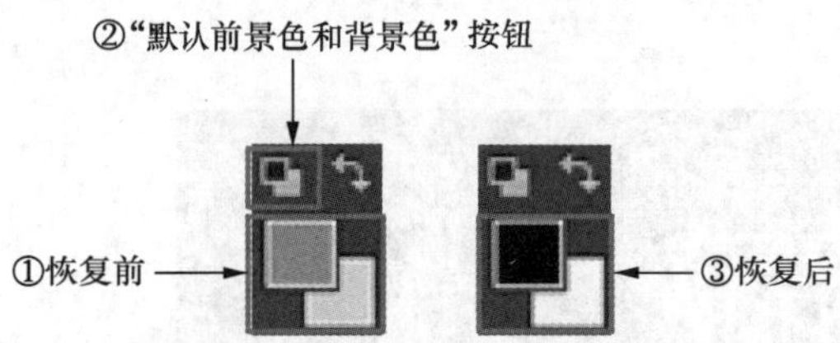

图3-16 恢复默认前景色和背景色

图3-17 填充背景层

STEP 4 按【Ctrl+O】组合键，在弹出的“打开”对话框中选择“草原背景.jpg”，单击“打开”按钮，打开所选文件，如果 3-18 所示。

STEP 5 选择“移动工具” ，将“草原背景”拖至画布“【任务 4】牧场 Banner”中。在“图层”面板中得到“图层 1”。

STEP 6 按【Ctrl+T】组合键，调出定界框。按住【Shift】键的同时，拖动定界框角点将“草原背景”放大至与画布等宽，效果如图 3-19 所示。按【Enter】键确定自由变换操作。

图3-18 草原背景

图3-19 调整大小

STEP 7 选择“橡皮擦工具” ，单击选项栏中的“画笔预设选取器”，在弹出的下拉面板中设置“大小”和“笔尖形状”，如图 3-20 所示。

STEP 8 在“图层 1”底部拖动鼠标轻轻擦拭，使草地与黑色背景过度自然，效果如图 3-21 所示。

STEP 9 在“图层”面板中，设置图层“不透明度”为 30%，设置如图 3-22 所示，效果如图 3-23 所示。

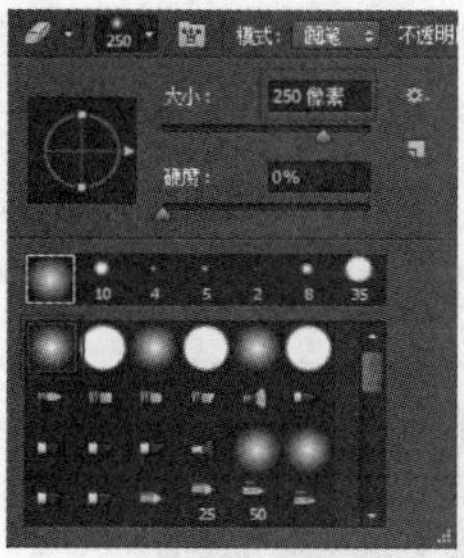
图3-20　画笔预设选取器

图3-21　擦除背景

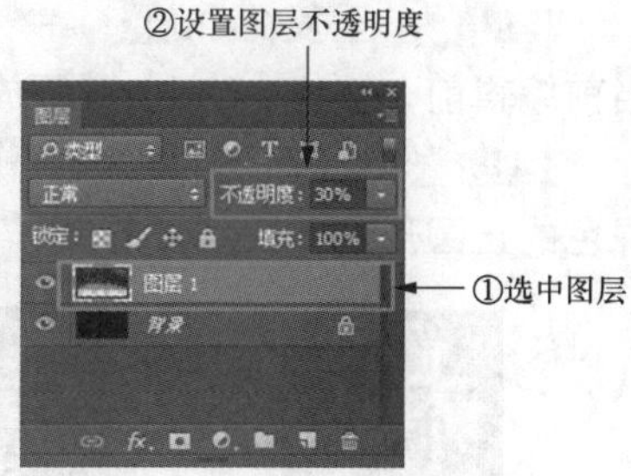

图3-22　设置“不透明度”

STEP 10 打开素材图像“星空.jpg”，如图 3-24 所示。

图3-23　“不透明度”效果

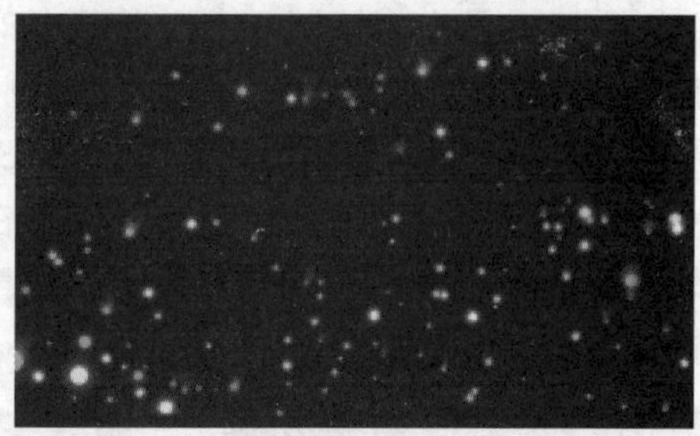
图3-24　素材图像“星空”

STEP 11 选择“移动工具”，将“星空”拖至画布内并移至适当位置。选择“橡皮擦工具”，将多余的部分擦除，如图 3-25 所示。

STEP 12 重复STEP 11的操作，再次移动并擦除素材，效果如图 3-26 所示。调整“星空”的图层顺序在“图层 1”之下。

图3-25　擦除多余部分

图3-26　再次擦除

2. 制作主题文字效果

STEP 1 选择“横排文字工具”，在选项栏中设置“字体”为方正书宋简体、“字体大小”为 121.5 点、“字体颜色”为淡绿色（RGB：218、233、193），设置如图 3-27 所示。

图3-27　“文字工具”选项栏的设置

STEP 2 在画布中单击，出现一个闪烁的光标，输入文字“梅”，如图 3-28 所示。单击选项栏上的“提交当前所有编辑”按钮（或按【Ctrl+Enter】组合键），完成文字的输入。

STEP 3 重复STEP 1～STEP 2的操作，依次输入“花”“鹿”和“肉”3个字。在未提交当前编辑前，按住【Ctrl】键不放，可快速调整文字位置和大小，最终调整效果如图3–29所示。

STEP 4 选择“椭圆工具”，在“花”字下一层绘制一个“填充”为黑色、“描边”为淡绿色的正圆形状，得到“椭圆1”，其效果和位置如图3–30所示。

图3–28 输入文字

图3–29 输入文字并调整

图3–30 绘制正圆形状

STEP 5 在画布中绘制一个橄榄绿（RGB：95、139、11）的正圆形状，如图3–31所示。然后按【Ctrl+J】组合键，复制得到“椭圆1拷贝”。选择“移动工具”，按住【Shift】键，将其平移至“椭圆1”旁边，效果如图3–32所示。

STEP 6 选择“横排文字工具”，在橄榄绿正圆形状上输入文字“甄选”，设置“字体”为微软雅黑、“字体大小”为32点、“字体颜色”为黑色，效果如图3–33所示。按【Ctrl+Enter】组合键，完成文字的输入。

图3–31 绘制正圆形状

图3–32 复制“椭圆1”

图3–33 输入文字

STEP 7 在“图层”面板中，选择“图层1”。选择“矩形工具”，在“图层1”之上绘制一个“填充”为深绿色（RGB：8、45、0）的矩形形状，如图3–34所示。

STEP 8 选择“横排文字工具”，在深绿色矩形上输入文字“呼伦贝尔牧场”，设置“字体”为微软雅黑、“字体大小”为32点、“字体颜色”为亮绿色（RGB：193、223、144），效果如图3–35所示。按【Ctrl+Enter】组合键，完成文字的输入。

3. 制作内容文字效果

STEP 1 选择“横排文字工具”，在画布中适当的位置按住鼠标左键不放，拖动绘制一个与主题文字等宽的文字定界框，如图3–36所示。

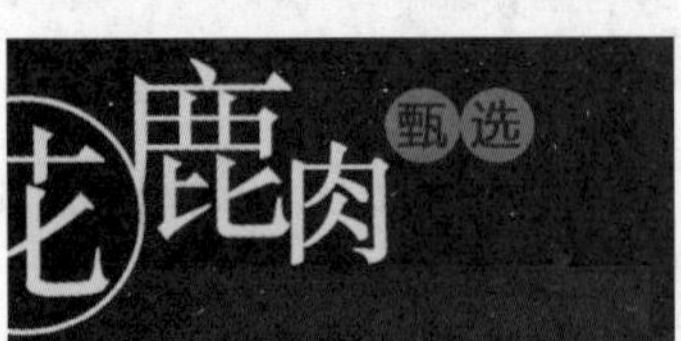

图3–34 矩形形状

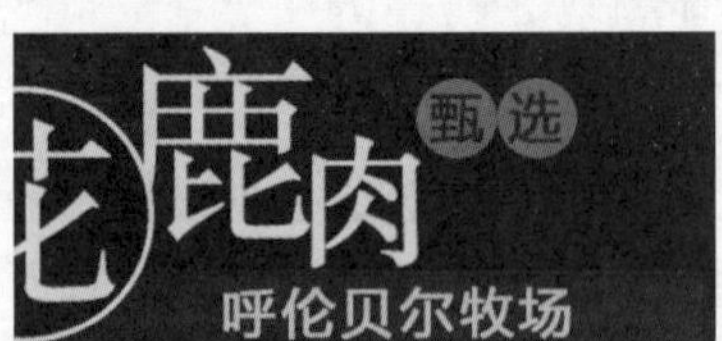

图3–35 输入文字

图3–36 文字定界框

STEP 2 在定界框内粘贴素材“【任务4】文字内容.txt”中的文字内容。在未提交文字的状态下按【Ctrl+T】组合键，调出如图3–37所示的“字符”面板。

STEP 3 拖动鼠标选中文字，在“字符”面板中设置“字体大小”为13点、“行距”为28点、“字体颜色”为亮绿色（RGB：193、223、144），如图3–38所示。按【Ctrl+Enter】组合键，完成文字的输入。

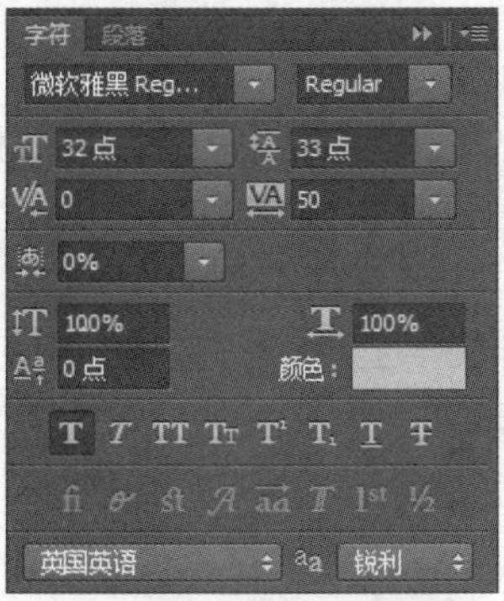

图3-37 “字符”面板

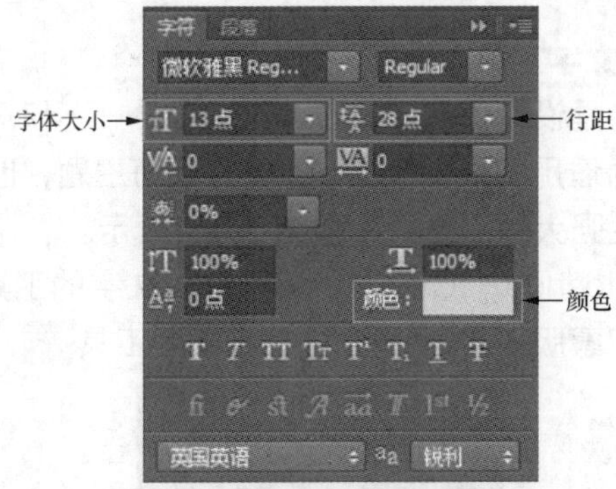

图3-38 设置“字符”面板

STEP 4 选择“横排文字工具”，在画布中单击输入文字“0”，并将其反选，然后在“字符”面板中进行设置，如图 3-39 所示，文字效果如图 3-40 所示。

STEP 5 选择“横排文字工具”，在画布中单击输入文字“污染体验高品质”，反选文字，设置“字体”为微软雅黑、“字体大小”为 24.5 点、“字体颜色”为亮绿色（RGB：193、223、144），效果如图 3-41 所示。

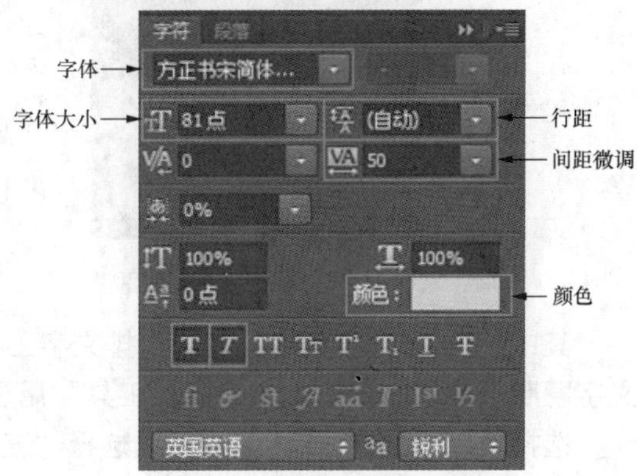

图3-39 设置“字符”面板

STEP 6 在画布中单击输入文字“特级珍品口感独一无二”，反选文字，设置“字体大小”为 14.5 点、“字体颜色”为褐色（RGB：224、183、59），效果如图 3-42 所示。

图3-40 设置效果

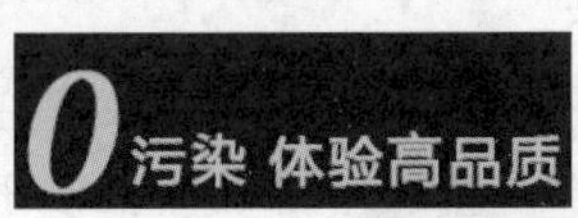

图3-41 输入文字

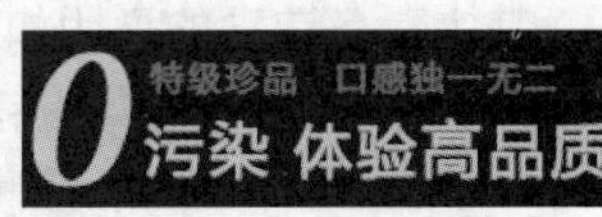

图3-42 设置文字

STEP 7 在画布中合适的位置，继续输入文字并设置文字属性，效果如图 3-43 所示。

STEP 8 打开素材图像“牧场的草.png”，选择“移动工具”，将其移动至适当的位置并调整其大小和位置，效果如图 3-44 所示。

图3-43 继续输入文字

图3-44 置入素材

STEP 9 按【Ctrl+S】组合键，将文件保存在指定文件夹中。

3.2.4 知识点讲解

1. 文字工具

文字是设计作品中重要的组成部分，不仅可以直观地传递大量信息，也能起到美化版面、强化主题的作用。文字可以单独成为画面主题，也可以与图像进行搭配，还可以与图像产生同构关系，产生强大的感染力，如图 3-45 所示。

Photoshop CC 提供了 4 种输入文字的工具，分别是横排文字工具、直排文字工具、横排文字蒙版工具和直排文字蒙版工具，如图 3-46 所示。

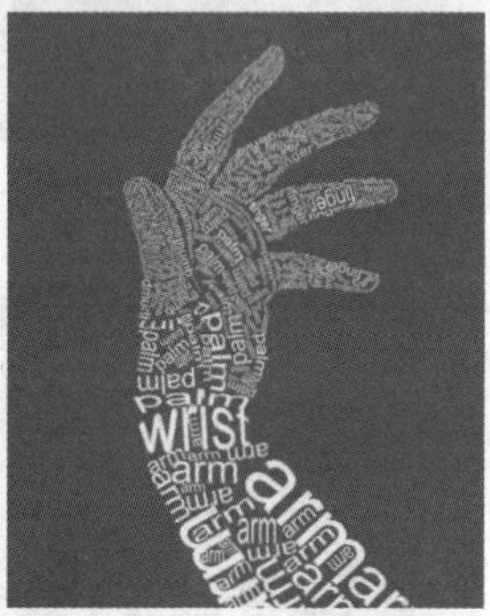

图3-45 文字与图像的同构

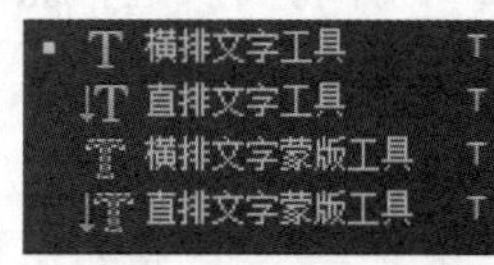

图3-46 “文字工具”组

其中，“横排文字工具”和“直排文字工具”用于创建点文字、段落文字和路径文字。“横排文字蒙版工具”和“直排文字蒙版工具”用于创建文字形状的选区。

选择“横排文字工具”（也可以选择“直排文字工具”创建直排文字），其选项栏如图 3-47 所示。在该选项栏中，可以设置文字的字体、字号及颜色等。

图3-47 “横排文字工具”选项栏

其中，各选项的说明如下。

- “切换文本取向”按钮：可将输入好的文字在水平方向和垂直方向间切换。
- “设置字体系列”宋体：单击下拉按钮，可以进行文字字体的选择。
- “设置字体大小”12点：单击下拉按钮，可选择文字字体大小，也可直接输入数值。
- “设置消除锯齿的方式”锐利：用来设置是否消除文字的锯齿边缘，以及用什么方式消除文字的锯齿边缘。
- “设置文本对齐”按钮：用来设置文字的对齐方式。
- “设置文本颜色”按钮：单击即可调出“拾色器（文本颜色）”对话框，用来设置文字的颜色。
- “创建文字变形”按钮：单击即可调出“变形文字”对话框。
- “切换字符和段落面板”按钮：单击即可隐藏或显示“字符”和“段落”面板。

多学一招：如何安装字库

Photoshop CC 中自带了常用的基本字体，但在实际的设计应用中，需要更多的字体来满足不同的设计需求。这时，就需要自己来安装字库。安装字库的方法如下：将准备好的字库复制到 C 盘 Windows 文件夹下的 Fonts 文件夹内即可安装字库，重启 Photoshop CC 后即可应用字体。

2. 输入点文本和段落文本

使用“横排文字工具”或“直排文字工具”可以在图像中输入文本。下面，将通过使用“横排文字工具”创建点文本和段落文本来学习文字工具组的基本操作。

（1）输入点文本

打开素材图像“森林小鸟.jpg”，选择“横排文字工具”，在选项栏中设置各项参数，如图 3-48 所示。在图像窗口中单击，会出现一个闪烁的光标，如图 3-49 所示。此时，进入文本编辑状态，在窗口中输入文字，如图 3-50 所示。单击选项栏上的“提交当前所有编辑”按钮✔（或按【Ctrl+Enter】组合键），完成文字的输入，如图 3-51 所示。

图3-48 “横排文字工具”选项栏

图3-49 闪烁的光标

图3-50 在窗口中输入文字

图3-51 文字输入完成

（2）输入段落文本

打开素材图像“奥特曼骑自行车.jpg”，选择“横排文字工具”，在选项栏中设置各项参数，如图 3-52 所示。在画布上按住鼠标左键并拖动，将创建一个定界框，其中会出现一个闪烁的光标，如图 3-53 所示。在定界框内输入文字，如图 3-54 所示。按【Ctrl+Enter】组合键，完成段落文本的创建，效果如图 3-55 所示。

图3-52 “横排文字工具”选项栏

图3-53 创建定界框

图3-54 输入文字

图3-55 段落文本创建完成

注意

在输入文本前，若选择“直排文字工具”，则输入的文本会按垂直方向排列。完成文字的输入后，单击选项栏上的“提交当前所有编辑”按钮✓确认输入。此时，按住【Ctrl】键的同时拖动文本可以移动文本。若在输入文本后单击选项栏中的⊘按钮，则将取消输入的文本内容。

3. 设置文字属性

当完成文字的输入后，如果发现文字的属性与整体效果不太符合，就需要对文字的相关属性进行细节上的调整。在 Photoshop CC 中，提供了专门的“字符”面板和“段落”面板，用于设置文字及段落的属性。

（1）“字符”面板

设置文字的属性主要是在“字符”面板中进行。执行“窗口→字符”命令（或在文字编辑状态按【Ctrl+T】组合键），即可弹出“字符”面板，如图 3-56 所示。

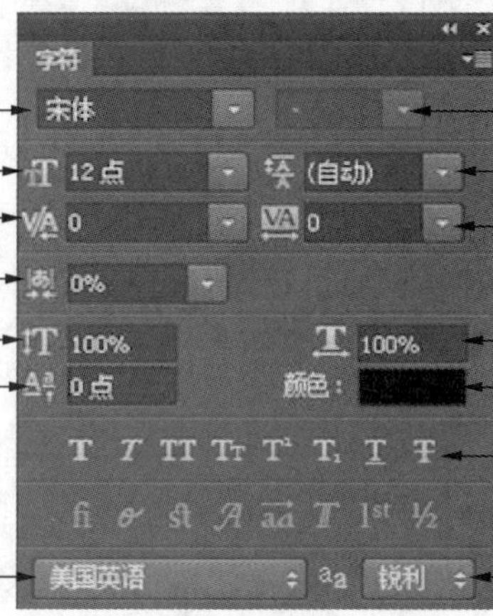

图3-56 “字符”面板

其中，主要选项的说明如下。

- 设置行距：行距指文本中各个文字行之间的垂直间距，同一段落的行与行之间可以设置不同的行距。
- 字距微调：用来设置两个字符之间的间距，在两个字符间单击，调整参数。
- 间距微调：选择部分字符时，可调整所选字符的间距；没有选择字符时，可调整所有字符的间距。
- 字符比例间距：用于设置所选字符的比例间距。
- 水平缩放/垂直缩放：水平缩放用于调整字符的宽度，垂直缩放用于调整字符的高度。这两个百分比相同时，可进行等比缩放。
- 基线偏移：用于控制文字与基线的距离，可以升高或降低所选文字。
- 特殊字体样式：用于创建仿粗体、斜体等文字样式，以及为字符添加下划线、删除线等文字效果。

（2）“段落”面板

“段落”面板用于设置段落属性。执行“窗口→段落”命令，即可弹出段落面板，如图 3-57 所示。

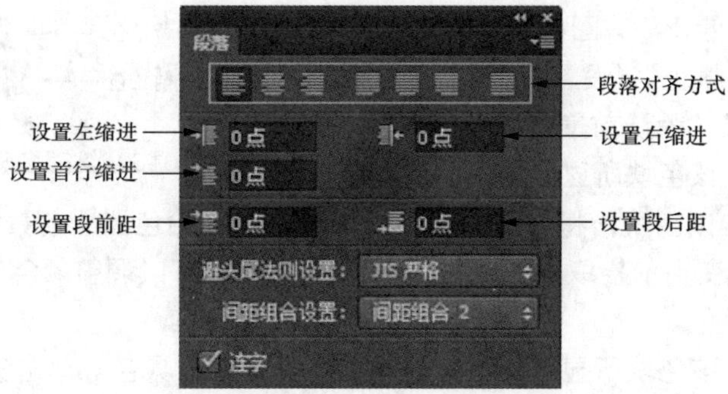

图3-57　“段落”面板

其中，主要选项的说明如下。

- 左缩进：横排文字从段落的左边缩进，直排文字从段落的顶端缩进。
- 右缩进：横排文字从段落的右边缩进，直排文字从段落的底部缩进。
- 首行缩进：用于缩进段落中的首行文字。

4. 图层的不透明度

“不透明度”用于控制图层、图层组中绘制的图像和形状的不透明程度。通过“图层”面板右上角的“不透明度”数值框可以对当前“图层”的透明度进行调节，其设置范围为 0%～100%。

打开素材图像“吹泡泡.psd”，如图 3-58 所示。在“图层”面板中选中“泡泡”图层，将其“不透明程度”设置为 50%，这时“泡泡”图层将变为半透明状态，如图 3-59 所示。

图3-58　不透明度为100%

图3-59　不透明度为50%

值得一提的是，在使用除画笔、图章、橡皮擦等绘画和修饰之外的其他工具时，按键盘中的数字键即可快速修改图层的不透明度。例如，按下“5”时，不透明度会变为 50%；连续按两下“6”时，不透明度会变为 66%；按下“0”时，不透明度会恢复为 100%。

5. 前景色和背景色

在 Photoshop CC 工具箱的底部有一组设置前景色和背景色的图标，如图 3-60 所示，该图标组可用于设置前景色和背景色，进而进行填充等相关操作。

通过图 3-60 容易看出，该图标组由 4 个部分组成，分别为“设置前景色”“设置背景色”“切换前景色和背景色”以及“默认前景色和背景色”。

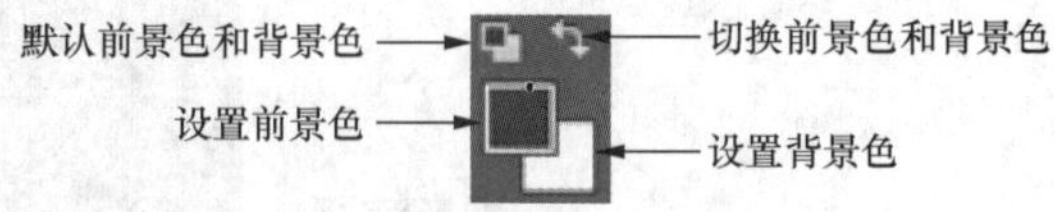

图3-60 前景色和背景色设置图标

（1）设置前景色：该色块所显示的颜色是当前所使用的前景色。单击该色块，将弹出如图 3-61 所示的“拾色器（前景色）”对话框。在“色域”中拖动鼠标可以改变当前拾取的颜色，拖动“颜色滑块”可以调整颜色范围。按【Alt+Delete】组合键可直接填充前景色。

（2）设置背景色：该色块所显示的颜色是当前所使用的背景色。单击该色块，将弹出“拾色器（背景色）”对话框，可进行背景色设置。按【Ctrl+Delete】组合键可直接填充背景色。

（3）切换前景色和背景色：单击该按钮（或按【X】键），可将前景色和背景色互换。

（4）默认前景色和背景色：单击该按钮（或按【D】键），可恢复默认的前景色和背景色，即前景色为黑色，背景色为白色。

在 Photoshop CC 的界面右侧面板中的“颜色”面板中也可以直观地反映前景色和背景色，如图 3-62 所示。在“颜色”面板中，单击前景色图标，可直接在右侧设置前景色；单击背景色图标，可直接设置背景色。拖动“颜色”面板右侧的滑块，可以快速更改颜色的色相，如图 3-63 所示。

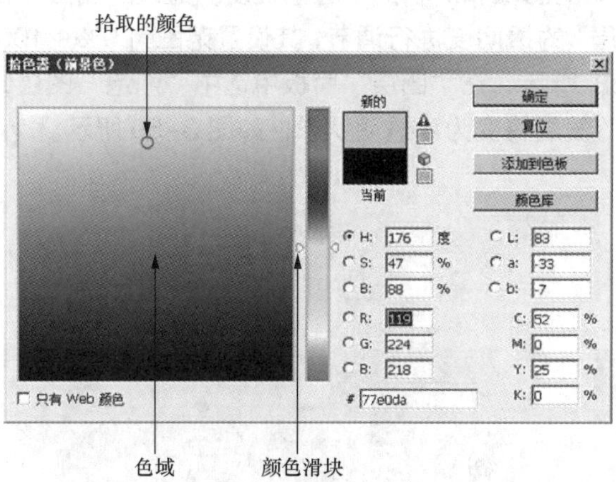

图3-61 “拾色器”对话框

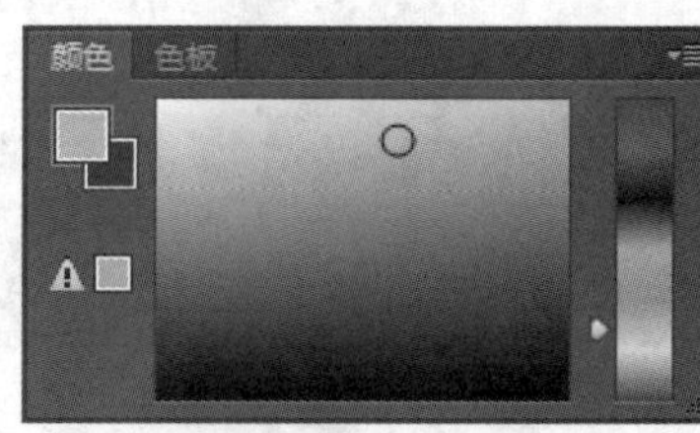

图3-62 “颜色”面板

使用“拾色器”或“颜色”面板设置颜色时，如果出现溢色，Photoshop 会给出警告信息，如图 3-64 所示。为什么会出现这样的警告信息呢？这是因为显示器的色域（RGB 模式）比打印机（CMYK 模式）的色域广，这就导致我们在显示器上看到的或者调出的颜色有可能打印不出来，那些不能被打印机准确输出的颜色称为“溢色”。

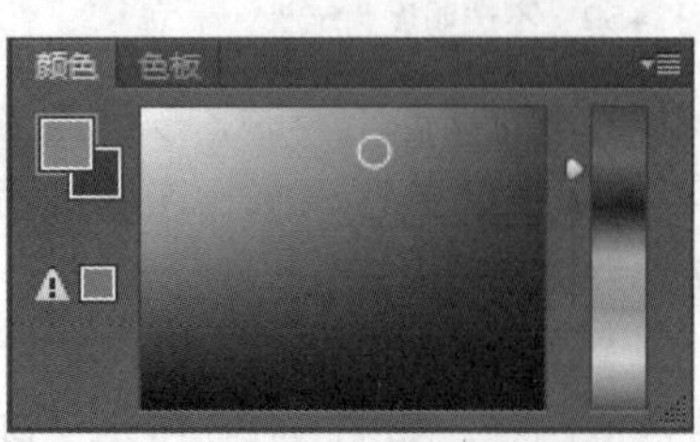

图3-63 拖动滑块

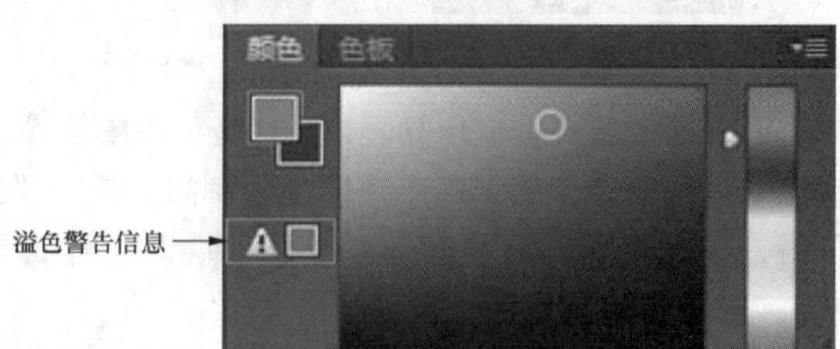

图3-64 溢色警告信息

6. 油漆桶工具

在 Photoshop CC 的工具箱中，如果当前未显示“油漆桶工具”，可右击“渐变工具”，在弹出的快捷菜单中即可选择“油漆桶工具”。使用“油漆桶工具”可以在图像中填充前景色或图案。如果创建了选区，则填充的区域为所选区域；如果没有创建选区，则填充与鼠标单击点颜色相近的区域。

图 3-65 所示为“油漆桶工具”选项栏。单击“前景”右侧的按钮，可以在下拉列表中选择填充内容，包括“前景色”和“图案”。调整“不透明度”可以设置所填充区域的不透明度。

图3-65 “油漆桶工具”选项栏

注 意

“油漆桶工具”与“填充”命令非常相似，主要用于在图像或选区中填充颜色或图案，但“油漆桶工具”在填充前会对鼠标单击位置的颜色进行取样，所以常用于填充颜色相同或相似的图像区域。

7. 橡皮擦工具

“橡皮擦工具”（或按【E】键）用于擦除图像中的像素。如果处理的是背景图层或锁定了透明区域（单击“图层”面板中的按钮）的图层，涂抹区域会显示为背景色，如图 3-66 所示；处理其他图层时，则可擦除涂抹区域中的像素，如图 3-67 所示。

图3-66 擦除“背景”图层

图3-67 擦除普通图层

选择“橡皮擦工具”时，其工具选项栏如图 3-68 所示。

图3-68 “橡皮擦工具”选项栏

图 3-68 展示了“橡皮擦工具”的相关选项，对其中一些常用选项的解释如下。

- ：单击该按钮右侧的图标，在弹出的设置框中输入相应的数值，可对橡皮擦的笔尖形状、笔刷大小和硬度进行设置。
- 模式：用于设置橡皮擦的种类。选择“画笔”，可创建柔边擦除效果；选择“铅笔”，可创建硬边擦除效果；选择“块”，擦除的效果为块状。
- 抹到历史记录：勾选该项后，“橡皮擦工具”就具有历史记录画笔的功能，可以有选择地将图像恢复到指定步骤。

3.3 任务 5：时尚潮流前沿 Banner

Banner 的设计风格和主题有必然的联系，一个优秀的 Banner 要从主题内容、表现形式、颜色等多方面综合考虑完成其风格的表现。下面将设计制作一款以时尚为主题的 Banner，通过本任务的学习，读者可以掌握选区的基本操作。

3.3.1 任务描述

时尚从来都和女人有关系，漂亮、妩媚、自信、自然……时尚从来都不需要多解释。本任务为 2016 国际时尚周主题 Banner，主题内容为“2016 要时尚的跟我来!”。要求根据主题搜集素材，可适当匹配文案，设计一款时尚、风情的 Banner，最终设计效果如图 3-69 所示。

图3-69 时尚潮流前沿Banner效果展示

3.3.2 任务分析

“国际时尚周”自然要和“时尚”有关系，因此可以根据主题搜集一些时尚元素，以此获得设计灵感，如图 3-70 所示。

图3-70 搜集素材

从主题内容“2016 要时尚的跟我来!”入手，素材中行走的人很符合“跟我来”的感觉，可以选定人物作为 Banner 的一部分，如图 3-71 所示。其他元素，选定一双颜色艳丽的高跟鞋，如图 3-72 所示。根据已选元素，可以确定整体 Banner 的色调为红黑配搭。

图3-71　模特素材

图3-72　鞋子素材

3.3.3　任务制作

1. 绘制背景

STEP 1 打开 Photoshop CC 软件，按【Ctrl+N】组合键，在“新建”对话框中设置“名称”为【任务 5】时尚潮流前沿 Banner、“宽度”为 960 像素、“高度”为 486 像素、“分辨率”为 72 像素/英寸、“颜色模式”为 RGB 颜色、“背景内容”为白色。

STEP 2 设置“前景色”为黑红色（RGB：20、0、10），按【Alt+Delete】组合键，为“背景”层填充前景色。

STEP 3 在工具箱中右击“套索工具”，会弹出套索工具组，选择“多边形套索工具”。在画面左上角，单击以确定起始点，接着，拖动鼠标指针至目标方向处依次单击，可创建新的节点，形成一个不规则的四边形，如图 3-73 所示。

STEP 4 执行“选择→反选”命令（或按【Ctrl+Shift+I】组合键），得到反选的选区，如图 3-74 所示。

图3-73　绘制选区

图3-74　反选选区

STEP 5 设置“前景色”为暗红色（RGB：90、2、45），按【Ctrl+Shift+Alt+N】组合键，新建“图层 1”。按【Alt+Delete】组合键，为“图层 1”填充前景色，如图 3-75 所示。

STEP 6 执行“选择→取消选择”命令（或按【Ctrl+D】组合键）取消选区。

STEP 7 选择“多边形套索工具”，绘制一个如图 3-76 所示的不规则选区。

STEP 8 按【Ctrl+Shift+Alt+N】组合键，新建“图层 2”。为“图层 2”填充白色，效果如图 3-77 所示。按【Ctrl+D】组合键，取消选区。

STEP 9 打开素材图像“背景素材.png”所在的文件夹，拖动“背景素材”至画布，按【Enter】键置入，效果如图 3-78 所示。在“图层”面板中，右击“背景素材”所在的图层，选择“栅格化图层”命令。

STEP 10 在“图层”面板中，选中“图层 2”，执行“选择→载入选区”命令，在弹出的“载入选区”对话框中选择“确定”按钮，将“图层 2”载入选区，如图 3-79 所示。

图3-75 填充“图层1”

图3-76 绘制不规则选区

图3-77 填充“图层2”

STEP 11 按【Ctrl+Shift+I】组合键，将选区反选。在“图层”面板中，选中“背景素材”，按【Delete】键删除选区中的内容，如图 3-80 所示。按【Ctrl+D】组合键，取消选区。

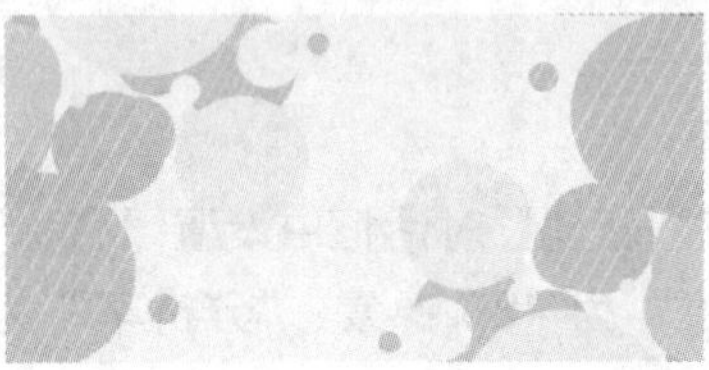
图3-78 背景素材

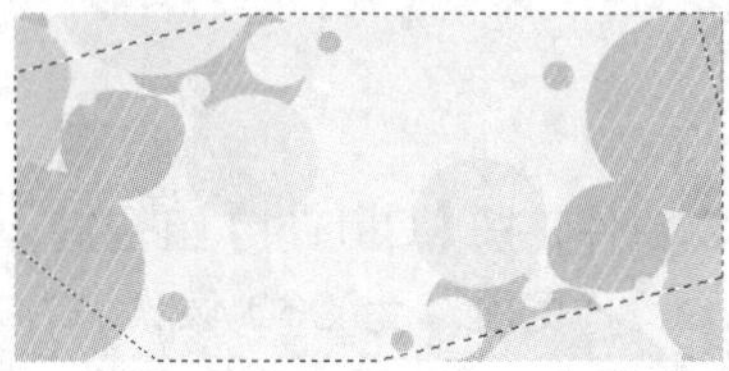
图3-79 载入选区

图3-80 删除选区内容

STEP 12 在“图层”面板中，设置“背景素材”的“不透明度”为 50%，如图 3-81 所示。

STEP 13 选择“多边形套索工具”，在画布右上角绘制一个三角形选区并填充红色（RGB：203、15、70），如图 3-82 所示。

STEP 14 继续在画布四周绘制选区并填充红色，效果如图 3-83 所示。

图3-81 “不透明度”的设置

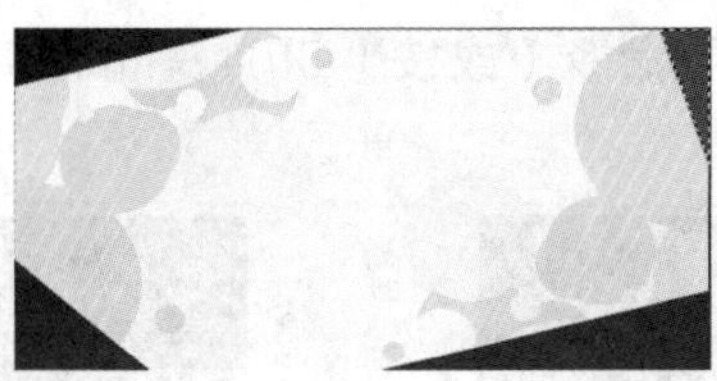
图3-82 绘制填充选区

图3-83 绘制填充选区

STEP 15 在“图层”面板中，选择除“背景”层以外的所有图层，按【Ctrl+G】组合键，将选中的图层变成组，并重命名为“背景”。

2. 制作主体部分

STEP 1 打开素材图像“模特素材.png”，如图 3-84 所示。

STEP 2 选择“移动工具”，将“模特”移动至画布中，并按【Ctrl+T】组合键，将其缩小至适当大小，按【Enter】键确定，如图 3-85 所示。

STEP 3 打开素材图像“鞋子素材.jpg”，如图 3-86 所示。

图3-84 模特素材

图3-85 置入素材并调整

图3-86 鞋子素材

STEP 4 选择“魔棒工具”，在选项栏中设置“容差”为 60，在“鞋子”白色背景处单击，即可选中白色背景。

STEP 5 按【Ctrl+Shift+I】组合键，将选区反选。选择“移动工具”，将“鞋子”移动至画布中，并按【Ctrl+T】组合键，将其缩小至适当大小，按【Enter】键确定，如图 3-87 所示。

STEP 6 选择“横排文字工具”，在画布中逐一输入文字信息并注意大小比例和排列顺序，如图 3-88 所示。

图3-87　置入素材并调整

图3-88　输入文字信息

STEP 7 选择“2016”图层，设置“字体”为 Impact Regular、“字体大小”为 90 点、“字体颜色”为红色（RGB：203、15、70），效果如图 3-89 所示。

STEP 8 选择“NEW STYLE”图层，设置“字体”为 Elephant Regular、“字体大小”为 31 点、“字体颜色”为黑色，效果如图 3-90 所示。

STEP 9 选择“要时尚的跟我来!”图层，设置“字体”为黑体、“字体大小”为 31 点、“字体颜色”为黑色，效果如图 3-91 所示。

图3-89　设置2016文字属性

图3-90　设置英文文字属性

图3-91　设置文字属性

STEP 10 选择“多边形套索工具”，在“品质时尚潮流”层下方绘制一个不规则四边形，并填充暗灰色（RGB：48、48、48），如图 3-92 所示。

图3-92　“多边形套索工具”的使用

STEP 11 选择“品质时尚潮流”图层，设置“字体”为方正综艺简体、“字体大小”为 40 点、“字体颜色”为白色，效果如图 3-93 所示。

STEP 12 选择“椭圆工具”，在画布上绘制白色正圆形状，如图 3-94 所示。

图3-93　设置中文字体属性

图3-94　“椭圆工具”的使用

STEP 13 选择“跟着时尚走”图层，设置“字体”为方正正粗黑简体、“字体大小”为 66.5 点、“字体颜色”为红色（RGB：203、15、70），效果如图 3-95 所示。

STEP 14 选择“FOLLOW THE FASHION”图层，设置“字体”为 Felix Titling Regular、

“字体大小”为 30 点、“字体颜色”为红色（RGB：203、15、70），效果如图 3-96 所示。

STEP 15 选择“矩形工具”，在“跟着时尚走”和“FOLLOW THE FASHION”上下各绘制一条黑色矩形形状，如图 3-97 所示。

STEP 16 在“图层”面板中，选择“模特”所在的图层。选择“减淡工具”，在模特的包上拖动鼠标，使其颜色变浅，突出文字，效果如图 3-98 所示。

图3-95 设置文字属性

图3-96 调整字体

图3-97 绘制矩形形状

图3-98 “减淡工具”的使用

STEP 17 按【Ctrl+S】组合键，将文件保存在指定文件夹中。

3.3.4 知识点讲解

1. 选区的基本操作

在 Photoshop 中处理局部图像时，需要指定编辑操作的有效区域，即创建选区。如果没有创建选区，则会对整张图像进行处理。读者已经学习过的“矩形选框工具”和“魔棒工具”都是创建选区的基本工具。

（1）全选与反选

执行“选择→全部”命令（或按【Ctrl+A】组合键），可以选择当前文档边界内的全部图像，如图 3-99 所示。

如果需要复制整个图像，可以执行该命令，再按【Ctrl+C】组合键。如果文档中包含多个图层，则可按【Ctrl+Shift+C】组合键（合并复制）。

创建选区之后，执行“选择→反向”命令（或按【Ctrl+Shift+I】组合键），可以反转选区。如果需要选择的对象的背景色比较简单，则可以先用“魔棒工具”等选择背景，如图 3-100 所示，再按【Ctrl+Shift+I】组合键反转选区，将对象选中，如图 3-101 所示。

图3-99 全选

图3-100 使用“魔棒工具”选择背景

图3-101 反选

（2）取消选区

执行“选择→取消选择”命令（或按【Ctrl+D】组合键）可取消当前选区（适用于所有选区

工具创建的选区）。

（3）移动选区

选区在创建时和创建后都可以进行移动，其具体方法如下。

- 创建选区时移动选区

使用“选框工具”创建选区时，在释放鼠标左键前，按住【Space】键拖动鼠标，即可移动选区。

- 创建选区后移动选区

创建选区后，在选项栏中“新选区”■为选中状态下，使用“选框工具”“套索工具”和“魔棒工具”时，只要指针在选区内，单击拖动鼠标即可移动选区，也可以按下键盘中的方向键进行移动。

（4）载入选区

按住【Ctrl】键的同时，单击“图层”面板中的“图层”缩览图，即可将选区载入到图像中。此外，执行“选择→载入选区”命令，可以弹出“载入选区”对话框，单击“确定”按钮，也可将图层载入选区。

（5）变换选区

“自由变换”命令会对选区及选中的图像同时应用变换，而“变换选区”命令，只会对“选区”进行旋转、缩放等变换操作，而不影响选区内的图像效果。执行“选择→变换选区”命令，选区四周会出现定界框，拖动控制点，即可对选区进行变换操作，其操作方法与“自由变换”类似，如图 3-102 所示。

图3-102 选区定界框

（6）隐藏与显示选区

在 Photoshop 的图像处理中，选区虽然很重要，但像蚂蚁爬行一样的动态形式有时会影响对图像处理效果的判断。这时，执行“视图→显示→选区边缘”命令（或按【Ctrl+H】组合键），即可隐藏选区。

隐藏选区后，选区虽然不见了，但它仍然存在并限定操作的有效区域，如图 3-103 所示。需要重新显示选区，可再次执行“视图→显示→选区边缘”命令（或按【Ctrl+H】组合键）。

2. 矩形选框工具

“矩形选框工具”作为最常用的选区工具，常用来绘制一些形状规则的矩形选区。选择“矩形选框工具”■（或按快捷键【M】），按住鼠标左键在画布中拖动，即可创建一个矩形选区，如图 3-104 所示。

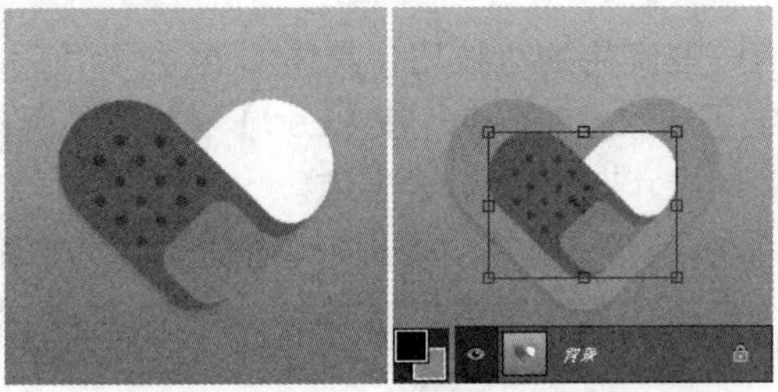

原图　　隐藏选区后进行自由变换

图3-103 隐藏选区

图3-104 创建矩形选区

使用“矩形选框工具”创建选区时，有一些实用的小技巧，具体如下。

- 按住【Shift】键的同时拖动鼠标指针，可创建一个正方形选区。

• 按住【Alt】键的同时拖动鼠标指针，可创建一个以单击点为中心的矩形选区。

• 按住【Alt+Shift】组合键的同时拖动鼠标指针，可以创建一个以单击点为中心的正方形选区。

选择“矩形选框工具”后，可以在其选项栏的“样式”列表框中选择控制选框尺寸和比例的方式，如图 3-105 所示。

图3-105 “矩形选框工具”选项栏

可以将“矩形选框工具”的“样式”设置为“正常”“固定比例”和“固定大小”3 种形式。

• 正常：默认方式，拖动鼠标可创建任意大小的选框。

• 固定比例：选择该选项后，可以在后面的“宽度”和“高度”文本框中输入具体的宽高比。绘制选框时，选框将自动符合该宽高比。

• 固定大小：选择该选项后，可以在后面的“宽度”和“高度”文本框中输入具体的宽高数值，以创建指定尺寸的选框。

3. 多边形套索工具

Photoshop CC 提供了“多边形套索工具”，用来创建一些不规则选区。在工具箱中选择“套索工具”后并右击，会弹出套索工具组，如图 3-106 所示。

选择“多边形套索工具”后，鼠标指针会变成形状，在画布中单击确定起始点。接着，拖动鼠标指针至目标方向处依次单击，可创建新的节点，形成折线，如图 3-107 所示。然后，拖动鼠标指针至起始点位置，当终点与起点重合时，鼠标指针状态变为，这时，再次单击，即可创建一个闭合选区，如图 3-108 所示。

图3-106 套索工具组

图3-107 绘制多边形选区

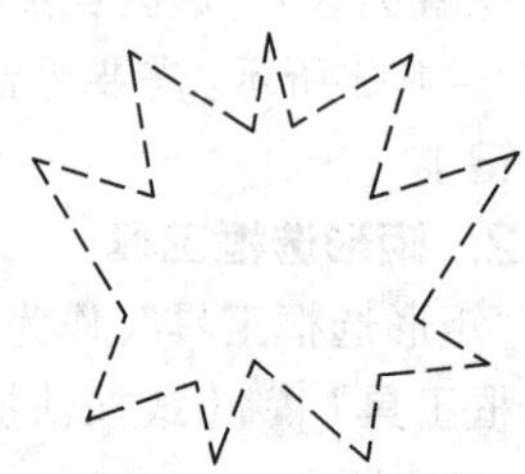

图3-108 闭合多边形选区

使用“多边形套索工具”创建选区时，有一些实用的小技巧，具体如下。

• 未闭合选择区的情况下，按【Delete】键可删除当前节点，按【Esc】键可删除所有的节点。

• 按住【Shift】键不放，可以沿水平、垂直或 45° 方向创建节点。

打开素材图像“城市天空.jpg”，如图 3-109 所示。选择“多边形套索工具”，在高楼的任一楼顶处单击创建起点，拖动鼠标指针在每一个转折处依次单击创建节点，待终点与起点重合时，即可形成天空选区，效果如图 3-110 所示。

4. 减淡工具

使用“减淡工具”可以加亮图像的局部区域，通过提高图像选区的亮度来校正曝光。因此，“减淡工具”常被用来修饰图片。选择“减淡工具”（或按【O】键），待鼠标指针变为○状时在图层对象上涂抹，即可减淡图层对象的颜色，如图 3-111 所示为月亮点亮效果。

图3-109 素材图像“城市天空”

图3-110 创建选区

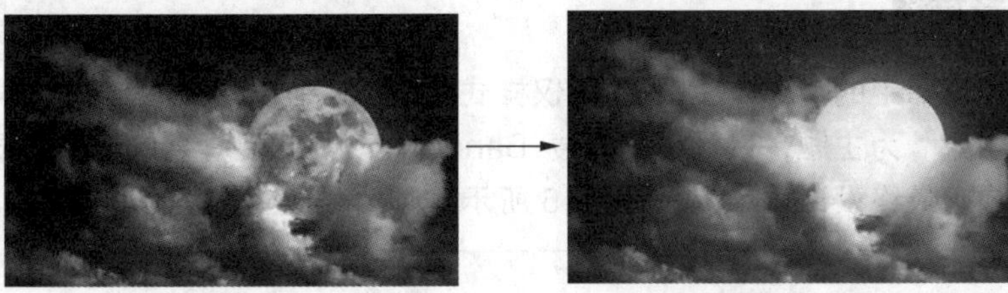

原图　　使用减淡工具

图3-111 “减淡工具”的使用

图 3-112 所示为“减淡工具”选项栏，其中“范围”“曝光度”和“保护色调”这 3 项比较常用，对它们的具体介绍如下。

图3-112 “减淡工具”选项栏

- 范围：可以选择需要修改的色调，分为“阴影”“中间调”和“高光”选项。其中，“阴影”选项可以处理图像的暗色调，“中间调”选项可以处理图像的中间色调，“高光”选项则处理图像的亮部色调。
- 曝光度：可以为“减淡工具”指定曝光度，数值越大效果越明显。
- 保护色调：如希望操作后图像的色调不发生变化，则勾选该复选框即可。

5. 加深工具

“加深工具”和“减淡工具”恰恰相反，可以使图像的局部区域变暗。右击“减淡工具”，在弹出的选项组中选择“加深工具”，如图 3-113 所示。

图3-113 加深工具

选择“加深工具”后，在图像上反复涂抹，即可使涂抹的区域变暗，如图 3-114 所示。

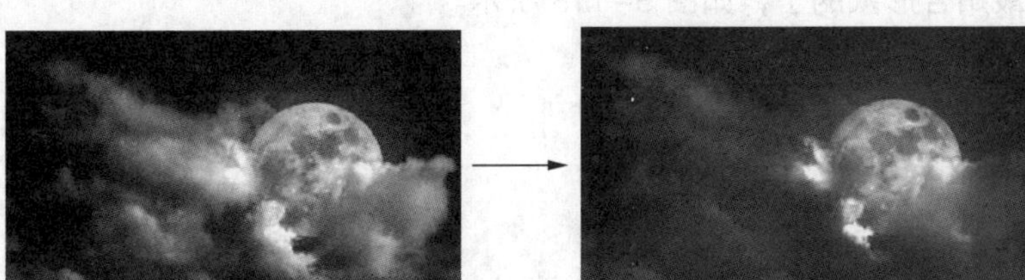

原图　　使用加深工具

图3-114 “加深工具”的使用

同“减淡工具”一样，通过指定“加深工具”选项栏中的“曝光度”，也可以设置加深的效果，数值越大效果越明显。

3.4 任务 6：耳麦 Banner

在大数据时代，电商网站中常以 Banner 的形式展示出消费者近期互联网搜索的关注点，有针对性地推广产品。下面将设计制作一款以耳麦为主体的 Banner。通过本任务，读者可以掌握“魔棒工具”和智能对象的基本操作。

3.4.1 任务描述

耳麦作为现代生活中的“潮人装备”，不仅样式要前卫，音质更要能够“把耳朵叫醒”。本任务是以“把耳朵叫醒”为主题，设计一款耳麦 Banner，既要体现耳麦的完美音质效果，又要展示耳麦的酷炫外观，最终设计效果如图 3-115 所示。

图3-115 耳麦Banner效果图

3.4.2 任务分析

本 Banner 的主题文字为已有素材，如图 3-116 所示。根据素材风格可以得出，整个 Banner 应该是简洁、干净的感觉。如果使用白色背景，不仅可以与黑色的主题文字对比，符合简洁的风格，也会使黑色的主题文字显得醒目。

耳麦提供了 5 种颜色，如图 3-117 所示。黑白搭配与红色耳麦会很醒目，可以选择红色为辅助色彩。音乐自然少不了音符、耳麦自然少不了音频，这些都是可以搜集应用的音乐素材。

如果仅使用这些传统和容易联想的素材，画面效果会缺乏一定的趣味性和可读性。而如果“把耳朵叫醒”是一个动物做的动作，给用户的感觉可能更不一样了。一只能陶醉在音乐海洋里的狗狗，大概是最贴合形象的了，如图 3-118 所示。

图3-116 文字素材

图3-117 耳麦

图3-118 陶醉的狗狗

3.4.3　任务制作

1. 置入主体素材

STEP 1 打开 Photoshop CC 软件，按【Ctrl+N】组合键，在“新建”对话框中设置“名称”为【任务 6】耳麦 Banner、“宽度”为 1000 像素、“高度”为 360 像素、“分辨率”为 72 像素/英寸、“颜色模式”为 RGB 颜色、“背景内容”为白色。

STEP 2 按【Ctrl+O】组合键，在“打开”对话框中选择如图 3–119 所示的所有素材文件。

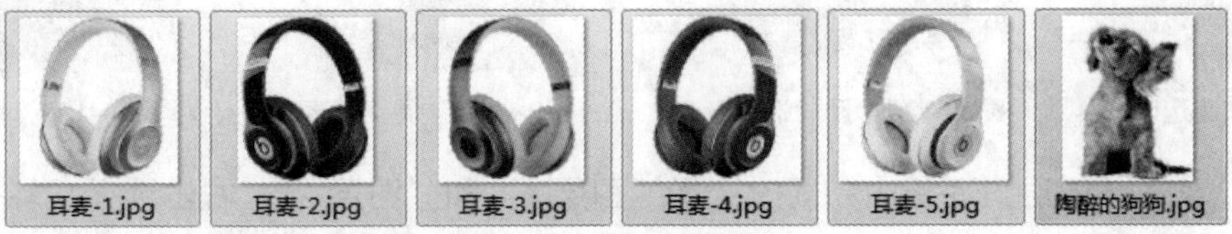

图3–119　打开素材图像

STEP 3 选择“移动工具”，将“陶醉的狗狗”拖至画布“【任务 6】耳麦 Banner”中。在“图层”面板中，得到“图层 1”。

STEP 4 按【Ctrl+T】组合键，将“陶醉的狗狗”缩小至如图 3–120 所示的大小，并移至适当位置。

STEP 5 切换到素材图像“耳麦–1”，如图 3–121 所示。选择“魔棒工具”，在选项栏中设置“容差”为 5、勾选“消除锯齿”选项和“连续”选项，如图 3–122 所示。

图3–120　置入素材“陶醉的狗狗”

图3–121　素材图像“耳麦–1”

图3–122　“魔棒工具”选项栏

STEP 6 在“耳麦–1”外侧的白色背景上单击，效果如图 3–123 所示，将白色背景载入选区。

STEP 7 按住【Shift】键的同时，单击“耳麦–1”内侧的白色背景，将其加选到选区中，如图 3–124 所示。

STEP 8 执行“选择→反向”命令（或按【Ctrl+Shift+I】组合键），可以反转选区。此时，“耳麦–1”被载入选区，如图 3–125 所示。

STEP 9 选择“移动工具”，将“耳麦–1”拖至画布“【任务 6】耳麦 Banner”中。在“图层”面板中，得到“图层 2”。

STEP 10 按【Ctrl+T】组合键，调整“耳麦–1”的大小、角度和位置，使耳麦的听筒一端贴在狗狗的耳朵上，如图 3–126 所示。

图3–123　将白色背景载入选区

STEP 11 选择“橡皮擦工具”，在选项栏中设置“笔尖形状”为硬边圆，“大小”为 15 像素，将狗狗脸部多余的耳麦擦除，效果如图 3-127 所示。

图3-124 加选选区

图3-125 反向选择

图3-126 调整耳麦

图3-127 擦除多余部分

STEP 12 在“图层”面板中，同时选择“图层 1”和“图层 2”，右击选择“转换为智能对象”命令，可将两个图层打包成为一个“智能对象”，如图 3-128 所示。

STEP 13 执行“图层→重命名图层”命令，图层名称会进入可编辑状态，如图 3-129 所示。输入名称“狗狗听歌”，按【Enter】键确认，如图 3-130 所示。

图3-128 转换为智能对象

图3-129 可编辑状态

图3-130 输入名称

2. 置入耳麦素材

STEP 1 切换到素材图像“耳麦-2”，如图 3-131 所示。选择“魔棒工具”，单击“耳麦-2”外侧的白色背景。按住【Shift】键的同时，单击“耳麦-1”内侧的白色背景，将其加选到选区中，如图 3-132 所示。

STEP 2 按【Ctrl+Shift+I】组合键，可以反转选区。此时，“耳麦-2”被载入选区，如图 3-133 所示。

图3-131 素材图像“耳麦-2”

图3-132 加选选区

图3-133 反选选区

STEP 3 选择“移动工具”，将“耳麦-2”拖至画布“【任务 6】耳麦 Banner”中。在“图层”面板中，得到“图层 1”。

STEP 4 重复 **STEP 1** ~ **STEP 3** 的操作，将“耳麦–3”（如图 3–134 所示）、“耳麦–4”（如图 3–135 所示）和“耳麦–5”（如图 3–136 所示）逐一载入选区置入“【任务 6】耳麦 Banner”中。在“图层”面板中，得到“图层 2”“图层 3”和“图层 4”。

图3–134 素材图像“耳麦–3”

图3–135 素材图像“耳麦–4”

图3–136 素材图像“耳麦–5”

STEP 5 在“图层”面板中，同时选中“图层 1”“图层 2”“图层 3”和“图层 4”。按【Ctrl+T】组合键，同时调整耳麦的大小，效果如图 3–137 所示。

图3–137 调整耳麦大小

STEP 6 在“图层”面板中，选中“图层 1”，按【Ctrl+T】组合键，将其缩小并旋转，按【Enter】键确认自由变换，效果如图 3–138 所示。

STEP 7 依次对“图层 2”“图层 3”和“图层 4”重复 **STEP 6** 的操作，最终效果如图 3–139 所示。

图3–138 调整“图层1”

图3–139 重复操作后的最终效果

3. 置入文字信息

STEP 1 打开素材所在的文件夹，选择“把耳朵叫醒.png”，如图 3–140 所示，并将其拖至画布“【任务 6】耳麦 Banner”中，效果如图 3–141 所示。

图3–140 素材图像“把耳朵叫醒”

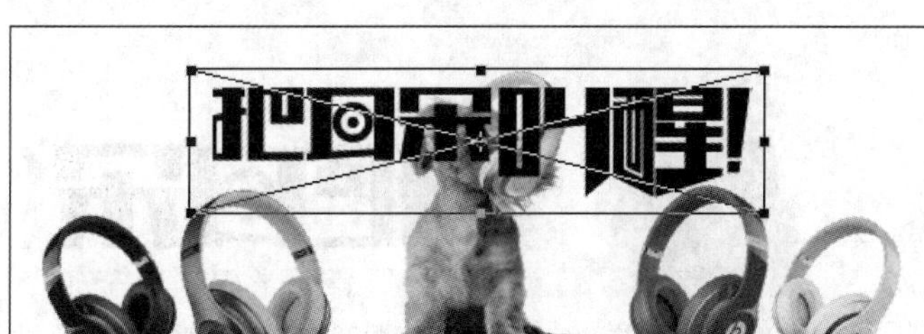

图3–141 画布中的效果

STEP 2 按【Enter】键，确定置入“智能对象”，此时在“图层”面板中，得到“把耳朵叫醒”的“智能对象”图层，如图 3–142 所示。

STEP 3 选择“移动工具” ，将“把耳朵叫醒”移动至适当的位置，如图 3–143 所示。

图3-142 智能对象

图3-143 移动对象

STEP 4 选择“矩形选框工具”，将“叫醒!”框选，如图 3-144 所示。然后，选择“移动工具”，按住【Shift】键的同时连续按【→】键，将其移动至适当的位置，如图 3-145 所示。按【Ctrl+D】组合键，取消选区。

图3-144 框选文字

图3-145 移动选区

STEP 5 选择“吸管工具”，在画布中红色耳麦（图层 3）上稍亮部位单击取样，如图 3-146 所示。此时，前景色会替换为取样点的颜色。

STEP 6 选择“横排文字工具”，在选项栏中设置“字体”为楷体、“字体大小”为 21 点，在画布中输入文字信息“Beats Solo2 头戴式耳麦狂欢节”，如图 3-147 所示。

4. 置入背景信息

STEP 1 打开素材所在的文件夹，选择“音符.png”，如图 3-148 所示，并将其拖至画布“【任务 6】耳麦 Banner”中，按【Enter】键确定，效果如图 3-149 所示。

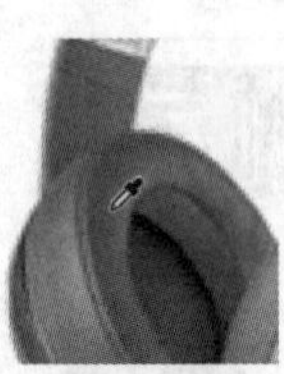

图3-146 取样

图3-147 文字信息

图3-148 素材图像“音符”

STEP 2 在“图层”面板中调整“音符”的图层顺序在“狗狗听歌”之上，如图 3-150 所示。

STEP 3 选择“橡皮擦工具”，在画布中多余的音符上单击，弹出一个如图 3-151 所示的警示对话框。单击“确定”按钮，将“智能对象”栅格化。

图3-149　画布中的效果

图3-150　调整图层顺序

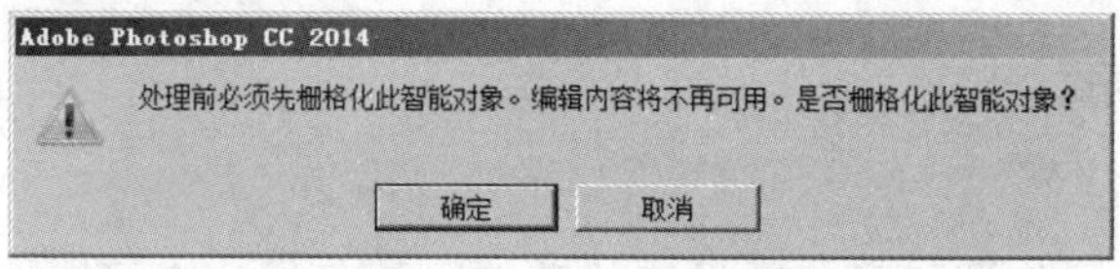

图3-151　警示对话框

STEP 4 继续使用“橡皮擦工具”，在画布中多余的音符上涂抹，将多余的图像擦除，效果如图 3-152 所示。然后，在“图层”面板中，设置“不透明度”为 10%，效果如图 3-153 所示。

图3-152　橡皮擦工具

图3-153　“不透明度”效果

STEP 5 打开素材图像“音频.jpg”，如图 3-154 所示。选择“魔棒工具”，在选项栏中设置“容差”为 30、不勾选“连续”选项，单击“音频”白色背景，即可将所有白色部分载入到选区，如图 3-155 所示。

STEP 6 按【Ctrl+Shift+I】组合键，可以反转选区。此时，红色“音频”载入选区，如图 3-156 所示。

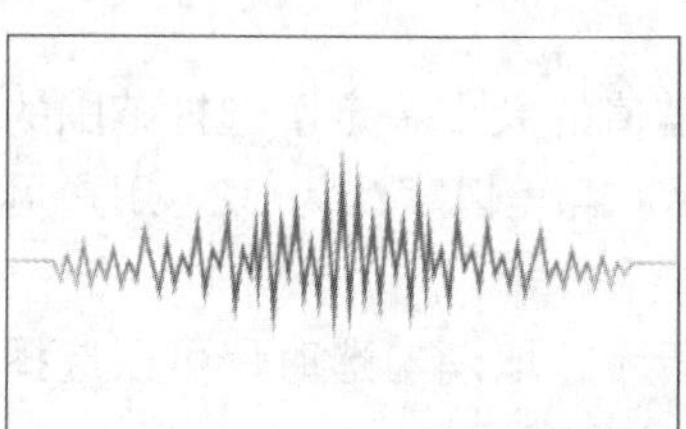

图3-154　素材图像“音频”

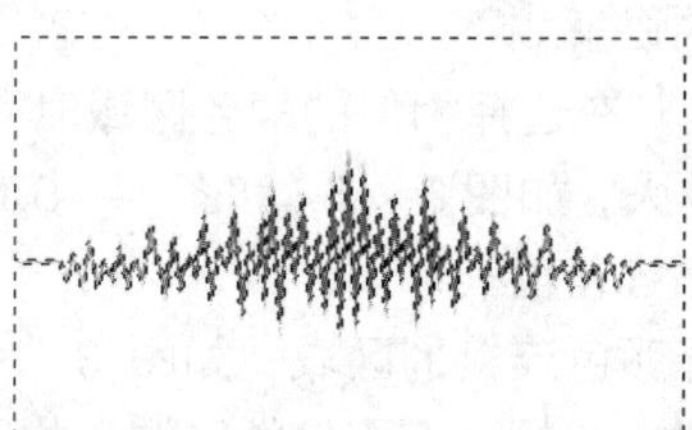

图3-155　选择背景

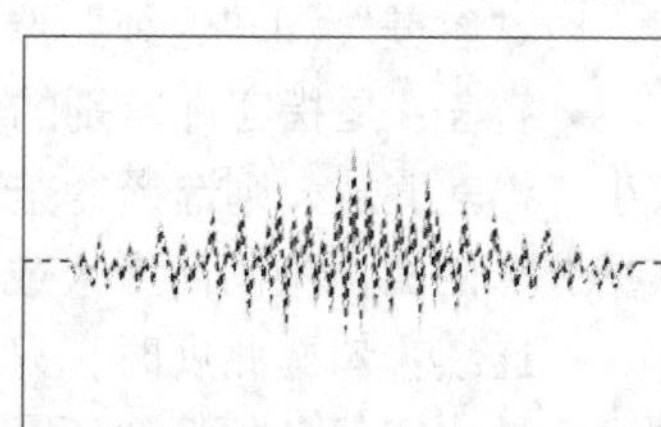

图3-156　“音频”选区

STEP 7 选择“移动工具”，将“音频”拖至画布“【任务 6】耳麦 Banner”中的适当位置，如图 3-157 所示。此时，“图层”面板中生成“图层 5”，设置“图层 5”的“不透明度”为 40%。

STEP 8 按【Ctrl+J】组合键，复制得到“图层 5 拷贝”，将其移动到画面右侧的适当位置，如图 3-158 所示。

STEP 9 按【Ctrl+S】组合键，将文件保存在指定文件夹中。

图3-157 置入画布

图3-158 复制并移动

3.4.4 知识点讲解

1. 魔棒工具

“魔棒工具”是基于色调和颜色差异来构建选区的工具，它可以快速选择色彩变化不大，且色调相近的区域。选择“魔棒工具”（或按【W】键），在图像中单击，如图 3-159 所示，则与单击点颜色相近的区域都会被选中，如图 3-160 所示。

图3-159 用“魔棒工具”单击图像

图3-160 选中的区域

图 3-161 所示为“魔棒工具”选项栏，通过其中的“容差”和“连续”选项可以控制选区的精确度和范围。

图3-161 “魔棒工具”选项栏

对“容差”和“连续”选项的讲解如下。

• 容差：是指容许差别的程度。在选择相似的颜色区域时，容差值的大小决定了选择范围的大小，容差值越大则选择的范围越大，如图 3-162 和图 3-163 所示。容差值默认为 32，用户可根据选择的图像不同而增大或减小容差值。

• 连续：勾选此项时，只选择颜色连接的区域，如图 3-164 所示。取消勾选时，可以选择与鼠标单击点颜色相近的所有区域，包括没有连接的区域，如图 3-165 所示。

图3-162 容差值为10

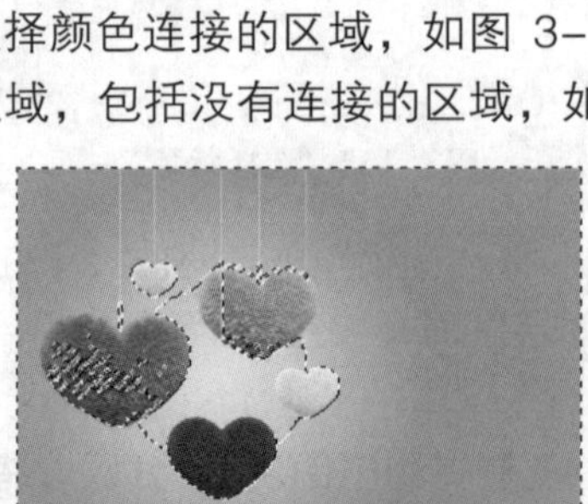

图3-163 容差值为80

图3-164 勾选“连续”复选框时的效果

2. 智能对象

智能对象是一个嵌入到当前文档中的文件，它可以包含图像，也可以包含在 Adobe Illustrator 中创建的矢量图形。智能对象与普通图层的区别在于，它能够保留对象的源内容和所有的原始特征，在 Photoshop 中对其进行缩放及旋转时，图像不会失真。

在“图层”面板中选择一个或多个普通图层，如图 3-166 所示，右击，在弹出的快捷菜单中执行“转换为智能对象”命令，可以将一个或多个普通图层打包到一个智能对象中，如图 3-167 所示。

图3-165　未勾选“连续”复选框时的效果

图3-166　选择多个普通图层

图3-167　智能对象图层

值得一提的是，智能对象图层虽然有很多优势，但是在某些情况下却无法直接对其编辑。例如，使用选区工具删除智能对象时，将会报错，如图 3-168 所示。这时就需要将智能对象转换为普通图层。

选择智能对象所在的图层，如图 3-167 所示，右击选择“栅格化图层”命令，可以将智能对象图层转换为普通图层，原图层缩览图上的智能对象图标会消失，如图 3-169 所示。

图3-168　编辑智能对象报错

图3-169　栅格化后的图层

3. 图层的重命名

在 Photoshop 中，新建图层的默认名称为“图层 1”“图层 2”“图层 3”……为了方便图层的管理，经常需要对图层进行重命名，从而可以更加直观地操作和管理各个图层，大大提高工作效率。

执行“图层→重命名图层”命令，图层名称会进入可编辑状态，如图 3-170 所示，此时输入需要的名称即可，如图 3-171 所示。另外，在“图层”面板中，直接双击图层名称，也可以对图层进行重命名操作。

4. 吸管工具

在图像处理的过程中，经常需要从图像中获取某处的颜色，这时就需要用到“吸管工具”。在工具箱中选择“吸管工具”（或按【I】键），将鼠标移动至文档窗口，当光标呈形状时在取样点上单击，工具箱中的前景色就会替换为取样点的颜色，如图 3-172 所示。

图3-170 图层可编辑状态

图3-171 重命名图层

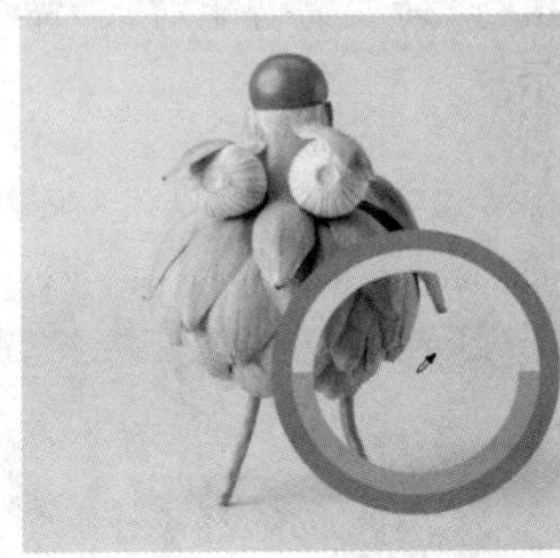

图3-172 “吸管工具”的使用

值得一提的是，使用“吸管工具”时，按住【Alt】键单击，可以将单击处的颜色拾取为背景色。

3.5 任务 7：母婴 Banner

母婴用品作为当代社会消费数量多、发展速度快的产业之一，随着各种一站式采购折扣网站的涌入，已成为如今各大电商网站最多推广的题材。本任务将设计制作一款母婴用品的 Banner。通过本任务，读者可以掌握“渐变工具”和渐变编辑器的使用。

3.5.1 任务描述

本 Banner 的设计应从新妈妈的角度出发，展示一站式采购的理念和功能。客户要求 Banner 上需展示一些常见的著名母婴用品，文案内容要简洁、清晰并能体现出解决问题的内容。最终效果如图 3-173 所示。

图3-173 “母婴Banner”效果图

3.5.2 任务分析

近些年，经营母婴用品的电商数量与日俱增。为了抢占市场，在第一时间抓住用户的眼球，就要对消费母婴用品的用户行为进行具体的分析。不论是新生儿还是新妈妈，都是体现了一个“新”字，都要给新生命一个新的开始。

在颜色的运用上，Banner 应该以鲜艳、温暖为主，应选择以暖色为主的色调，如橙色、红色、粉色或紫色。结合网络搜索排名和妈妈们的推荐，选择常用的母婴用品集结成素材，如图 3-174 所示。根据素材的色调，可选择偏冷一点的紫色作为背景颜色。

在图案的运用上，当今时代的妈妈们，思想和认知都比较前卫，更注重品牌效应和功能体现。整体 Banner 的感觉需要“潮”一些，需要能体现当今“潮牌”的趋势。运用渐变和简单的几何图形，制作出简约而不简单的背景效果。

图3-174 集结素材

3.5.3 任务制作

1. 绘制背景效果

STEP 1 打开 Photoshop CC 软件，按【Ctrl+N】组合键，在“新建”对话框中设置“名称”为【任务 7】母婴 Banner、“宽度”为 756 像素、“高度”为 235 像素、“分辨率”为 72 像素/英寸、“颜色模式”为 RGB 颜色、“背景内容”为白色。

STEP 2 设置“前景色”为橘黄色（RGB：253、151、75），“背景色”为粉红色（RGB：239、62、109）。

STEP 3 选择“渐变工具”（或按【G】键），在其选项栏中选择“线性渐变”按钮，其他选项的设置如图 3-175 所示。

图3-175 “渐变工具”选项栏

STEP 4 单击选项栏中的“渐变颜色条”，将弹出“渐变编辑器”对话框，如图 3-176 所示。

STEP 5 在“渐变编辑器”的“预设”选项中选择第一项“前景色到背景色渐变”，单击“确定”按钮。

STEP 6 将光标移至画布左侧，按住【Shift】键的同时，单击鼠标左键并向右拖动鼠标指针至画布右侧，释放鼠标，画面效果如图 3-177 所示。

STEP 7 按【Ctrl+N】组合键，在“新建”对话框中设置“宽度”为 21 像素、“高度”为 21 像素、“分辨率”为 72 像素/英寸、“颜色模式”为 RGB 颜色、“背景内容”为透明色。

STEP 8 将鼠标指针定位在“矩形选框工具”上右击，会弹出选框工具组，如图 3-178 所示，单击选择“椭圆选框工具”。

图3-176 “渐变编辑器”对话框

STEP 9 在“椭圆选框工具”选项栏中，设置“样式”为固定大小、“宽度”为 11 像素、“高度”为 11 像素，如图 3-179 所示。在 STEP 7 新建的画布上单击绘制一个正圆选区，如图 3-180 所示。

STEP 10 设置“前景色”为浅橘色（RGB：252、162、72），按【Alt+Delete】组合键，

为选区填充，效果如图 3-181 所示。按【Ctrl+D】组合键，取消选区。

图3-177　线性渐变填充

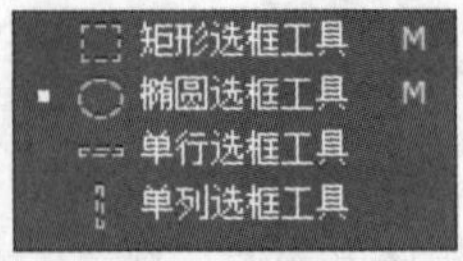

图3-178　椭圆选框工具

图3-179　“椭圆选框工具”选项栏

STEP 11 执行“编辑→定义图案”命令，在弹出的对话框中单击“确定”按钮。

STEP 12 切换至“【任务 4】母婴 Banner”，按【Ctrl+Shift+Alt+N】组合键新建“图层 1”。

STEP 13 选择“油漆桶工具”，在选项栏中设置“填充区域的源”为图案，单击“图案拾色器”，在弹出的下拉菜单中选择STEP 11定义的图案，如图 3-182 所示。

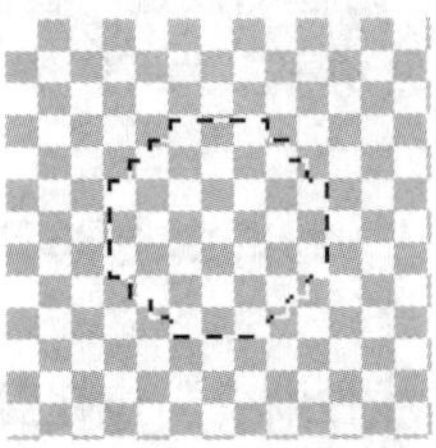

图3-180　绘制选区

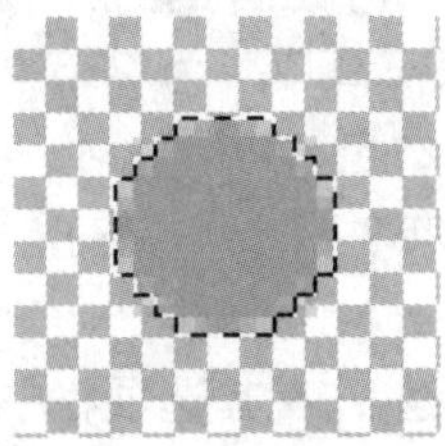

图3-181　填充选区

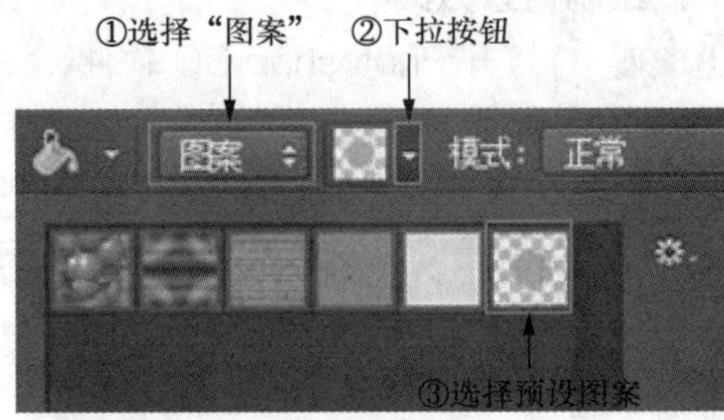

图3-182　设置“油漆桶工具”选项栏

STEP 14 在“图层 1”中单击，完成图案的填充，效果如图 3-183 所示。

2. 绘制星星图案效果

STEP 1 选择“椭圆选框工具”，在其选项栏中设置“样式”为正常。在画布中心绘制一个椭圆，效果如图 3-184 所示。按【Ctrl+Shift+Alt+N】组合键新建“图层 2”。

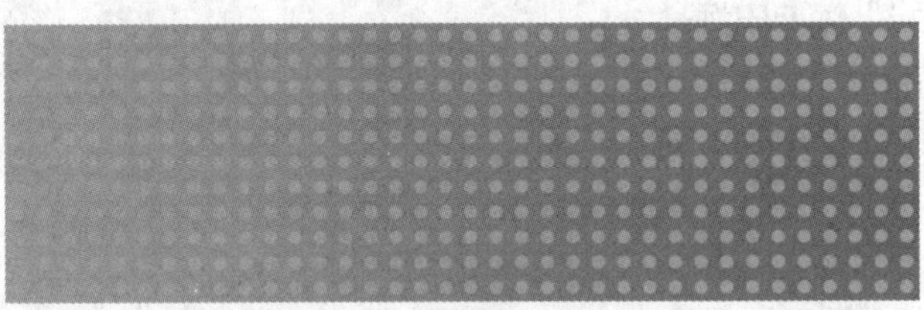

图3-183　填充图案

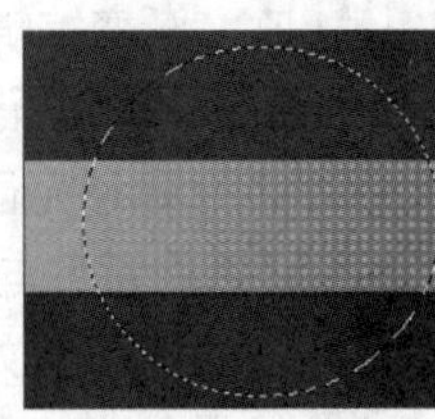

图3-184　绘制椭圆

STEP 2 选择“渐变工具”，在选项栏中选择“径向渐变”按钮。单击“渐变颜色条”，在弹出的“渐变编辑器”中，双击“渐变颜色条”左侧的“色标”，弹出“拾色器（色标颜色）对话框，并设置颜色为深紫色（RGB：94、30、153）如图 3-185 所示。单击“确定”按钮，效果如图 3-186 所示。

STEP 3 双击“渐变颜色条”右侧的“色标”，在弹出的“拾色器（色标颜色）对话框中设置颜色为淡紫色（RGB：160、78、234），如图 3-187 所示。

STEP 4 将鼠标指针移至“渐变颜色条”的下方，当指针变为形状后单击即可增加色标，然后将色标的颜色设置为紫色（RGB：108、35、172），如图 3-188 所示。

STEP 5 重复STEP 4的操作，为“渐变颜色条”增加另外两个紫色色标，颜色值如图 3-189 所示。

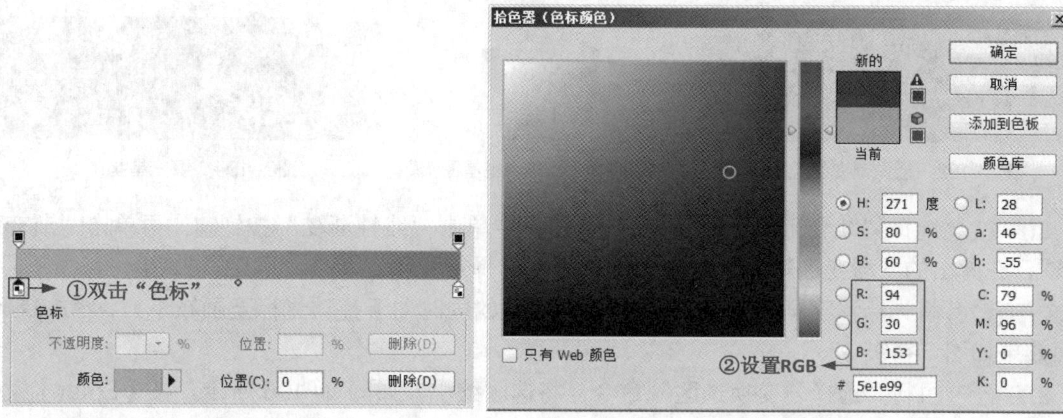

图3–185　设置"色标"

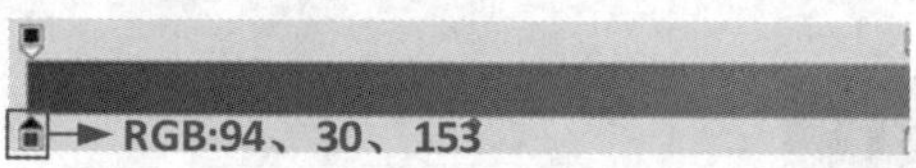

图3–186　设置后效果

图3–187　再次设置色标

图3–188　增加并设置色标

图3–189　继续增加色标

STEP 6 选中"渐变颜色条"最右侧的色标，将两个"色标"中间的菱形中点移动至"色标"附近，如图 3–190 所示，使其过度成带状。

STEP 7 将所有菱形中点一一设置，此时"渐变颜色条"的带状颜色效果如图 3–191 所示。

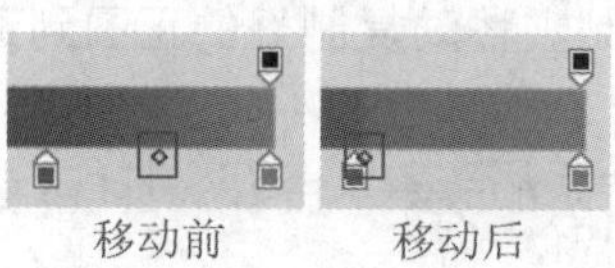

图3–190　移动菱形中点

图3–191　设置带状颜色渐变

STEP 8 将光标移至椭圆选区中心，按住【Shift】键，向左拖动光标至画布左侧，释放鼠标，画面效果如图 3–192 所示（注意：不要取消选区）。

STEP 9 打开素材"星星图案.png"，如图 3–193 所示。

STEP 10 执行"编辑→定义图案"命令，在弹出的对话框中单击"确定"按钮。

STEP 11 按【Ctrl+Shift+Alt+N】组合键新建"图层 3"。选择"油漆桶工具"，在选项栏中设置"填充区域的源"为图案，单击"图案拾色器"弹出下拉列表，选择定义的星星图案，在画布中单击，效果如图 3–194 所示（注意：不要取消选区）。

STEP 12 在"图层"面板中，设置"图层 3"的"不透明度"为 70%。

3. 绘制渐变装饰效果

STEP 1 按【Ctrl+Shift+Alt+N】组合键新建"图层 4"。设置"前景色"为淡黄色（RGB：254、240、184），"背景色"为锈红色（RGB：222、116、57）。

图3-192 径向渐变填充

图3-193 素材“星星图案”

图3-194 填充星星图案

STEP 2 选择“渐变工具”，在其选项栏中单击“线性渐变”按钮，再单击“渐变颜色条”，在弹出的“渐变编辑器”对话框的选项中选择第 1 项，单击“确定”按钮。

STEP 3 将光标移至画布顶部，按住【Shift】键的同时向下拖动光标至画布下方，释放鼠标，画面效果如图 3-195 所示。

STEP 4 执行“选择→变换选区”命令，将选区缩小，如图 3-196 所示。按【Enter】键确认自由变换。接着，按【Delete】键删除选区中的内容，如图 3-197 所示。按【Ctrl+D】组合键，取消选区。

图3-195 绘制渐变

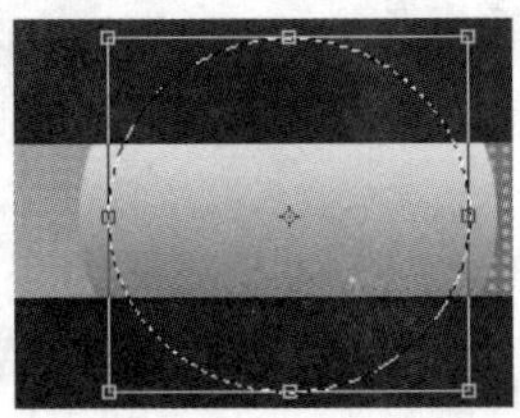

图3-196 缩小选区

图3-197 删除选区中的内容

STEP 5 选择“椭圆选框工具”，在画布中绘制一个正圆选区，效果如图 3-198 所示。按【Ctrl+Shift+Alt+N】组合键新建“图层 5”。

STEP 6 设置“前景色”为明黄色（RGB：250、187、74），按【Alt+Delete】组合键为选区填充前景色。

STEP 7 按住【Alt】键的同时，拖动绘制的正圆，即可将其复制。移动复制好的正圆到适当位置，如图 3-199 所示。

STEP 8 重复STEP 7的操作，继续复制正圆得到如图 3-200 所示的效果。按【Ctrl+D】组合键，取消选区。按【Ctrl+J】组合键，复制得到“图层 5 拷贝”。

STEP 9 按【Ctrl+T】组合键，右击选择“水平翻转”命令，将其移动到右侧适当的位置，如图 3-201 所示。按【Enter】键确定自由变换命令。

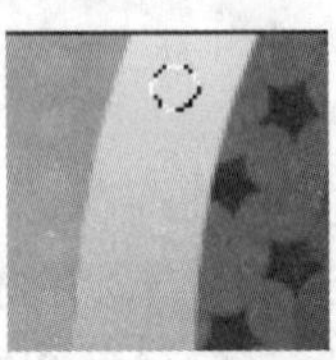

图3-198 新建选区

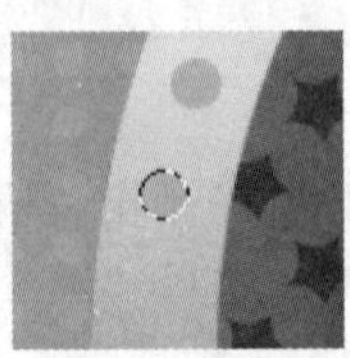

图3-199 复制正圆

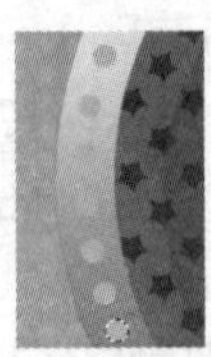

图3-200 拷贝正圆

图3-201 “水平翻转”命令

4. 置入主题素材

STEP 1 打开素材图像“母婴用品.png”，如图 3-202 所示。

STEP 2 选择“移动工具”，将素材拖至画布中的适当位置，如图 3-203 所示。

STEP 3 按【Ctrl+Shift+Alt+N】组合键新建“图层 7”。选择“椭圆选框工具”，绘制椭圆选区并填充白色，效果如图 3-204 所示。

图3-202 素材“母婴用品”

图3-203 置入素材

STEP 4 连续使用“椭圆选框工具”，在画布中绘制椭圆选区并填充，效果如图 3-205 所示。

图3-204 绘制并填充

图3-205 继续绘制并填充

STEP 5 按【Ctrl+J】组合键，复制得到“图层 7 拷贝”。在“图层”面板中，设置其“不透明度”为 50%。选择“移动工具”，将“图层 7 拷贝”向上轻移，效果如图 3-206 所示。

STEP 6 打开素材图像“文字信息.png”，如图 3-207 所示。

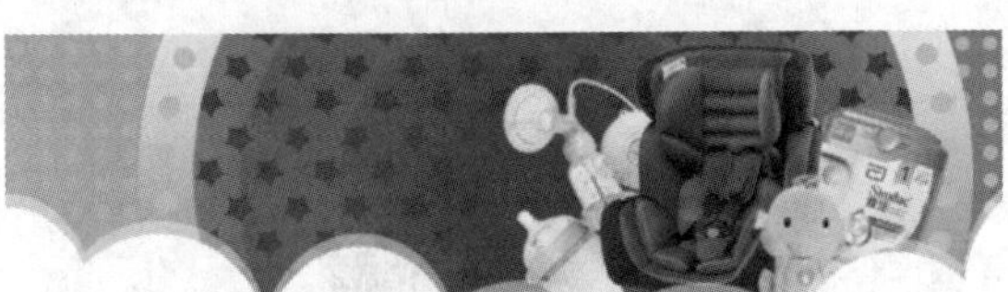

图3-206 复制并移动

图3-207 素材“文字信息”

STEP 7 选择“移动工具”，将素材拖至画布中的适当位置，如图 3-208 所示。

STEP 8 按【Ctrl+S】组合键，将文件保存在指定文件夹中。

图3-208 置入素材

3.5.4 知识点讲解

1. 椭圆选框工具

与“矩形选框工具”类似，“椭圆选框工具”也是最常用的选区工具之一。将鼠标指针定位在“矩形选框工具”上并右击，会弹出选框工具组，选择“椭圆选框工具”，如图 3-209 所示。

选中“椭圆选框工具”后，按住鼠标左键在画布中拖动，即可创建一个椭圆选区，如图 3-210 所示。

图3-209 选中“椭圆选框工具”

图3-210 椭圆选区

使用“椭圆选框工具”创建选区时，有一些实用的小技巧，具体如下。

- 按住【Shift】键的同时拖动鼠标指针，可创建一个正圆选区。
- 按住【Alt】键的同时拖动鼠标指针，可创建一个以单击点为中心的椭圆选区。
- 按住【Alt+Shift】组合键的同时拖动鼠标指针，可以创建一个以单击点为中心的正圆选区。
- 使用【Shift+M】组合键可以在“矩形选框工具”和“椭圆选框工具”之间快速切换。

熟悉了“椭圆选框工具”的基本操作后，接下来我们看其选项栏，具体如图 3-211 所示。

图3-211 “椭圆选框工具”选项栏

仔细观察“椭圆选框工具”选项栏，不难发现其选项与“矩形选框工具”基本相同，只是该工具可以使用“消除锯齿”功能。

为什么要针对椭圆选框“消除锯齿”呢？这是因为像素是组成图像的最小元素，而它们都是正方形的，因此在创建圆形、多边形等不规则选区时便容易产生锯齿，如图 3-212 所示。而勾选“消除锯齿”后，Photoshop 会在选区边缘 1 个像素的范围内添加与周围图像相近的颜色，使选区看上去光滑，如图 3-213 所示。

图3-212 未勾选“消除锯齿”的效果

图3-213 勾选“消除锯齿”后的效果

2. 渐变工具

选择“渐变工具”（或按【G】键）后，需要先在其选项栏中选择一种渐变类型，并设置渐变颜色等选项，如图 3-214 所示，然后再来创建渐变。

图3-214 “渐变工具”选项栏

为了使读者更好地理解“渐变工具”，接下来我们对图 3-214 中的渐变选项进行讲解，具体如下。

- ：渐变颜色条中显示了当前的渐变颜色，单击它右侧的按钮，可以在打开的下拉面板中选择一个预设的渐变，如图 3-215 所示。
- ：用于设置渐变类型，从左到右依次为线性渐变、径向渐变、角度渐变、对称渐变和菱形渐变。图 3-216～图 3-220 为不同类型的渐变效果。

图3-215 预设的渐变

图3-216 线性渐变

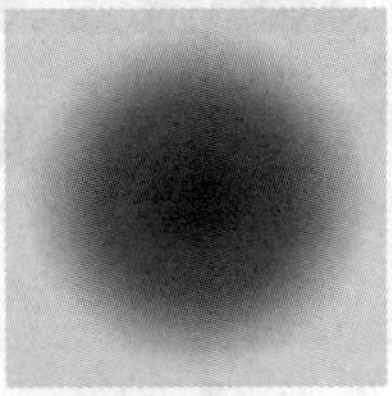
图3-217 径向渐变

图3-218 角度渐变

图3-219 对称渐变

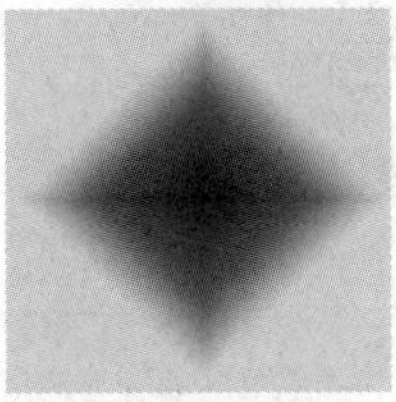
图3-220 菱形渐变

- 模式：用来选择渐变时的混合模式。
- 不透明度：用来设置渐变效果的不透明度。
- 反向：勾选此项，可转换渐变中的颜色顺序，得到反方向的渐变效果。
- 仿色：勾选此项，可以使渐变效果更加平滑，主要用于防止打印时出现条带化现象，在屏幕上不能明显地体现出作用。默认为勾选状态。
- 透明区域：勾选此项，即可启用编辑渐变时设置的透明效果，创建包含透明像素的渐变。默认为勾选状态。

设置好渐变参数后，将鼠标指针移至需要填充的区域，按住鼠标左键并拖动，如图 3-221 所示，即可进行渐变填充，效果如图 3-222 所示（这里使用的是线性渐变）。

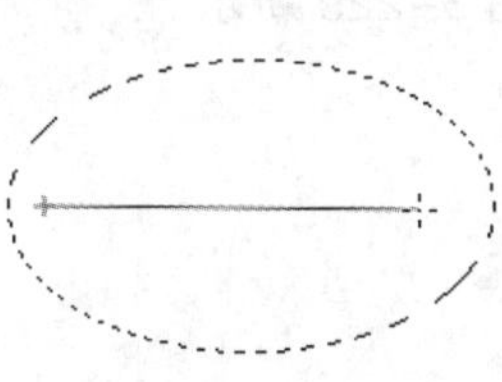
图3-221 渐变填充

图3-222 渐变填充效果

值得一提的是，进行渐变填充时用户可根据需求调整鼠标拖动的方向和范围，以得到不同的渐变效果。

3. 渐变编辑器

除了使用系统预设的渐变选项外，用户还可以通过“渐变编辑器”自定义各种渐变效果，具体方法如下。

（1）在“渐变工具”选项栏中单击“渐变颜色条”，弹出“渐变编辑器”对话框，如图 3-223 所示。

（2）将鼠标指针移至“渐变颜色条”的下方，当指针变为形状时单击即可增加色标，如图 3-224 和图 3-225 所示。

（3）如果想删除某个色标，只需将该色标拖出对话框，或单击该色标，然后单击“渐变编辑器”窗口下方的“删除”按钮即可。

图3-223 “渐变编辑器”对话框

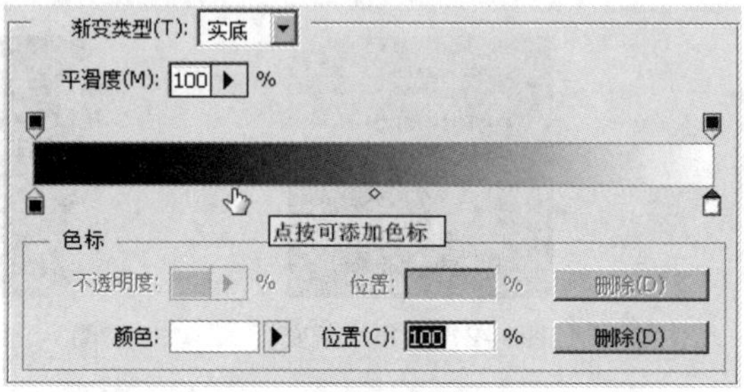

图3-224 添加色标1

（4）双击添加的色标（见图 3-226），将弹出“拾色器（色标颜色）”对话框（见图 3-227），在该对话框中可以更改色标的颜色，更改后的效果如图 3-228 所示。

图3-225 添加色标2

图3-226 原色标

（5）在“渐变颜色条”的上方单击可以添加不透明度色标，通过“色标”栏中的“不透明度”和“位置”可以设置不透明度和不透明色标的位置，如图 3-229 所示。

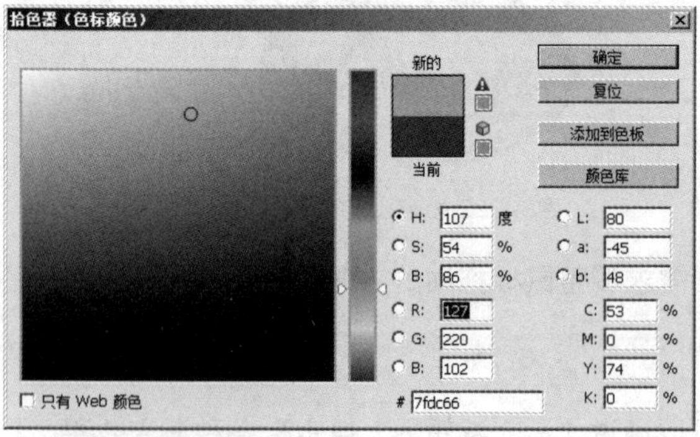

图3-227 设置色标颜色

图3-228 更改后的色标

（6）拖动两个渐变色标之间的菱形中点，可以调整该色标两侧颜色的混合位置，如图 3-230 所示。

4. 定义图案

使用“定义图案”命令可以将图层或选区中的图像定义为图案。定义图案后，可以用“填充”命令将图案填充到整个图层区域或选区中。

打开素材图像“圆点.psd”，如图 3-231 所示。执行“编辑→定义图案”命令，即可将当前画布中的图像或选区预设成为图案。选择“油漆桶工具”，在其选项栏中设置“填充区域的源”为图案，在“图案”下拉面板中选择预设的图案。然后，在新建画面中单击，即可填充预设图案，如图 3-232 所示。

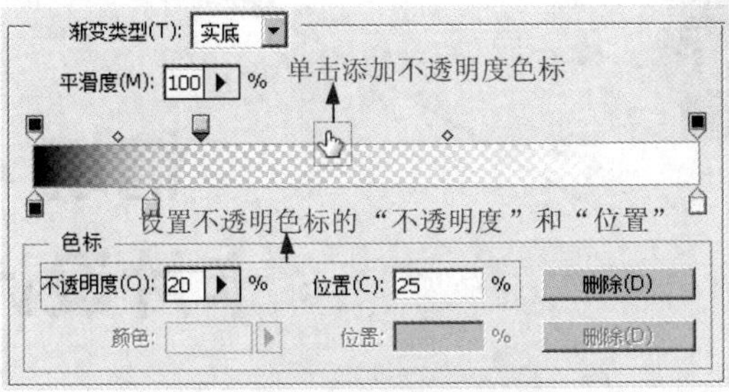

图3-229 添加不透明度色标

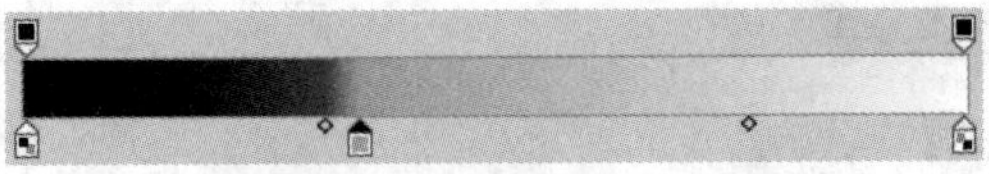

图3-230 改变菱形中点位置

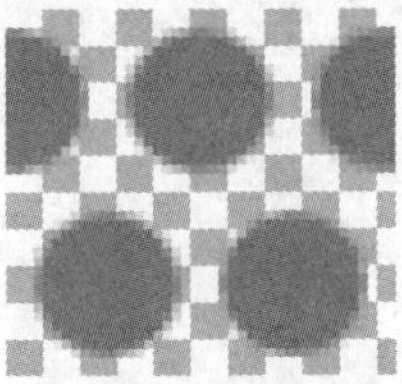

图3-231 素材图像“圆点”

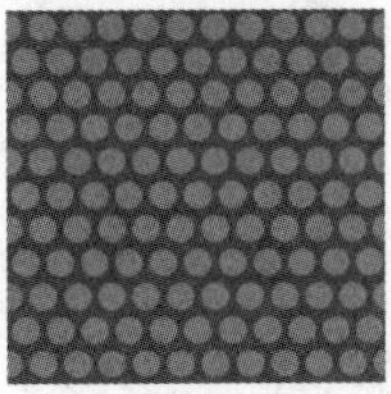

图3-232 预设图案填充效果

3.6 课后练习

学习完 Banner 设计的内容，下面来完成课后练习吧！

请使用所学工具绘制如图 3-233 所示的 Banner。

图3-233 练习Banner

Photoshop CC

4 Chapter

情境 4 卡片设计

学习目标

- 熟悉卡片制作的基本流程，掌握制作卡片的方法和技巧
- 理解图层混合模式的应用原理，能够控制图层之间的颜色融合
- 掌握圆角矩形工具的使用，能够灵活调整圆角矩形的圆角半径
- 熟悉滤镜的使用方法，能够运用杂色滤镜和模糊滤镜制作常见效果

Photoshop CC 作为一款功能强大的绘图软件，除了在图像处理方面有着超乎寻常的表现，还可以替代一些矢量图形制作软件（如 Illustrator、CorelDRAW 等）完成一些 Logo、卡片等图形的制作。本情境将运用 Photoshop CC 中的图层混合模式、圆角矩形工具以及杂色滤镜和模糊滤镜等相关知识，制作几款不同题材的卡片设计。

4.1 卡片设计简介

在日趋商务化的今天，卡片已经成为现代社会交流中不可缺少的工具，在生活中无处不见，如名片、会员卡、VIP 卡、银行卡、游戏点卡、贺卡等。通过这些卡片，人们可以传递信息、交流感情、识别身份、消费购物。图 4-1 ~ 图 4-4 列举了一些常见的卡片，具体如下。

图4-1　名片

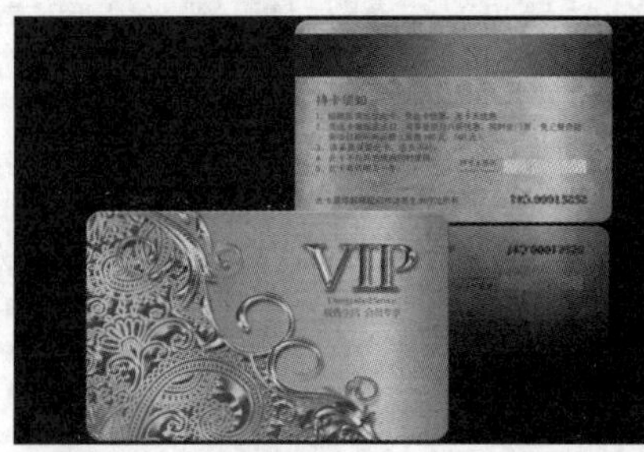

图4-2　VIP卡

图4-3　信用卡

图4-4　贺卡

由于卡片能够更直观地传达信息，其设计也越来越被人们所重视。因此在进行卡片设计时，既要分析卡片的特点，同时也要对卡片的风格、氛围、元素和形式进行全方位的表现，了解卡片的功能要求和使用对象，以应对不同的需求。

4.1.1　卡片设计的特点

每一类设计作品都有自己的特点，卡片设计也不例外，其设计特点主要包括以下几个方面。

1. 内容简单易识别

卡片作为一种独立媒体信息的载体，往往需要通过有限的版面，传达最直观的信息。因此，在设计卡片时需要做到文字简明扼要、版式层次分明，保证卡片传递的信息便于记忆，具有更强的识别性。如图 4-5 所示的企业名片就是一个很好的例子。

该企业名片的设计风格简洁，颇具现代感。通过 Logo 和文字的搭配，以简洁的构图，直观地传达了该公司的基本信息。同时，该企业名片还将需要重点传达的信息通过大小和颜色的对比以及印刷工艺的变化表现出来，使人一目了然。

2. 功能性强

卡片不仅需要传达直观的信息，还应根据其种类、范畴的不同具有各自的功能特色。例如，储蓄卡除了需要提供准确的卡号信息外，卡片背面的磁条还具有刷卡功能，如图 4-6 所示。

3. 摒弃框架式的规范要求

卡片设计除了必须有规范的尺寸，如标准名片、银行卡等，在大多情况下不需要框架式的规范和要求，因此，在某些特定设计上更注重独特的设计意识和新颖的艺术风格，如图 4-7 所示的贺卡设计。

图 4-7 所示的贺卡在形态上各不相同，尺寸也没有一个既定的规范，但其新颖独特的设计活泼有趣，能给人留下深刻的印象。

图4-5 企业名片

图4-6 储蓄卡

图4-7 贺卡

4.1.2 卡片设计的构成要素

在卡片的设计中，构成要素不可或缺。所谓构成要素是指构成卡片的各种设计元素，这些设计元素有着各自的功能和作用，却又相互关联，构成一个统一的整体。卡片的构成要素通常包括图案（如 Logo、花纹、二维码等）和文案（如通信地址、祝福语、数字编号等）两大类，具体介绍如下。

1. 图案

在卡片的设计中，图案设计是一个重要环节，图案设计的成功与否直接影响到卡片的视觉效果。通常一个好的卡片图案设计不仅可以满足画面的构图需要，还能与卡片的题材相呼应。例如，反映节日喜庆题材的卡片，通常会使用喜气祥和的图案，如图 4-8 和图 4-9 所示。

图4-8 新年贺卡

图4-9 圣诞贺卡

2. 文案

卡片的文案主要分为两部分：一部分是主题文案；另一部分是辅助文案。主题文案通常会和卡片的题材相呼应，如新年贺卡的新春寄语、名片持有人的姓名等。辅助文案则是对主题文案的补充与说明，如图 4-10 所示。

图4-10　VIP贵宾卡文案

4.1.3　卡片设计的流程

设计是一个有计划、有步骤、不断完善的过程，因此在设计过程中需要遵循一些固定的设计流程。卡片设计是设计的类别之一，同样需要遵循相关的设计流程。本节将通过讲解卡片设计的流程，使读者了解卡片制作前期、中期和后期的相关工作，熟悉卡片制作的方法和步骤。

1. 定位明确

在接到设计任务时，首先要了解卡片的用途。这时就需要多和客户沟通，敏锐地把握客户的要求。当了解了客户的要求后，就可以明确定位，依据卡片题材及传播内容的特点来选择适当的设计表现形式。例如，客户想要制作一款名片，就需要了解客户需要的是企业名片还是个人名片，并根据这两种名片的差异，制定相关的设计方案。

2. 创意构思

在确定了卡片的题材之后，就可以进行设计创意构思了。一个好的卡片设计构思需要经得住视觉冲击力、可识别性以及符合卡片题材的氛围和表现形式等几个方面的考核。例如，设计一款中国古典风格的卡片，在构思时就可以选取毛笔、水墨、剪纸等具有中国古典特色的素材以及黑白灰交融的水墨色彩作为表现形式，如图 4-11 和图 4-12 所示。

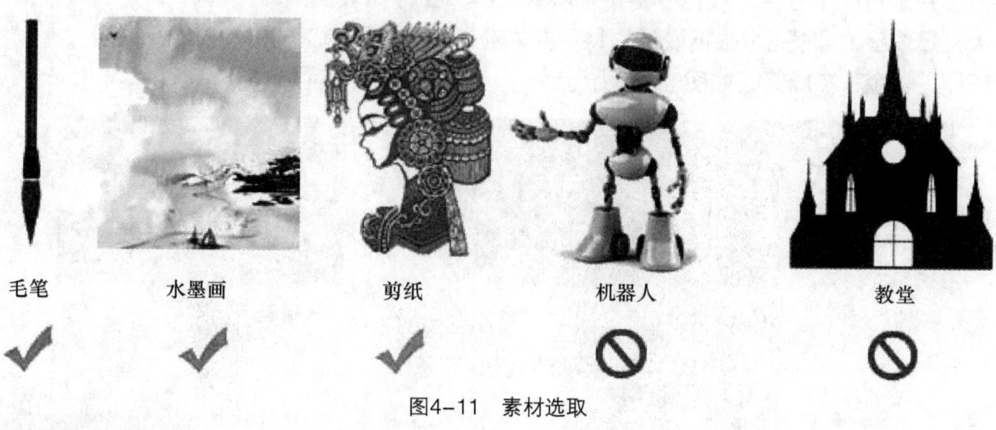

图4-11　素材选取

3. 设计方案

我们可以从创意构思中选择适合的视觉表现形式，进行平面图纸的表现。在这一阶段，要创造性地编排视觉元素，搭配完美的色彩关系，应用表现力强的图形语言。这里我们选择毛笔、水墨画和水墨颜色这 3 个关联性较强的元素作为卡片的设计表现形式，摒弃关联性较弱的剪纸元素，如图 4-13 所示，完成一个初步的设计方案。

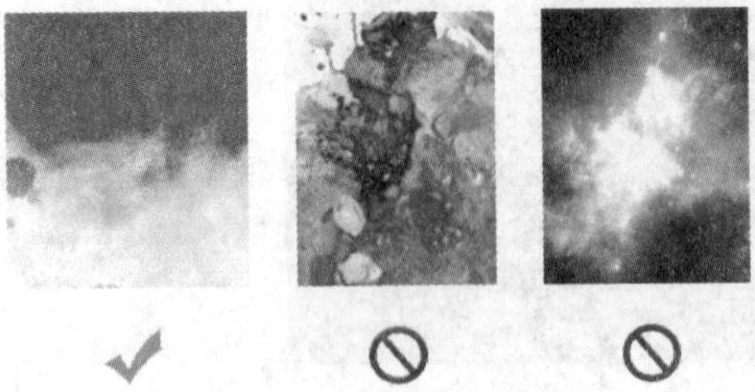

图4-12 色彩选取

图4-13 设计表现形式

4. 艺术设计

设计方案成熟之后，便进入艺术设计阶段。在艺术设计中，软件的使用不是单一的，设计者往往会根据设计意图来配合使用多种软件，充分发挥其各自的优势，使设计最终达到完美的视觉效果。艺术设计最常用的软件有：

- Photoshop：一款强大的图像处理软件，可自由地改变图片的色调、层次等效果。
- Illustrator、CorelDRAW：是相关矢量图形处理软件，可编辑矢量图形和文字，并轻松地编排画面布局结构。

本书中我们使用 Photoshop 来完成卡片的设计制作，设计效果如图 4-14 所示。

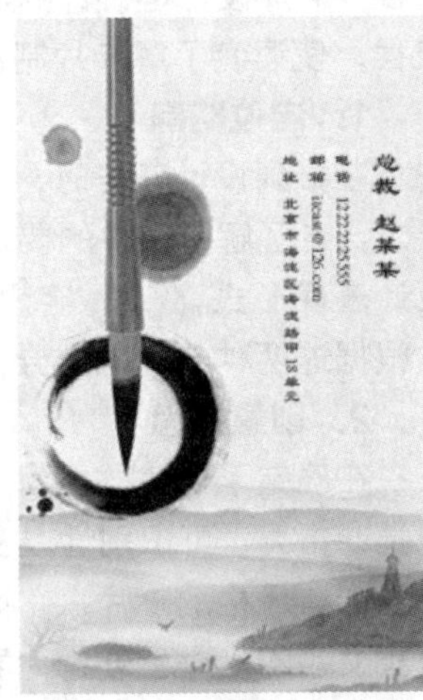

图4-14 电脑设计效果

5. 输出

设计完成之后，可根据实际需要选择输出方式。常用的输出方式有两种：打印和印刷。打印简单方便，但对纸张的要求比较严格，而且速度慢、成本高，适合少量输出。印刷相对复杂，图形精度要求较高，印前要对图片进行电子分色、校色，再出菲林并打样，工序比较复杂，但适合大批量输出，同时还可根据设计的特殊要求选择特殊的印刷工艺，如凹凸压印、烫金、覆膜等，如图 4-15 所示。

凹凸压印　　烫金　　覆膜

图4-15 印刷工艺

4.2 任务 8：中国风名片

通过上一节的学习，相信读者对卡片设计的特点和制作流程已经有所了解。下面将设计制作一款中国风名片，使读者学以致用。通过本任务的学习，读者可以掌握图层混合模式、裁剪工具及曲线等的操作。

4.2.1　任务描述

名片设计是指对名片进行艺术化、个性化处理加工的行为。作为很多企业推广自己的一种宣传手段，优秀的名片设计可以给人留下深刻的印象。本任务是为国风文化有限公司设计一款名片，客户要求制作一款符合公司企业文化背景的名片，通过名片能彰显公司深厚的文化底蕴，图 4-16 所示为最终的设计效果图。

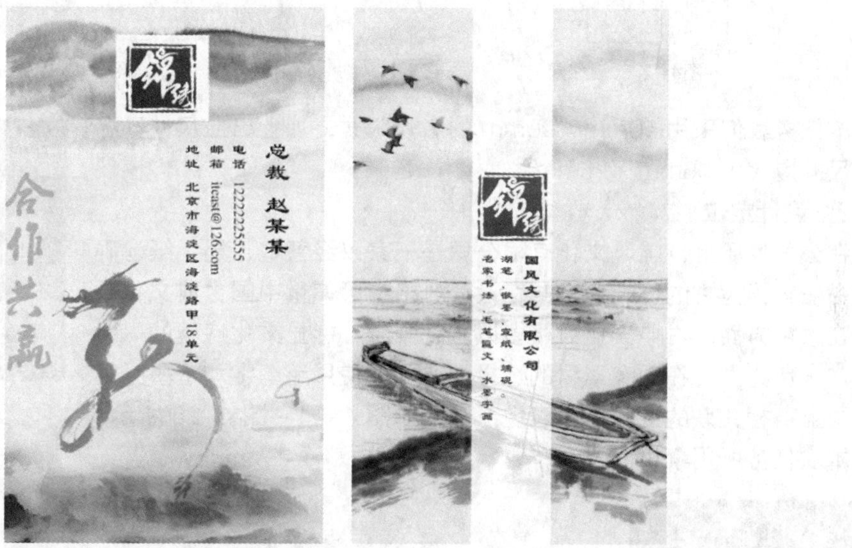

图4-16　中国风名片效果展示

4.2.2　任务分析

在接到设计任务时，我们都会进行相应的任务分析，有条理的任务分析可以帮助设计师准确、快速地完成设计任务。本次任务将从设计规范和设计定位两个方面进行分析。

1. 设计规范

在制作名片之前，首先需要了解名片的设计规范，如规格尺寸、出血尺寸、像素大小、颜色等，具体介绍如下。

- **规格尺寸**：名片通常分为“横版”和“竖版”两类。其中，“横版”标准尺寸为 90mm×54mm、90mm×50mm、90mm×45mm；“竖版”" 标准尺寸为 50mm×90mm、45mm×90mm，具体如图 4-17 所示。
- **出血尺寸**：制图时印刷商为了方便裁切，会要求设计师比规范尺寸多出几毫米，多出来的尺寸就是“出血尺寸”。通常，“出血尺寸”的标准是 3mm，在印刷完成后会被裁切掉。如图 4-18 所示的灰色线框标示部分即为出血区域。
- **像素和颜色**：设计名片时，图像像素必须不小于 300 像素，才能保证印刷的清晰度。同时，要将颜色模式设置为 CMYK 四色全彩印刷模式。需要注意的是，在名片设计中“四色黑”文字（即 C：100、M：100、Y：100、K：100）要设成“单色黑”（即 C：0、M：0、Y：0、K：100），以防止印刷过程中出现偏色和重影，如图 4-19 和图 4-20 所示就是四色黑和单色黑的对比效果。

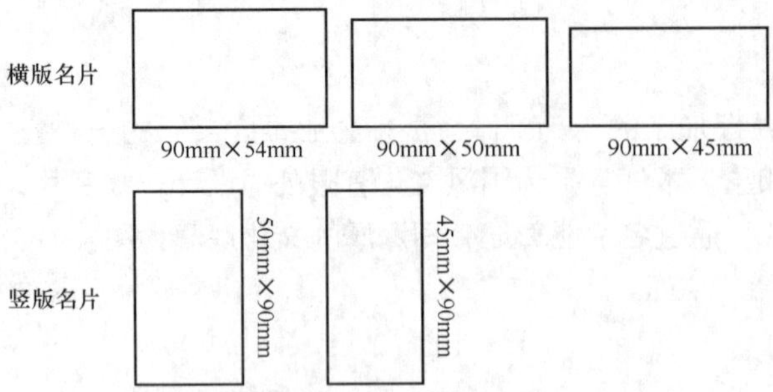

图4-17　规格尺寸

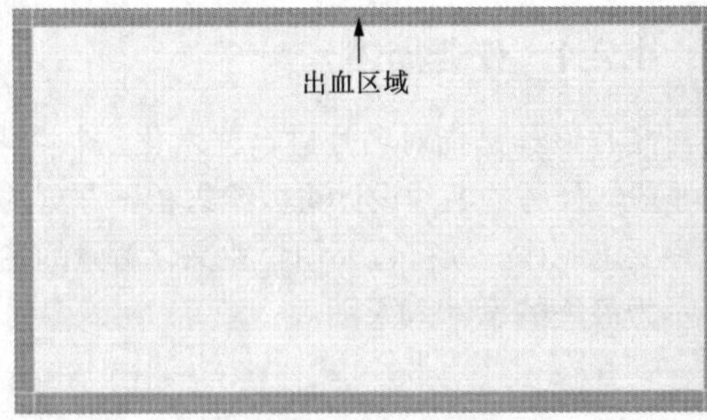

图4-18　出血区域

本任务我们采用 50mm×90mm 的名片版式，加上出血尺寸，名片总尺寸应该为 56mm×96mm。

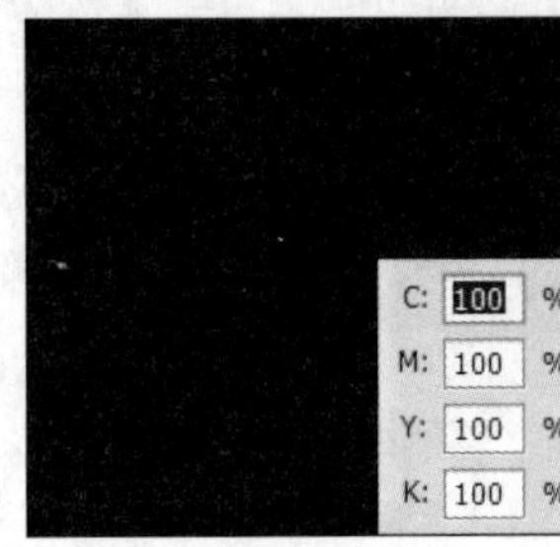

图4-19　四色黑

2．设计定位

在公司性质上，国风文化有限公司是一家以经营笔、墨、纸、砚以及书法国画为主的公司，因此在设计风格上可偏重中国古典文化风格；在颜色方面，古典文化风格多以古朴素雅、彰显文化底蕴的黑、白、灰三色为主；在图案素材的选择上，可以使用毛笔字、水墨画等和公司业务相关联的图案作为表现形式，如图 4-21～图 4-25 所示，即为本次任务所用素材。

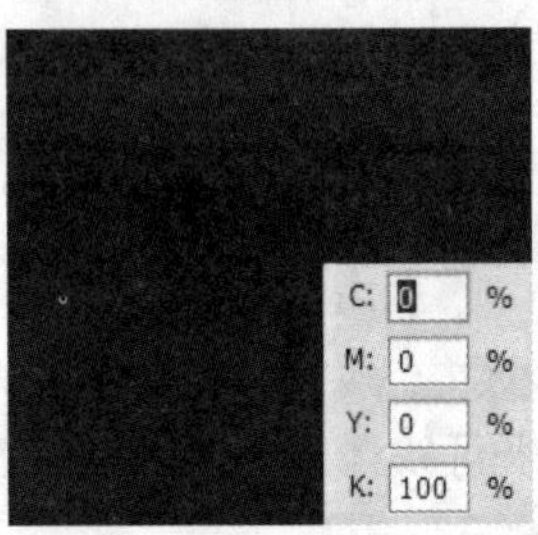

图4-20　单色黑

图4-21　水墨素材1

图4-22　水墨素材2

图4-23　水墨素材3

图4-24　水墨素材4

图4-25　水墨素材5

4.2.3　任务制作

1．设计名片正面

STEP 1 打开 Photoshop CC 软件，按【Ctrl+N】组合键，在“新建”对话框中设置“名称”为【任务 8】中国风名片、“宽度”为 56 毫米、“高度”为 96 毫米、“分辨率”为 300 像素/英寸、

"颜色模式"为 CMYK 颜色、"背景内容"为白色，如图 4-26 所示。单击"确定"按钮，完成画布的创建。

STEP 2 设置"前景色"为灰色（CMYK：5、5、5、0），并按【Alt+Delete】组合键填充画布。

STEP 3 打开素材图片"水墨素材 1.jpg"，如图 4-27 所示。选择"移动工具"，将其拖至"【任务 8】中国风名片正面"画布中。

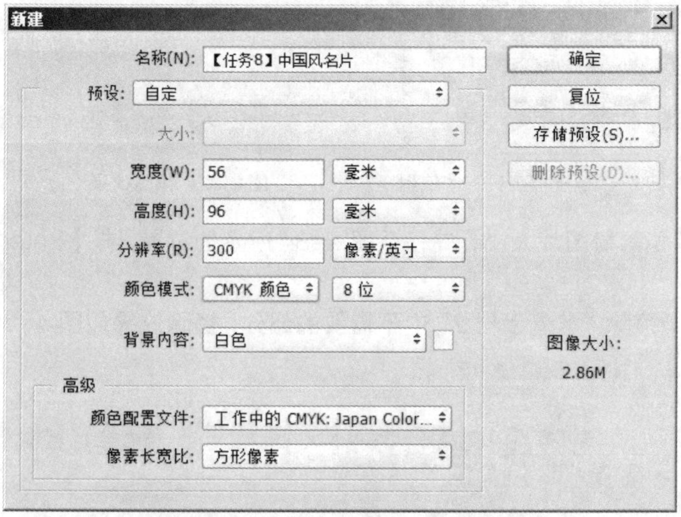

图4-26 "新建"对话框

图4-27 水墨素材1

STEP 4 按【Ctrl+T】组合键，调出定界框，拖动角点将其调整至图 4-28 中所示的大小。然后，右击选择"水平翻转"命令，得到如图 4-29 所示的效果。

图4-28 自由变换

图4-29 水平翻转

STEP 5 向左移动素材至合适的位置，按【Enter】键确定自由变换，如图 4-30 所示。

STEP 6 选择"橡皮擦工具"，在其选项栏中设置"笔尖形状"为柔边圆，擦除红框标示的部分，如图 4-31 所示，擦除效果如图 4-32 所示。

STEP 7 打开素材图片"水墨素材 2.jpg"，如图 4-33 所示。选择"移动工具"，将其拖至"【任务 8】中国风名片正面"画布中。

图4-30　移动位置

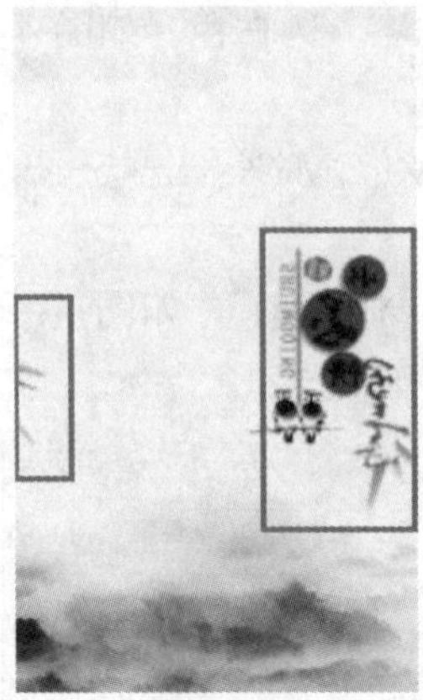

图4-31　“橡皮擦工具”的使用

图4-32　擦除效果

STEP 8 按【Ctrl+T】组合键，调整素材图片大小，并移至图 4-34 所示的位置，按【Enter】键确定自由变换。

STEP 9 选择“橡皮擦工具”，擦除“水墨素材 2”中不需要的部分，擦除效果如图 4-35 所示。

图4-33　水墨素材2

图4-34　调入素材

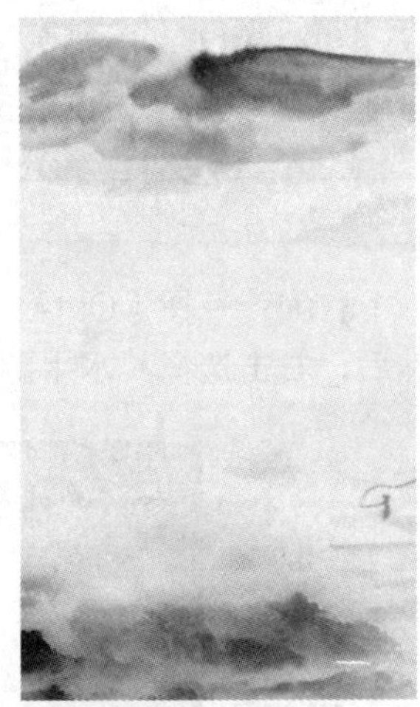

图4-35　“橡皮擦工具”的使用

STEP 10 打开素材图片“水墨素材 4.jpg”，如图 4-36 所示。选择“移动工具”，将其拖至“【任务 8】中国风名片正面”画布中。

STEP 11 按【Ctrl+T】组合键，调整“水墨素材 4”图片大小，并移至合适的位置，按【Enter】键确定自由变换，如图 4-37 所示。

STEP 12 在“图层”面板中，单击“图层混合模式”下拉按钮，如图 4-38 所示。

STEP 13 在弹出的下拉列表中选择“正片叠底”选项，此时“水墨素材 4”的效果将发生变化，如图 4-39 所示。

STEP 14 在“图层”面板中，设置“水墨素材 4”图层的“不透明度”为 45%，效果如图 4-40 所示。

STEP 15 打开素材图片“LOGO.jpg”，如图 4-41 所示。选择“移动工具”，将其拖至

“【任务 8】中国风名片正面”画布中，移至图 4-42 所示的位置。

图4-36　水墨素材4

图4-37　“橡皮擦工具”的使用

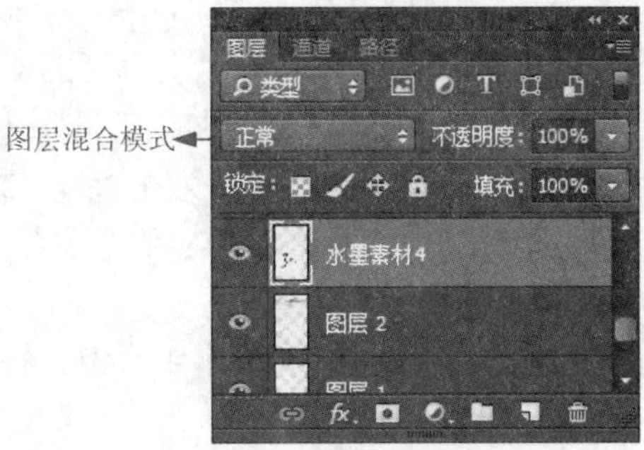

图4-38　图层混合模式

图4-39　正片叠底

图4-40　不透明度

图4-41　LOGO

STEP 16 选择“直排文字工具”，在选项栏中设置“字体”为叶根友毛笔行书简体、“字体大小”为 22 点、仿粗体、“文本颜色”为单色黑（CMYK：0、0、0、100），输入文字内容“合作共赢”，如图 4-43 所示。

STEP 17 设置“合作共赢”文字图层的“不透明度”为 30%，并选择“移动工具”将其移至图 4-44 所示的位置。

图4-42　移动素材

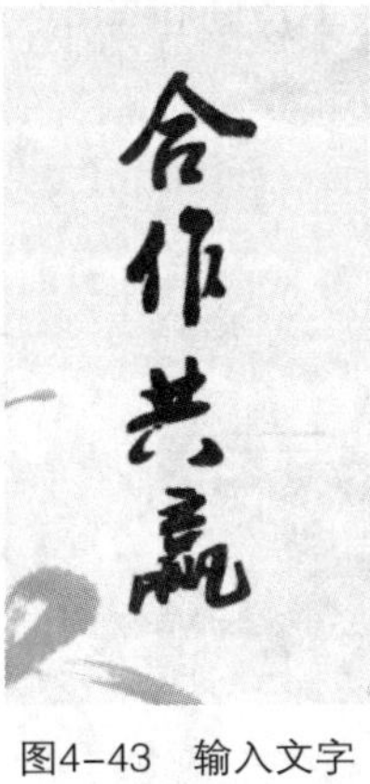

图4-43　输入文字

图4-44　调整文字图层不透明度

STEP 18 选择“直排文字工具”![IT]，在选项栏中设置“字体”为创意简隶书、“字体大小”为 7 点、“文本颜色”为单色黑（CMYK：0、0、0、100），输入文字内容“电话　12222225555”、“邮箱　itcast@126.com”、“地址　北京市海淀区海淀路甲 18 单元”，并移至图 4-45 所示的位置。

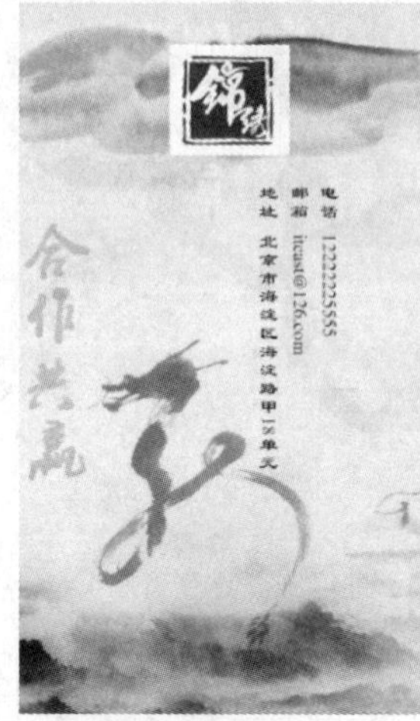

图4-45　直排文字工具1

STEP 19 选择“直排文字工具”![IT]，在选项栏中设置“字体”为创意简隶书、“字体大小”为 12 点、“文本颜色”为单色黑（CMYK：0、0、0、100），输入文字内容“总裁　赵某某”，并移至图 4-46 所示的位置。

STEP 20 按【Ctrl+S】组合键，将文件保存在指定文件夹中。

2. 设计名片反面

STEP 1 按【Ctrl+N】组合键，在“新建”对话框中设置“名称”为“【任务 8】中国风名片反面”，“宽度”为 56 毫米、“高度”为 96 毫米、“分辨率”为 300 像素/英寸、“颜色模式”为 CMYK 颜色、“背景内容”为白色，如图 4-47 所示。单击“确定”按钮，完成画布的创建。

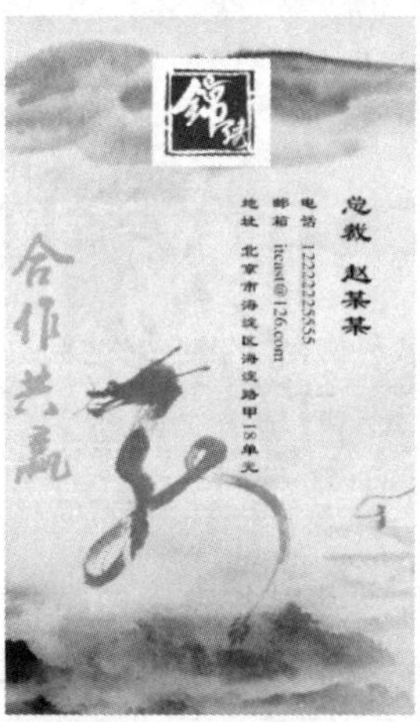

图4-46　直排文字工具2

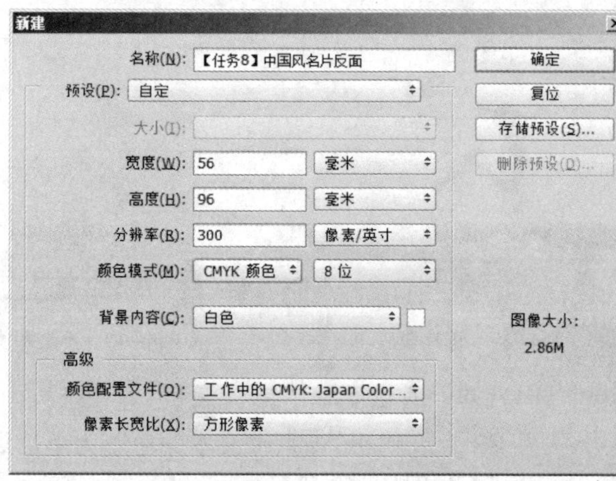

图4-47　“新建”对话框

STEP 2 打开素材图片“水墨素材 3.jpg”，如图 4-48 所示。选择“移动工具”，将其拖至“【任务 8】中国风名片反面”画布中。

STEP 3 按【Ctrl+T】组合键，调整素材图片大小，并移至图 4-49 所示的位置，按【Enter】键确定自由变换。

图4-48　水墨素材3

图4-49　调入素材

STEP 4 打开素材图片“水墨素材 5.jpg”，如图 4–50 所示。选择“移动工具”，将其拖至“【任务 8】中国风名片反面”画布中。

STEP 5 在“图层”面板中，设置“水墨素材 5”的“图层混合模式”为正片叠底，效果如图 4–51 所示。

图4–50　水墨素材5

图4–51　正片叠底

STEP 6 执行“图像→调整→曲线”命令（或按【Ctrl+M】组合键），弹出“曲线”对话框，如图 4–52 所示。在曲线上单击添加控制点，拖动曲线向下弯曲，直至“水墨素材 5”上的边界消失。在“图层”面板中，设置图层“不透明度”为 75%，效果如图 4–53 所示。

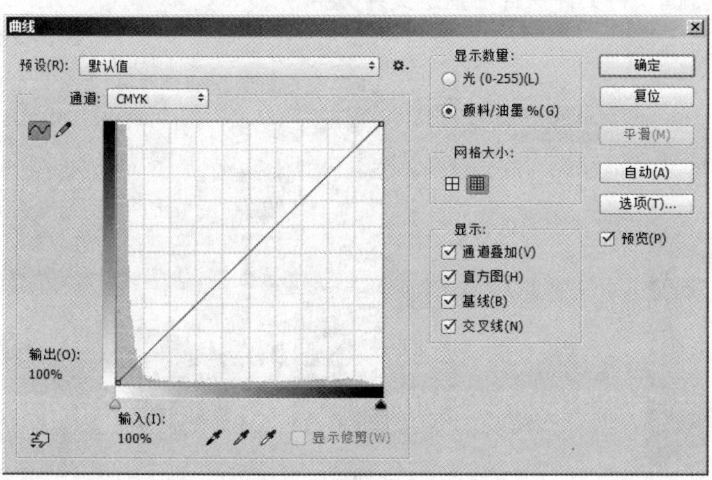

图4–52　“曲线”对话框

图4–53　调整曲线效果

STEP 7 选择“矩形工具”，在画布中绘制一个“宽度”为 13.8 毫米、“高度”为 96 毫米的矩形，并将其填充为白色。设置矩形所在图层的“不透明度”为 85%，并将其移至图 4–54 所示的位置。

STEP 8 打开素材图片“LOGO.jpg”，如图 4–55 所示。选择“移动工具”，将其拖至“【任务 8】中国风名片反面”画布中，设置“图层混合模式”为正片叠底，移至如图 4–56 所示的位置。

图4-54　图层不透明度

图4-55　LOGO

图4-56　正片叠底

STEP 9 选择“直排文字工具” ，在选项栏中设置“字体”为创意简隶书、“字体大小”为 6 点、“文本颜色”为单色黑（CMYK：0、0、0、100），输入文字内容“湖笔、徽墨、宣纸、端砚。名家书法、毛笔匾文、水墨字画”，并移至图 4-57 所示的位置。

STEP 10 选择“直排文字工具” ，在画布中输入文字“国风文化有限公司”，设置“字体”为创意简隶书、“字体大小”为 7.5 点、仿粗体 、“文本颜色”为单色黑（CMYK：0、0、0、100），并将其移至图 4-58 所示的位置。

STEP 11 按【Ctrl+S】组合键，将文件保存在指定文件夹中。

图4-57　直排文字工具1

图4-58　直排文字工具2

4.2.4　知识点讲解

1. 认识图层的混合模式

为了实现一些绚丽的效果，在进行图像合成时，有时需要对多个图层进行颜色的融合，这时就需要使用“图层混合模式”。在“图层”面板中，单击“图层混合模式”下拉按钮，如图 4-59 所示，在弹出的“图层混合模式”下拉列表中选择要设置的模式即可。

常用的图层混合模式有“正片叠底”“叠加”“滤色”等。由于混合模式用于控制上、下两个图层在叠加时所显示的整体效果，因此通常为上方的图层设置混合模式。

2. 正片叠底

“正片叠底”是 Photoshop 中常用的图层混合模式之一，通过“正片叠底”模式可以将图像的原有颜色与混合色复合，得到较暗的结果色。单击“图层混合模式”下拉按钮，在下拉列表中可选择“正片叠底”模式，如图 4-60 所示。

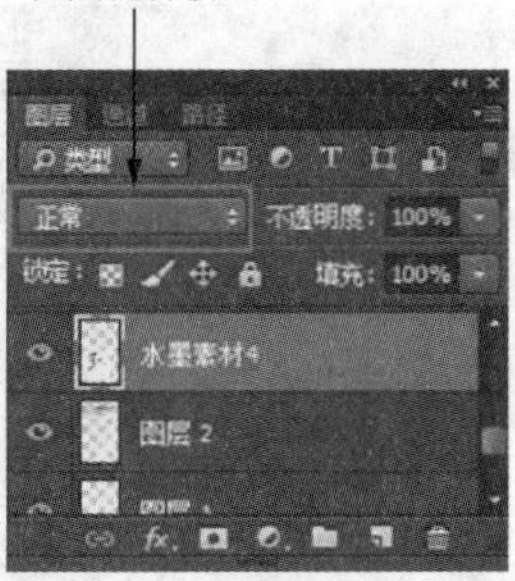

图4-59　设置图层的混合模式

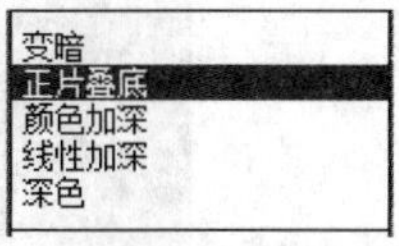

图4-60　正片叠底

在“正片叠底”模式下，任何颜色与黑色混合产生黑色，如图 4-61 所示；与白色混合保持不变，如图 4-62 所示；与其他颜色混合会得到结果色较暗的图像，如图 4-63 所示。因此，在进行图像合成时，常用“正片叠底”来添加阴影或保留图像中的深色部分。如图 4-64 所示的“企业 LOGO”，就是应用“正片叠底”模式制作的。

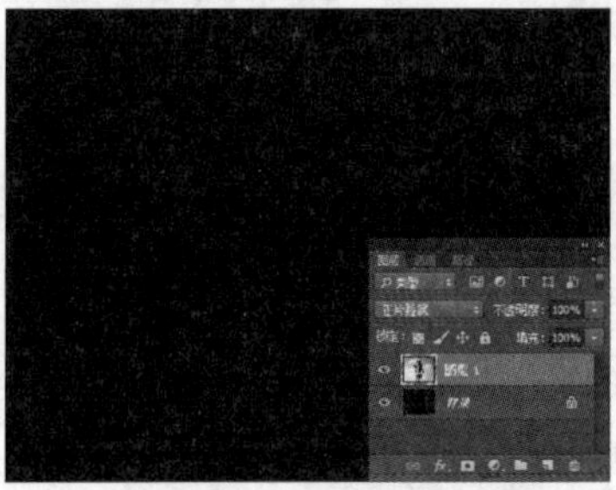

图4-61　黑色背景

图4-62　白色背景

图4-63　灰色背景

正常模式　　“正片叠底”模式

图4-64　企业LOGO

3. 裁剪工具

在对数码照片或者扫描的图像进行处理时，经常需要裁剪图像，以便删除多余的内容，使画面的构图更加完美。使用“裁剪工具”可以对图像进行裁剪，重新定义画布的大小。

选择“裁剪工具”（或按【C】键），画面的四周会出现边框（类似于自由变换中的定界框）。将光标定位在边框的边点或角点处，向内拖动，会发现边框以外的区域变成灰色，如图 4-65 所示。选择“移动工具”，在弹出来的对话框中单击“裁剪”按钮，或在边框内双击，即可完成图像的裁切，效果如图 4-66 所示。

值得一提的是，在“裁剪”图像时，除了可以通过控制裁剪框的范围来调整图像的范围外，还可按住鼠标左键不放拖动，以框选的方式来确定目标图像范围。

图 4-67 所示为“裁剪工具”选项栏，其中常用的参数及其作用如表 4-1 所示。

图4-65　裁剪图像

图4-66　裁剪图像效果

图4-67　“裁剪工具”选项栏

表 4-1　“裁切工具”选项说明

序号	参数	说　　明
❶	裁剪方式	包括“比例”“原始比例”“新建裁剪预设”“删除裁剪预设”等选项，用户可以输入宽度、高度和分辨率等，裁剪后图像的尺寸由输入的数值决定
❷	拉直	单击该按钮，可以通过在图像上画一条线来拉直该图像，常用于校正倾斜的图像
❸	裁剪工具的叠加选项	在该下拉列表中，可以选择裁剪参考线的样式以及叠加方式
❹	删除裁剪的像素	不勾选该选项，Photoshop CC 会将使用“裁剪工具”裁掉的部分保留，可以随时还原；如果勾选该选项，将不再保留裁掉的部分

注 意

如果在裁剪框上向外拖动鼠标，可增大画布，且增大的画布区域的颜色为当前的背景色。

4. 曲线

“曲线”命令用来调节图像的整个色调范围，它和“色阶”命令相似，但比“色阶”命令对图像的调节更加精密，因为曲线中的任意一点都可以进行调节。执行“图像→调整→曲线”命令（或按【Ctrl+M】组合键），弹出“曲线”对话框，如图 4-68 所示。

对“曲线”对话框中各选项的解释如下。

- 预设：包含了 Photoshop 中提供的各种预设调整文件，可用于调整图像。
- 编辑点以修改曲线：打开“曲线”对话框时，按钮默认为按下状态。在曲线中添加控制点可以改变曲线形状，从而调节图像。
- 使用铅笔绘制曲线：按下按钮后，可以通过手绘效果的自由曲线来调节图像。
- 图像调整工具：单击按钮后，将光标放在图像上，曲线上会出现一个空的图形，它代表了光标处的色调在曲线上的位置，单击并拖动鼠标可添加控制点并调整相应的色调。
- 自动按钮：单击该按钮，可以对图像应用“自动颜色”“自动对比度”或“自动色调”校正。

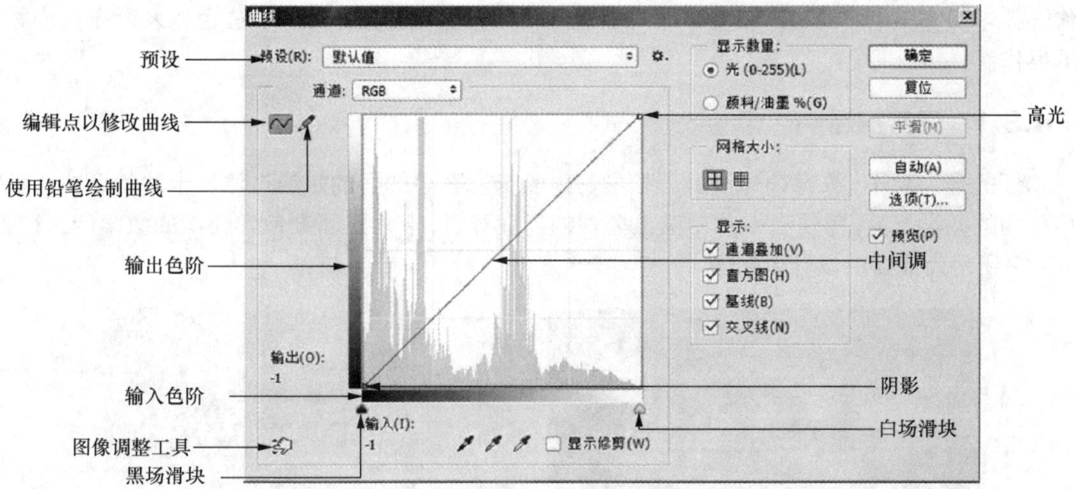

图4-68　“曲线”对话框

• 选项按钮：单击该按钮，可以打开“自动颜色校正选项”对话框。

使用“曲线”进行调节时，可以添加多个控制点，从而对图像的色彩进行精确的调整，具体操作如下。

打开素材图片，如图 4-69 所示。按【Ctrl+M】组合键，弹出“曲线”对话框，在曲线上单击添加控制点，拖动控制点调节曲线的形状，如图 4-70 所示。单击“确定”按钮即可完成图像色调及颜色的调节，效果如图 4-71 所示。

需要注意的是，在 RGB 模式下，曲线向上弯曲，可以将图像的色调调亮，反之色调变暗。

图4-69　原素材图片

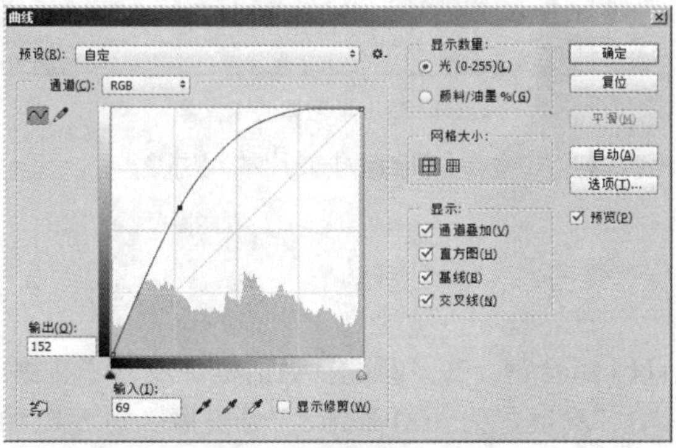

图4-70　调节曲线形状

图4-71　调整后的效果

4.3 任务 9：学习体验卡

学习体验卡是教育机构通过体验式的学习模式，推广自己教学产品的一种营销手段。借助这种营销模式可以提高消费者对公司教学产品的体验和认可度，实现产品的市场价值。下面将设计制作一款学习体验卡，通过本任务的学习，读者可以掌握圆角矩形工具、去色以及画布大小等命令的操作。

4.3.1 任务描述

本任务是为某 IT 教育公司设计一款学习体验卡。客户的目的是通过派发卡片的形式，宣传推广公司的教学产品。需要在卡片中突出公司的行业背景，卡片正面要包含公司的教学产品种类，图 4-72 所示为最终的设计效果图。

图4-72 学习体验卡效果图

4.3.2 任务分析

在公司性质上，该公司是一家以 IT 教育培训为主的公司，因此可以选择强调科技、效率的蓝色作为学习体验卡的主色调。在设计风格上可以运用一些规律性的线条或节奏感较强的图案彰显科技感。

该互联网公司的文案较为简单，仅包括正面的学科信息和背面的用卡须知，如图 4-73 所示。

由于卡片正面的文案较少，因此在编排时可以采用加大字号或者图文混排的方式，避免页面留白过多。

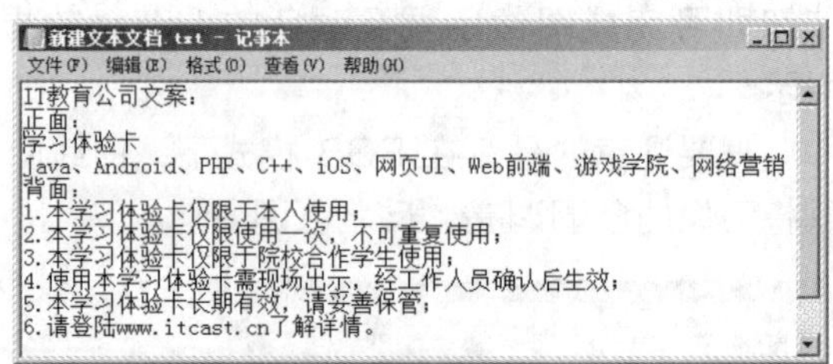

新建文本文档.txt - 记事本

文件(F) 编辑(E) 格式(O) 查看(V) 帮助(H)

IT教育公司文案：
正面：
学习体验卡
Java、Android、PHP、C++、iOS、网页UI、Web前端、游戏学院、网络营销
背面：
1.本学习体验卡仅限于本人使用；
2.本学习体验卡仅限使用一次，不可重复使用；
3.本学习体验卡仅限于院校合作学生使用；
4.使用本学习体验卡需现场出示，经工作人员确认后生效；
5.本学习体验卡长期有效，请妥善保管；
6.请登陆www.itcast.cn了解详情。

图4-73 学习体验卡文案

在设计规范上，学习体验卡和名片类似，只是尺寸略小于名片，其通用尺寸为 85.60mm×53.98mm，该尺寸也是国际标准卡片的尺寸之一。

4.3.3 任务制作

1. 设计学习卡正面

STEP 1 打开 Photoshop CC 软件，按【Ctrl+N】组合键，在“新建”对话框中设置“名称”为【任务 9】学习体验卡正面，“宽度”为 100 毫米、“高度”为 100 毫米、“分辨率”为 300 像素/英寸、“颜色模式”为 CMYK 颜色、“背景内容”为白色，如图 4-74 所示。单击“确定”按钮，完成画布的创建。

STEP 2 选择“圆角矩形工具”，在画布中单击，会弹出如图 4-75 所示的“创建圆角矩形”对话框，在输入框中输入“宽度”为 85.60 毫米、“高度”为 53.98 毫米，单击“确定”按钮完成圆角矩形的创建，得到“圆角矩形 1”图层，如图 4-76 所示。

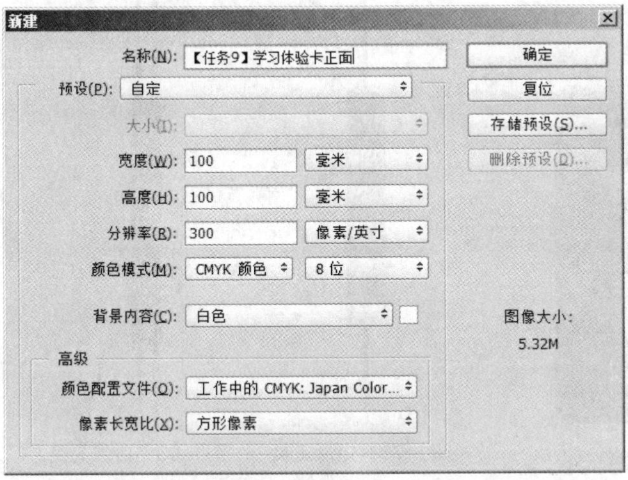

图4–74　“新建”对话框

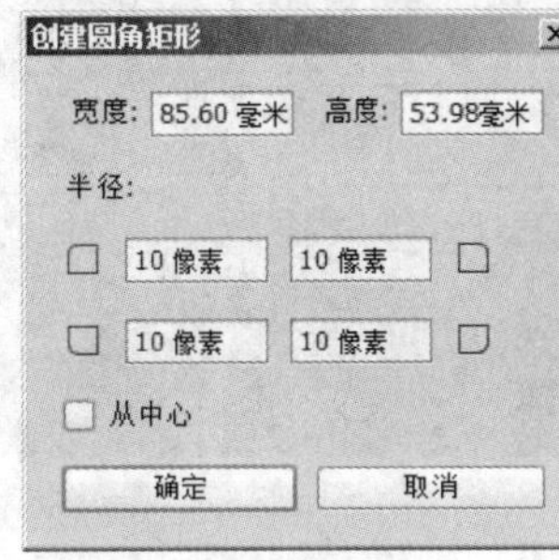

图4–75　“创建圆角矩形”对话框

STEP 3 在“属性”面板中，设置圆角矩形圆角“半径”为 40 像素，如图 4–77 所示。

图4–76　圆角矩形效果

图4–77　编辑圆角半径

STEP 4 设置“前景色”为蓝色（CMYK：100、60、0、0），按【Alt+Delete】组合键，为圆角矩形填充蓝色，如图 4–78 所示。

STEP 5 选择“矩形工具”，在画布中绘制一个“宽度”为 1 毫米、“高度”为 100 毫米的矩形，如图 4–79 所示，得到“矩形 1”图层。

STEP 6 设置“前景色”为浅蓝色（CMYK：85、55、0、0），按【Alt+Delete】组合键，为矩形填充浅蓝色。

STEP 7 选中“矩形 1”图层，按【Ctrl+ Alt +T】组合键，调出定界框。将鼠标指针移动至定界框角点处，待鼠标指针变成形状时，按住【Shift】键的同时拖动，将“矩形 1”图层向右移动一段距离。然后按【Enter】键确定自由变换，如图 4–80 所示。

STEP 8 按【Ctrl+Shift+Alt+T】组合键，复制“矩形”形状，至图 4–81 所示的样式。

STEP 9 按【Ctrl+T】组合键，旋转“矩形”形状至图 4–82 所示的样式，按【Enter】键确认自由变换。

图4-78 填充前景色

图4-79 矩形工具

图4-80 自由变换

图4-81 复制矩形

图4-82 旋转矩形

STEP 10 按住【Ctrl】键不放，单击“图层”面板中的“圆角矩形 1”缩览图，如图 4-83 所示，将其载入选区。

STEP 11 在“图层”面板中，单击“添加图层蒙版”按钮，如图 4-84 所示。为“矩形 1”图层添加一个“图层蒙版”，隐藏不需要的部分，效果如图 4-85 所示（关于“蒙版”在后面的章节将会详细讲解，本节了解即可）。

图4-83 载入选区

图4-84 添加图层蒙版

图4-85 图层蒙版效果

STEP 12 选择“椭圆工具”，在画布中绘制一个正圆形状，设置“填充”为黄色（CMYK：30、35、95、0）、“描边”为白色、“描边宽度”为 0.8 点，如图 4-86 所示。

STEP 13 按【Ctrl+J】组合键，多次复制正圆形状，并调整其大小、分布位置和填充颜色。

具体数量、位置、大小以及颜色变化如图 4-87 所示。

STEP 14 选择“椭圆工具”，在画布中绘制若干无描边的正圆形状，并填充不同颜色，效果如图 4-88 所示。

图4-86　椭圆工具1

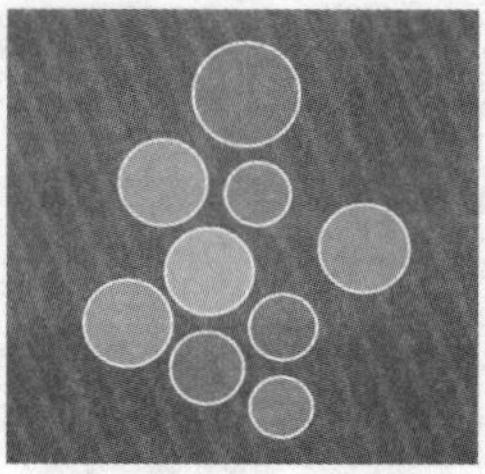
图4-87　排列效果

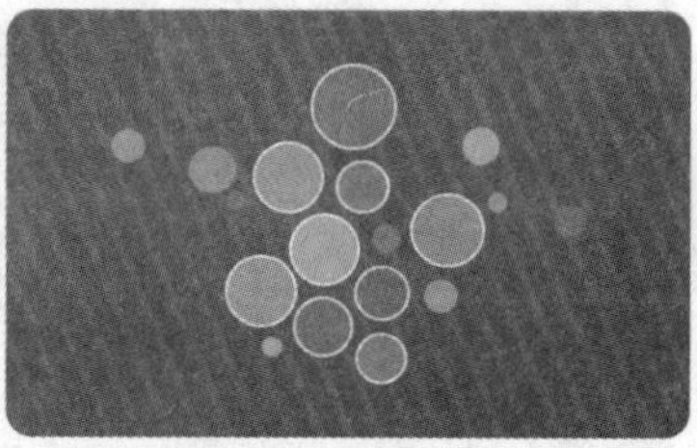
图4-88　椭圆工具2

STEP 15 选择“横排文字工具”，在选项栏中设置“字体”为方正大黑简体、“字体大小”为 14 点、“文本颜色”为白色，输入文字内容“学习体验卡”，如图 4-89 所示。

STEP 16 打开素材图片“Java.png”“Android.png”和“Apple.png”，如图 4-90～图 4-92 所示。

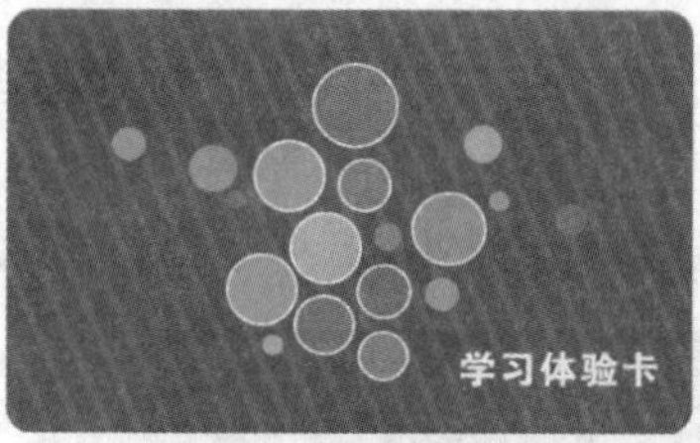

图4-89　横排文字工具1

图4-90 Java

图4-91　Android

图4-92　Apple

STEP 17 选择“移动工具”，将它们逐一拖至“【任务 9】学习体验卡正面”画布中，按【Ctrl+T】组合键，调整它们的旋转角度，并移至图 4-93 所示的位置。

STEP 18 选择“横排文字工具”，在选项栏中设置“字体”为微软雅黑 Bold、“字体大小”为 6 点、“文本颜色”为白色，输入图 4-94 所示的内容。

STEP 19 按【Ctrl+T】组合键，调整它们的大小和旋转角度，并移至图 4-95 所示的位置。

图4-93　旋转、移动素材

图4-94　横排文字工具2

图4-95　旋转、移动文字

STEP 20 选中“学习体验卡正面”包含的全部图层，按【Ctrl+G】组合键创建图层组，将图层组命名为“学习体验卡 1”。

2. 设计学习卡反面

STEP 1 执行“图像→画布大小”命令（或按【Ctrl+Alt+C】组合键），在弹出的对话框中

单击“←”定位按钮，如图 4-96 所示

STEP 2 在“画布大小”对话框中，设置“宽度”为 200 毫米，如图 4-97 所示，单击“确定”按钮，完成画布大小的调整。

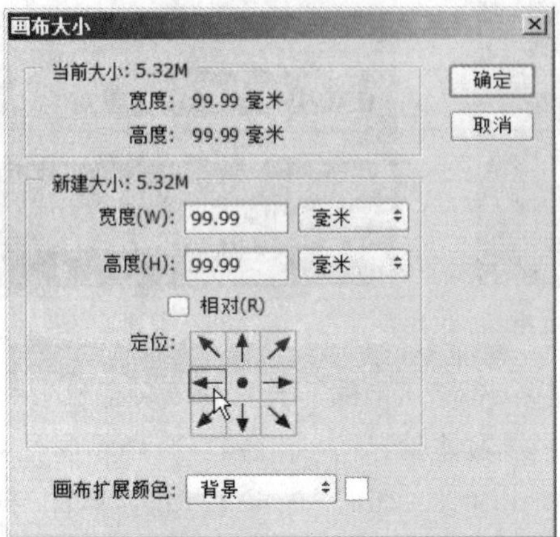

图4-96 定位

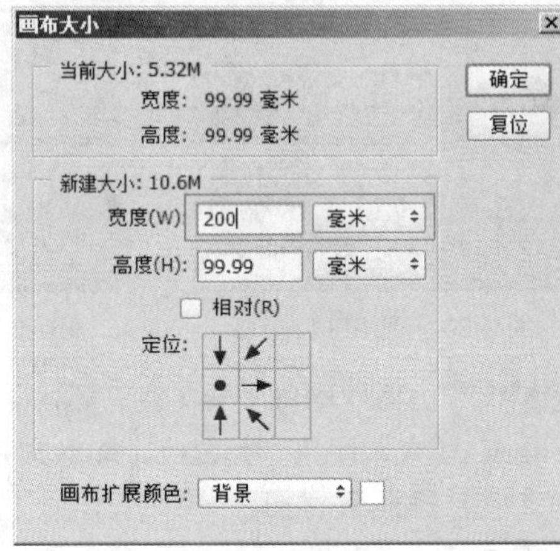

图4-97 设置宽度

STEP 3 选中“学习体验卡 1”图层组，按【Ctrl+J】组合键进行复制，将得到的图层组命名为“学习体验卡 2”。

STEP 4 选择“移动工具”，将“学习体验卡 2”图层组移至图 4-98 所示的位置。

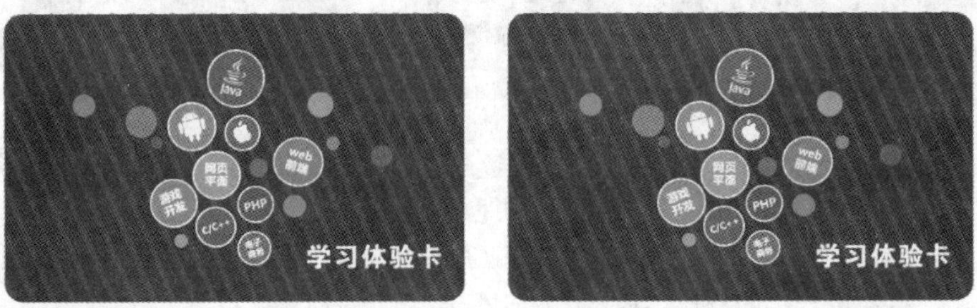

图4-98 复制图层组

STEP 5 在“图层”面板中，删除“学习体验卡 2”图层组中不需要的元素，如图 4-99 中红框标示的部分。

STEP 6 选中“学习体验卡 2”图层组中的“圆角矩形 1”图层，设置“前景色”为浅灰色（CMYK：20、15、15、0），按【Alt+Delete】组合键进行填充，如图 4-100 所示。

STEP 7 选中“学习体验卡 2”图层组中的“矩形 1”图层，设置“前景色”为中灰色（CMYK：25、20、20、0），按【Alt+Delete】组合键进行填充，如图 4-101 所示。

STEP 8 选中“学习体验卡 2”图层组中除 “圆角矩形 1”和“矩形 1”外的所有图层，按【Ctrl+E】组合键，拼合图层。将拼合后的图层命名为“图标”。

STEP 9 按【Ctrl+Shift+U】组合键，将“图标”图层去色，并设置图层“不透明度”为 35%，效果如图 4-102 所示。

图4-99 删除图层

STEP 10 按【Ctrl+M】组合键，调出“曲线”对话框，在曲线上单击添加控制点，拖动曲线向下弯曲，如图 4-103 所示，画面效果如图 4-104 所示。

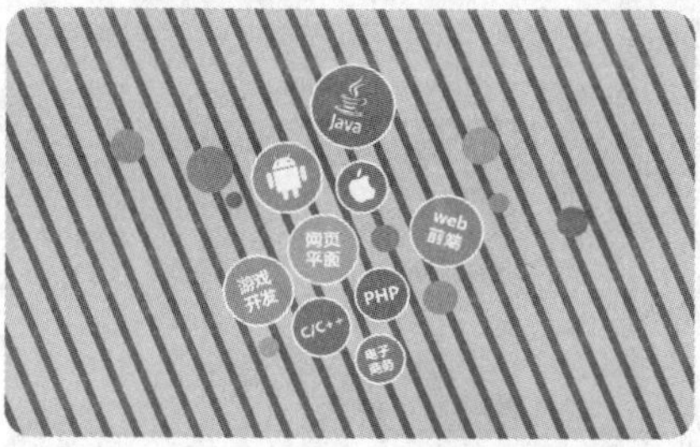

图4-100　填充前景色1

图4-101　填充前景色2

图4-102　去色

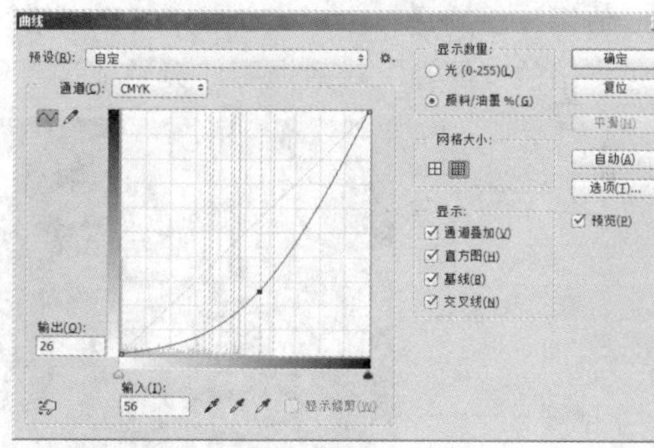

图4-103　“曲线”对话框

STEP 11 选择“横排文字工具”，在选项栏中设置“字体”为微软雅黑 Regular、“字体大小”为 8 点、“文本颜色”为单色黑（CMYK：0、0、0、100），具体样式、内容如图 4-105 所示。

图4-104　曲线效果

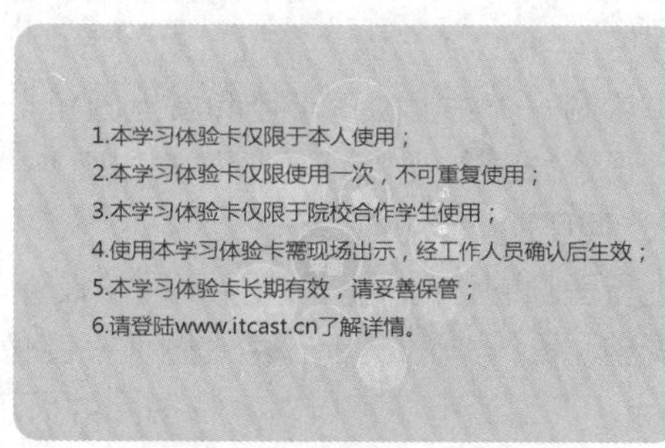

图4-105　“横排文字工具”的使用

STEP 12 按【Ctrl+S】组合键，将文件保存在指定文件夹中。

4.3.4　知识点讲解

1. 圆角矩形工具

“圆角矩形工具”常用来绘制具有圆滑拐角的矩形。在使用“圆角矩形工具”时，需要先在其选项栏中设置圆角的“半径”，如图 4-106 所示。

在“圆角矩形”选项栏中，“半径”用来控制圆角矩形圆角的平滑程度，半径越大越平滑，如图 4–107 所示；当半径为 0 时，创建的矩形为直角矩形，如图 4–108 所示。

图4–106 “圆角矩形”选项栏

图4–107 30像素半径的圆角矩形

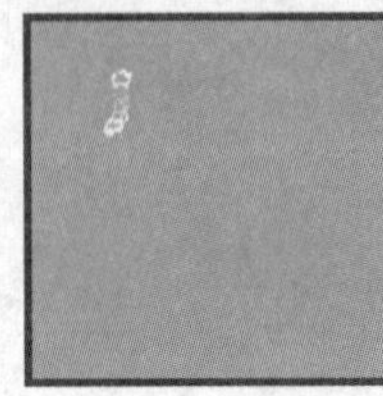

图4–108 0像素半径的圆角矩形

值得一提的是，在 Photoshop CC 中增强了圆角矩形的功能。用户在绘制圆角矩形时，可以通过弹出的“属性”对话框更加灵活地调整和编辑圆角矩形的圆角半径，如图 4–109 所示。

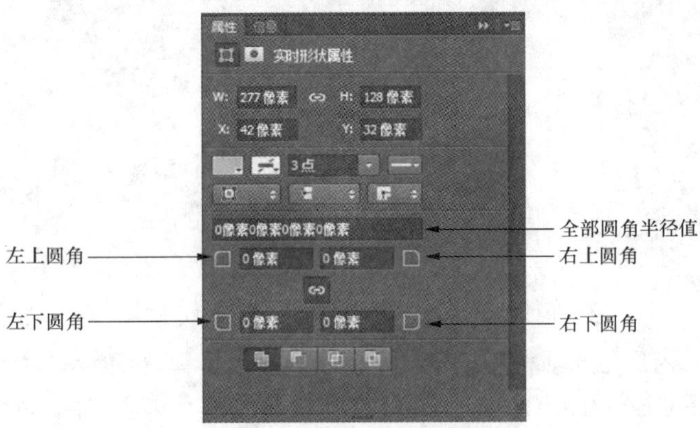

图4–109 圆角半径属性

图4–110 圆角半径属性1

在图 4–109 所示的“属性”对话框中，用户可以通过输入相应的数值，灵活控制圆角半径。例如，绘制一个左上圆角半径和右上圆角半径均为 30 像素的圆角矩形，其属性设置如图 4–110 所示，样式如图 4–111 所示。

图4–111 圆角矩形效果

2. 调整图像大小

进行图像制作时，为了满足不同的设计需求，经常需要对图像的大小进行调整。执行 Photoshop 中“图像→图像大小”命令（或按【Ctrl+Alt+I】组合键），在弹出的“图像大小”对话框中可以对素材图片的大小进行调整，如图 4–112 和图 4–113 所示。

图4–112 原始尺寸图像

图4–113 放大后的图像

对比图 4–112 和图 4–113 容易看出，放大后图像会变得模糊失真，这样就大大降低了图片的品质。在 Photoshop CC 中对该工具进行了改进和更新，让我们在处理图片大小的时候，能够更好地保持原图的品质，如图 4–114 所示，即为改进后的“图像大小”对话框。

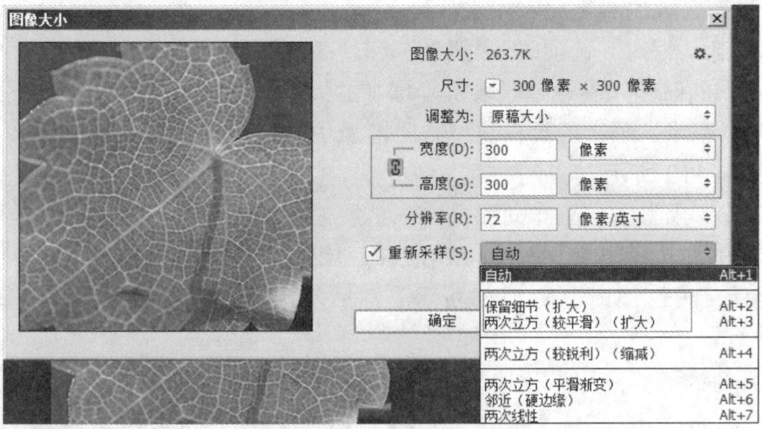

图4–114　“图像大小”对话框

在图 4–114 所示的“图像大小”对话框中，左侧为图像预览图，右侧为相应的调整选项。红框标示的宽度和高度参数栏用于控制图像的尺寸。在下面的“重新采样”选项栏中，“保留细节（扩大）”和“两次立方（较平滑）（扩大）”两个选项用于在放大图像时保留图像细节、去除杂色，尽可能地保持原图像的品质。

3. 去色

“去色”命令可以用来去除图像中的彩色，使图像转换为灰度图像。这种处理图像的方法不会改变图像的颜色模式，只是使图像失去了彩色而变为黑白效果。需要注意的是，图像一般包含多个图层，该命令只作用于被选择的图层。另外，也可以对选中图层中选区的范围进行“去色”操作。

打开素材图片，如图 4–115 所示。执行“图像→调整→去色”命令（或按【Ctrl+Shift+U】组合键），将对图像进行“去色”操作，效果如图 4–116 所示。

图4–115　原图像

图4–116　“去色”效果

4. 调整画布大小

在 Photoshop CC 中画布是指整个文档的工作区域，执行“图像→画布大小”命令（或按【Ctrl+Alt+C】组合键）会打开“画布大小”对话框，如图 4–117 所示。

在“画布大小”对话框中主要包括“新建大小”和“画布扩展颜色”两个部分，具体解释如下。

• **新建大小**："新建大小"是指修改画布尺寸后的大小，当输入"宽度"和"高度"参数值大于原始画布尺寸时，会增大画布；当输入"宽度"和"高度"参数值小于原始画布尺寸时，会裁掉超出画布区域的图像。

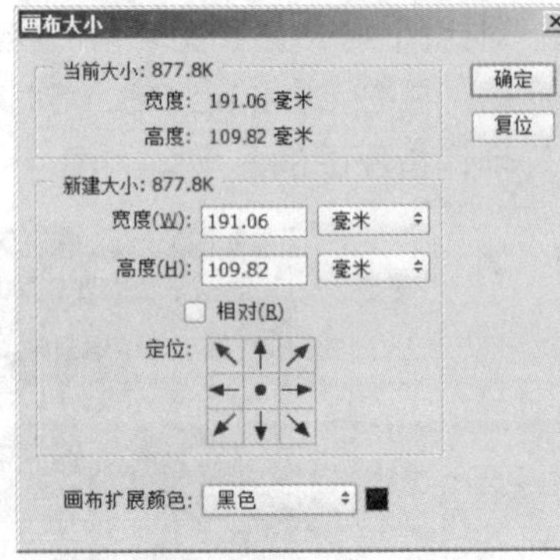

图4-117 "画布大小"对话框

• **相对**：当勾选"相对"选项时，"宽度"和"高度"的数值将被清空为0，此时输入参数值代表实际增加的大小。例如，设置宽度为10毫米，画布就会在宽度方向增加10毫米，如图4-118和图4-119所示。

• **定位**："定位"用来决定画布向哪个方向扩展或缩小。例如，想要让画布的右边多出20毫米，就可以在"定位"中单击最左侧的标示"←"，如图4-120所示。然后勾选"相对"定位，改变其宽度即可，效果如图4-121所示。

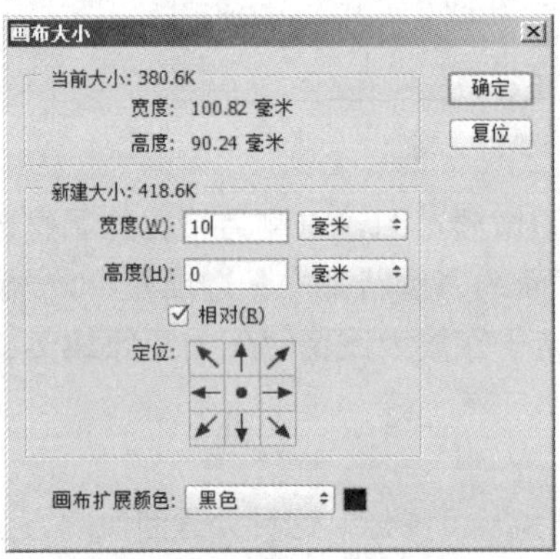

图4-118 勾选"相对"选项

图4-119 画布显示样式

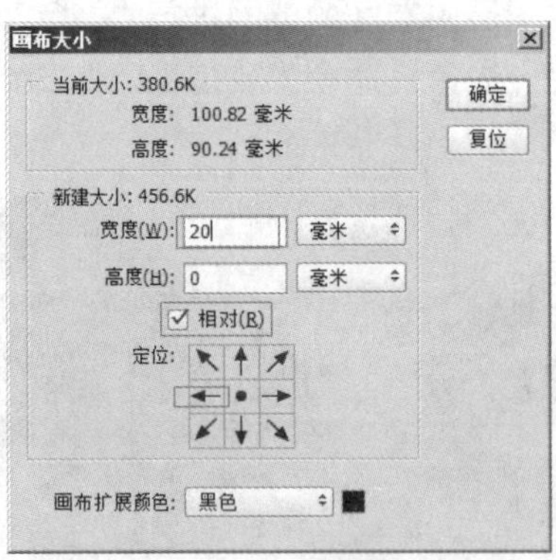

图4-120 定位

图4-121 向左侧扩展

• **画布扩展颜色**："画在扩展颜色"用于设定填充画布扩展部分的颜色，可以是前景色、背景色、灰色或其他自定义颜色。

4.4 任务10：VIP卡

VIP卡服务（也称为贵宾服务卡）是现在流行的一种服务管理模式。VIP卡可以提高顾客的回头率和忠诚度，是很多服务行业都采取的会员卡服务模式。下面将设计制作一款 VIP 卡，通过本任务的学习，读者可以掌握形状的羽化、“杂色”滤镜以及“模糊”滤镜等工具的操作。

图4-122 VIP卡效果展示

4.4.1 任务描述

本任务是为某葡萄酒庄设计一款 VIP 卡。客户要求简洁大气，既要融合现代设计思想、表现极度风范，又能给人以良好的视觉氛围，象征顾客身份，图 4-122 所示为最终的设计效果。

4.4.2 任务分析

在公司性质方面来分析，该公司是一家以经营葡萄酒为主的盈利机构，因此可以选择和葡萄颜色类似的红色、深红色等暖色系作为 VIP 卡的主色调，如图 4-123 所示。

在设计风格上可以用一些粗糙纹理的背景，如图 4-124 所示，搭配简单的文字，彰显简约大气的风格。

图4-123 色调选择

图4-124 纹理选择

在制作工艺上，VIP 卡可以分为“磨砂卡”“透明卡”“哑面卡”“光面卡”等，其通用尺寸为 85.60mm×53.98mm，与国际标准卡片尺寸相同。

4.4.3 任务制作

STEP 1 打开 Photoshop CC 软件，按【Ctrl+N】组合键，在“新建”对话框中设置“名称”为【任务 10】VIP 卡、“宽度”为 100 毫米、“高度”为 100 毫米、“分辨率”为 300 像素/英寸、“颜色模式”为 CMYK 颜色、“背景内容”为白色，如图 4-125 所示。单击“确定”按钮，完成画布的创建。

STEP 2 选择“圆角矩形工具”，在画布中单击，会弹出如图 4-126 所示的“创建圆角矩形”对话框，设置“宽度”为 85.60 毫米、“高度”为 53.98 毫米，“半径”为 40 像素，单击“确定”按钮完成圆角矩形的创建，得到“圆角矩形 1”，如图 4-127 所示。

STEP 3 按【Ctrl+J】组合键，复制“圆角矩形 1”图层，得到“圆角矩形 1 拷贝”图层。

STEP 4 设置“前景色”为灰色（CMYK：65、55、55、0），按【Alt+Delete】组合键填充拷贝的圆角矩形，如图 4-128 所示。

STEP 5 执行“滤镜→杂色→添加杂色”命令，在弹出的对话框中单击“确定”按钮，完成图形的栅格化处理，如图 4-129 所示。

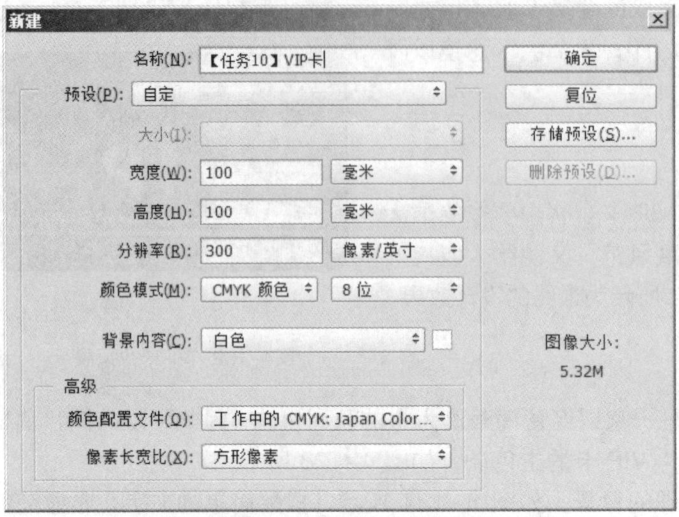

图4-125 “新建”对话框

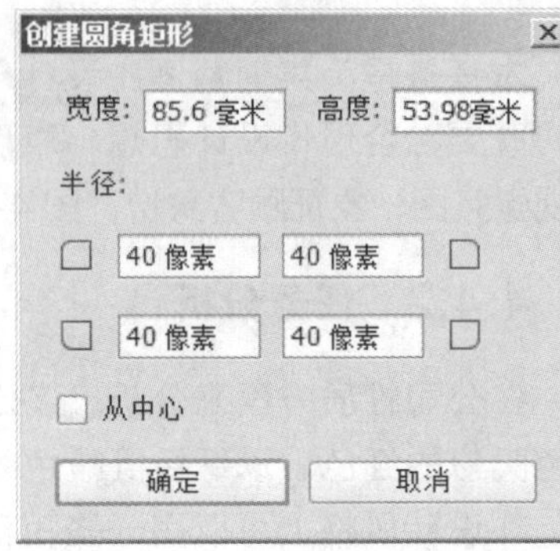

图4-126 “创建圆角矩形”对话框

图4-127 圆角矩形1

图4-128 填充圆角矩形

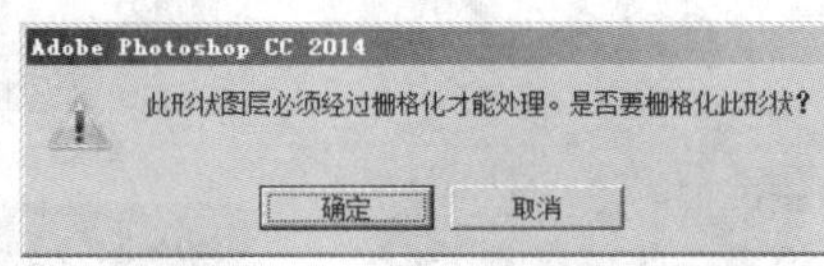

图4-129 栅格化形状

STEP 6 在“添加杂色”对话框中，设置“数量”为 400%、“分布”为高斯分布，选择“单色”复选框，如图 4-130 所示，单击“确定”按钮，效果如图 4-131 所示。

图4-130 “添加杂色”对话框

图4-131 “添加杂色”效果

STEP 7 在“图层”面板中，单击“圆角矩形 1”的“指示图层可见性”图标，如图 4-132 所示，隐藏“圆角矩形 1”图层。

STEP 8 执行“滤镜→模糊→动感模糊”命令，弹出“动感模糊”对话框，设置“角度”为 0 度、“距离”为 72 像素，如图 4-133 所示，单击“确定”按钮，效果如图 4-134 所示。

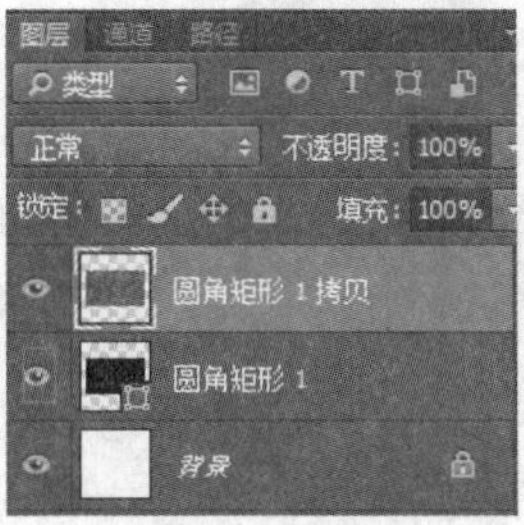

图4-132　隐藏图层

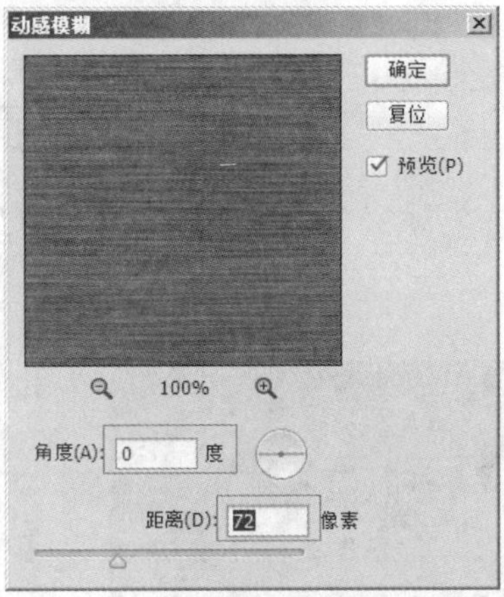

图4-133　“动感模糊”对话框

图4-134　“动感模糊”效果

STEP 9 按【Ctrl+J】组合键，反复复制　“圆角矩形 1 拷贝”，至图 4-135 所示的样式。

STEP 10 在“图层”面板中，选中“圆角矩形 1 拷贝”图层和复制的所有图层，如图 4-136 所示。按【Ctrl+E】组合键，合并图层并将其重命名为“圆角矩形 2”，如图 4-137 所示。

图4-135　复制图层

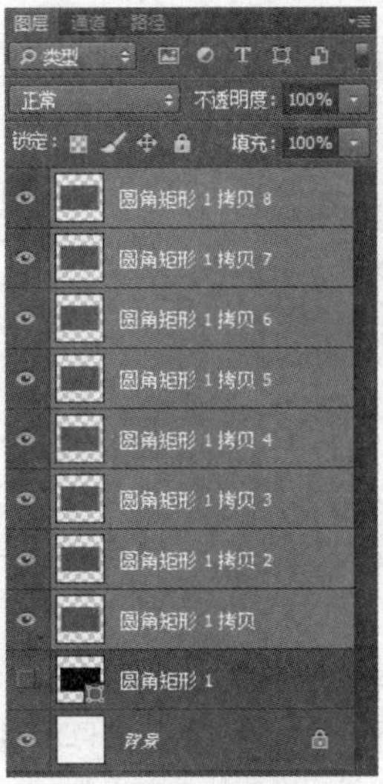

图4-136　选中图层

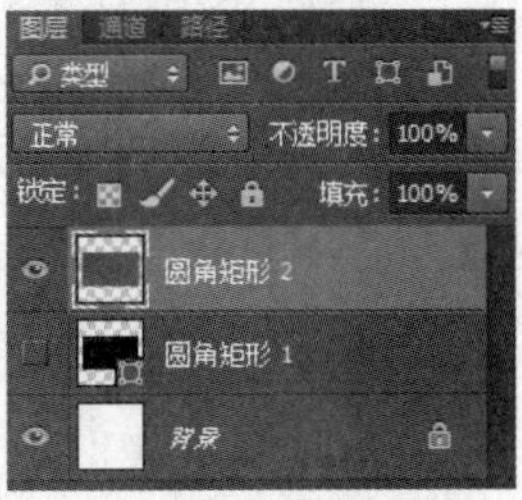

图4-137　拼合图层

STEP 11 按住【Ctrl】键不放，单击“图层”面板中的“圆角矩形 1”缩览图，将其载入选区。

STEP 12 按【Ctrl+Shift+I】组合键，反选，按【Delete】键删除不需要的部分，如图 4-138 所示。

STEP 13 按【Ctrl+J】组合键，复制“圆角矩形 2”图层，得到“圆角矩形 2 拷贝”图层。

STEP 14 设置“前景色”为中灰色（CMYK：75、70、65、30），按【Alt+Shift+Delete】组合键锁定透明图层填充，效果如图 4-139 所示。

STEP 15 执行“滤镜→杂色→添加杂色”命令，在弹出的“添加杂色”对话框中，设置“数量”为 20%、“分布”为高斯分布，选择“单色”复选框，如图 4-140 所示，单击“确定”按钮，效果如图 4-141 所示。

图4-138　反选和删除

图4-139　填充图层

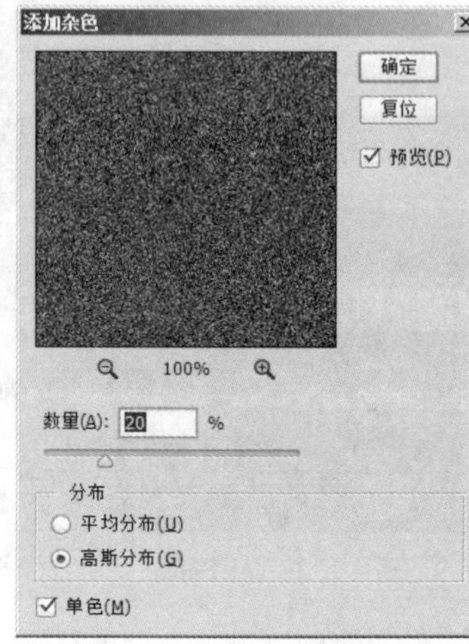

图4-140　“添加杂色”对话框

STEP 16 在“图层”面板中，设置“圆角矩形 2 拷贝”的“图层混合模式”为正片叠底、“不透明度”为 50%，效果如图 4-142 所示。

图4-141　“添加杂色”效果

图4-142　正片叠底和不透明度效果

STEP 17 按【Ctrl+Shift+Alt+N】组合键，新建图层，得到“图层 1”。

STEP 18 选择“矩形选框工具”，在画布中绘制一个矩形选区，其大小和位置如图 4-143 所示。

STEP 19 设置“前景色”为浅金属色（CMYK：10、10、30、0）、“背景色”为暗金色（CMYK：50、60、65、5）。选择“渐变工具”，在其工具栏中单击“对称渐变”按钮，为矩形选区添加渐变效果，如图 4-144 所示。

图4-143　矩形选区

图4-144　对称渐变

STEP 20 按【Ctrl+D】组合键，取消选区。按【Ctrl+J】组合键复制“图层 1”，得到“图层 1 拷贝”图层。

STEP 21 选择“移动工具”，将“图层 1 拷贝”移至如图 4-145 所示的位置。

STEP 22 按住【Ctrl】键不放，单击“图层”面板中的“圆角矩形 1”缩览图，将其载入选区。

STEP 23 选择“矩形选框工具”，按住【Alt】键不放，待光标出现“—”号时，按住鼠标左键在画布中拖动，绘制一个矩形区域，如图 4-146 所示。释放鼠标，即可得到图 4-147 所示的选区形状。

图4-145 复制并移动

图4-146 减去选区

图4-147 选区效果

STEP 24 设置“前景色”为红色（CMYK：20、100、100、0）、“背景色”为暗红色（CMYK：50、100、100、40）。选择“渐变工具”，为选区添加对称渐变，效果如图 4-148 所示。

STEP 25 按【Ctrl+D】组合键取消选区，按【Ctrl+J】组合键复制“图层 2”，得到“图层 2 拷贝”图层。

STEP 26 按【Ctrl+T】组合键，调出自由变换定界框，右击选择“垂直翻转”命令，效果如图 4-149 所示，按【Enter】键确认自由变换。

图4-148 对称渐变

图4-149 垂直翻转

STEP 27 选中“图层 2 拷贝”图层和“圆角矩形 2”图层，执行“图层→对齐→底边”命令，使两个图层的底边对齐，如图 4-150 所示。

STEP 28 打开素材图片“VIP.png”，如图 4-151 所示。选择“移动工具”，将其拖至“【任务 10】VIP 卡”画布中，移至图 4-152 所示的位置。

图4-150 图层对齐

图4-151 VIP素材图片

图4-152 VIP效果图

STEP 29 选择“椭圆工具”，在画布中绘制一个椭圆，并填充深灰色（CMYK：75、70、70、35），如图 4-153 所示。

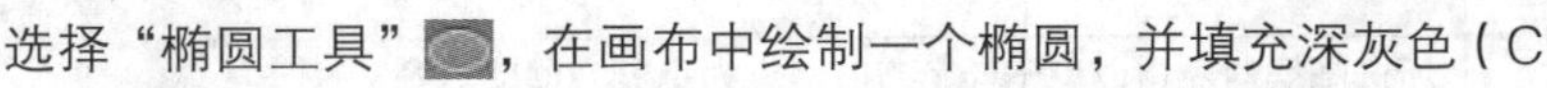
图4-153 “椭圆工具”的使用

STEP 30 执行“窗口→属性”命令，打开“属性”面板（或单击界面右侧面板中的“属性”按钮）。在“属性”面板中，设置“羽化”为 25 像素，如图 4-154 所示，画面效果如图 4-155 所示。

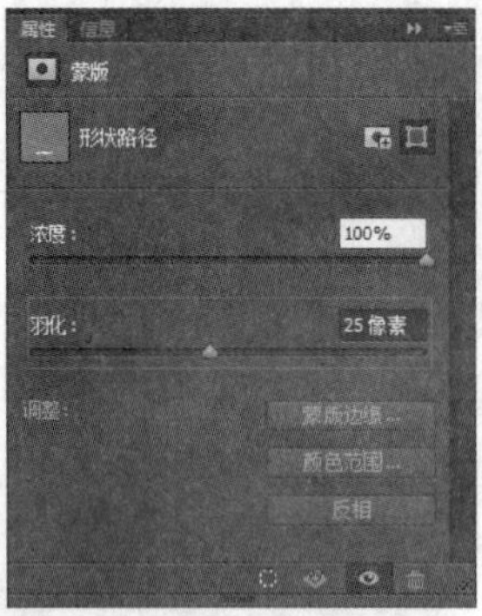

图4-154 形状的羽化

图4-155 “羽化”效果

STEP 31 按【Ctrl+S】组合键，将文件保存在指定文件夹中。

4.4.4 知识点讲解

1. 图层的对齐和分布

为了使图层中的元素整齐有序地排列，经常需要对齐图层或调整图层的分布，具体方法如下。

- 图层的对齐

打开素材文件，如图 4-156 所示。选择需要对齐的图层（两个或两个以上），执行“图层→对齐”命令，在弹出的子菜单中选择相应的对齐命令，如图 4-157 所示，即可按指定的方式对齐图层，效果如图 4-158 所示。

图4-156 素材图片

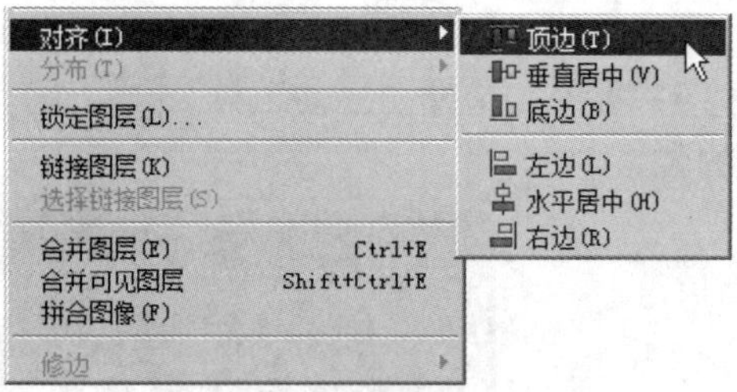

图4-157 图层的“对齐”子菜单

图4-158 顶边对齐图层

对于图 4-157 中所示的“对齐”命令，具体解释如表 4-2 所示。

表 4-2 图层“对齐”命令

图层对齐命令	说明
顶边	所选图层对象将以位于最上方的对象为基准，顶部对齐
垂直居中	所选图层对象将以位置居中的对象为基准，垂直居中对齐
底边	所选图层对象将以位于最下方的对象为基准，底部对齐
左边	所选图层对象将以位于最左侧的对象为基准，左对齐
水平居中	所选图层对象将以位于中间的对象为基准，水平居中对齐
右边	所选图层对象将以位于最右侧的对象为基准，右对齐

• 图层的分布

打开素材文件，如图 4–159 所示。选择需要分布的图层（3 个或 3 个以上），执行“图层→分布”命令，在弹出的子菜单中选择相应的“分布”命令，如图 4–160 所示，即可按指定的方式分布图层，效果如图 4–161 所示。

图4–159　素材图片

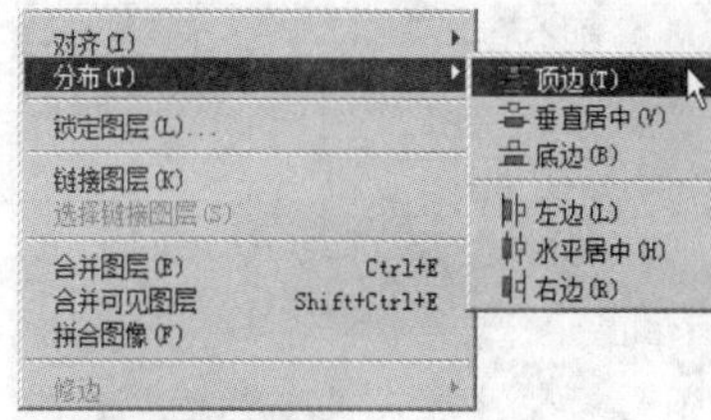

图4–160　图层的“分布”子菜单

图4–161　顶边分布图层

对于图 4–160 中所示的“分布”命令，具体解释如表 4-3 所示。

表 4-3　图层“分布”命令

图层分布命令	说　明
顶边	以每个被选择图层对象的最上方为基准点，等距离垂直分布
垂直居中	以每个被选择图层对象的中心点为基准点，等距离垂直分布
底边	以每个被选择图层对象的最下方为基准点，等距离垂直分布
左边	以每个被选择图层对象的最左侧为基准点，等距离水平分布
水平居中	以每个被选择图层对象的中心点为基准点，等距离水平分布
右边	以每个被选择图层对象的最右侧为基准点，等距离水平分布

2. 形状的羽化

在运用“形状工具”时，运用形状属性中的“羽化”，可以将形状边缘变得模糊，与周围像素混合。例如，选择“椭圆工具”，在画布中绘制一个椭圆并将其填充为淡黄色（RGB：255、235、145），效果如图 4–162 所示。

执行“窗口→属性”命令，打开“属性”面板（或单击界面右侧面板中的“属性”按钮），拖动“羽化”滑块，如图 4–163 所示。此时，画面效果如图 4–164 所示。

值得一提的是，形状的羽化效果可以根据需要随时更改，使用起来非常方便。

3.“杂色”滤镜

“杂色”滤镜组中包含 5 种滤镜，它们可以添加或去除杂色，以创建特殊的图像效果。下面介绍常用的“添加杂色”滤镜。

执行“滤镜→杂色→添加杂色”命令，弹出“添加杂色”对话框，如图 4–165 所示。该滤镜可以在图像中添加一些细小的颗粒，以产生杂色效果，如图 4–166 所示。

图4-162　绘制椭圆

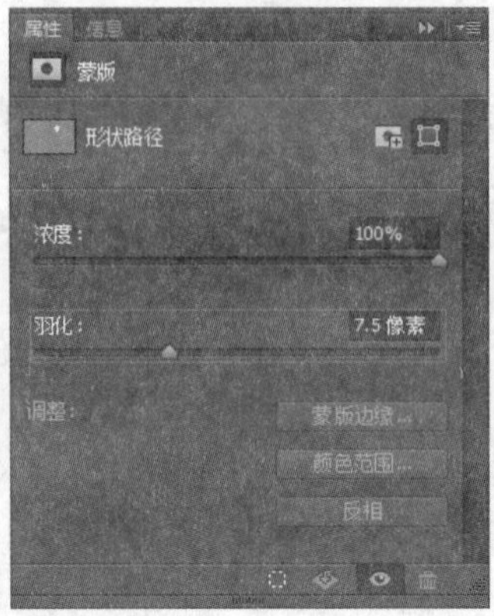

图4-163　调整羽化参数

图4-164　羽化效果

图4-165 “添加杂色”对话框

图4-166 “添加杂色”效果

对“添加杂色”对话框中的“数量”“分布”及“单色”选项的解释如下。

• 数量：用于设置杂色的数量。

• 分布：用于设置杂色的分布方式。选择“平均分布”，会随机地在图像中加入杂点，效果比较柔和；选择“高斯分布”，会以沿一条钟形曲线分布的方式来添加杂点，杂点较强烈。

• 单色：选择该项复选框，如图 4-167 所示，杂点只影响原有像素的亮度，像素的颜色不会改变，如图 4-168 所示。

4. “模糊”滤镜

模糊滤镜组中包含 14 种滤镜，它们可以柔化图像、降低相邻像素之间的对比度，使图像产生柔和、平滑的过渡效果。下面介绍常用的 3 个模糊滤镜。

• “高斯模糊”滤镜

“高斯模糊”滤镜可以使图像产生朦胧的雾化效果。打开如图 4-169 所示的素材图像“露珠”，执行“滤镜→模糊→高斯模糊”命令，将弹出“高斯模糊”对话框，如图 4-170 所示。

图4-167　选择“单色”复选框

图4-168　“添加杂色”效果

在图 4-170 所示的对话框中，“半径”用于设置模糊的范围，数值越大，模糊效果越强烈。应用“高斯模糊”后的画面效果如图 4-171 所示。

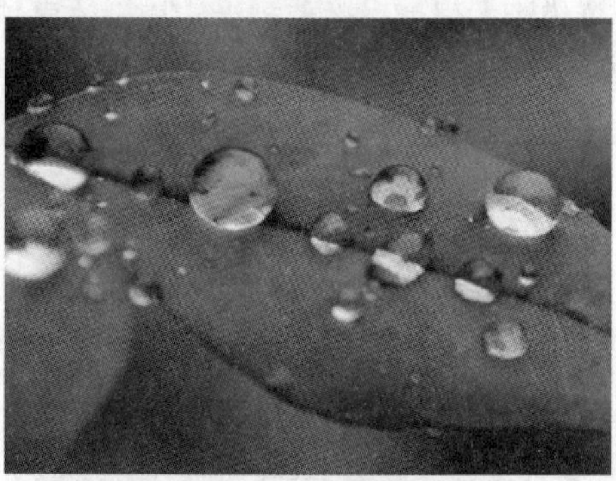

图4-169　素材图像“露珠”

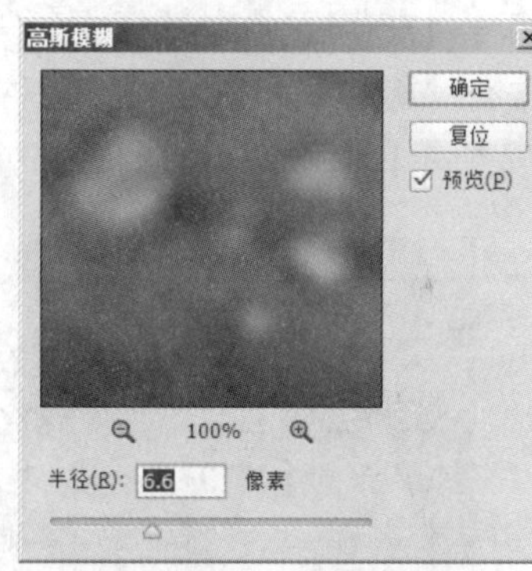

图4-170　“高斯模糊”对话框

• “动感模糊”滤镜

“动感模糊”滤镜可以使图像产生速度感效果，类似于给一个移动的对象拍照。打开如图 4-172 所示的素材图像“赛车.jpg”，执行“滤镜→模糊→动感模糊”命令，弹出“动感模糊”对话框，如图 4-173 所示。

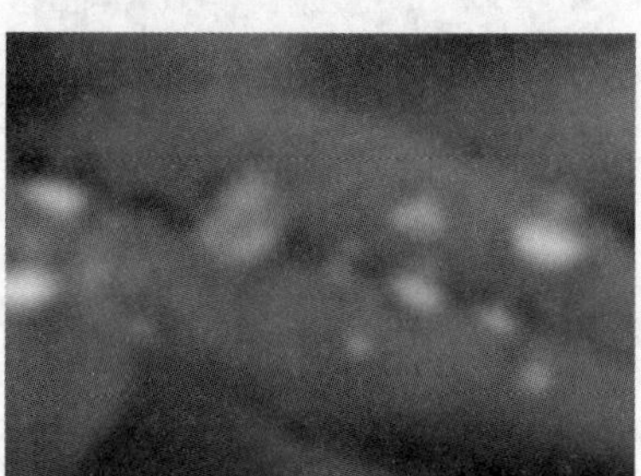

图4-171　“高斯模糊”效果

图4-172　素材图像“赛车”

在图 4-173 所示的对话框中，“角度”用于设置模糊的方向，可拖动指针进行调整；“距离”用于设置像素移动的距离。应用“动感模糊”后的画面效果如图 4-174 所示。

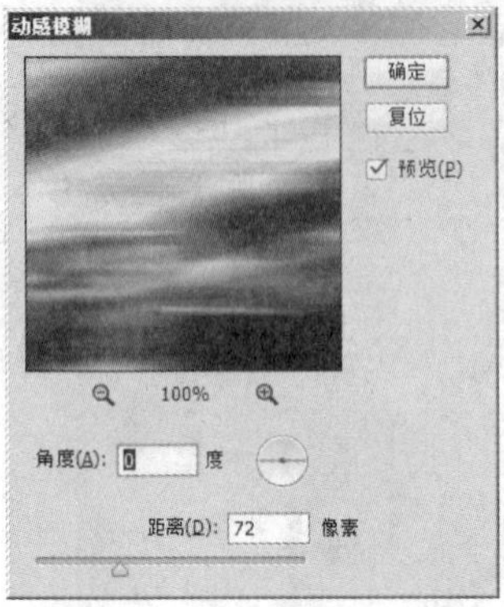

图4-173 “动感模糊”对话框

图4-174 “动感模糊”效果

- 径向模糊

“径向模糊”滤镜可以模拟缩放或旋转的相机所产生的效果。打开如图 4-175 所示的素材图像“钟表.jpg”，执行“滤镜→模糊→径向模糊”命令，弹出“径向模糊”对话框，如图 4-176 所示。

在图 4-176 所示的对话框中，“数量”用于设置模糊的强度，数值越大，模糊效果越强烈。模糊方法有“旋转”和“缩放”两种。其中，“旋转”是围绕一个中心形成旋转的模糊效果，如图 4-177 所示；“缩放”是以模糊中心向四周发射的模糊效果，如图 4-178 所示。

图4-175 素材图像“钟表”

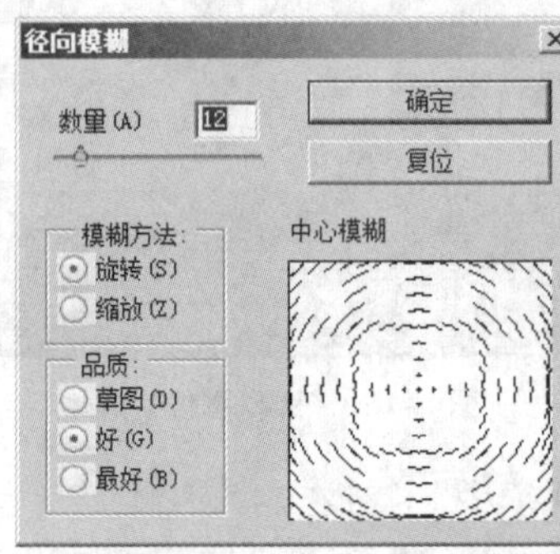

图4-176 “径向模糊”对话框

图4-177 “旋转”效果

图4-178 “缩放”效果

4.5 课后练习

学习完卡片设计的内容，下面来完成课后练习吧！

请使用所学工具制作如图 4-179 所示的 VIP 卡片效果。

图4-179 VIP卡片的练习

Photoshop CC

5 Chapter

情境 5 DM 设计

学习目标

- 了解 DM 设计的基本常识，能够完成 DM 的设计与制作
- 熟悉选区的编辑操作，可以对选区进行编辑与修改
- 了解路径的基本操作，可以熟练地对路径进行选择与调整
- 掌握“钢笔工具”的基本操作，能够熟练绘制形状与路径

Photoshop CC 拥有强大的位图图像处理和矢量图形绘制功能，同时也具备强大的图像修改和图形调整功能，这为设计工作提供了很多的便利和更多的可能性。本情境将通过 3 款精美 DM 案例，对“选区”编辑操作和“路径”的调整进行详细讲解。

5.1 DM 简介

DM 是英文 Direct Mail 的缩写，可直译为直接邮寄广告，通常由 8 开或 16 开广告纸正反面彩色印刷而成。DM 一般采取邮寄、定点派发、选择性派送的形式直接传送到消费者手中，是超市、卖场、厂家、地产商等最常采用的促销方式，图 5-1 所示为地产商 DM 单页的正反面。

DM 的常见形式主要包括广告单页和集纳型广告宣传画册两种。其中，广告单页如商场、超市散布的传单、折页，肯德基、麦当劳的优惠券等，如图 5-2～图 5-4 所示；集纳型广告宣传画册页数在 8～200 页不等，如图 5-5 所示。

图5-1　常见房地产DM

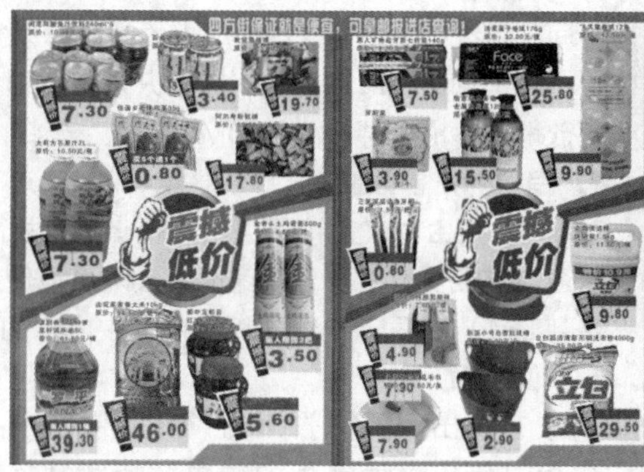

图5-2　超市DM

图5-3　折页DM

图5-4　DM优惠券

图5-5　宣传画册DM

5.1.1　DM 的优势

DM 是区别于报纸、电视、互联网广告等刊载媒体的广告发布载体，如图 5-6 所示。传统广告刊载媒体贩卖的是内容，然后把发行量二次贩卖给商家；而 DM 则是贩卖直达目标消费者的广告通道。因此，DM 与其他广告媒体相较，具有以下几个优势。

1. 针对性

DM 广告可直接将广告信息传递给消费者，具有强烈的选择性和针对性。而其他媒介只能将广告信息笼统地传递给所有受众，而不管受众是否是广告信息的目标群体。

图5-6 最常见的DM形式的封面

2. 持续时间长

一个 30 秒的电视广告，它的信息在 30 秒后荡然无存，不能带走，亦不能反复查看。DM 广告则明显不同，在消费者做出最后决定之前，可以反复翻阅广告信息，并以此作为参照物来详尽了解产品的各项数据，直到最后做出购买或舍弃决定。

3. 灵活性

不同于报纸杂志广告，DM 广告的商家可以根据自身的具体情况来任意选择版面大小，并自行确定广告信息量及印刷形式，商家只需考虑相关部门的规定及自身广告预算。除此之外，可以随心所欲地制作出各种各样的 DM 广告。

4. 良好的广告效应

DM 广告是由商家直接派送给消费者的，故而商家在付诸实际行动之前，可以参照地域差异和生活习惯捕捉受众对象，以保证最大限度地使广告信息为消费者所接受。与其他媒体不同，受众在收到 DM 广告后，一般具有了解其中内容的意愿。

5. 可测定性

商家在发出 DM 广告之后，可以借助产品销售数量的增减变化情况及变化幅度来了解广告信息传出之后产生的效果，特别是超市和卖场最为明显。这一优势超过了其他广告媒体。

6. 隐蔽性

DM 广告是一种深入潜行的非轰动性广告，不易引起竞争对手的察觉和重视。这是 DM 广告与其他广告形式相比最主要的优势。

DM 广告无法借助报纸、电视、杂志、电台等在公众中已建立的信任度，因此 DM 广告只能以自身的优势和良好的创意、设计、印刷及诚实、诙谐、幽默等富有吸引力的语言来吸引目标对象，以达到较好的效果。

5.1.2 DM 输出的注意事项

由于 DM 设计最终会通过印刷的方式输出为印刷成品，因此在进行 DM 设计时需要了解一些关于印刷品的注意事项。

1. 设出血线

标准彩色 16 开设计尺寸为 291mm × 216mm，而成品尺寸为 285mm × 210mm。这是因为设计印刷出来时是需要裁切的，所以设计者应在页面的上、下、左、右各留出 3mm 的出血，如图 5-7 所示，蓝色线为出血线标示，所有内容一定要在出血线内显示。如果没有留出血，设计的图片或者文字就容易被裁切掉，设计稿的效果从而会受到影响甚至给客户带来不必要的损失。

2. 黑色的设置要求

在 Photoshop 中，制作需印刷的设计稿时，应设置颜色模式为 CMYK 格式。而黑色文字或色块的格式一定是 C：0、M：0、Y：0、K：100。这是因为彩色印刷时如果使用四色形成黑色，一是容易产生偏色，二是容易造成重影，尤其在印刷文字或者精细内容时特别明显。

3. 最好使用常见字体

方正字体的字库样式较多，字体也美观、正规，因此得到设计师的认可度较高。一般使用方正字体也不会出现在其他电脑上打不开或无法修改的情况。

如果使用了不常用的字体，就需要将文字转成曲线或栅格化，这样对其他想要修改的设计师来说，会造成很多不便。

4. 字号最好是整数

字体的字号最好是整数，整数数值如 7 点、8.5 点，容易记忆和修改。非整数数值如 7.89 点、12.11 点，不便于记忆和修改，而且也容易造成字号统一的困难，更不方便他人修改设计稿。

图5-7　出血线

印刷品上的字体，视觉识别的最小字号是 6 点，小于 6 点会在识别上带来一定的困难。常见书籍中的内容文字字号一般是 9 点。需要注意的是，不同的字体使用了相同的字号其视觉大小也会不同，如图 5-8 所示，同样是 9 号字，黑体就显得更大，而楷体则显得小一些。

传智播客 传智播客

图5-8　相同字号的不同字体效果

5.2 任务 11：家电促销 DM 模板

卖场促销一般根据节假日、季节、风俗等因素会推出不同的促销方案，这就需要大量 DM 的设计。为节约设计时间和成本，卖场一般会制作一些 DM 模板。下面将设计制作一款家电促销 DM 模板，模板制作完成后，可根据促销内容的不同来更换促销方案，达到事半功倍的效果。通过本任务的学习，读者可以掌握变形文字、直线工具等常用工具的操作。

5.2.1 任务描述

美宁家电是国内家电企业的领先者，以线上线下的结合发展引领零售发展新趋势。“正品行货、品质服务、便捷购物、舒适体验”是美宁家电的服务宗旨。要求运用已有素材，设计一款家电促销的 DM 模板，模板上需体现促销时间、促销产品基本信息、促销力度、促销图片等基本信息，最终设计效果如图 5-9 所示。

图5-9 家电促销DM模板效果展示

5.2.2 任务分析

本任务是制作一个家电促销 DM 模板，这就要求版式的构图和内容既能适用于表现一个产品的特质，也能适用于表现另一个产品的特质。家电品牌的促销，无外乎传达给消费者家电的品牌、型号、功能、优惠力度、活动时间等信息，而这些信息最好集中在一个版块。

本任务提供了一个人物素材，如图 5-10 所示，素材本身具有一定的动作和表情，可以结合文字制造一些吸引眼球的效果。美宁家电同时提供了公司的 Logo 以供使用，如图 5-11 所示。

图5-10 素材图像“人物素材”

美宁电器

图5-11 素材图像“Logo”

5.2.3 任务制作

1. 制作背景

STEP 1 打开 Photoshop CC 软件，按【Ctrl+N】组合键，在“新建”对话框中设置“名称”为【任务 11】家电促销 DM 模板、“宽度”为 216mm、“高度”为 81mm、“分辨率”为 300 像素/英寸、“颜色模式”为 CMYK 颜色、“背景内容”为白色。单击“确定”按钮，完成画布的新建。

STEP 2 执行“视图→标尺”命令，调出辅助工具“标尺”(或按【Ctrl+R】组合键)。

STEP 3 将鼠标指针置于水平方向的标尺上，按住鼠标左键不放并拖动至画布中大约 3mm 的位置，释放鼠标即可创建一条水平参考线（即出血线），如图 5-12 所示。

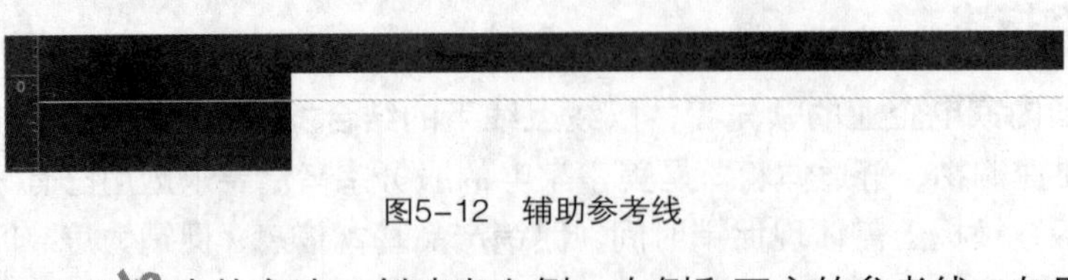

图5-12 辅助参考线

STEP 4 运用STEP 3中的方法，创建出左侧、右侧和下方的参考线，如图 5-13 所示。按【Ctrl+;】组合键可隐藏参考线，这里为方便查看效果，从STEP 5开始将参考线隐藏。

STEP 5 设置前景色为大红色（CMYK：0、95、60、0），背景色为深红色（CMYK：10、100、45、30）。

STEP 6 选择“渐变工具”，在“背景”层上由上到下绘制一个由前景色到背景色的线性渐变，效果如图 5-14 所示。

图5-13　重复操作

图5-14　填充背景层

STEP 7 按【Ctrl+N】组合键，设置“宽度”为 2.1 厘米、“高度”为 2.1 厘米、“分辨率”为 300 像素/英寸、“颜色模式”为 CMYK 颜色、“背景内容”为透明色。单击“确定”按钮，完成画布的新建。

STEP 8 选择“矩形工具”，在画布中绘制一个红色（CMYK：25、100、80、0）正方形，按【Ctrl+T】组合键，将其旋转为菱形并填满整个画布，效果如图 5-15 所示。

STEP 9 执行“编辑→定义图案”命令，在弹出的“图案名称”对话框中单击“确定”按钮，完成定义图案。

STEP 10 按【Ctrl+Shift+Alt+N】组合键，新建“图层 1”。选择“油漆桶工具”，在其选项栏中设置“填充区域的源”为图案，在“图案”下拉面板中选择预设的图案。然后，在新建画面中单击，即可填充预设图案，如图 5-16 所示。

STEP 11 在“图层”面板中，设置“图层 1”的“不透明度”为 30%，效果如图 5-17 所示。

图5-15　绘制图案

图5-16　填充图案

图5-17　设置不透明度

2. 置入人物主体

STEP 1 打开素材图像“人物素材.jpg”，如图 5-18 所示。

STEP 2 选择“多边形套索工具”，沿“人物”的边缘绘制直线，最终形成选区如图 5-19 所示。

图5-18　素材图像“人物素材”

图5-19　绘制选区

STEP 3 选择“移动工具”，将“人物”拖至“【任务 11】家电促销 DM 模板”的画布中，得到“图层 2”，如图 5-20 所示。

STEP 4 选择“横排文字工具”，在选项栏中设置“字体颜色”为黄色（CMYK：5、20、90、0），逐一输入文字信息并注意大小比例，其中“周周有惊喜!”的“字体”为方正兰亭粗黑简体、“大放价!”的“字体”为汉真广标，效果如图 5-21 所示。

图5-20　置入素材

图5-21　输入文字

STEP 5 选中“周周有惊喜!”文字层，在“横排文字工具”选项栏中单击“创建变形文字”按钮，在弹出的对话框中设置参数，如图 5-22 所示。单击“确定”按钮，效果如图 5-23 所示。

STEP 6 选中“大放价!”文字层，为其设置“变形文字”，如图 5-24 所示。单击“确定”按钮，效果如图 5-25 所示。

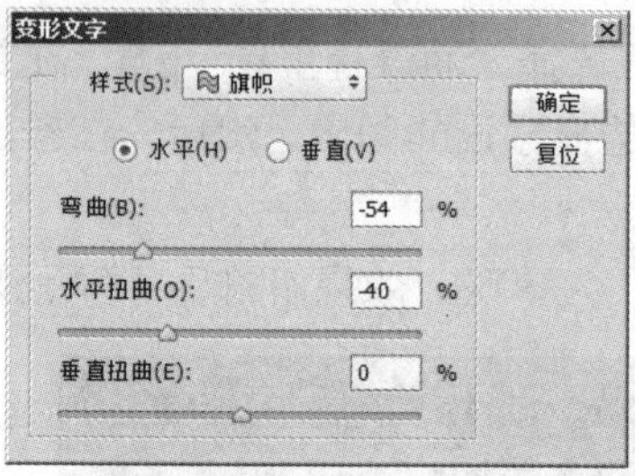

图5-22　“变形文字”对话框

图5-23　“变形文字”效果

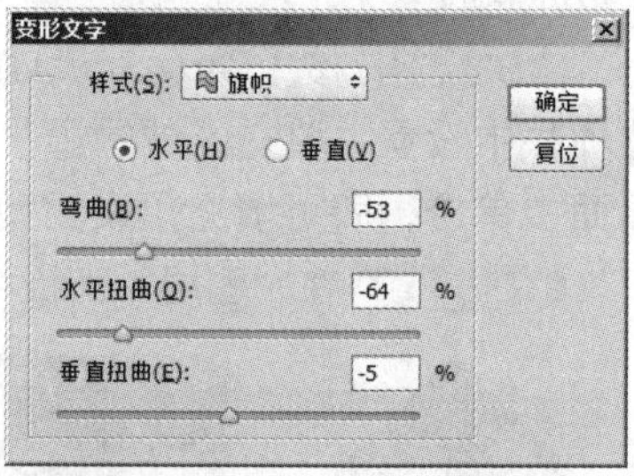

图5-24　“变形文字”对话框

STEP 7 选中“周周有惊喜!”文字层，按【Ctrl+T】组合键，将其旋转至适当的角度，按【Enter】键确定自由变换，效果如图 5-26 所示。

STEP 8 在“图层”面板中，同时选中两个文字图层，按【Ctrl+J】组合键，将其复制并移动位置。然后，调整后一层文字的颜色为暗红色（CMYK：10、100、50、25），效果如图 5-27 所示。

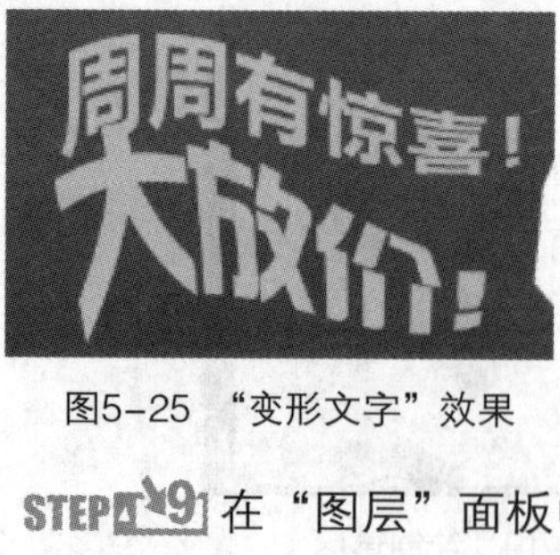

图5-25　“变形文字”效果

图5-26　调整角度

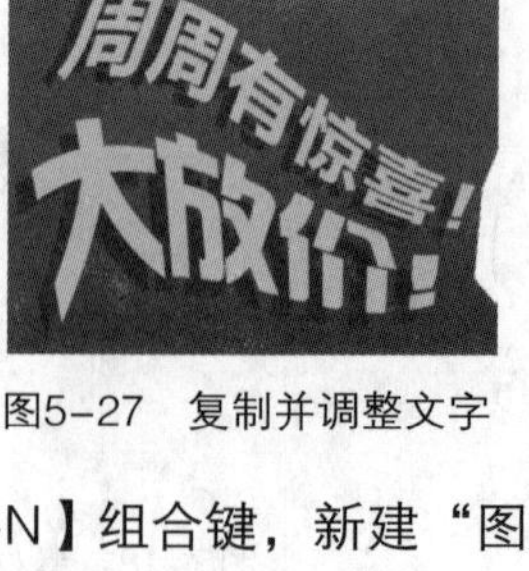

图5-27　复制并调整文字

STEP 9 在“图层”面板中，选中“图层 1”。按【Ctrl+Shift+Alt+N】组合键，新建“图层 3”。设置前景色为亮红色（CMYK：0、100、80、0）。

STEP 10 选择“渐变工具”，在“图层 3”上，绘制一个由前景色到透明色的径向渐变，隐藏部分图层的查看效果如图 5-28 所示。

3. 制作展示版块

STEP 1 选择“矩形工具”，在所有图层之上绘制一个灰白色（CMYK：5、5、10、0）矩形，如图 5-29 所示。在“图层”面板中，得到“矩形 1”。

STEP 2 按【Ctrl+J】组合键，复制得到“矩形 1 拷贝”。按【Ctrl+T】组合键，由定界框底部向上推动定界框的边至如图 5-30 所示的位置。按【Enter】键，确定自由变换。

图5-28　径向渐变

图5-29　绘制矩形

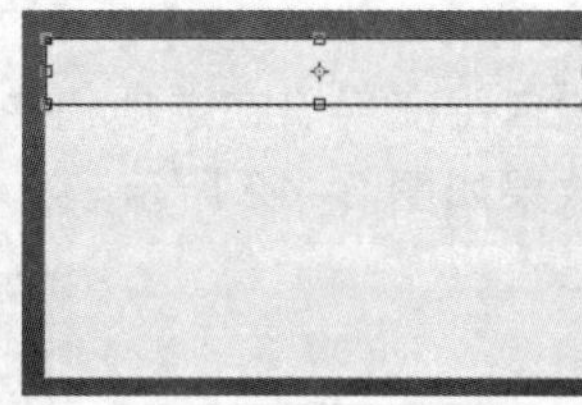
图5-30　调整复制图层的大小

STEP 3 在“矩形工具”选项栏中设置“填充”的“渐变”面板，如图 5-31 所示，设置后的效果如图 5-32 所示。

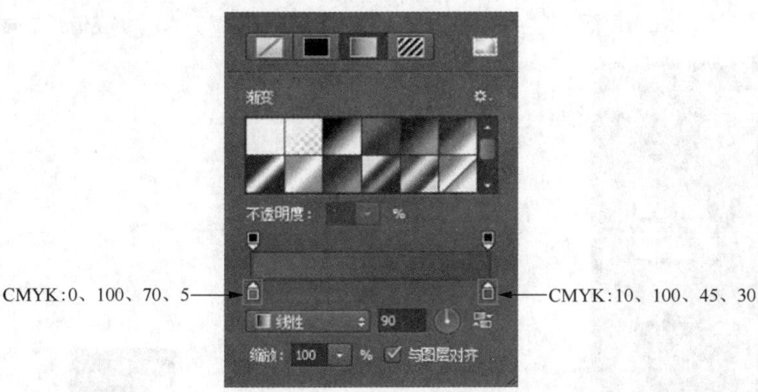

图5-31　“渐变”面板

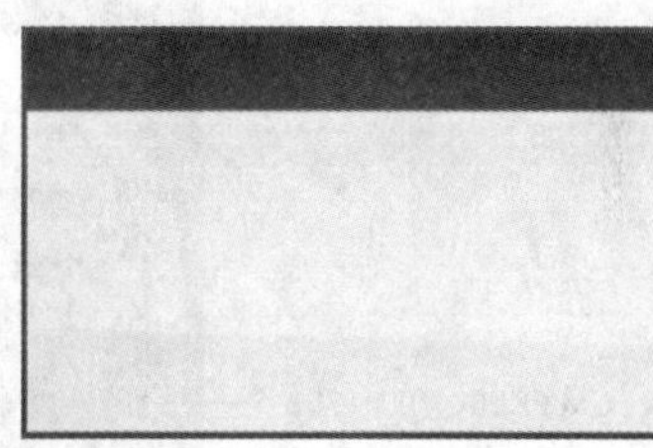
图5-32　渐变效果

STEP 4 在工具箱中右击“矩形工具”，选择“直线工具”，如图 5-33 所示。在“直线工具”选项栏中，设置“填充”为深红色（CMYK：10、100、60、10）、“粗细”为 2 像素。

STEP 5 在“矩形 1 拷贝”下方绘制一个与其等宽的直线，绘制的同时按住【Shift】键不放，效果如图 5-34 所示。

STEP 6 选择“横排文字工具”，在左侧版块中依次输入文字信息并调整大小和颜色，如图 5-35 所示。

STEP 7 选择“椭圆工具”，在文字信息“4 月”图层的下面绘制一个白色正圆形状，并更改“4 月”的文字颜色，效果如图 5-36 所示。

STEP 8 在工具箱中右击“椭圆工具”，选择“自定形状工具”，如图 5-37 所示。在其选项栏中，单击“形状”右侧的按钮，弹出图形面板。单击右侧的按钮，在弹出的菜单列表中选择“全部”选项，在弹出的提示中选择“确定”按钮，即可将所有的图形载入面板中。

图5-33 选择“直线工具”

图5-34 绘制直线的局部

图5-35 输入文字信息

图5-36 制作文字效果

STEP 9 在图形面板中，选择如图 5-38 所示的“箭头”图标。然后，在画布中按住【Shift】键的同时，绘制一个箭头图标，如图 5-39 所示。

STEP 10 按【Ctrl+T】组合键，调整箭头的方向，如图 5-40 所示。按【Enter】键，确定自由变换。在选项栏中设置箭头的“填充”为渐变，设置面板如图 5-41 所示。设置后的效果如图 5-42 所示。

图5-37 选择“自定形状工具”

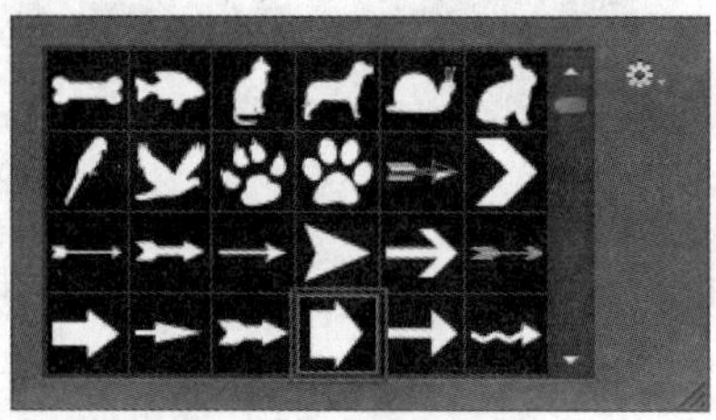

图5-38 图形面板

图5-39 绘制箭头图标

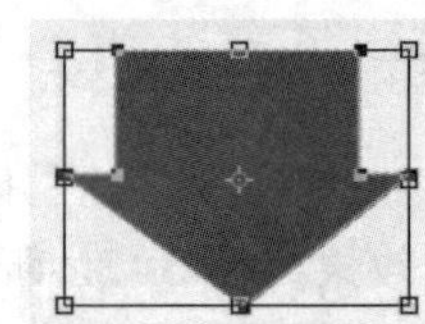

图5-40 调整箭头方向

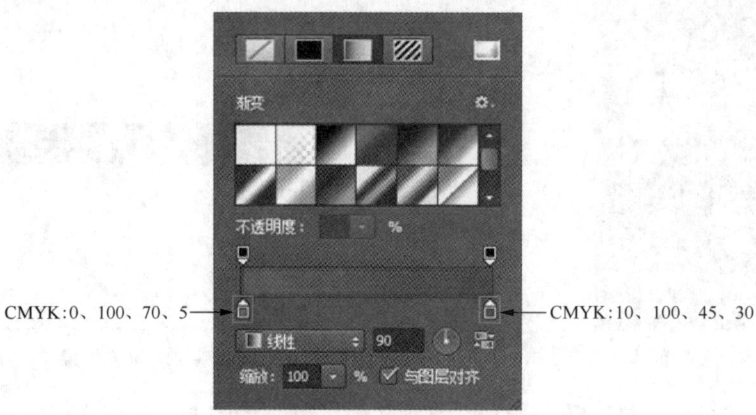

图5-41 设置“渐变”面板

图5-42 渐变箭头效果

STEP 11 选择“移动工具”，将渐变箭头移至适当的位置，并调整其大小和图层顺序。然后，将“直降”部分的文字调整为白色，最终效果如图 5-43 所示。

STEP 12 选择“直线工具”，在其选项栏中设置“填充”为深红色（CMYK：10、100、60、10）、“粗细”为 4 像素。在“原价：0000 元”文字图层之上，绘制一条斜线，如图 5-44 所示。

STEP 13 打开素材图像“家电.jpg”，如图 5-45 所示。选择“移动工具”，将“家电”拖至“【任务 11】家电促销 DM 模板”画布中的适当位置并调整大小，如图 5-46 所示。

4. 调整细节

STEP 1 选择“矩形工具”，在“图层 2”（人物素材所在图层）之上绘制一个灰黄色（CMYK：10、10、25、0）矩形，如图 5-47 所示。

图5-43　调整箭头和文字

图5-44　绘制斜线

图5-45　素材图像“家电”

图5-46　调整位置和大小

STEP 2 选择“横排文字工具”，在矩形上依次输入文字信息并调整大小和颜色，如图 5-48 所示。

图5-47　绘制矩形

图5-48　输入文字信息

STEP 3 打开素材图像“美宁电器 Logo.jpg”，如图 5-49 所示。

STEP 4 选择“矩形选框工具”，绘制选区框选出 Logo，如图 5-50 所示。选择“移动工具”，将“美宁电器 Logo”拖至“【任务 11】家电促销 DM 模板”画布中的适当位置并调整大小和颜色，如图 5-51 所示。

图5-49　素材图像“美宁电器Logo”

图5-50　框选出Logo选区

STEP 5 在“图层”面板中选中“矩形 1”，按【Ctrl+J】组合键，复制得到“矩形 1 拷贝 2”。

STEP 6 再次选中“矩形 1”，选择“直接选择工具”，调整“矩形 1”下方的两个角点，并为其填充深红色（CMYK：50、100、75、15），效果如图 5-52 所示。

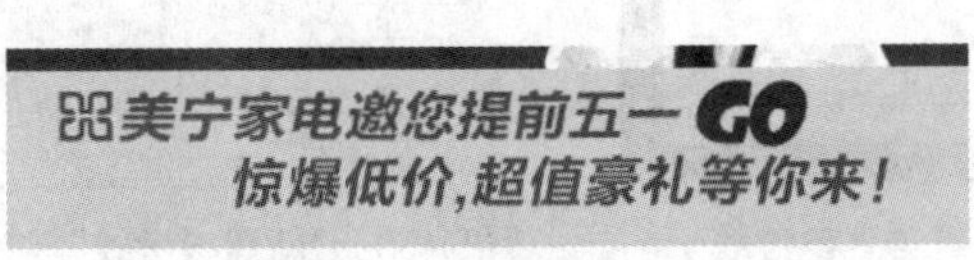

图5-51　调整Logo

图5-52　调整矩形

STEP 7 在“图层”面板中选择所有展示版块的图层，按【Ctrl+G】组合键，将其合并到组，并重名为“展示版块”。

STEP 8 按【Ctrl+S】组合键，将文件保存在指定文件夹中。

5.2.4 知识点讲解

1. 标尺

在 Photoshop CC 中，标尺属于辅助工具，不能直接编辑图像，但可以帮助用户更好地完成图像的选择、定位和编辑等操作。执行“视图→标尺”命令（或按【Ctrl+R】组合键），即可在画布中调出标尺，如图 5-53 所示。

在标尺上右击，在弹出的快捷菜单中可以对标尺的单位进行设置，以便更精确地编辑和处理图像，如图 5-54 所示。

2. 参考线

参考线也是 Photoshop CC 的辅助工具之一，通过参考线可以更精确地绘制和调整图层对象。参考线的创建方法有两种，具体如下。

（1）快速创建参考线

将鼠标的光标置于水平标尺上，如图 5-55 所示。

图5-53 显示标尺

图5-54 设置标尺单位

图5-55 将光标置于水平标尺上

按住鼠标左键不放向下拖动，即可创建一条水平参考线，如图 5-56 所示。垂直参考线的创建方法和水平参考线类似，只是要将光标置于垂直标尺上，如图 5-57 所示。

（2）精确创建参考线

执行“视图→新建参考线”命令，会弹出如图 5-58 所示的“新建参考线”对话框。

图5-56 创建水平参考线

图5-57 创建垂直参考线

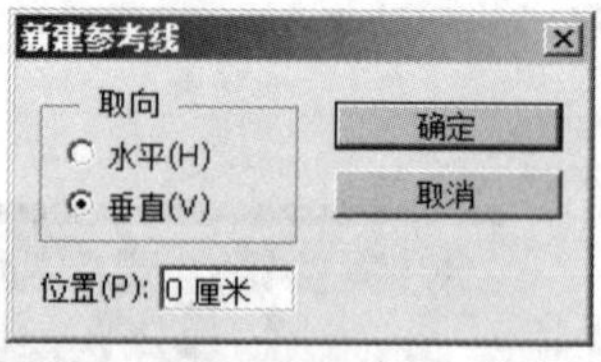

图5-58 “新建参考线”对话框

其中，“取向”用于设置参考线的方向，“位置”用于确定参考线在画布中的精确位置。设定后单击“确定”按钮，即可在画布中建立一条参考线。

在运用参考线绘制、调整图像时，有一些实用的小技巧，具体如下。

- 锁定和解除锁定参考线：执行“视图→锁定参考线”命令（或按【Ctrl+Alt+;】组合键）

可锁定参考线；再次按【Ctrl+Alt+;】组合键可解除锁定参考线。

- 清除参考线：执行“视图→清除参考线”命令可清除参考线。
- 显示和隐藏参考线：执行“视图→显示”命令，在弹出的子菜单中选择“参考线”命令（或按【Ctrl+;】组合键）可显示创建的参考线；再次按【Ctrl+;】组合键可隐藏参考线。

3. 变形文字

变形文字是对创建的文字进行变形处理后所得的文字效果，这些效果在“变形文字”对话框中设置，如图 5-59 所示，包括扇形、鱼形、拱形、旗帜、波浪等常用效果。

打开素材图像“变形文字.psd”，如图 5-60 所示，选中文字图层。在“文字工具”选项栏中单击“创建文字变形”按钮，即可调出“变形文字”对话框。在“样式”列表中，有 15 种变形样式，效果如图 5-61 所示。

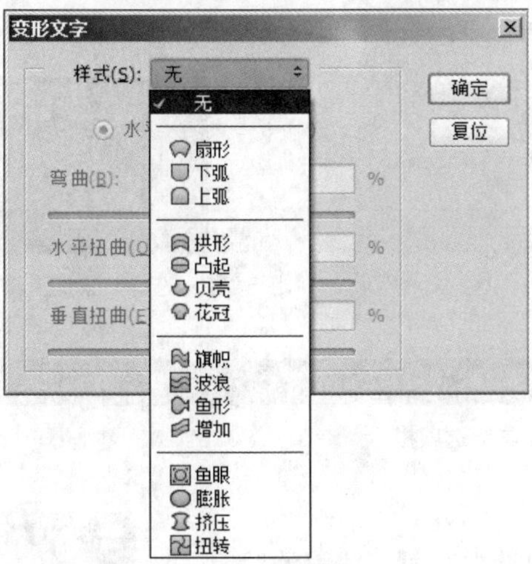

图5-59 “变形文字”对话框

图5-60 文字素材

“变形文字”对话框中其他常用选项的解释如下。

- 样式：在该选项的下拉列表中可以选择 15 种不同的变形样式。
- 水平/垂直：选择“水平”，则文本扭曲的方向为水平方向；选择“垂直”，则文本扭曲的方向为垂直方向。
- 弯曲：用来设置文本的弯曲程度。
- 水平扭曲/垂直扭曲：可以让文本产生透视扭曲效果。

创建变形文字后，在没有栅格化或转化为形状的情况下，都可以通过“变形文字”对话框重置变形参数或取消变形。

4. 直线工具

“直线工具”也是形状工具组的工具之一。右击“矩形工具”，在弹出的工具组中选择“直线工具”，如图 5-62 所示。

选择“直线工具”后，按住鼠标左键在画布中拖动，即可创建一条默认值为 1 像素粗细的直线。其选项栏如图 5-63 所示。

在“直线工具”选项栏中，“粗细”选项用于设置所绘制直线的粗细。此外，单击其中的按钮，会弹出如图 5-64 所示的下拉面板，可以为直线添加箭头。

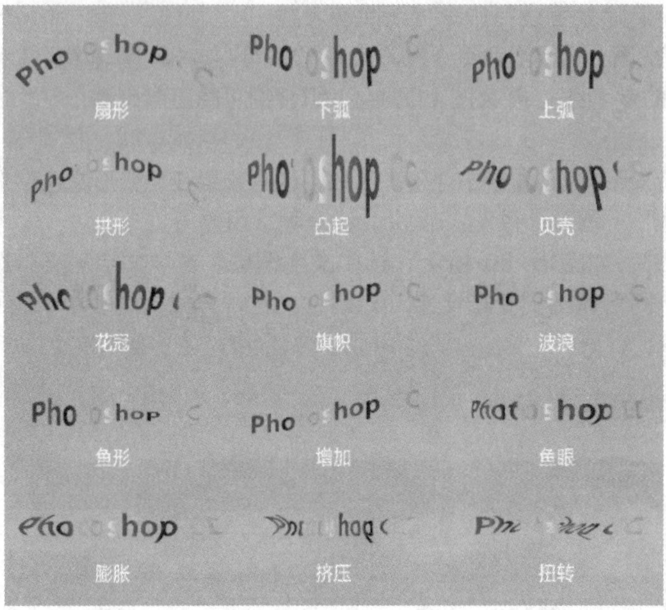

图5-61 变形文字样式效果

图5-62 选择“直线工具”

图5-63 “直线工具”选项栏

图5-64 箭头下拉面板

“箭头”下拉面板中各选项的具体说明如下。

- 起点 终点：勾选“起点”或“终点”复选框，可在线段的“起点”或“终点”位置添加箭头。
- 宽度：用于设置箭头的宽度与直线宽度的百分比，范围为 10%～1000%
- 长度：用来设置箭头的长度与直线宽度的百分比，范围为 10%～5000%
- 凹度：用来设置箭头的凹陷程度，范围为-50%¯50%。该值为 0%时，箭头尾部平齐；大于 0%时，向内凹陷；小于 0%时，向外突出。

注 意

按住【Shift】键不放，可沿水平、垂直或 45° 倍数的方向绘制直线。

5. 自定义形状工具

使用“自定形状工具”可以创建 Photoshop CC 预设的形状、自定义的形状或者载入的形状。在“自定形状工具”选项栏中，单击“形状”右侧的下拉列表，弹出“自定形状”选项面板，如图 5-65 所示。

在该面板中预设了许多常用的图形和形状，单击面板右侧的按钮，在弹出的菜单列表中选择“全部”选项，在弹出的提示中选择“确定”按钮，即可将所有的图形载入面板中。

在“自定形状”选项面板中，选中需要的图形，在画布中拖动即可绘制完成，如图 5-66 所示。在绘制的过程中，按住【Shift】键不放，可保持图形等比例缩放。

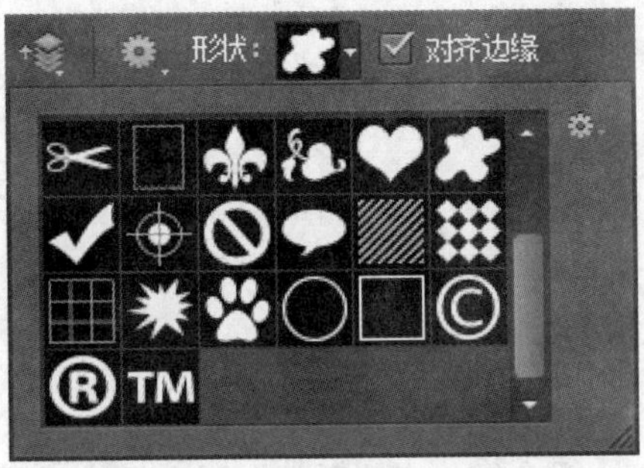

图5-65　“自定形状”选项面板

图5-66　自定形状的应用

5.3 任务 12：女装 DM

当今社会，服装对于女性不再仅起到遮盖和保暖的作用，更多地是展现女性特有魅力的载体。下面将设计制作一款以秋季女装为主题的 DM。通过本任务的学习，读者可以掌握色彩调节和选区编辑的基本操作。

5.3.1　任务描述

欧拉拉女装定位于 22 ~ 35 岁的年轻女性族群，她们个性张扬、卓尔不群、追求标新立异。欧拉拉服装系列拥有很高程度的个性化和独特的时尚态度，款式活力四射、充满激情，灵感来源于每季最前卫的流行点。欧拉拉来自欧洲，为有态度的女性打造触手可及的流行时尚，在带来了世界流行时尚的同时，也带来了精致的品质和服务。要求根据欧拉拉的描述和所提供的模特素材，设计一款新品的 DM，最终设计效果如图 5-67 所示。

图5-67　女装DM效果展示

5.3.2　任务分析

鉴于欧拉拉女装在国内拥有稳定的消费群体和高度的市场认可度，可直接忽略品牌的推广和介绍，重点推广折扣力度和活动规则。如果针对不同区域打上“X 地区专享”，可以提高女性消费者对产品的关注度，毕竟每个女人都希望自己与众不同。

在色调的把控上，服装行业一般以季节为导向，如春天会用清新明快的色调、夏天会用清凉自然的色调。这款 DM 的季节为秋季，由图 5-68 和图 5-69 所示的素材可以看出，这两幅图均为街拍，可以将色调控制在蓝天下自然的感觉。搭配搜集到的自然清新的小花朵，如图 5-70 所示，中和了蓝色的硬朗，使整体画面更加唯美清新。

图5-68　素材图像“阳光下的模特”

图5-69　素材图像“行走的模特”

图5-70　搜集的素材“白色花朵”

5.3.3　任务制作

1. 绘制背景

STEP 1 打开 Photoshop CC 软件，按【Ctrl+N】组合键，在“新建”对话框中设置“名称”为【任务 12】女装 DM、“宽度”为 216mm、“高度”为 291mm、“分辨率”为 300 像素/英寸、“颜色模式”为 CMYK 颜色、“背景内容”为白色。

STEP 2 设置“前景色”为钴蓝色（CMYK：45、10、0、0），按【Alt+Delete】组合键，为“背景”层填充前景色。

STEP 3 选择“多边形套索工具”，在画面的中间位置绘制一个不规则的四边形，如图 5-71 所示。

STEP 4 按【Ctrl+Shift+Alt+N】组合键，新建“图层 1”。设置“前景色”为浅蓝色（CMYK：40、0、5、0），按【Alt+Delete】组合键，为选区填充前景色，效果如图 5-72 所示。按【Ctrl+D】组合键，取消选区。

STEP 5 按【Ctrl+Shift+Alt+N】组合键，新建“图层 2”。选择“多边形套索工具”，继续在画布中绘制一个不规则的形状，并填充淡蓝色（CMYK：30、0、0、0），效果如图 5-73 所示。

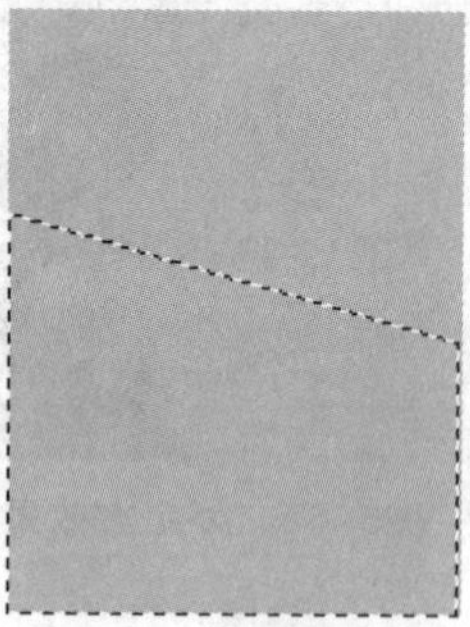

图5-71　绘制选区

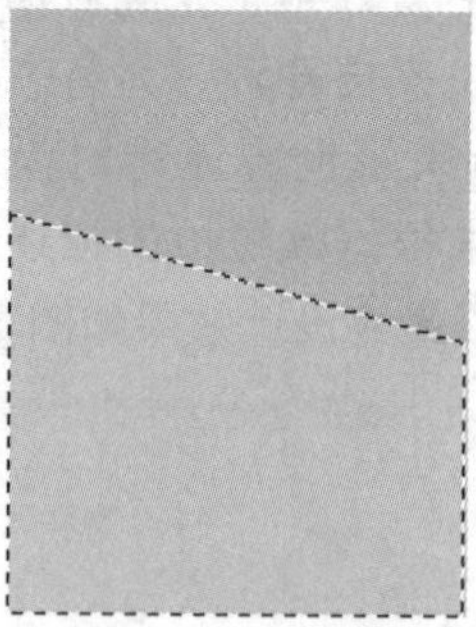

图5-72　填充颜色

图5-73　绘制选区

2. 置入主体人物素材

STEP 1 打开素材图像“阳光下的模特.png”和“行走的模特.png”，如图 5-74 和图 5-75 所示。

STEP 2 选择“移动工具”，分别将素材图像置入“【任务 12】女装 DM”所在的画布中，如图 5-76 所示。

STEP 3 选择“椭圆工具”，在画布中绘制一个明黄色（CMYK：10、5、90、0）的正圆形状“椭圆 1”，并调整图层顺序，如图 5-77 所示。

图5-74 素材图像“阳光下的模特”

图5-75 素材图像“行走的模特”

图5-76 置入素材

STEP 4 选中“行走的模特”所在的图层，按【Ctrl+T】组合键，右击选择“水平翻转”命令，如图 5-78 所示。按【Enter】键确定自由变换。

STEP 5 按【Ctrl+J】组合键，复制“行走的模特”。执行“图像→调整→色相/饱和度”命令（或按【Ctrl+U】组合键），弹出“色相/饱和度”对话框，如图 5-79 所示。

图5-77 绘制正圆形状

图5-78 “水平翻转”命令

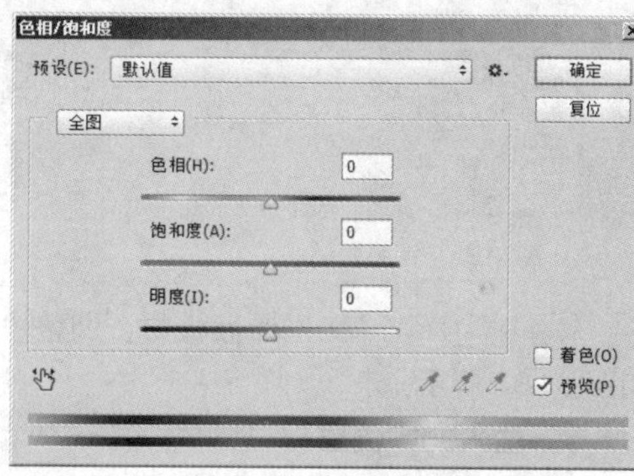

图5-79 “色相/饱和度”对话框

STEP 6 在“色相/饱和度”对话框中，拖动“色相”“饱和度”滑块可以分别更改色相、饱和度，如图 5-80 所示。单击“确定”按钮，效果如图 5-81 所示。

STEP 7 在“图层”面板中，调整“不透明度”为 60%，并调整图层顺序和位置，效果如图 5-82 所示。

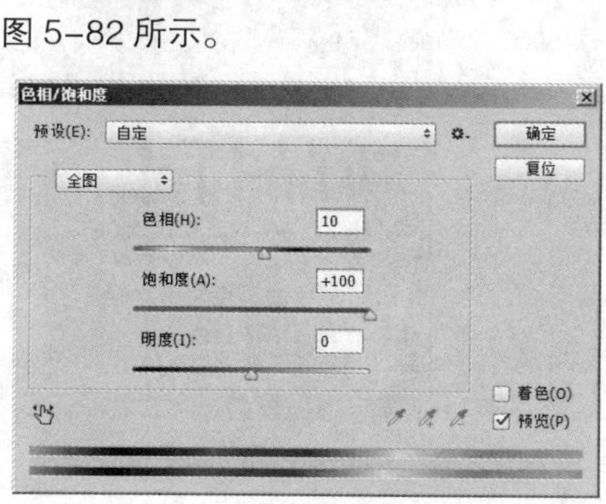

图5-80 设置参数

图5-81 “色相/饱和度”效果

图5-82 调整图层

STEP 8 按住【Ctrl】键的同时，单击“图层”面板中“行走的模特”的缩览图，将其载入选区。按【Ctrl+Shift+Alt+N】组合键，新建“图层 5”。

STEP 9 设置前景色为灰蓝色（CMYK：50、25、15、0），按【Alt+Delete】组合键，为选区填充前景色。按【Ctrl+D】组合键，取消选区。

STEP 10 按【Ctrl+T】组合键，调出定界框，按住【Ctrl】键的同时，拖动定界框角点调整，效果如图 5-83 所示。按【Enter】键确定自由变换。

STEP 11 在“图层”面板中，调整“图层 5”的“不透明度”为 30%，并调整其图层顺序，效果如图 5-84 所示。

STEP 12 选中“阳光下的模特”所在的图层，按【Ctrl+J】组合键，复制“阳光下的模特”。

STEP 13 按【Ctrl+U】组合键，弹出“色相/饱和度”对话框。拖动“色相”“饱和度”滑块可以分别更改色相、饱和度，如图 5-85 所示。单击“确定”按钮，效果如图 5-86 所示。

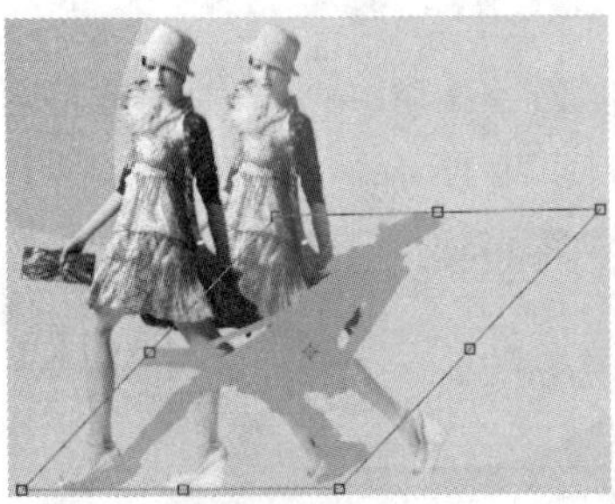

图5-83 调整阴影

图5-84 调整图层

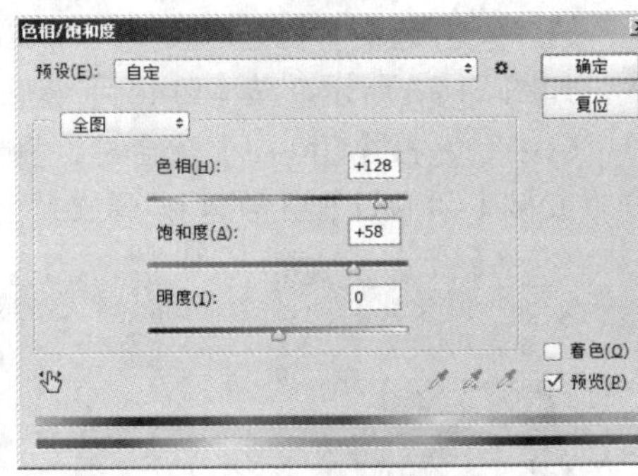

图5-85 “色相/饱和度”对话框

STEP 14 在“图层”面板中，调整“不透明度”为 60%，并调整其图层顺序和位置，效果如图 5-87 所示。

3. 输入文字信息

STEP 1 选择“横排文字工具”，在画布中分别输入如图 5-88 所示的文字信息，并调整字体的大小和颜色。

STEP 2 选择“矩形工具”，在画布中绘制一个红色（CMYK：20、100、90、0）的矩形作为装饰，如图 5-89 所示。

图5-86 色相/饱和度”效果

图5-87 调整图层

图5-88 输入文字信息

STEP 3 选择“直线工具”，在其选项栏中设置“填充”为无颜色、“描边”为黑色、“描边宽度”为 2 点、虚线、“粗细”为 2 像素，在画布中绘制两条装饰线，如图 5-90 所示。

STEP 4 选择“椭圆 1”，按【Ctrl+J】组合键将其复制，并更改填充颜色为灰蓝色（CMYK：50、25、15、0），调整图层顺序后的效果如图 5-91 所示。

图5-89　绘制红色矩形

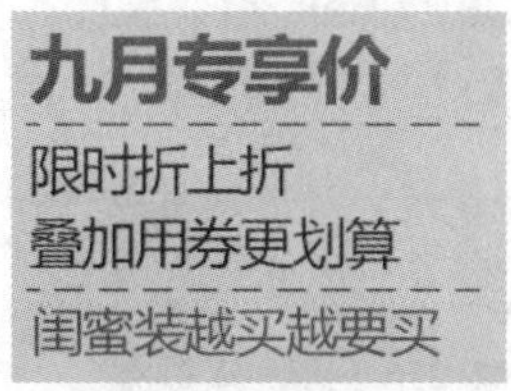

图5-90　绘制装饰线

图5-91　制作灰蓝色投影

STEP 5 选择“椭圆工具”，在画布中再次绘制一个明黄色（CMYK：10、5、90、0）的正圆形状“椭圆 2”，如图 5-92 所示。

STEP 6 选择“横排文字工具”，在画布中分别输入如图 5-93 所示的文字信息，并调整字体的大小和颜色。

4．制作装饰

STEP 1 打开素材图像“白色花朵.png”，如图 5-94 所示。

STEP 2 选择“套索工具”，在选项栏中设置“羽化”为 0 像素，在完整的花瓣上方按住鼠标左键不放并拖动全选，释放鼠标后，选区即创建完成，如图 5-95 所示。

图5-92　绘制正圆形状

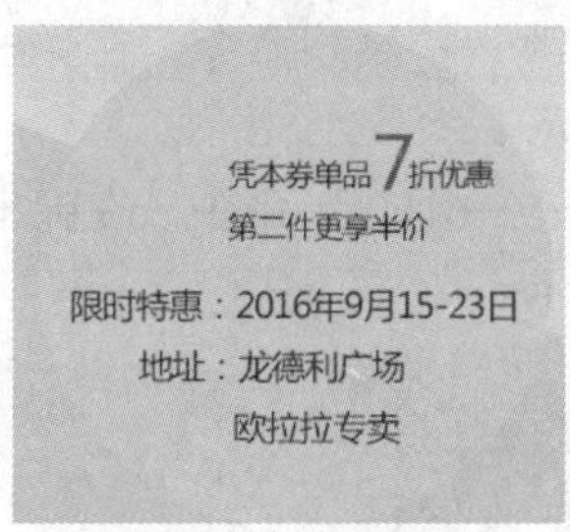

图5-93　输入文字

图5-94　素材图像“白色花朵”

STEP 3 按【Ctrl+J】组合键将其复制，按【Ctrl+T】组合键，将拷贝的图层移至花朵上方并旋转适当的角度，如图 5-96 所示。按【Enter】键确定自由变换。

STEP 4 选择“橡皮擦工具”，在选项栏中设置一个柔和的笔尖形状和适当的方向，在如图 5-97 所示的部位轻轻擦除，使其过度自然。

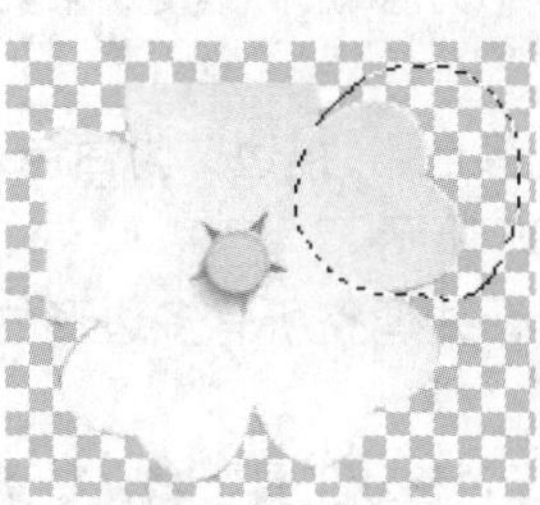

图5-95　绘制选区

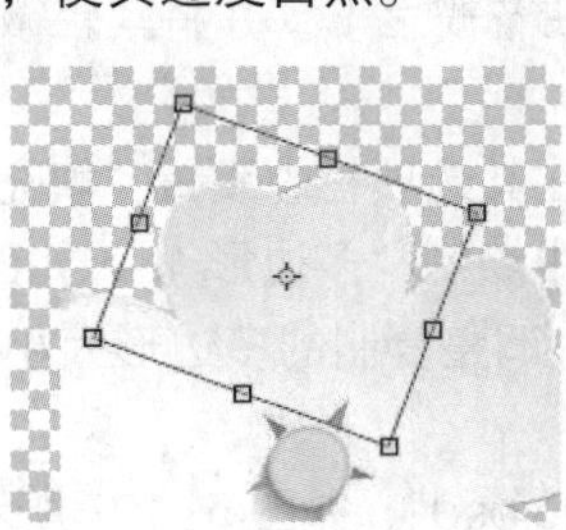

图5-96　复制并调整

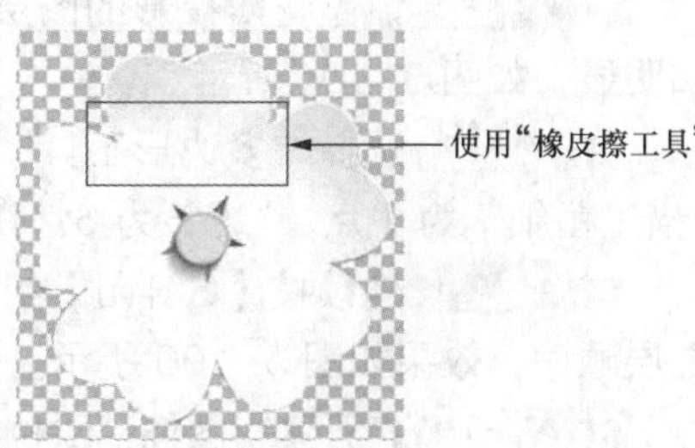

图5-97　擦除使过度自然

STEP 5 重复STEP 2 ~ STEP 4的操作，复制左下角的花瓣修整花朵中残缺的部分，如图 5–98 所示。

STEP 6 在“图层”面板中，选中所有图层，按【Ctrl+E】组合键将其合并，然后选择“移动工具”，将素材图像置入“【任务 12】女装 DM”所在的画布中，如图 5–99 所示。

STEP 7 多次按【Ctrl+J】组合键，将其移动位置分散在画布中，并调整其大小，如图 5–100 所示。

图5–98 重复操作

图5–99 置入修整的花瓣

图5–100 多次复制并调整

STEP 8 在“图层”面板中，选中“白色花朵”的所有图层，按【Ctrl+E】组合键将其合并。

STEP 9 按住【Ctrl】键的同时，单击“图层”面板中合并后“白色花朵”的缩览图。

STEP 10 执行“选择→修改→扩展”命令，在弹出的“扩展选区”对话框中，输入“扩展量”为 3 像素，如图 5–101 所示。

STEP 11 执行“选择→修改→羽化”命令，在弹出的“羽化选区”对话框中，输入“扩展量”为 4 像素，如图 5–102 所示。

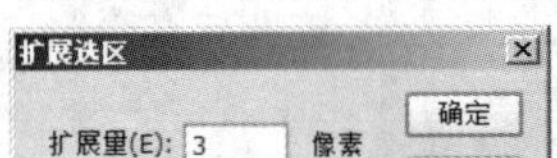

图5–101 “扩展选区”对话框

图5–102 “羽化选区”对话框

STEP 12 按【Ctrl+Shift+Alt+N】组合键，新建图层。设置前景色为灰蓝色（CMYK：50、25、15、0），按【Alt+Delete】组合键，为选区填充前景色。按【Ctrl+D】组合键，取消选区，效果如图 5–103 所示。

STEP 13 调整花瓣投影的图层顺序在花瓣之下，并将其轻微地向右下方移动，使其效果更加明显，如图 5–104 所示。

STEP 14 选择“多边形工具”，在其选项栏中设置“填充”为无颜色、“描边”为白色、“描边粗细”为 1 点、“边”为 6，在画布中绘制“多边形 1”，如图 5–105 所示。

STEP 15 连续按【Ctrl+J】组合键，调整复制的多边形大小和角度，并调整所有多边形的图层顺序，效果如图 5–106 所示。

STEP 16 打开素材图像“欧拉拉 Logo.psd”，如图 5–107 所示。选择“移动工具”，将素材图像置入“【任务 12】女装 DM”所在的画布中，并调整大小和位置，最终效果如图 5–108 所示。

图5-103　填充投影

图5-104　局部效果

图5-105　绘制多边形

图5-106　复制并调整图层

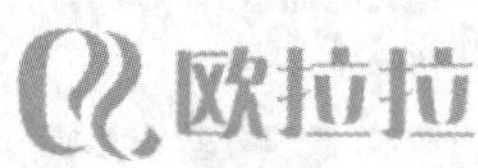

图5-107　素材图像“欧拉拉Logo”

图5-108　Logo效果

STEP 17 按【Ctrl+S】组合键，将文件保存在指定文件夹中。

5.3.4　知识点讲解

1. 多边形工具

在 Photoshop CC 中，使用“多边形工具”可以快速创建一些特殊形状的矢量图形，如等边三角形、五角星等。“多边形工具”默认的形状是正五边形，但是可以通过图 5-109 所示的“多边形”选项栏自定义多边形的边数。

图5-109　“多边形”选项栏

当在“边数”文本框中输入数值 6 时，按住鼠标左键在画布中拖动，可创建一个正六边形，如图 5-110 所示。

此外，使用“多边形工具”还可以绘制星形。单击多边形选项栏中的按钮，会弹出如图 5-111 所示的下拉面板，勾选其中的“星形”复选框，按住鼠标左键在画布中拖动即可绘制星形，如图 5-112 所示。

在图 5-111 所示的下拉面板中，还可以勾选“平滑拐角”和“平滑缩进”两个复选框，效果分别如图 5-113 和图 5-114 所示。

2. 色相/饱和度

使用“色相/饱和度”命令可以对图像的色相、饱和度和明度进行调整，使图像的色彩更加丰富、生动。执行“图像→调整→色相/饱和度”命令（或按【Ctrl+U】组合键），弹出“色相/饱和度”对话框。

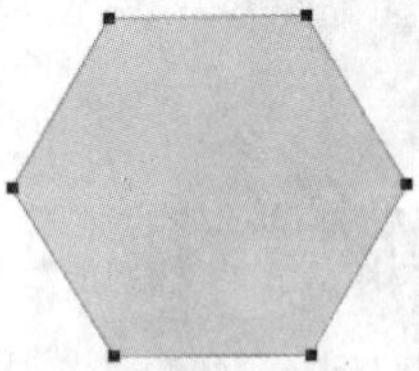
图5-110　正六边形

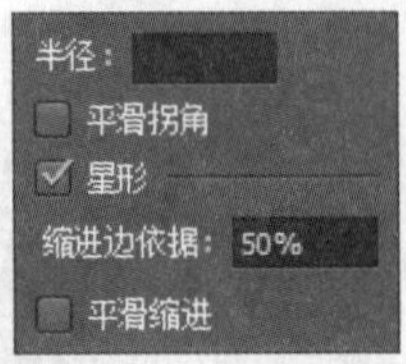

图5-111　下拉面板

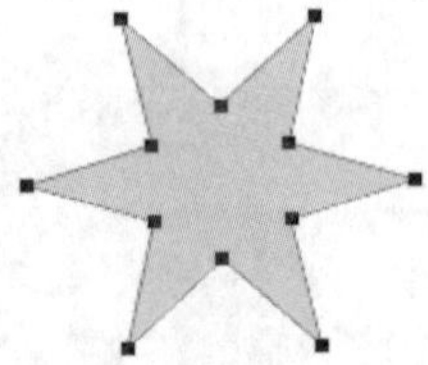
图5-112　星形

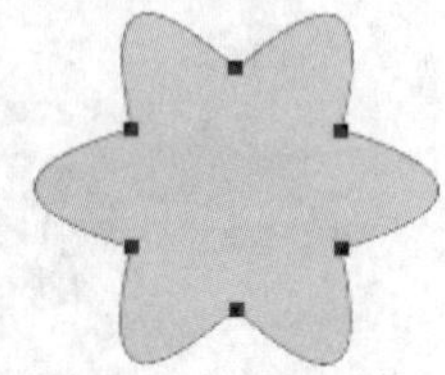
图5-113　平滑拐角星形

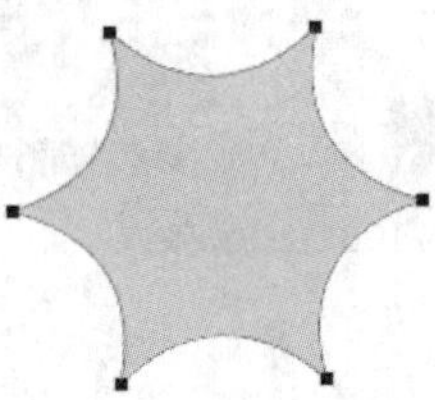
图5-114　平滑缩进星形

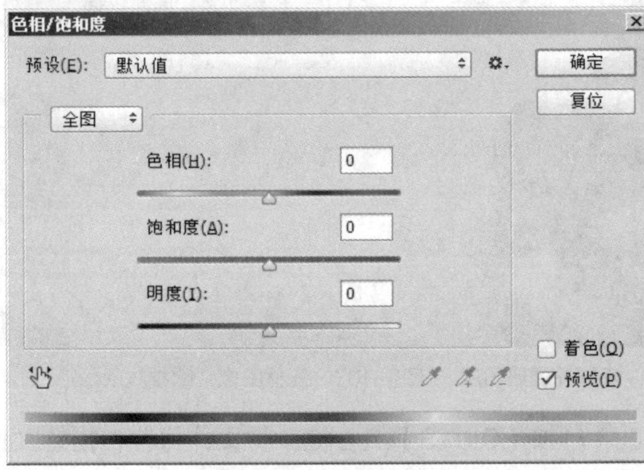

图5-115　“色相/饱和度”对话框

图 5-115 所示为“色相/饱和度”对话框，对其中常用选项的解释如下。

- 全图：该下拉列表用于设置调整范围，可以针对不同颜色的区域进行相应的调节。
- 色相：是各类颜色的相貌称谓，用于改变图像的颜色。
- 饱和度：指色彩的鲜艳程度。
- 明度：指色彩的明暗程度。
- 着色：选中该复选框，可以使灰色或彩色图像变为单一颜色的图像。

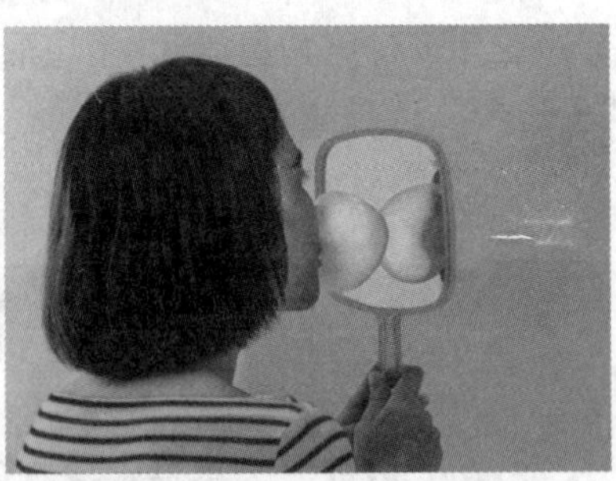
图5-116　素材图像“泡泡糖”

打开素材图像“泡泡糖.jpg”，如图 5-116 所示。按【Ctrl+U】组合键调出“色相/饱和度”对话框，拖动滑块可以调整图像中所有颜色的色相、饱和度和明度，如图 5-117 所示。调整“全图”色相后的效果如图 5-118 所示。

值得一提的是，使用“色相/饱和度”命令既可以调整图像中所有颜色的色相、饱和度和明度，也可以针对单种颜色进行调整，具体操作步骤如下。

在“全图”下拉列表中选择“黄色”，拖动滑块即可针对画面中黄颜色的色相、饱和度和明度进行调整，如图 5-119 所示。调整“黄色”色相后的效果如图 5-120 所示。

3. 套索工具

使用“套索工具”可以创建不规则的边缘光滑选区。在选择“套索工具”（或按快捷键【L】）后，在图像中按住鼠标左键不放并拖动，可以按光标移动的轨迹来指定选区，释放鼠标后，选区即创建完成，如图 5-121 和图 5-122 所示。“套索工具”的操作很简单，但一般不用来精确地指定选区。

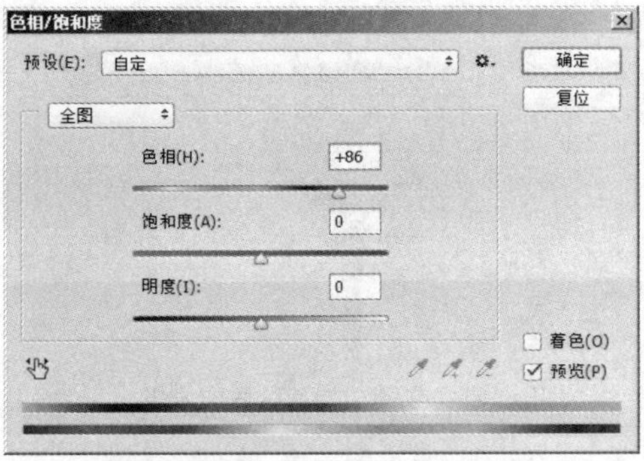

图5-117　调整“全图”色相

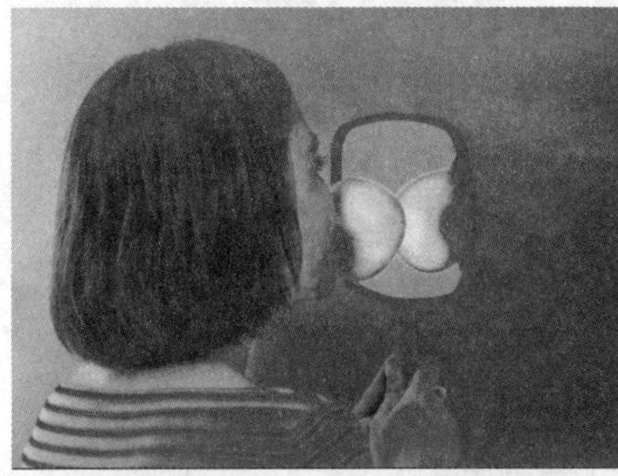

图5-118　调整“全图”色相后的效果

图5-119　调整“黄色”色相

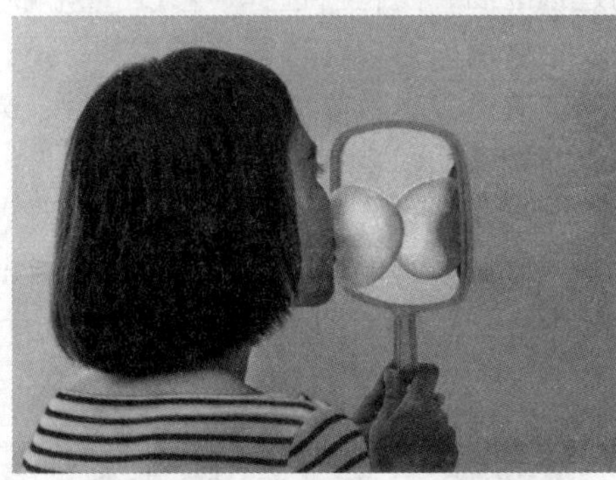

图5-120　调整“黄色”色相的效果

使用“套索工具”创建选区时，若光标没有回到起始位置，释放鼠标后，终点和起点之间会自动生成一条直线来闭合选区，如图 5-123 所示。未释放鼠标之前按【Esc】键，可以取消选定。

图5-121　创建选区

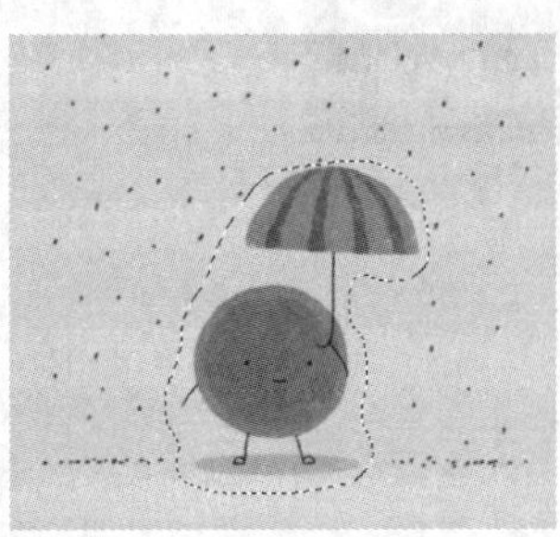

图5-122　创建选区后的效果

图5-123　生成直线

4. 选区的编辑操作

在 Photoshop CC 中，可以执行“选择→修改”命令，对选区进行各种修改，主要包括“边界”“平滑”“扩展”“收缩”和“羽化”。对它们的具体讲解如下。

（1）创建边界选区

在图像中创建选区，如图 5-124 所示，执行“选择→修改→边界”命令，可以将选区的边界向内部和外部扩展。在“边界选区”对话框中，“宽度”用于设置选区扩展的像素值。例如，将“宽度”设置为 30 像素时，原选区会分别向外和向内扩展 15 像素，如图 5–125 所示。

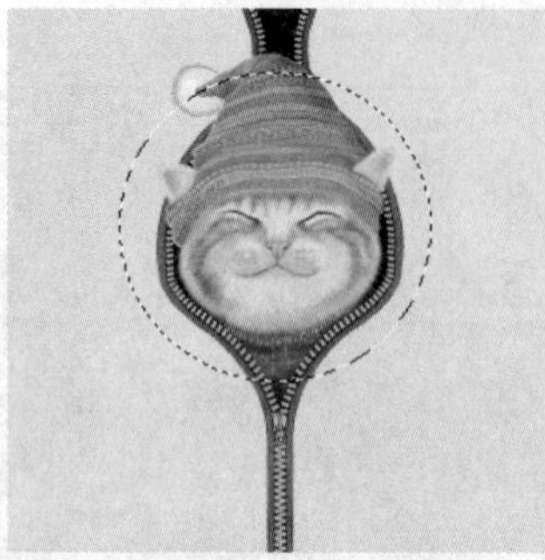

图5–124　创建选区

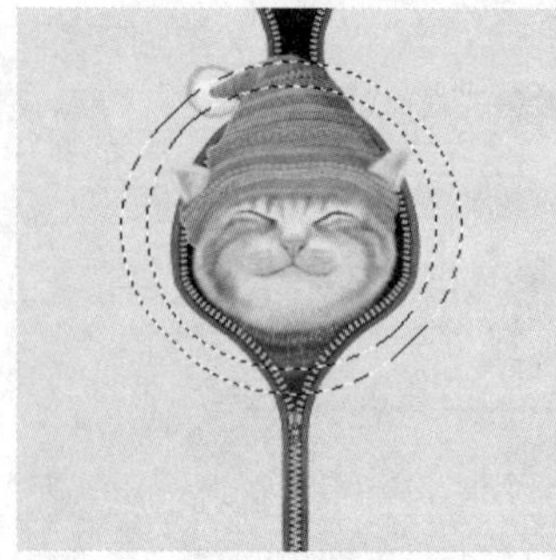

图5–125　创建边界选区后的效果

（2）平滑选区

创建选区后，执行“选择→修改→平滑”命令，弹出“平滑选区”对话框，在“取样半径”选项中设置数值，可以让选区变得更加平滑，如图 5–126 所示。

使用“魔棒工具”或“色彩范围”命令选择对象时，选区边缘往往较为生硬，可以使用“平滑”命令对选区边缘进行平滑处理。

（3）扩展与收缩选区

创建选区后，如图 5–127 所示，执行“选择→修改→扩展”命令，弹出“扩展选区”对话框，输入“扩展量”可以扩展选区范围，如图 5–128 所示。单击“确定”按钮，效果如图 5–129 所示。

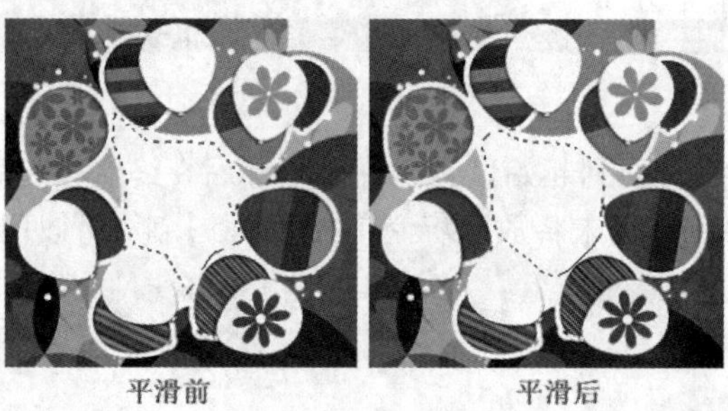

图5–126　平滑效果对比

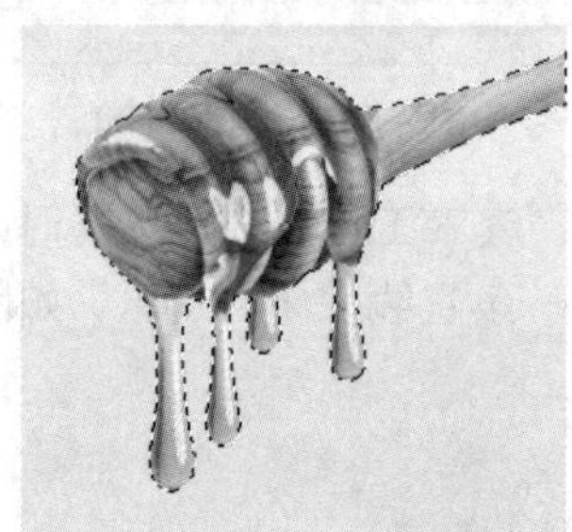

图5–127　创建选区

图5–128　设置扩展量

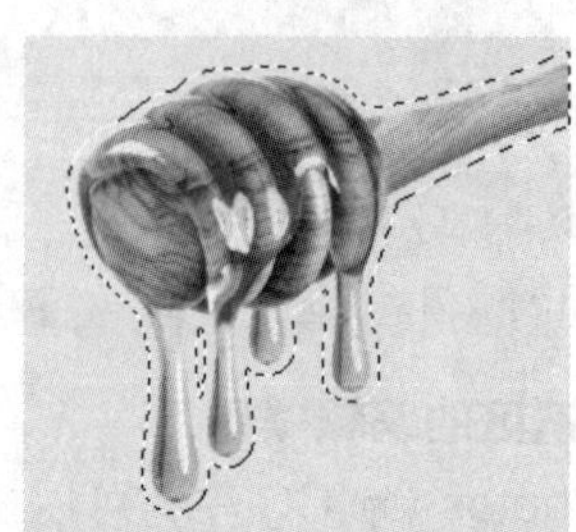

图5–129　扩展选区后的效果

执行“选择→修改→收缩”命令，则可以收缩选区范围，对话框设置如图 5–130 所示。单击“确定”按钮，效果如图 5–131 所示。

图5-130 设置收缩量

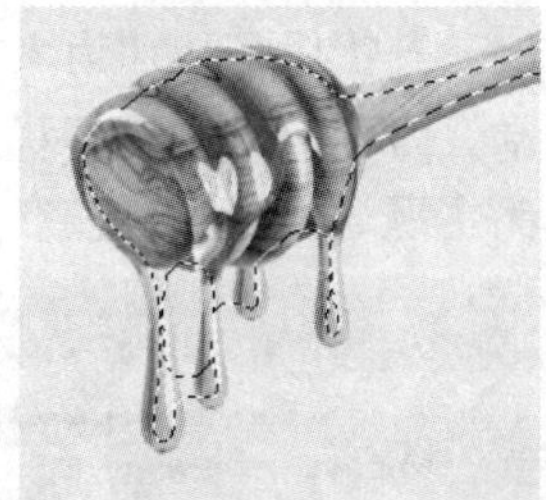

图5-131 收缩选区后的效果

（4）羽化选区

“羽化”命令（或按【Shift+F6】组合键）用于对选区进行羽化。羽化是通过建立选区和选区周围像素之间的转换边界来模糊边缘的，这种模糊方式会丢失选区边缘的一些图像细节。

图 5-132 所示为创建的选区，执行“选择→修改→羽化”命令，弹出“羽化”对话框，设置“羽化半径”值为 20 像素，如图 5-133 所示。然后，按【Ctrl+J】组合键选取图像，隐藏“背景”图层，查看选取的图像，效果如图 5-134 所示。

图5-132 创建选区

图5-133 “羽化选区”对话框

图5-134 羽化后选取的图像

注 意

如果选区较小而羽化半径设置得较大时，则会弹出一个羽化警告框，如图 5-135 所示。单击“确定”按钮，表示确认当前设置的羽化半径，这时选区可能变得非常模糊，以至于在画面中看不到，但是选区仍然存在。如果想避免出现该警告，则应减少羽化半径或增大选区的范围。

图5-135 羽化警告框

5.4 任务 13：家居体验馆 DM

稳定和舒适的住所对于中国传统思想来说，仍然十分重要。这使得房地产业迅猛发展的同时，家居也成了热门词条。在大中城市，家居体验馆为人们的生活带来了便利和提高。下面将设计制作一款家居体验馆的 DM 封面，通过本任务读者可以掌握“钢笔工具”的基本操作。

5.4.1 任务描述

安怡优品家居体验馆是本土原创家居零售商，无论你喜爱哪一种风格，都有为你提供的家居产品和解决方案。安怡优品以“为大众创造更美好的日常生活”为理念，定期推行各种优惠让利和新品推广活动，为客户带来更多优惠、更多品质的产品。本任务是以家居体验馆新年季优惠让利和新品推广为主题，设计一款宣传 DM，最终设计封面效果如图 5-136 所示。

图5-136　家居体验馆DM效果展示

5.4.2　任务分析

本 DM 的主题为新年季优惠让利和新品推广，提供的素材如图 5-137 所示。根据主题和素材，可以将整个 DM 的基调定位于喜庆的红色系或橙色系。传统新年自然少不了“福”字、对联之类吉祥的事物，在已定色系的基调上可以结合“福”字的菱形，以达到让观众产生共鸣的效果。

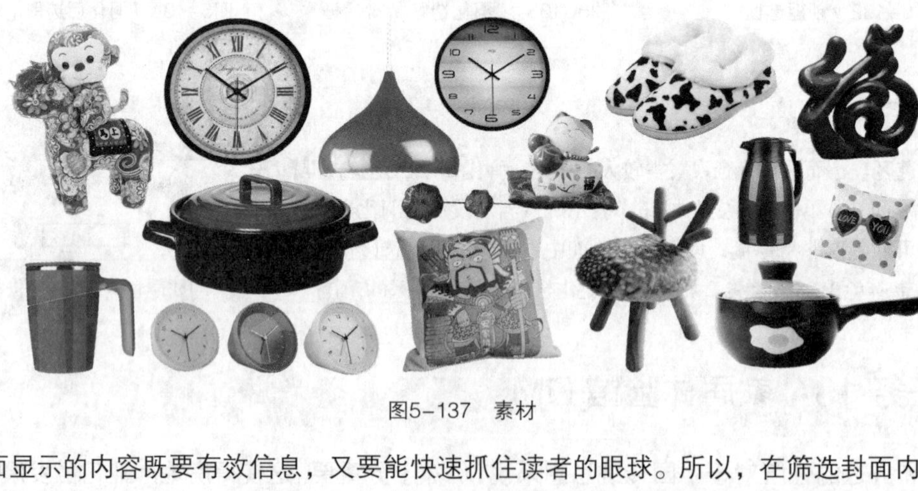

图5-137　素材

封面显示的内容既要有效信息，又要能快速抓住读者的眼球。所以，在筛选封面内容时，不仅应包含主题和活动时间，也应包含具体产品优惠的折扣力度，更重要的是一目了然、简洁有力。

5.4.3　任务制作

1．制作背景

STEP 1 打开 Photoshop CC 软件，按【Ctrl+N】组合键，在“新建”对话框中设置“名称”

为【任务 13】家居体验馆 DM、“宽度”为 216mm、“高度”为 126mm、“分辨率”为 300 像素/英寸、“颜色模式”为 CMYK 颜色、“背景内容”为白色。

STEP 2 设置前景色为（CMYK：0、60、90、0）、背景色为（CMYK：5、95、75、0）。

STEP 3 选择“渐变工具”，在“背景”层上由左到右绘制一个由前景色到背景色的线性渐变，效果如图 5-138 所示。

STEP 4 选择“矩形工具”，在画布中绘制一个比画布略大的正方形，得到“矩形 1”图层，并设置填充为渐变，如图 5-139 所示，填充后的画布效果如图 5-140 所示。

图5-138　线性渐变

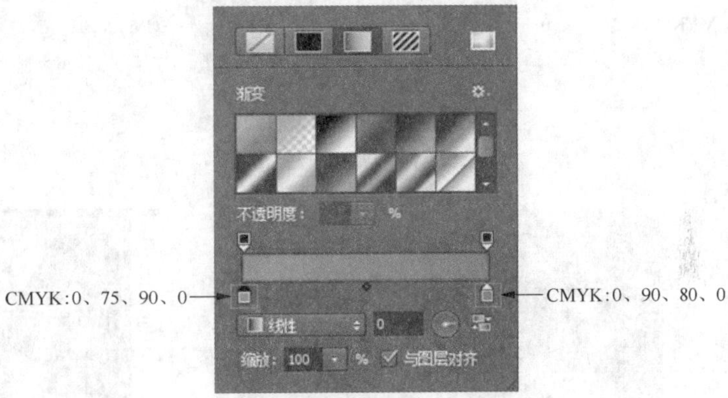

图5-139　渐变设置

STEP 5 按【Ctrl+T】组合键，将“矩形 1”设置“旋转”为 45°，效果如图 5-141 所示。按【Enter】键确定自由变换。

STEP 6 按【Ctrl+J】组合键，复制“矩形 1”得到“矩形 1 拷贝”。按【Ctrl+T】组合键，将“矩形 1 拷贝”缩小至如图 5-142 所示的效果。按【Enter】键确定自由变换。

图5-140　绘制的渐变效果

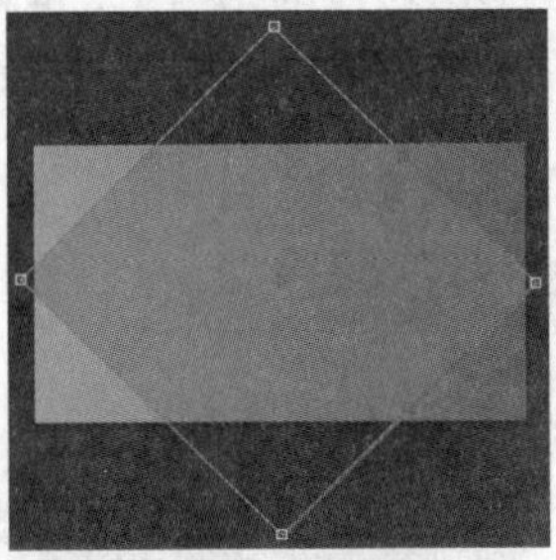

图5-141　旋转效果

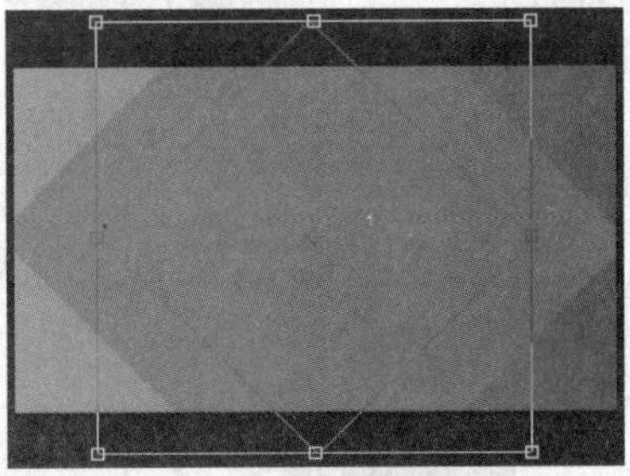

图5-142　缩小复制的图层

STEP 7 选择“矩形工具”，在选项栏中设置“矩形 1 拷贝”的“渐变”颜色，设置面板如图 5-143 所示。设置后的画布效果如图 5-144 所示。

STEP 8 按【Ctrl+J】组合键，复制“矩形 1 拷贝”得到“矩形 1 拷贝 2”。在选项栏中设置“填充”为无颜色、“描边”为黄色（CMYK：10、0、85、0）、“描边宽度”为 6 点。按【Ctrl+T】组合键，将“矩形 1 拷贝 2”缩小至适当大小，如图 5-145 所示。按【Enter】键确定自由变换。

2. 置入素材

STEP 1 打开素材图像“玩偶.jpg”，如图 5-146 所示。

STEP 2 选择“钢笔工具”，在选项栏中设置“工具模式”为路径，如图 5-147 所示。

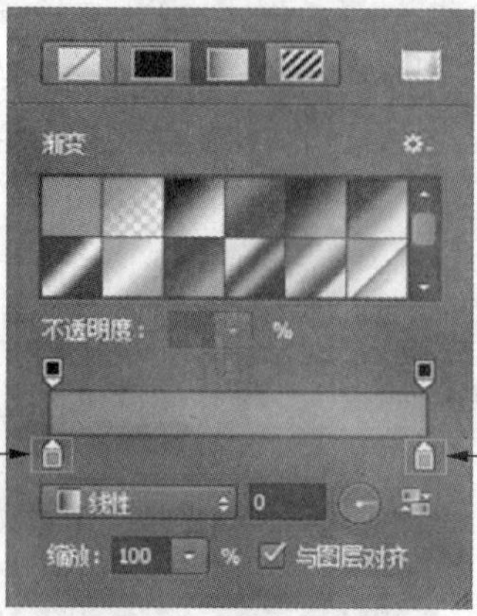

图5-143　设置渐变面板

图5-144　渐变效果

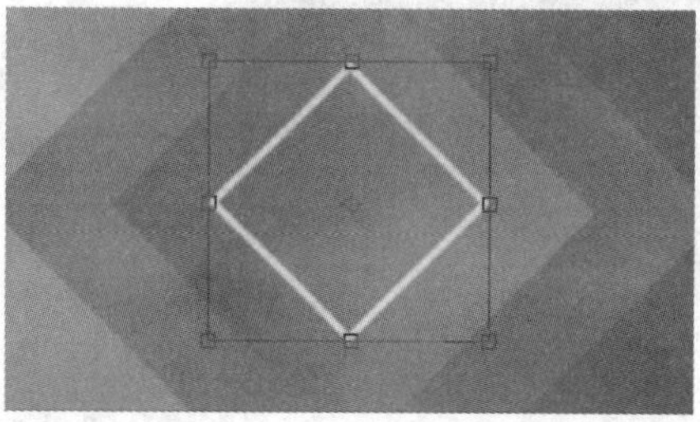

图5-145　设置并调整大小

图5-146　素材图像“玩偶”

图5-147　工具模式

STEP 3 将鼠标指针移至图像边沿区域，单击定位路径的起始锚点，如图 5-148 所示。

STEP 4 在第一个锚点附近的转折处单击（得到一个“平滑点”）的同时拖动鼠标，至路径与图像贴合，释放鼠标，如图 5-149 所示。此时，两个锚点之间会形成一条曲线路径。如果路径与图像不够贴合，可在按住【Ctrl】键的同时，调整“平滑点”的方向线。

STEP 5 按住【Alt】键的同时，单击新建的“平滑点”，将其转换为“角点”，如图 5-150 所示。

STEP 6 按照上述创建和调整锚点的方法，沿“玩偶”的轮廓绘制路径，绘制完成后的效果如图 5-151 所示。

图5-148　建立起点

图5-149　建立平滑点

图5-150　平滑点的转换

STEP 7 选择“路径”面板，如图 5-152 所示。单击按钮，在弹出的面板菜单中选择“建立选区”命令，弹出如图 5-153 所示的“建立选区”对话框，设置“羽化半径”为 1 像素，单击“确定”按钮（或按【Ctrl+Enter】组合键将路径直接转换为选区，然后再羽化选区），如图 5-154 所示。

图5-151 绘制路径

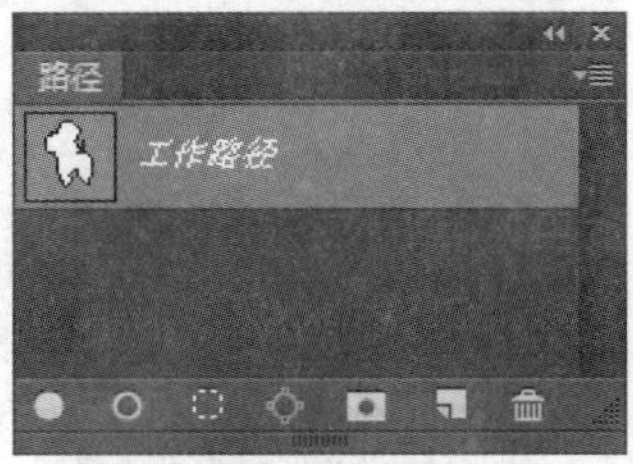

图5-152 “路径”面板

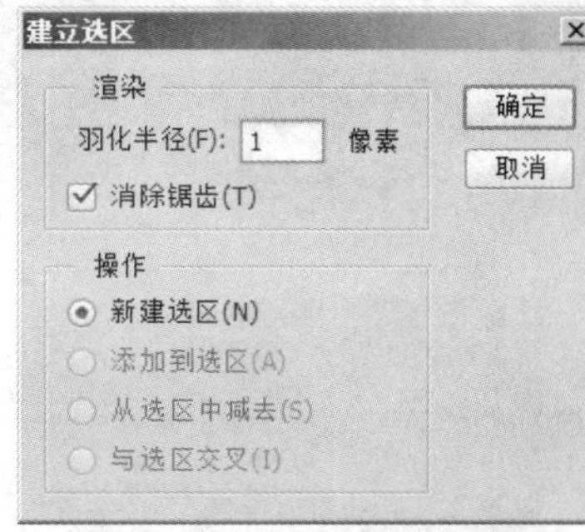

图5-153 “建立选区”对话框

STEP 8 选择“移动工具”，将选区中的图像移动至 DM 文件中，将得到的图层命名为“玩偶”，如图 5-155 所示。

STEP 9 分别打开素材图像“抱枕.jpg”和“摆件.jpg”，如图 5-156 和图 5-157 所示。

图5-154 建立选区

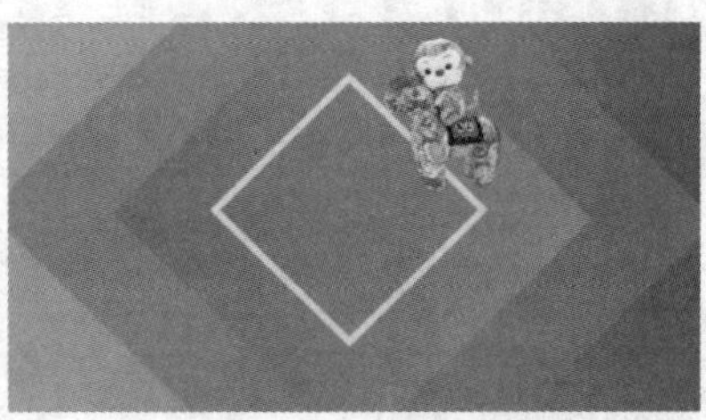

图5-155 置入素材

图5-156 素材图像“抱枕”

STEP 10 重复“钢笔工具”抠图的办法将“抱枕”和“摆件”分别建立选区移至 DM 文件中，效果如图 5-158 所示，并将其图层重命名为“抱枕”和“摆件”。

3. 输入主题文字

STEP 1 选择“横排文字工具”，在选项栏中设置“字体”为方正综艺简体、“字体大小”为 60.5 点、“字体颜色”为白色。

STEP 2 在画布中分别输入文字内容“新”“年”“新”“生”“活”，如图 5-159 所示（注意：每一个文字都是一个单独图层）。

STEP 3 在“图层”面板中，同时选中“新”“年”“新”“生”“活”的文字图层，右击选择“转换为形状”命令，如图 5-160 所示。

STEP 4 选择“新”图层，按【Ctrl+T】组合键，右击选择“透视”命令。向下拖动左上角的角点，如图 5-161 所示。按【Enter】键确定自由变换。

STEP 5 逐一选择“年”“新”“生”“活”图层，重复 Step04 的操作，效果如图 5-162 所示。

图5-157 素材图像“摆件”

图5-158 置入其他素材

图5-159 输入文字

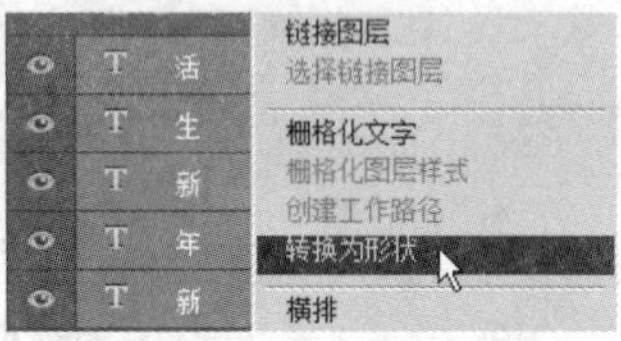

图5-160 转换为形状

图5-161 “透视”命令

图5-162 重复操作

STEP 6 选择“年”图层，选择“路径选择工具”，在其选项栏中设置“填充”为渐变，具体设置如图5-163所示，“年”图层效果如图5-164所示。

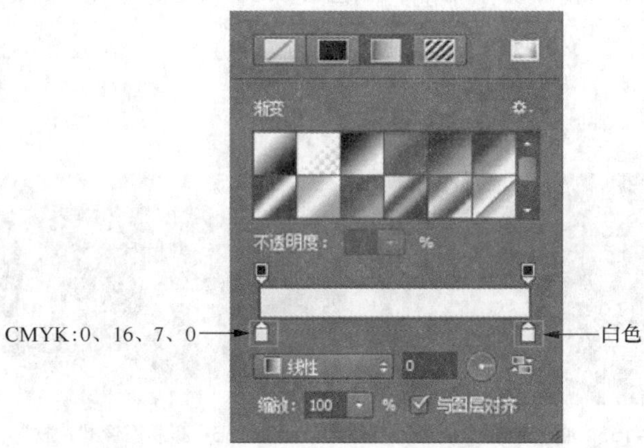

图5-163 “渐变”面板

图5-164 渐变效果

STEP 7 逐一选择“生”“活”图层，重复STEP 6的操作，效果如图5-165所示。

STEP 8 选择“移动工具”，逐一调整文字和产品的位置，运用“自由变换”命令逐一调整产品的大小，如图5-166所示。

图5-165 重复操作

图5-166 调整位置和大小

STEP 9 在“图层”面板中，右击“矩形 1 拷贝 2”，在弹出的菜单中选择“栅格化图层”命令。

STEP 10 选择“矩形选框工具”，在“矩形 1 拷贝 2”图层中绘制一个如图 5–167 所示的矩形选区，按【Delete】键删除选区内容，按【Ctrl+D】组合键，取消选区，效果如图 5–168 所示。

图5–167　绘制选区

图5–168　删除选区

4. 输入文案文字

STEP 1 选择“圆角矩形工具”，在选项栏中设置“填充”为黑色、“半径”为 30 像素，在画布中绘制一个圆角矩形，如图 5–169 所示。

STEP 2 选择“椭圆工具”，按住【Shift】键不放，在画布中拖动鼠标绘制一个正圆。按【Alt+Delete】组合键，为正圆填充黄色（CMYK：10、0、85、0）前景色，得到“椭圆 1”图层，效果如图 5–170 所示。

STEP 3 选择“多边形工具”，在其选项栏中将“边”设置为 3。然后按住鼠标左键不放，在画布中拖动，绘制一个三角形，得到“多边形 1”图层，效果如图 5–171 所示。

图5–169　绘制圆角矩形

图5–170　“椭圆1”图层

图5–171　绘制三角形

STEP 4 在“图层”面板中，选中“椭圆 1”图层和“多边形 1”图层，按【Ctrl+E】组合键，将其合并后重命名图层为“气泡”。

STEP 5 连续按【Ctrl+J】组合键，复制“气泡”。通过自由变换命令将其移动到适当的位置并调整方向，如图 5–172 所示。

STEP 6 选择“横排文字工具”，在画布中合适的位置输入相应的文字信息，如图 5–173 所示。

图5–172　复制并移动

图5–173　输入文字信息

STEP 7 按【Ctrl+S】组合键，将文件保存在指定文件夹中。

5.4.4 知识点讲解

1. 钢笔工具

“钢笔工具” 用于绘制自定义的形状或路径。选择“钢笔工具”，在其选项栏中设置相应的工具模式，即可在画布中绘制形状或路径，如图 5-174 和图 5-175 所示。

使用“钢笔工具”绘制路径，可分为绘制直线路径和绘制曲线路径。

（1）绘制直线路径

选择“钢笔工具”，在图像的绘制窗口内单击，可创建路径的第一个锚点。在该锚点附近再次单击，两个锚点之间即会形成一条直线路径，如图 5-176 所示。

另外，在绘制直线路径时，按住【Shift】键不放，可绘制水平线段、垂直线段或 45° 倍数的斜线段，如图 5-177 所示。

图5-174 绘制形状

图5-175 绘制路径

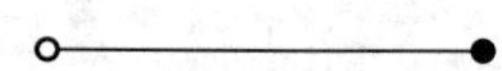

图5-176 绘制直线路径

（2）绘制曲线路径

使用“钢笔工具”绘制曲线路径时，可以通过单击并拖动鼠标的方法直接创建曲线。选择“钢笔工具”，创建路径的第一个锚点。在该锚点附近再次单击并拖动鼠标创建一个“平滑点”，两个锚点之间会形成一条曲线路径，如图 5-178 所示。

使用“钢笔工具”绘制曲线路径时，按住【Ctrl】键不放，会将“钢笔工具”暂时变为“直接选择工具” ，可以调整曲线路径的弧度，如图 5-179 所示。

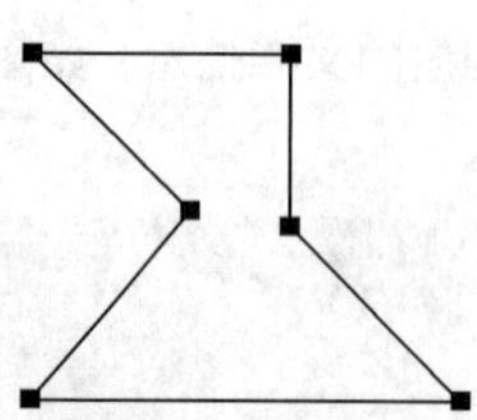

图5-177 按住【Shift】键绘制

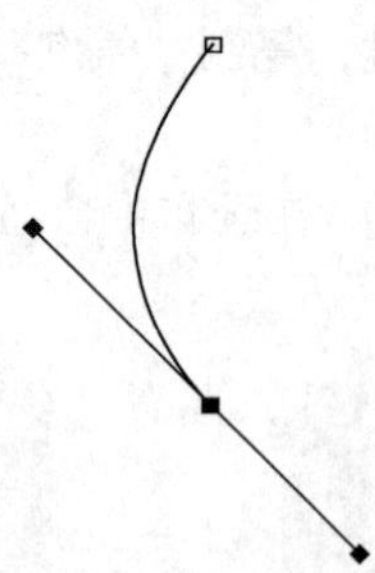

图5-178 绘制曲线路径

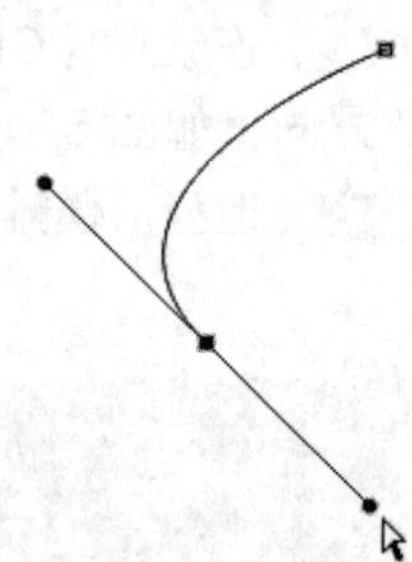

图5-179 调整曲线路径

按住【Alt】键不放，会暂时将“钢笔工具”转换为“转换点工具” 。这时单击“平滑点”可将其转换为“角点”，如图 5-180 所示。

2. 自由钢笔工具

“自由钢笔工具” 用来绘制比较随意的图像，其使用方法与“套索工具” 类似。在工具箱中右击“钢笔工具” ，在弹出的工具组中选择“自由钢笔工具”。按住鼠标左键不放在画布中拖动，即可绘制路径，如图 5-181 所示。释放鼠标后，路径即创建完成，Photoshop 会自动为路径添加锚点，如图 5-182 所示。

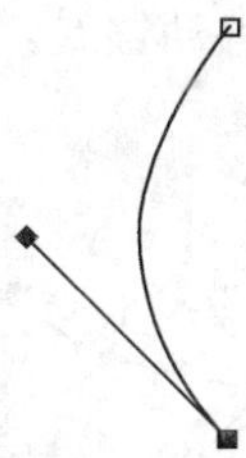
图5-180 锚点转换

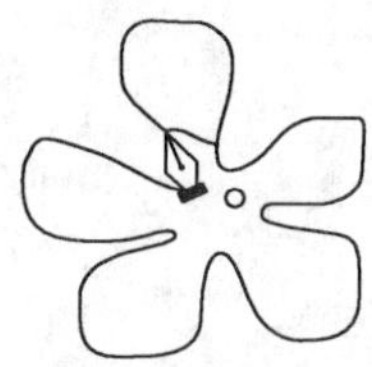
图5-181 使用“自由钢笔工具”绘制

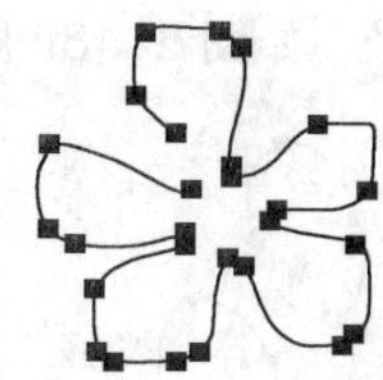
图5-182 自由钢笔工具

3. 路径和锚点

（1）路径

通过对形状工具组和“钢笔工具”的学习，用户会发现，形状的边缘会有一圈明显的“细线”，如图 5-183 所示的正六边形。这些绘制时产生的“细线”被称为“路径”。路径的绘制方法与矢量图形类似，选择形状工具，然后在其选项栏中单击“工具模式”按钮 形状 ，在弹出的下拉列表中选择“路径”选项。按住鼠标左键不放在窗口中拖动，即可绘制路径，如图 5-184 所示。

（2）锚点

说到“路径”就不得不提到“锚点”，所谓锚点，是指路径上用于标记关键位置的转换点。路径通常由一条或多条直线段或曲线段组成，线段的起始点和结束点由“锚点”标记，如图 5-185 所示。

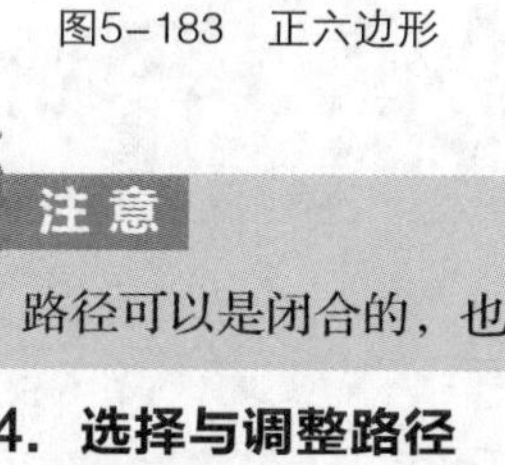
图5-183 正六边形

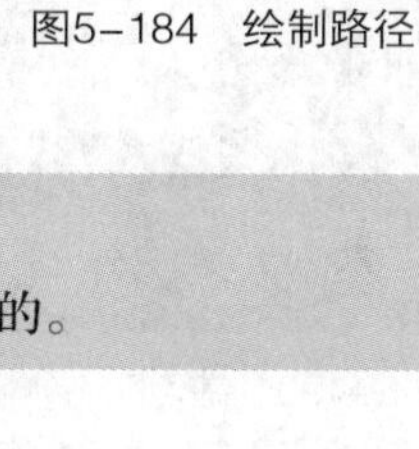
图5-184 绘制路径

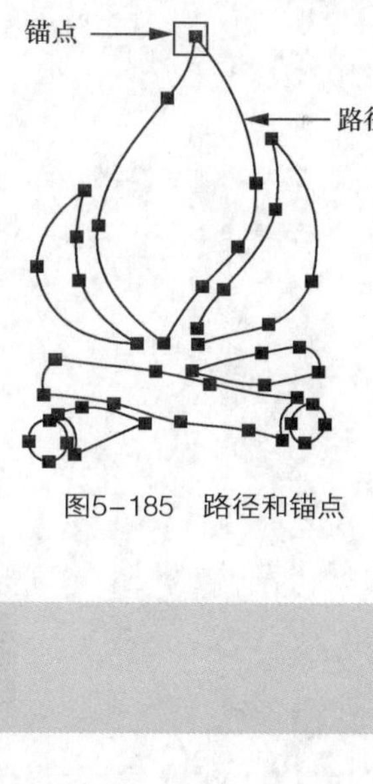

图5-185 路径和锚点

注 意

路径可以是闭合的，也可以是开放的。

4. 选择与调整路径

在 Photoshop CC 中，选择路径的工具是“路径选择工具”，调整路径的工具是“直接选择工具”。

使用“路径选择工具”时，在路径上单击，即可选中所有锚点，如图 5-186 所示。选择路径后，按住路径拖动，即可随意移动路径的位置。

当绘制的路径或形状不符合需求时，可以使用“直接选择工具”对路径进行调整。将鼠标指针定位在“路径选择工具”上右击，在弹出的工具组中选择“直接选择工具”，如图 5-187 所示。

使用“直接选择工具”单击一个锚点，即可选中该锚点。被选中的锚点为实心方块，未选中的锚点为空心方块，如图 5-188 所示。

用鼠标拖动已选中的锚点或使用【→】、【←】、【↑】、【↓】方向键可以移动锚点，从而调整相应的路径，如图 5-189 所示。

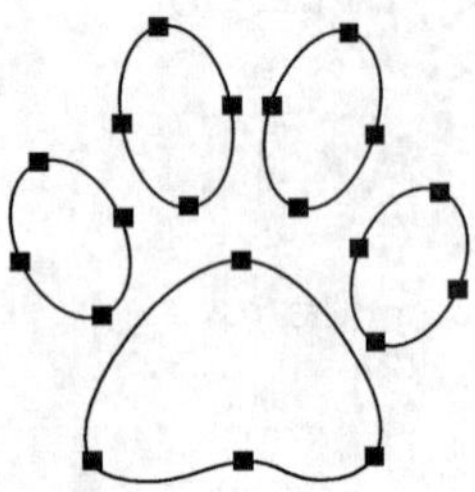

图5-186　选择路径

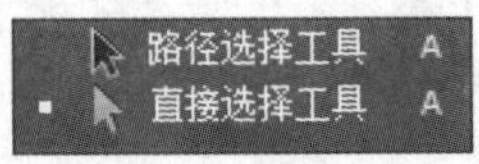

图5-187　选择“直接选择工具”

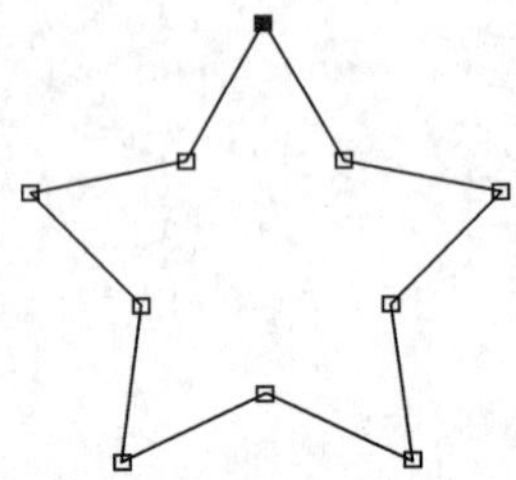

图5-188　选择锚点

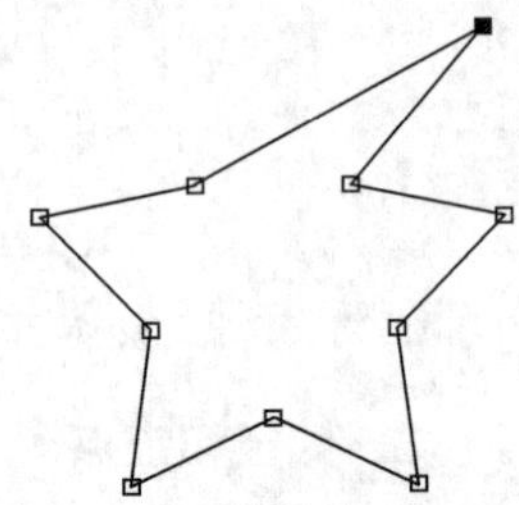

图5-189　调整路径

5.5 课后练习

学习完 DM 设计的内容，下面来完成课后练习吧！

请使用所学工具，结合已有素材制作如图 5-190 所示的 DM。

图5-190　练习DM

Photoshop CC

6 Chapter

情境 6 书籍装帧

学习目标

- 了解书籍装帧的构成要素，掌握其设计原则和基本流程
- 掌握滤镜的使用方法，能够运用渲染滤镜制作常见特效
- 掌握“画笔工具”的使用，能够熟练运用“画笔工具”绘制图像
- 掌握选区的布尔运算，能够通过加、减、交叉等运算绘制不同形状的选区

运用 Photoshop CC 不仅可以制作一些卡片、DM 宣传单等元素构成较简单的设计，还可以完成一些元素构成较为复杂的书籍装帧设计。本情境将运用 Photoshop CC 中的渲染滤镜、“画笔工具”以及选区的布尔运算等相关知识，制作书籍装帧中常见的封面、扉页和插图。

6.1 书籍装帧简介

书籍装帧是书籍生产过程中的一系列设计工作（也称“书籍艺术”），是在书籍生产过程中将材料和工艺、思想和艺术、外观和内容、局部和整体等统一在一起的设计艺术。设计者往往会根据书的不同性质、用途和受众读者，把这些有机地结合起来，从而表现出书籍的丰富内涵。如图 6-1 ~ 图 6-3 所示，即为书籍装帧的局部设计效果，具体如下。

图6-1　封面设计效果

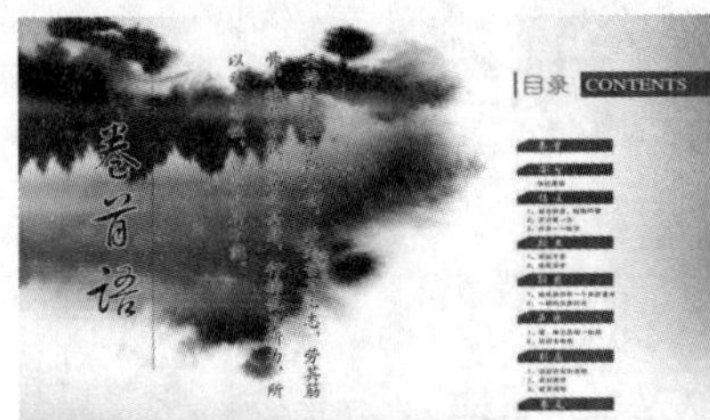

图6-2　扉页设计效果

6.1.1　书籍装帧的构成要素

书籍装帧包含了很多构成要素（如封面、扉页、书脊、插图等），其中封面、扉页和插图是其中的 3 大主体设计要素。虽然书籍装帧的要素很多，但根据书籍装订种类的不同，一些构成要素可能会被省略，如“堵头布”“书签带”等。图 6-4 列举了书籍的部分构成要素，具体如下。

图6-3　插图设计效果

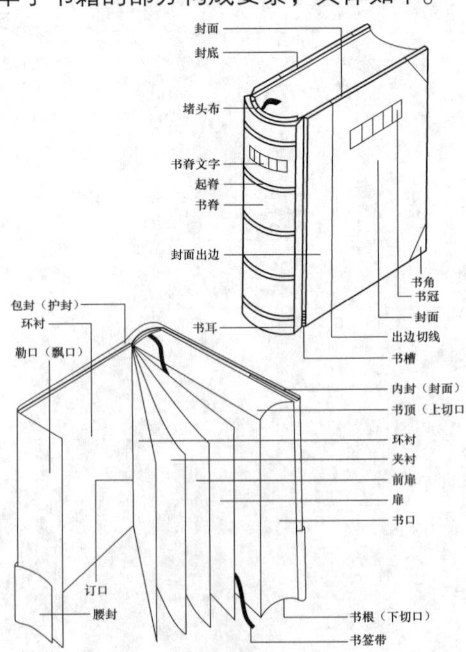

图6-4　书籍装帧构成要素

对书籍装帧部分构成要素的具体解释如下。

- **封面**（又称为书皮、封一）：封面是指位于书籍正面最外一层，具有美化书籍、保护书心的作用。
- **封底**（又称封四、底封）：封底是指位于书籍反面的最外一层，一般的图书在封底印有条形码、统一书号和定价。
- **封脊**（又称书脊）：封脊就是连接封面和封底的转折部分，一般印有书名、作者名、出版者名，便于读者在书架上查找。
- **勒口**（又称飘口、折口）：勒口是指书籍封皮的延长内折部分，用来编排作者或译者简介、同类书目或本书有关的图片以及封面说明文字，也有空白勒口。
- **腰封**：腰封是图书附封的一种形式，是包裹在图书封面的一条纸带，属于外部装饰物。腰封上可印与该图书相关的宣传、推介性文字。
- **订口**：订口是指装订处到版心之间的空白部分。
- **堵头布**（也称头布）：通常用窄小的布条或彩色缎带及其他材料裹入纸线后粘在书脑上下两端，称为堵头布。
- **书签带**：书签带通常作为书签使用，装订时与头布同时粘在书脑上端，便于读者浏览阅读时做标记使用。
- **扉页**：扉页也叫“里封面”或“副封面”，起装饰作用，增加书籍的美观度。
- **插图**：插图是指插装在书刊内，对正文进行补充说明的图像。
- **目录**：目录起到文章索引的作用。

在实际工作中，设计者只有将各种元素结合在一起，进行整体、全面的协调设计才能制作出优秀的书籍装帧作品。

6.1.2　书籍装帧设计的基本原则

优秀的书籍装帧设计作品应该是艺术性与功能性的完美统一，因此在设计中既要注重视觉的表现形式，还要遵循相关的设计原则。书籍装帧设计的基本原则包括以下几个方面。

1. 设计形式原则

在书籍装帧中，书籍的内容决定其装帧形式和表现手段，装帧设计必须反映和揭示该书的内容和主题，如图 6-5 和图 6-6 所示的书籍封面。如果装帧设计与书籍内容不相关，就会让读者产生歧义，书籍的内容也就无法正确传达。

图6-5　童话书籍封面插图

图6-6　人物自传书籍封面插图

图 6-5 所示是童话类书籍的封面。该类书籍往往通过丰富的幻想、夸张、象征以及拟人的手法塑造形象，以创造适宜于儿童阅读的作品。因此在进行封面设计时，会根据儿童的欣赏角度，采用卡通画、铅笔画等插图形式进行设计。

图 6-6 所示是人物自传书籍封面。自传类书籍通常以记叙人物生平事迹为主，需要向别人明确传递出自己的外貌特征，使人读后留有印象。因此在进行该类书籍封面设计时，通常会将人物自身的肖像作为插图进行设计。

2. 生产工艺原则

在书籍装帧设计中，必须考虑生产工艺的可行性，如制版的精度、印刷的色差、套版的准确和装帧材料的特性等，同时还要考虑材料和制作成本。

3. 协调统一原则

书籍装帧设计应该遵循“局部服从整体、形式服从内容”的基本原则。在书籍装帧过程中，每一个局部设计都是围绕一个主题——书籍内容，各局部设计之间在整体的限制下要相互协调、如图形图案与文字的协调，色彩与造型的协调等。

4. 主次关系原则

在书籍装帧设计时，一定要主题突出、层次分明。例如，设计封面和扉页时，封面是主，扉页是次。扉页无论是在色彩上还是在构图上，都要弱于封面。对比图 6-7 和图 6-8，扉页相较封面在颜色、构图和内容上均进行了弱化。

图6-7 书籍封面

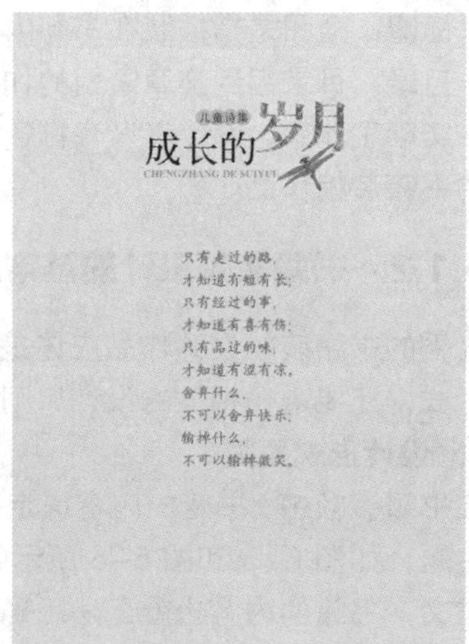

图6-8 书籍扉页

6.1.3 书籍装订方式

说到书籍，就不得不提到它的装订方式。所谓装订是指书籍从配页到上封成型的整体作业过程，包括把印好的书页按先后顺序整理、连接、缝合、装背、上封面等加工程序。在实际工作中，根据装订类型的不同可以把书籍分为平装书和精装书两大类。

1. 平装书

平装书是一种常用书籍装帧形式，一般采用纸质封面，装订方式简单、成本低廉，适用于篇幅较少、印数较大的书籍。常见的平装书装订方式有胶订、平订、骑马订以及锁线订 4 种，具体介绍如下。

- **胶订**：胶订是指用胶粘合书芯，从出书到完成装订的印刷工艺，如图 6-9 所示。

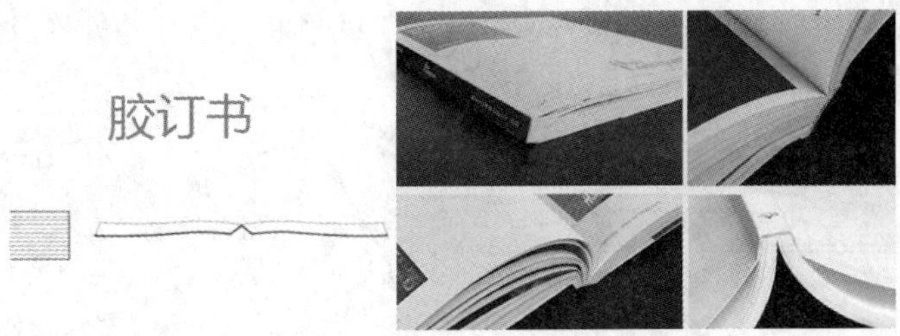

图6-9　胶订

- **平订**：平订是指将配好的书页相叠后在订口一侧离边沿处用线或铁丝订牢的装订方法，如图 6-10 所示。

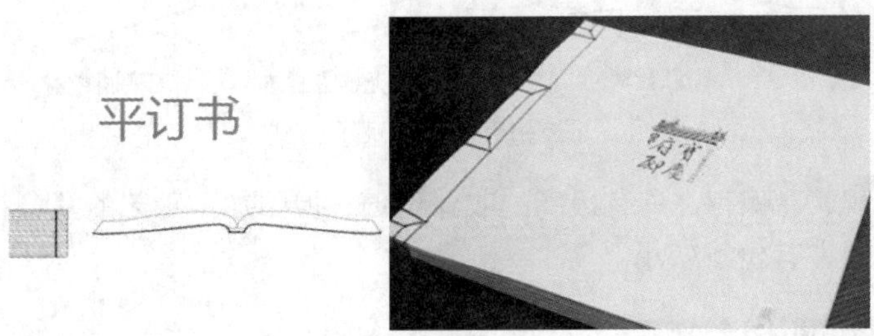

图6-10　平订

- **骑马订**：骑马订也称“骑订”，是将封面与正文的书帖在订书机上成“骑势”套叠后，用铁丝在左右两页相联的书帖居中折缝处穿过，将封面连同正文书帖一起订牢，如图 6-11 所示。

图6-11　骑马订

- **锁线订**：锁线订是一种用线将配好的书册按顺序逐页排列，并在最后一折缝上将书册订联锁紧的装订方法，如图 6-12 所示。

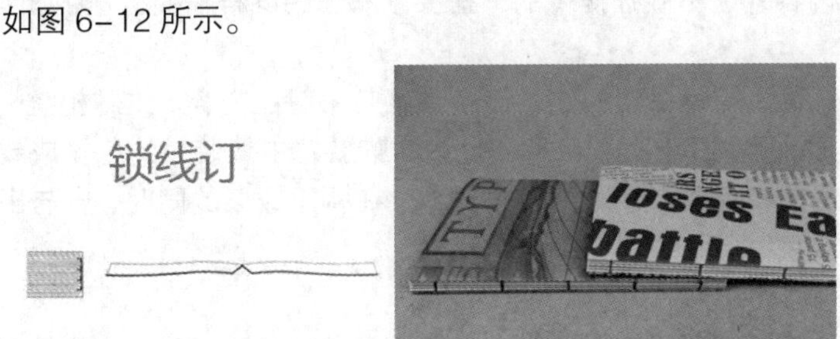

图6-12　锁线订

2. 精装书

精装书通常指配有保护性硬底封面（普遍采用硬纸板，外覆以织物、厚纸或小牛皮等皮革）的书籍装帧模式。精装书籍的形式常以书芯书背加工的形状、书壳的外形及结构、书芯与书壳套合的形式进行分类，具体装订方式如图 6-13 所示。

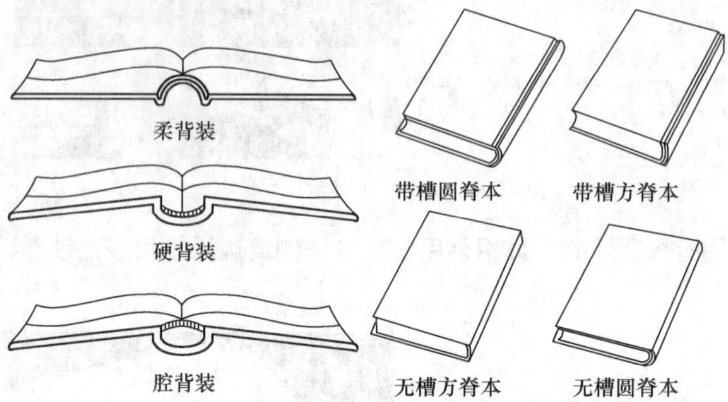

图6-13 精装书装订方式

虽然精装书美观、易保存、具有极高的收藏价值，但因加工工艺的复杂性以及昂贵的设备投资，导致其在市场中占有份额较小。

6.1.4 书籍装帧设计流程

书籍装帧设计是一个系统性的工作。一本优秀的书籍装帧设计，从选题、阅读原稿、构思、草图、设计方案到最终的成品，每一个环节都必须认真对待。书籍装帧的基本设计流程如下。

1. 接受任务

任务委托方可以是出版社委托或企业、个人委托，在接到设计任务后，需要多和客户沟通，敏锐地把握客户的要求。

2. 阅读原稿

原稿是书籍设计服务的对象，一本书设计成什么样一般都是由原稿的内容决定的。书籍设计不是个人情感、才气的随意宣泄，它必须忠实于原稿，依据原稿来创造。好的书籍设计应该充分演绎原稿内容、内涵和表达情感。有时，原稿因未发行而被保护，不允许查阅，应从编辑处了解整书的题材、基调和情感。

除了尊重原稿内容外，出版社提供的一些要求和思路同样需要被重视和参考。

3. 构思

在进行设计构思时，要将书籍构成的诸多要素与书籍的内容、主题相统一。同时要确定制作规格，如采用什么样的印刷工艺、材质等。此时，需要对书籍装帧的各构成要素有一个整体的设计思路。由于印刷工艺和材质直接影响书籍成本，在构思效果的同时，应与出版社沟通设计的计划成本等事宜。

4. 选择开本

确定了设计思路后，就可以选择开本，进行书籍装帧设计了。开本指的就是版面的大小，以全张纸为计算单位，全张纸裁切和折叠多少小张就称多少开本。通常会用几何开切法裁切纸张，它是以 2、4、8、16、32、64、128……的几何级数来开切的，如图 6-14 所示即为几何开切法裁切纸张的示意图。

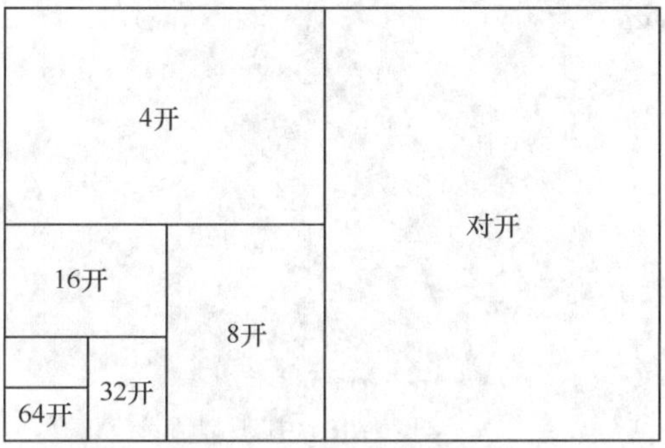

图6-14　几何开切法

图6-15　32开书籍

在书籍装帧设计中，常见的开本有 32 开（多用于一般书籍）、16 开（多用于杂志）、64 开（多用于中小型字典、连环画），如图 6-15～图 6-17 所示。

图6-16　16开书籍

图6-17　64开书籍

印刷纸张的常用开本尺寸如表 6-1 所示。

表 6-1　常用印刷纸张开本尺寸

开本	正度	大度
16 开	185mm × 260mm	210mm × 285mm
32 开	185mm × 130mm	210mm × 140mm

表 6-1 列举的开本尺寸是标准的裁切方式，适用于大多数的书籍装帧设计。其中，正度是国内标准，整张纸尺寸是 1092mm × 787mm，如正度 16 开尺寸是 185mm × 260mm（接近我们常用的 B5 纸大小）；大度是国际标准，整张纸尺寸是 1194mm × 889mm，如大度 16 开尺寸是 210mm × 285mm（接近我们常用的 A4 纸大小）。书籍需用的开本多种多样，对一些不同的要求，只能通过特殊的裁切方式解决。

有时，开本的大小和选择是由出版社决定的，这里也和成本有一定的关系。

5. 草图

开本确定之后，便进入艺术设计阶段。在艺术设计阶段，首先要绘制草图以对设计或形体概念进行初始化。草图以能够说明基本意向和概念为佳，通常不要求很精细，如图 6-18 所示，即为某书籍装帧设计的草图。

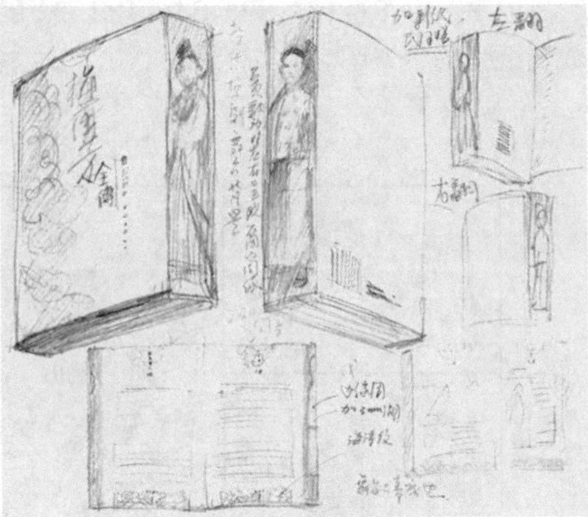

图6-18 书籍装帧设计草图

6. 电脑设计

在进行书籍装帧设计时，需要整体考虑、局部着手，从书籍的封面、扉页、书脊等构成要素着手进行设计，如图 6-19 所示就是书籍装帧的部分构成要素设计。

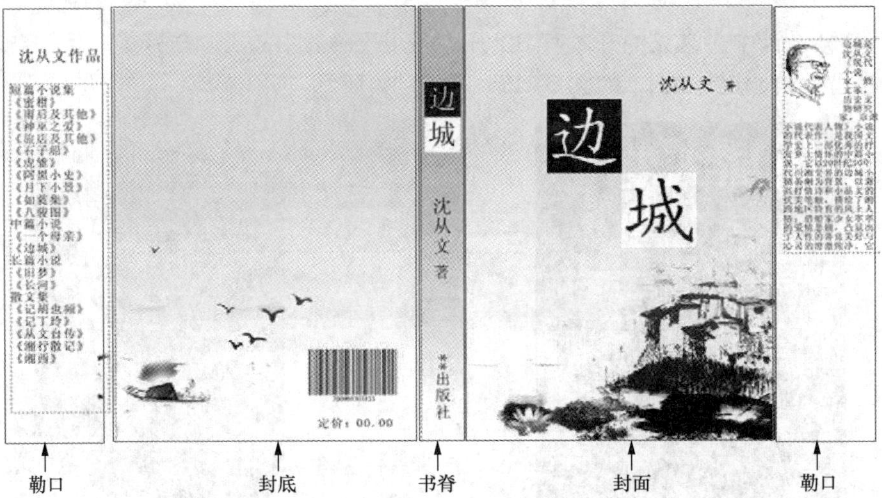

图6-19 部分构成要素设计

由于书籍装帧设计的构成要素较多，因此在设计时需要多个软件配合使用，如 Photoshop、InDesign 等。Photoshop 常用于图形图像的设计，InDesign 则用于版式的制作。本情境将运用 Photoshop 完成书籍装帧部分构成要素的设计制作。

7. 制版印刷

设计稿完成之后，出版社校对无误且没有修改意见后就可以进行制版、校对、印刷、装订等后续工作，完成书籍的设计制作。

6.2 任务 14：书籍封面设计

在当今浩如烟海的书籍世界中，封面是一个无声的推销员，它的优劣程度直接影响人们的购买欲望。作为书籍装帧设计的门面，一个优秀的封面设计往往能够反映书籍的内容。下面将设计制作一个书籍封面，通过本任务的学习，读者可以掌握“滤色”和“渲染”滤镜等工具的操作。

6.2.1　任务描述

优秀的封面设计应该在内容的安排上做到繁而不乱、简而不空，彰显意境和格调，同时又能反映和揭示该书的内容和主题。本任务是为“文化遗产”书稿设计一个书籍封面。客户要求设计简洁典雅，并彰显中国古典文化的设计格调，图 6-20 为最终的设计效果图。

图6-20　中国风名片效果展示

图 6-20 所示的书籍封面包括封面、书脊和封底 3 部分，其中封面和封底尺寸相同，书脊宽度视书籍厚度而定。

6.2.2　任务分析

在进行书籍封面设计时，首先要确定封面的开本尺寸。关于开本在上一小节已经做过介绍，本次任务直接选用正度 16 开（185mm×260mm）作为书籍封面的尺寸。书脊宽度设置为 20mm，出血尺寸为 3mm，封面总尺寸应为 396mm×266mm，书籍封面的结构划分如图 6-21 所示。

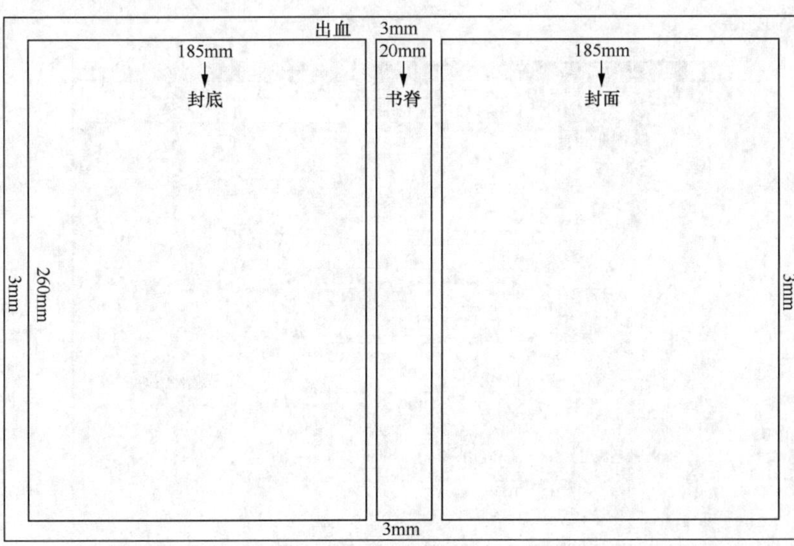

图6-21　结构划分

在设计定位上，该书籍属于历史文化类书籍，主要讲述中国的历史文化遗产，因此在设计风格上可以选择中国古典水墨风格。在颜色上，客户要求简洁典雅，因此可以用白灰色作为封面的主色调。在图案的选择上，则可以运用印章、青松、水墨荷花等彰显中国古典文化韵味的图形图像。如图 6-22～图 6-25 所示，即为本次任务所用素材。

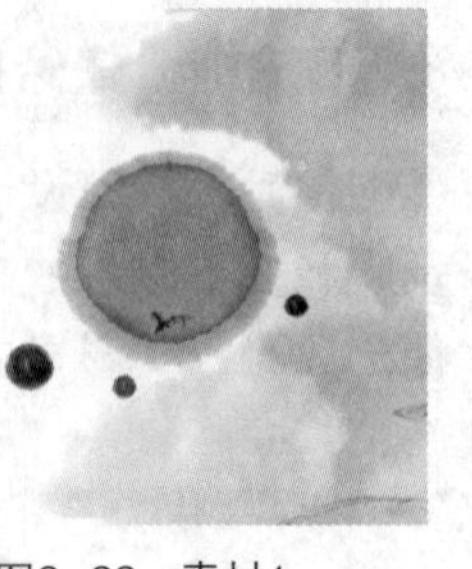

图6-22　素材1

图6-23　素材2

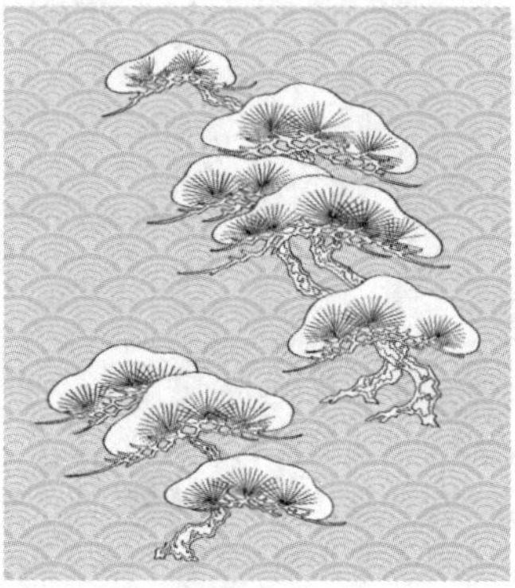

图6-24　素材3

图6-25　素材4

6.2.3　任务制作

1. 制作封面背景

STEP 1 打开 Photoshop CC 软件，按【Ctrl+N】组合键，在“新建”对话框中设置“名称”为【任务 14】书籍封面设计、“宽度”为 396 毫米、“高度”为 266 毫米、“分辨率”为 300 像素/英寸、“颜色模式”为 CMYK 颜色、“背景内容”为白色，如图 6-26 所示。单击“确定”按钮，完成画布的创建。

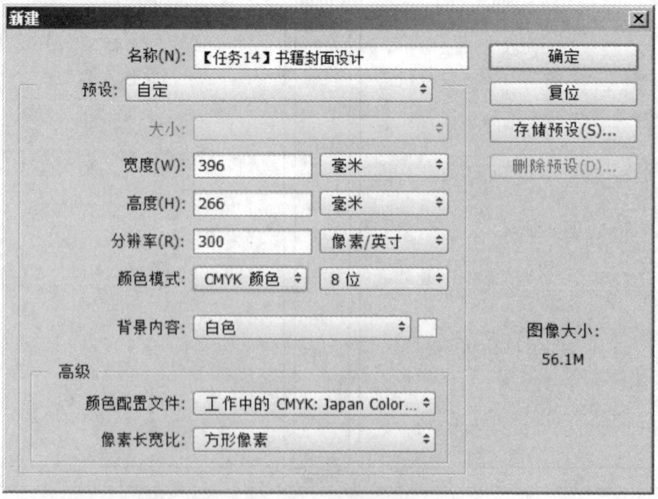

图6-26 “新建”对话框

STEP 2 执行“视图→新建参考线”命令，弹出“新建参考线”对话框，在垂直位置3毫米处创建参考线，如图6-27所示。

STEP 3 重复STEP 2的步骤，分别在188毫米、208毫米、393毫米处创建垂直参考线，在3毫米和263毫米处创建水平参考线，划分出封面、书脊和封底的位置，如图6-28所示。

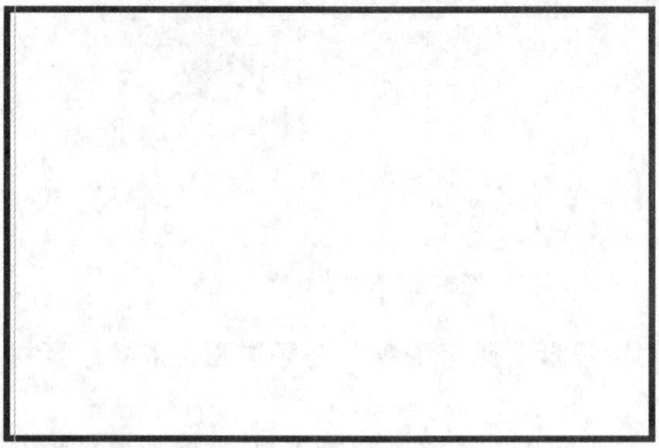
图6-27　创建参考线

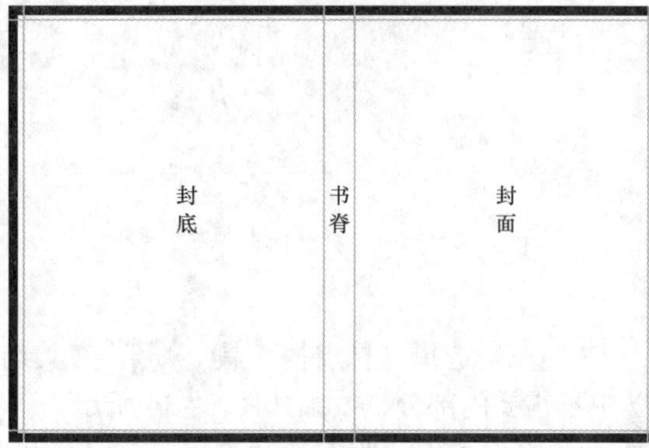

图6-28　重复创建参考线

STEP 4 设置“前景色”为浅灰色（CMYK：15、10、10、0），按【Alt+Delete】组合键填充“背景”图层。

STEP 5 按【Ctrl+Shift+Alt+N】组合键，新建“图层1”。设置“前景色”为黑色，按【Alt+Delete】组合键填充“图层1”，如图6-29所示。

STEP 6 选中“图层1”，执行“滤镜→渲染→云彩”命令，可以得到纤维状的云彩图案，如图6-30所示。

STEP 7 在“图层”面板中，设置“图层1”的“图层混合模式”为滤色、“不透明度”为50%，效果如图6-31所示。

图6-29　填充图层

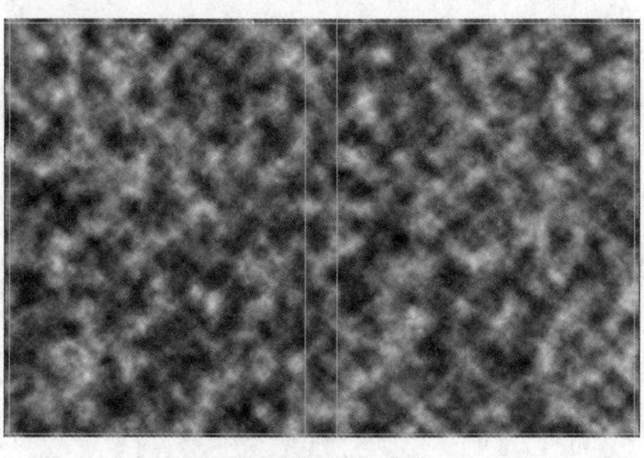
图6-30　“渲染”滤镜

图6-31　“滤色”效果

2. 制作封面图案

STEP 1 打开素材图片“素材1.jpg”，如图6-32所示。选择“移动工具”，将其拖至

“【任务 14】书籍封面设计”画布中，移至图 6-33 所示的位置，得到“图层 2”。

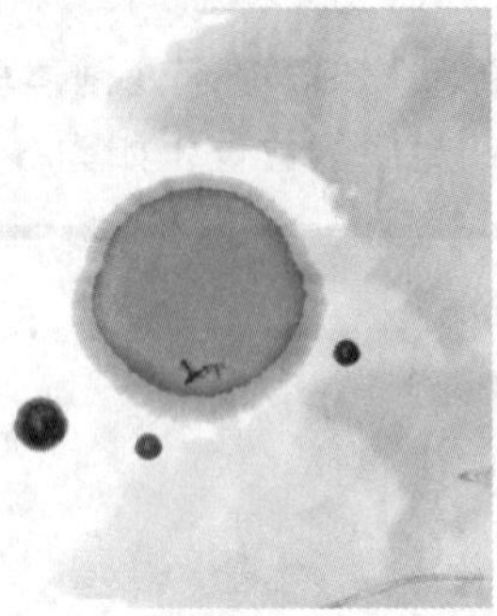

图6-32 素材1

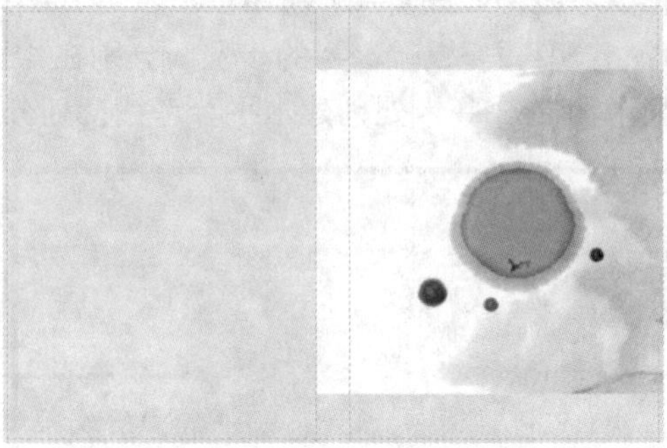

图6-33 移动素材

STEP 2 选择“橡皮擦工具”，在其选项栏中设置“画笔形状”为柔边圆，擦除“素材1”中不需要的部分，效果如图 6-34 所示。

STEP 3 打开素材图片“素材 2.jpg”，如图 6-35 所示。选择“移动工具”，将其拖至“【任务 14】书籍封面设计”画布中，移至图 6-36 所示的位置，得到“图层 3”。

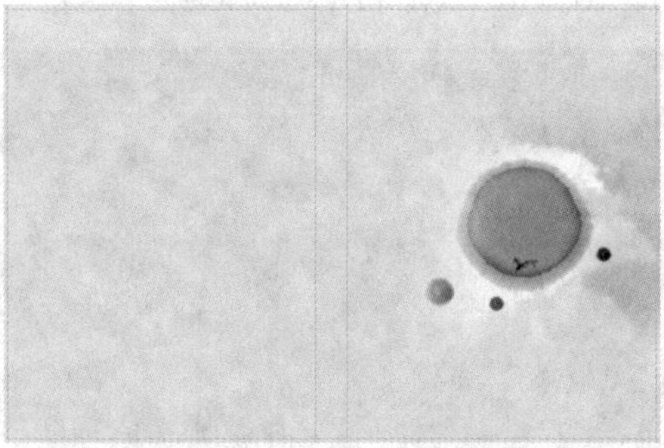

图6-34 橡皮擦工具

图6-35 素材2

STEP 4 在“图层”面板中，设置“图层 3”的“图层混合模式”为正片叠底，效果如图 6-37 所示。

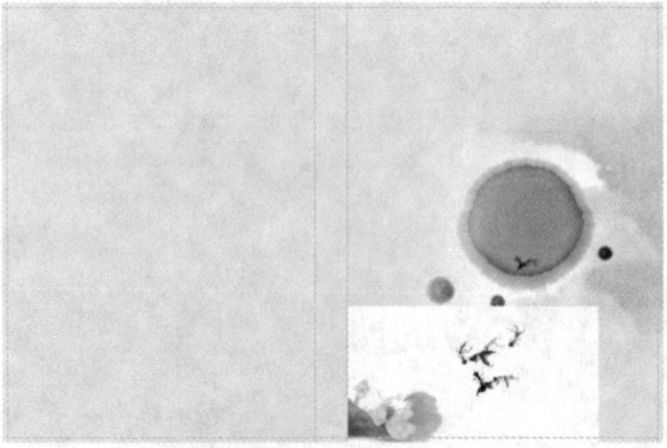

图6-36 移动素材

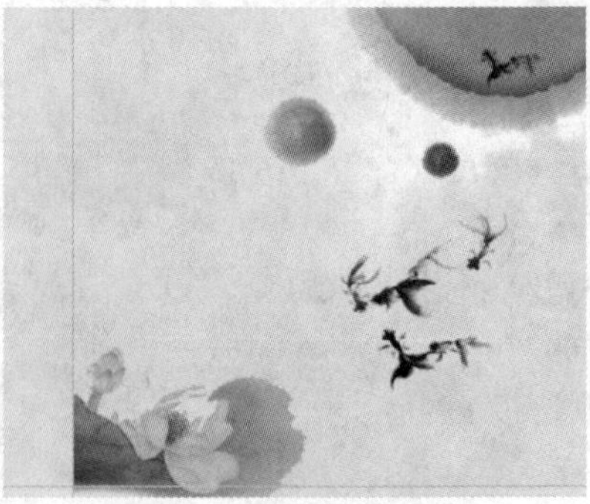

图6-37 “正片叠底”效果

STEP 5 打开素材图片“素材 3.jpg”，如图 6-38 所示。选择“移动工具”，将其拖至“【任务 14】书籍封面设计”画布中，移至图 6-39 所示的位置，得到“图层 4”。

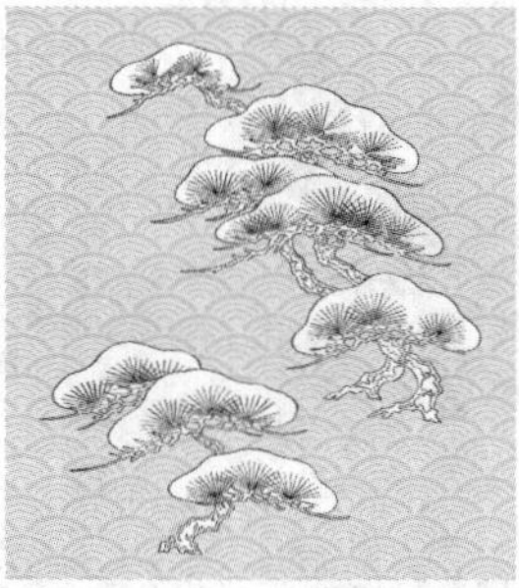

图6-38　素材3

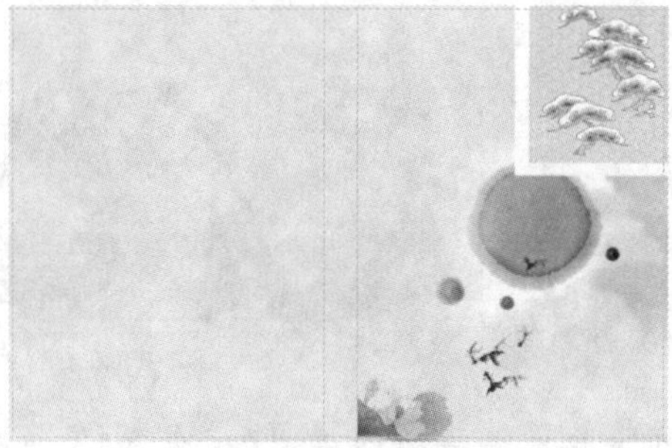

图6-39　移动素材

STEP 6 选择“橡皮擦工具”，擦除“图层 4”中不需要的部分，效果如图 6-40 所示。

STEP 7 在“图层”面板中，设置“图层 4”的“不透明度”为 30%。

3. 输入封面文字内容

STEP 1 选择“直排文字工具”，在选项栏中设置“字体”为方正黑体简体、“字体大小”为 18 点、“文本颜色”为单色黑（CMYK：0、0、0、100），输入文字内容“第四批文物保护单位”，移至图 6-41 所示的位置。

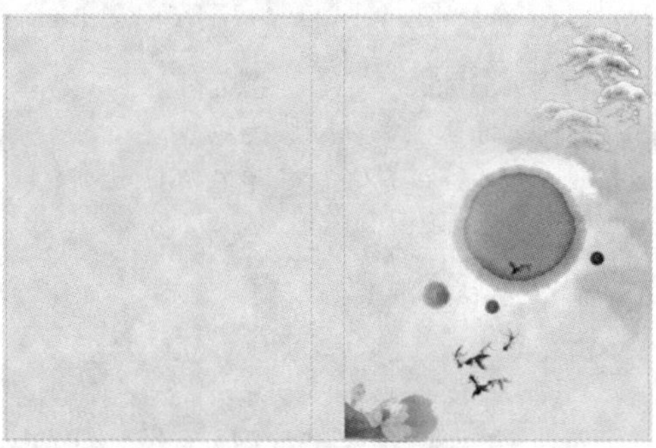

图6-40　移动素材

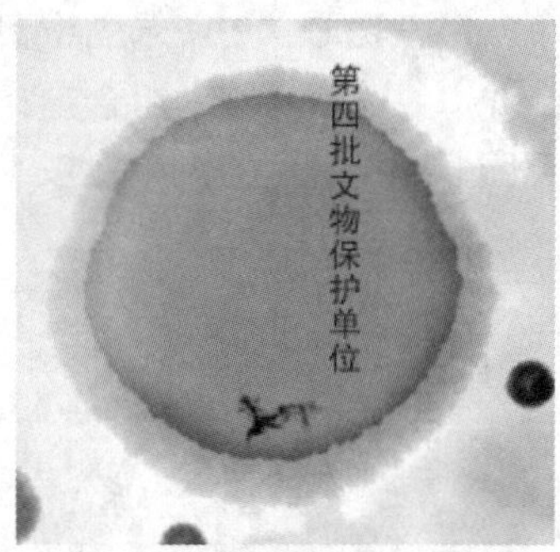

图6-41　直排文字工具1

STEP 2 再次运用“直排文字工具”输入文字内容“LIUJIAYIZHI”，设置“字体”为方正细黑简体，移至图 6-42 所示的位置。

STEP 3 打开素材图片“素材 4.png”，如图 6-43 所示。选择“移动工具”，将其拖至“【任务 14】书籍封面设计”画布中，移至图 6-44 所示的位置，得到“图层 5”。

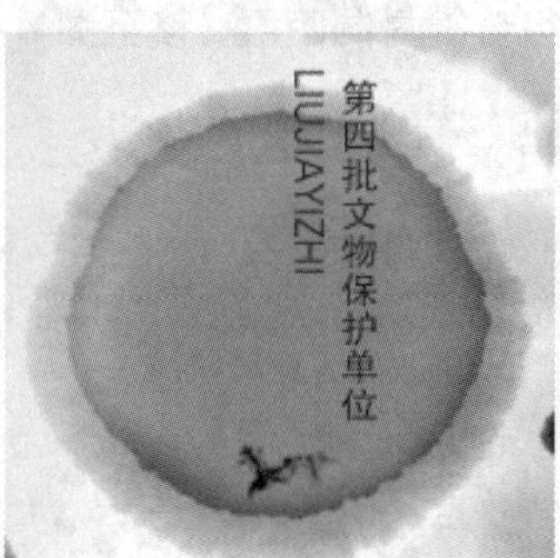

图6-42　直排文字工具2

图6-43　素材4

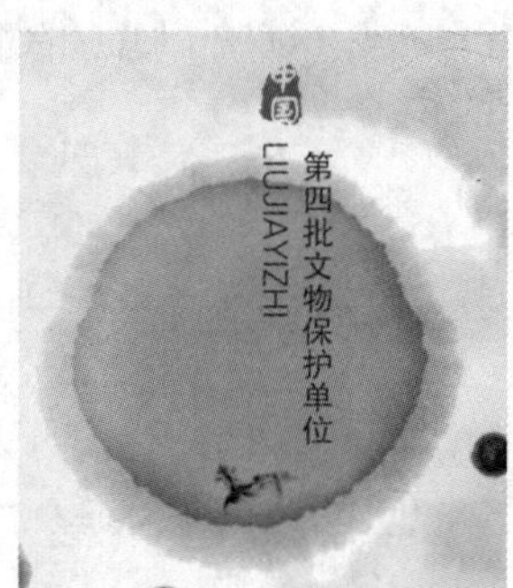

图6-44　移动素材

STEP 4 分别打开素材图片“毛笔字 1.png”“毛笔字 2.png”“毛笔字 3.png”“毛笔字 4.png”，

如图 6-45 所示。

图6-45 毛笔字素材

STEP 5 将文字素材拖至“【任务 14】书籍封面设计”画布中，得到“图层 6”“图层 7”“图层 8”和“图层 9”4 个图层。选择“移动工具” 将它们按图 6-46 所示的位置进行排列。

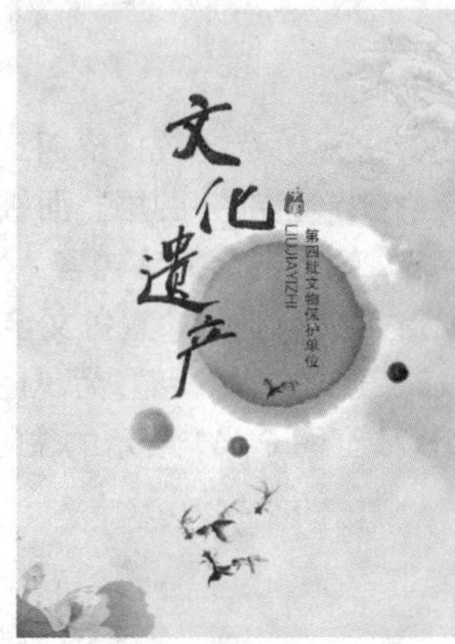

图6-46 排列素材

4. 制作书脊

STEP 1 在“图层”面板中，同时选中“图层 6”“图层 7”“图层 8”和“图层 9”4 个图层，按【Ctrl+J】组合键进行复制，得到拷贝图层。

STEP 2 将拷贝的图层进行“水平居中对齐”操作，并调整间距大小，移至图 6-47 所示的位置。

STEP 3 按【Ctrl+T】组合键，调出自由变换定界框，调整毛笔字至图 6-48 所示的大小，按【Enter】键确定自由变换。

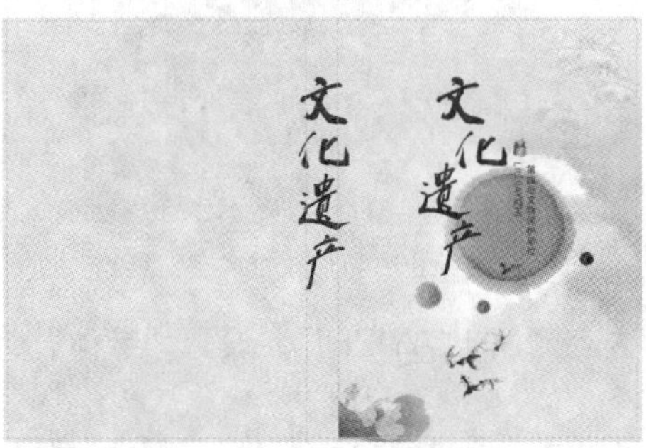

图6-47 移动拷贝图层

图6-48 自由变换

STEP 4 选中“LIUJIAYIZHI”文字所在的图层，按【Ctrl+J】组合键复制图层，移至图 6-49 所示的位置。

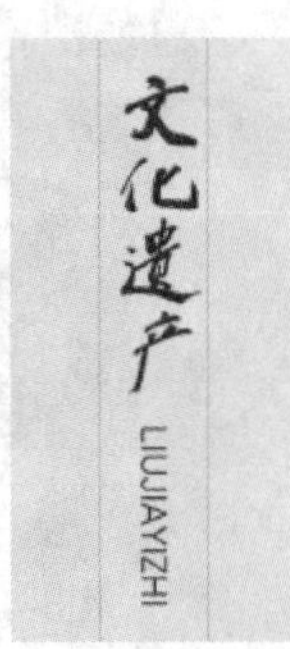

图6-49 复制图层1

图6-50 复制图层2

STEP 5 选中“图层 5”，按【Ctrl+J】组合键复制图层，并移至图 6-50 所示的位置。

STEP 6 选择“直排文字工具”，在选项栏中设置“字体”为方正黑体简体、“字体大小”为 14 点，输入文字内容“第四批文物保护单位”，移至图 6-51 所示的位置。

图6-51 直排文字工具

5. 制作封底

STEP 1 选中“图层 3”和“图层 4”，按【Ctrl+J】组合键复制图层，得到“图层 3 拷贝”和“图层 4 拷贝”。

STEP 2 按【Ctrl+T】组合键，右击选择“水平翻转”命令，并移至封底对称位置，按【Enter】键确认自由变换，效果如图 6-52 所示。

STEP 3 选择“横排文字工具”，输入文字内容“图册策划\董　强 责任编辑\赵清华 胥宝民 资料收集\刘淑芬　柴丽平　张　路”，在选项栏中设置“字体大小”为 10 点。在“字符”面板中，设置“行距”为 24，效果如图 6-53 所示。

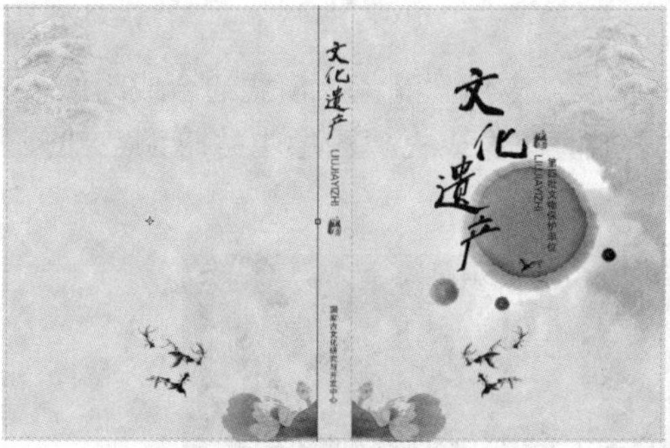

图6-52 自由变换和移动图层

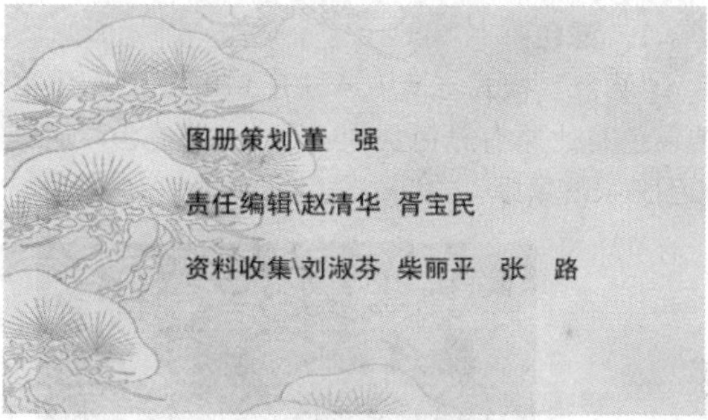

图6-53 横排文字工具

STEP 4 选中“图层 5”，按【Ctrl+J】组合键复制图层，得到“图层 5 拷贝 2”。选择“移动工具”，将其移至图 6-54 所示的位置。

STEP 5 按【Ctrl+J】组合键复制“LIUJIAYIZHI”文字所在的图层，移至图 6-55 所示的位置。

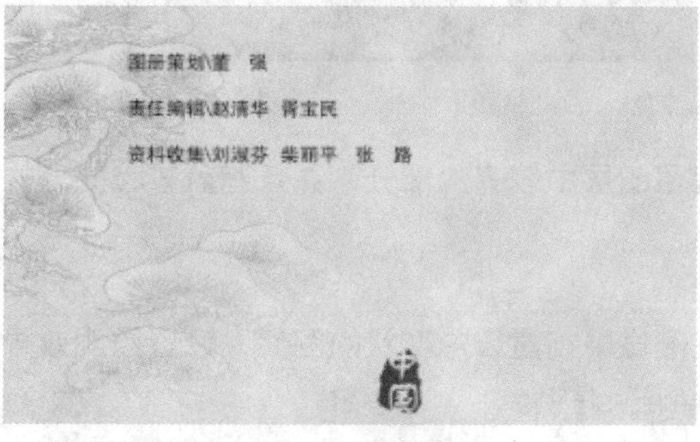

图6-54 复制移动图层1

图6-55 复制移动图层2

STEP 6 选择“直排文字工具”，在选项栏中设置“字体大小”为 14 点，输入如图 6-56 所示的文字内容。选择“移动工具”，将文字图层排列至图 6-57 所示的位置。

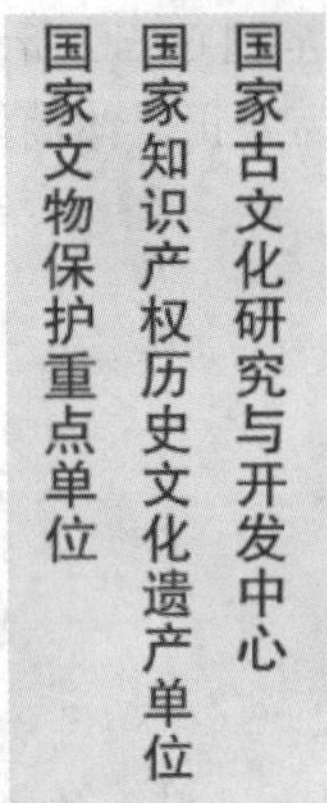

图6-56　直排文字工具

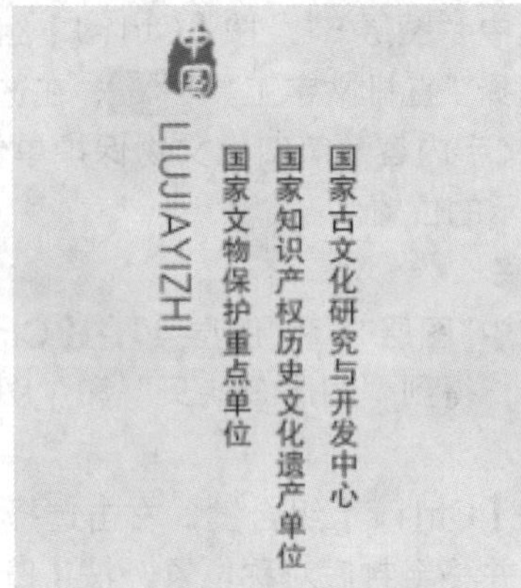

图6-57　移动排列文字

STEP 7 按【Ctrl+S】组合键，将文件保存在指定文件夹中。

6.2.4　知识点讲解

1. 滤色

“滤色”模式与情境 4 中所讲的“正片叠底”模式相反，应用“滤色”模式的合成图像，其结果色将比原有颜色更淡。因此，“滤色”通常会用于加亮图像或去掉图像中的暗调色部分，如图 6-58 所示。

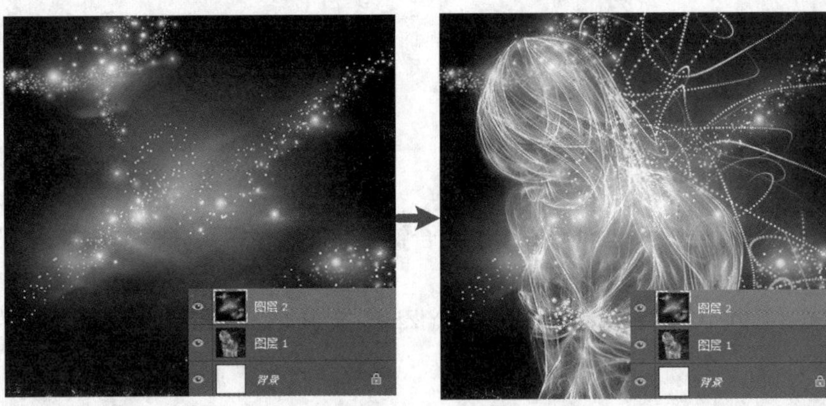

图6-58　滤色

通过图 6-58 中的对比，可见“滤色”就是保留图层中较亮的部分，并且遮盖较暗部分的一种图层混合模式。

2.“渲染”滤镜

“渲染”滤镜组中包含 5 种滤镜，它们可以在图像中创建云彩形状的图案，设置照明效果或通过镜头产生光晕效果。下面介绍常用的两种“渲染”滤镜。

（1）“镜头光晕”滤镜

“镜头光晕”滤镜可以模拟亮光照射到相机镜头所产生的折射，常用来表现玻璃、金属等反射的反射光，或用于增强日光和灯光效果。执行“滤镜→渲染→镜头光晕”命令，弹出“镜头光晕”对话框，如图 6-59 所示。

在图 6-59 所示的对话框中，通过单击图像缩略图或直接拖动十字线，可以指定光晕中心的位置；拖动“亮度”滑块，可以控制光晕的强度；在“镜头类型”选项区中，可以选择不同的镜头类型。

图 6-60 和图 6-61 所示为使用“镜头光晕”滤镜前后的对比效果。

图6-59　“镜头光晕”对话框

图6-60　素材图像“地球”

（2）“云彩”滤镜

“云彩”滤镜可以使用介于前景色与背景色之间的随机值生成柔和的云彩图案。执行“滤镜→渲染→云彩”命令即可创建云彩图案。图 6-62 所示的星云图像，就用到了云彩滤镜。

图6-61　使用“镜头光晕”滤镜后的效果

图6-62　“云彩”滤镜效果

6.3 任务 15：画册插图设计

插图设计是活跃书籍内容的一个重要因素。它能够发挥读者的想象力，加深读者对内容的理解，并使读者获得一种艺术的享受。下面将设计制作一幅画册插图，通过本任务的学习，读者可以掌握“画笔工具”及相关面板的操作。

6.3.1　任务描述

本任务是为一家国术馆宣传画册设计插图。客户要求在插图中，能够将具有中国特色的艺术风格和国术结合起来，以直观的形象、真实的生活感和美的感染力激发读者的阅读兴趣，图 6-63 所示为最终的设计效果图。

图6-63　画册插图效果展示

6.3.2　任务分析

在设计定位上，可以将中国特有的水墨风格和国术相结合，通过喷溅的墨迹、武术人物，将国术的力量和爆发力完美地展现出来。图 6-64 和图 6-65 所示，即为本次任务所用素材。

图6-64　墨迹笔刷

图6-65　武者

在设计尺寸上，可以直接按照客户画册的既定尺寸制作，大小为 594mm × 291mm，出血尺寸为 3mm，插图的总尺寸应为 600mm × 297mm。

6.3.3　任务制作

1. 制作背景

STEP 1 打开 Photoshop CC 软件，按【Ctrl+N】组合键，在“新建”对话框中设置“名称”为【任务 15】画册插图设计、“宽度”为 600 毫米、“高度”为 297 毫米、“分辨率”为 300 像素/英寸、“颜色模式”为 CMYK 颜色、“背景内容”为白色，如图 6-66 所示。单击“确定”按钮，完成画布的创建。

STEP 2 执行“视图→新建参考线”命令，弹出“新建参考线”对话框，在垂直位置 3 毫米处创建参考线，如图 6-67 所示。

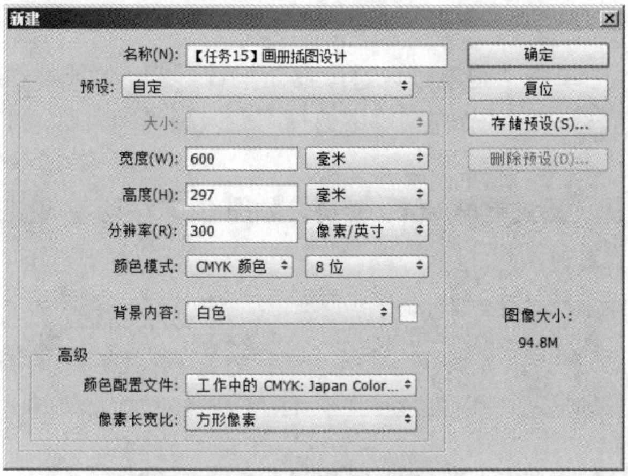

图6-66　“新建”对话框

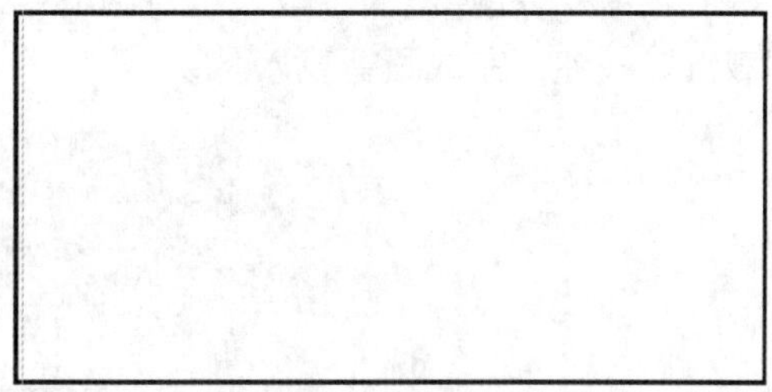

图6-67　新建参考线

STEP 3 重复**STEP 2**的步骤，分别在 597 毫米处创建垂直参考线，在 3 毫米和 294 毫米处创建水平参考线，如图 6-68 所示。

STEP 4 设置“前景色”为米黄色（CMYK：15、10、10、0），按【Alt+Delete】组合键填充“背景”图层。

STEP 5 按【Shift+Ctrl+Alt+N】组合键新建“图层 1”。设置“前景色”为白色，在画布中心绘制一个由白色到透明的径向渐变，如图 6-69 所示。

图6-68　重复新建参考线

图6-69　径向渐变

STEP 6 选择“画笔工具”，在选项栏中单击“画笔预设选取器”按钮，弹出“画笔预设”对话框。设置“画笔大小”为 1000 像素、“笔尖形状”为喷溅，如图 6-70 所示。

STEP 7 按【Shift+Ctrl+Alt+N】组合键新建“图层 2”，按住鼠标左键不放，在画布中拖动画笔，绘制如图 6-71 所示的图形效果。

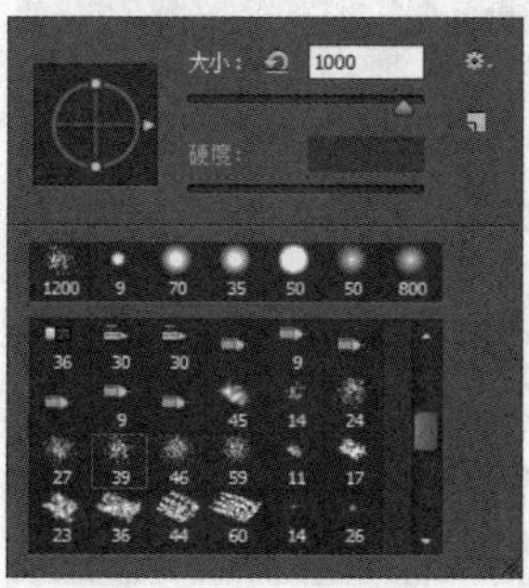

图6-70　画笔预设

图6-71　绘制图形

2. 制作背景墨迹

STEP 1 选择“画笔工具”，在选项栏中单击“画笔预设选取器”按钮，弹出“画笔预设”面板。单击面板右上角的“设置”图标，在弹出的菜单中选择“载入画笔”选项，如图 6-72 所示。

STEP 2 在弹出的“载入”对话框中，选择“墨迹笔刷.abr”素材，如图 6-73 所示，单击“载入”按钮，完成画笔载入。

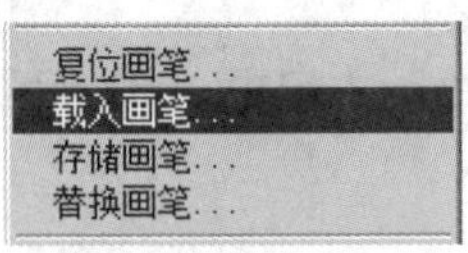

图6-72 载入画笔

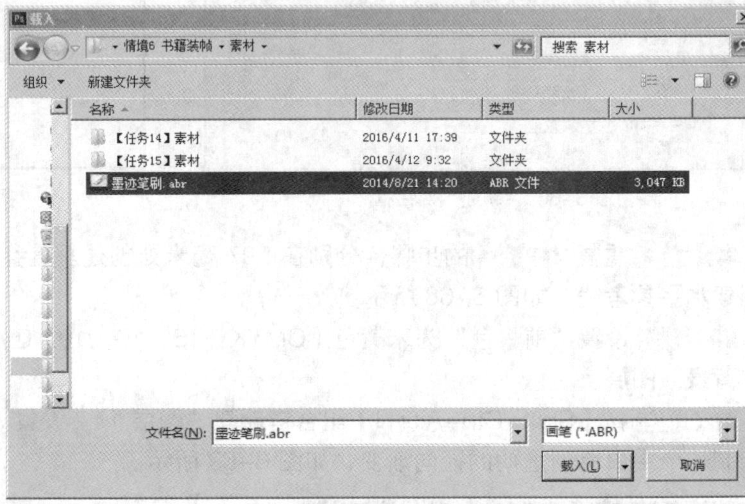

图6-73 载入笔刷

STEP 3 此时在“画笔预设”面板的“笔尖形状”部分，会显示新增的笔刷样式，选择如图 6-74 所示的笔刷样式。

STEP 4 执行“窗口→画笔”命令（或按【F5】键），弹出“画笔”面板。设置“大小”为 1200 像素、“间距”为 100%，如图 6-75 所示。

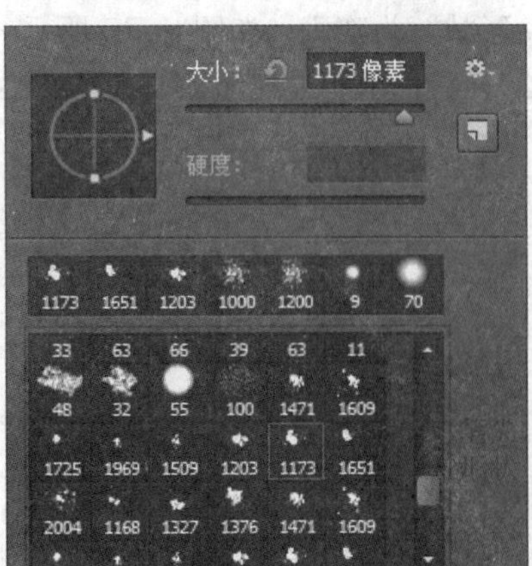

图6-74 笔刷样式

图6-75 “画笔”面板

STEP 5 在“画笔”面板左侧选中“形状动态”选项，在右侧设置“大小抖动”为 70%、“角度抖动”为 30%，如图 6-76 所示。

STEP 6 选中“散布”选项，在右侧设置“散布”为 70%、“数量”为 2，如图 6-77 所示。

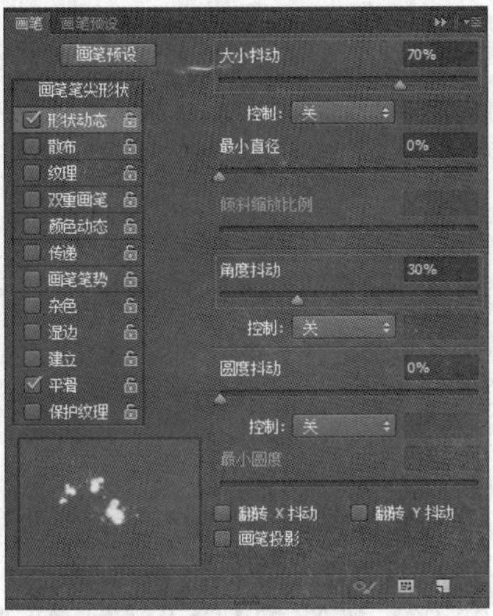

图6-76　形状动态

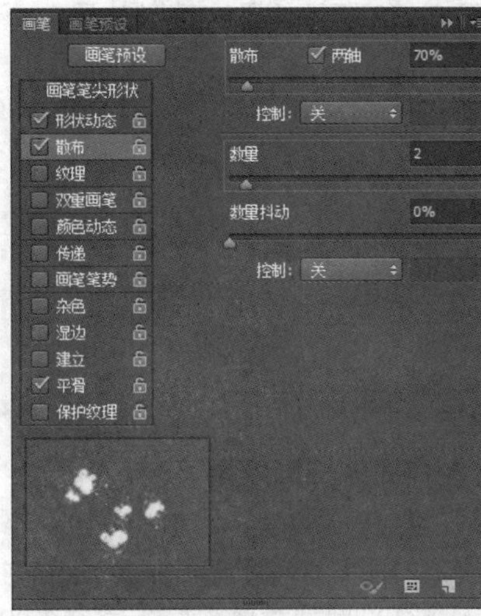

图6-77　散布

STEP 7 选中“传递”选项，在右侧设置“不透明度抖动”为 40%、“流动抖动”为 20%，如图 6-78 所示。

STEP 8 按【Shift+Ctrl+Alt+N】组合键新建“图层 3”，设置“前景色”为浅棕色（CMYK：20、20、25、0），绘制如图 6-79 所示的墨迹喷溅效果。

STEP 9 按【Shift+Ctrl+Alt+N】组合键新建“图层 4”，按【]】键将笔尖稍微调大，在画布上绘制如图 6-80 所示的墨迹喷溅效果。

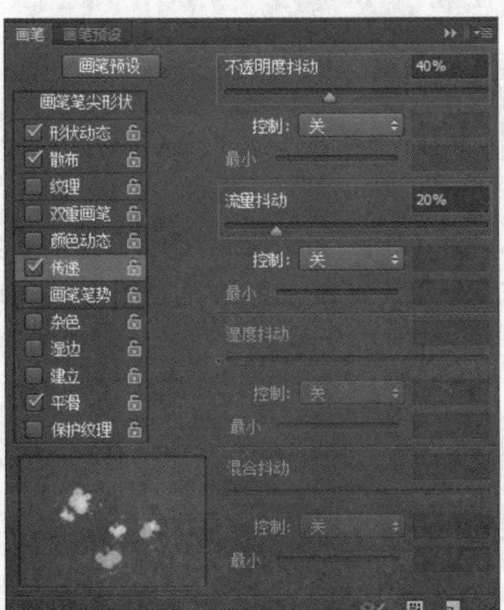

图6-78　传递

图6-79　墨迹喷溅效果1

图6-80　墨迹喷溅效果2

STEP 10 选中“图层 3”和“图层 4”，按【Ctrl+J】组合键复制图层，得到“图层 3 拷贝”和“图层 4 拷贝”。按【Ctrl+E】组合键拼合拷贝图层，得到“图层 4 拷贝”图层。

STEP 11 按【Ctrl+T】组合键调出自由变换定界框，旋转并移至图 6-81 所示的位置，按【Enter】键确认自由变换。

STEP 12 按【Shift+Ctrl+Alt+N】组合键新建“图层 5”，选择“画笔工具”，在画布上绘制如图 6-82 所示的墨迹喷溅效果。

图6-81 旋转移动图层

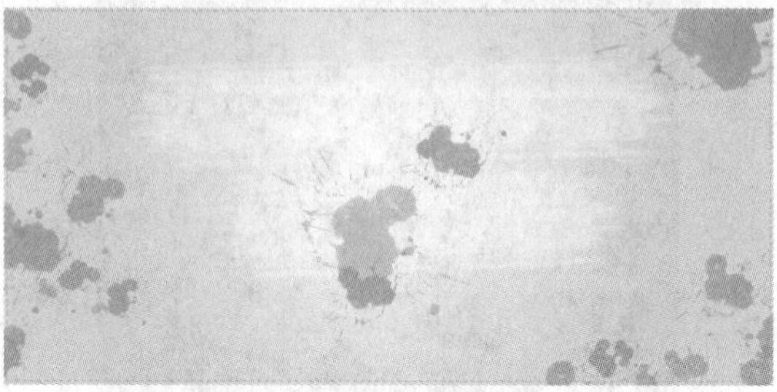

图6-82 墨迹喷溅效果3

3. 制作主体墨迹效果

STEP 1 在“画笔”面板中单击“设置”按钮，在弹出的菜单中选择“复位所有锁定设置”选项，如图 6-83 所示，清除之前的所有画笔预设。

STEP 2 设置“前景色”为深红色（CMYK：35、80、80、15）。按【Shift+Ctrl+Alt+N】组合键新建“图层 6”，选择“画笔工具”在画布上绘制如图 6-84 所示的墨迹喷溅效果。

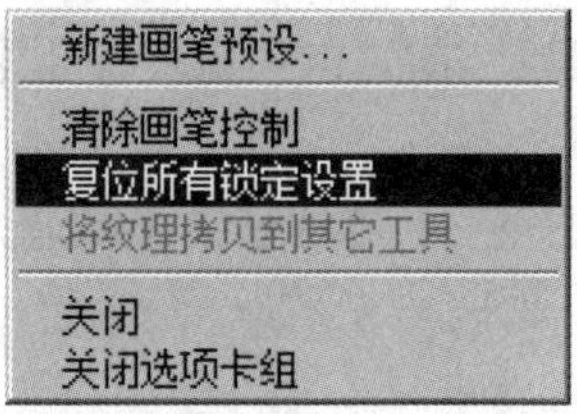

图6-83 清除画笔预设

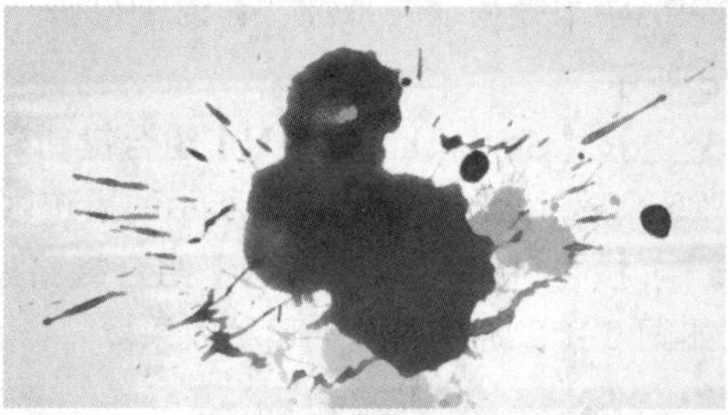

图6-84 墨迹喷溅效果

STEP 3 在“图层”面板中，设置“图层 6”的“不透明度”为 30%，按【Ctrl+J】组合键复制“图层 6”，得到“图层 6 拷贝”图层。

STEP 4 设置“前景色”为深灰色（CMYK：80、80、75、60）。按【Shift+Alt+Delete】组合键，为“图层 6 拷贝”图层填充前景色，设置其图层的“不透明度”为 85%，效果如图 6-85 所示。

STEP 5 按【Ctrl+T】组合键，调出自由变换定界框，将“图层 6 拷贝”图层旋转至图 6-86 所示的角度。

图6-85 复制图层

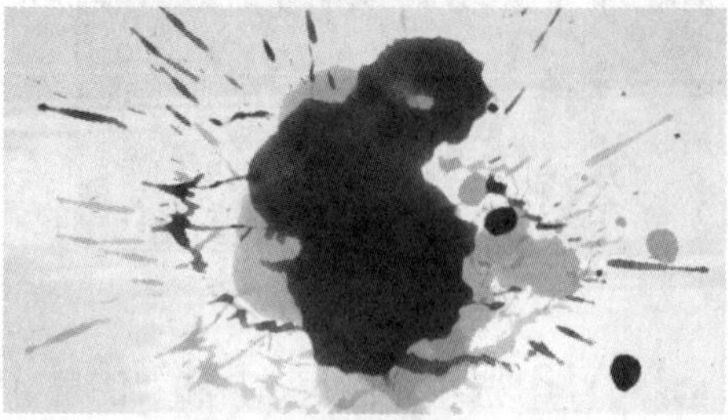

图6-86 旋转图层

STEP 6 按【Ctrl+J】组合键，再次复制“图层 6 拷贝”图层，旋转移动至图 6-87 所示的样式。

STEP 7 调整“图层 6”及其拷贝图层的位置关系至图 6-88 所示的效果。

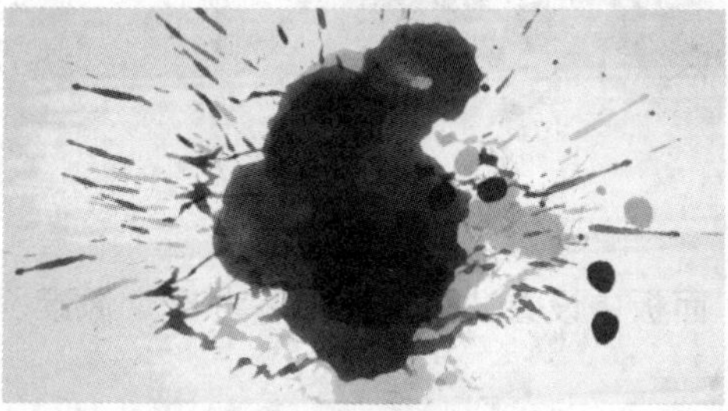

图6-87　复制旋转图层

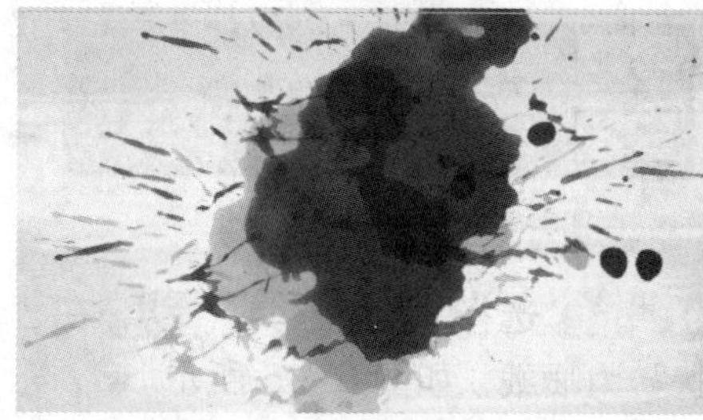

图6-88　调整图层

4．添加图片文字

STEP 1 打开素材“武者.png”，如图 6-89 所示。选择“移动工具”，将其拖至“【任务 15】画册插图设计”画布中，移至图 6-90 所示的位置，得到“图层 7”。

图6-89　“武者”素材

图6-90　移动素材

STEP 2 选择“画笔工具”，在“画笔预设”面板的“笔尖形状”部分，选择如图 6-91 所示的笔尖形状。

STEP 3 按【Shift+Ctrl+Alt+N】组合键新建“图层 8”，选择“画笔工具”在画布中绘制如图 6-92 所示的喷溅效果。

图6-91　笔刷样式

图6-92　画笔工具

STEP 4 在“图层”面板中，设置“图层 8”的“不透明度”为 85%，按【Ctrl+[】组合键，调整“图层 8”的图层顺序至“图层 7”之下，如图 6-93 所示，效果如图 6-94 所示。

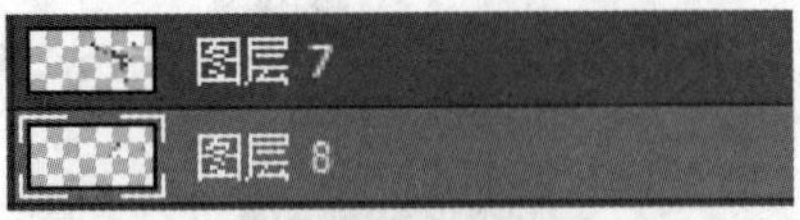

图6-93 调整图层顺序

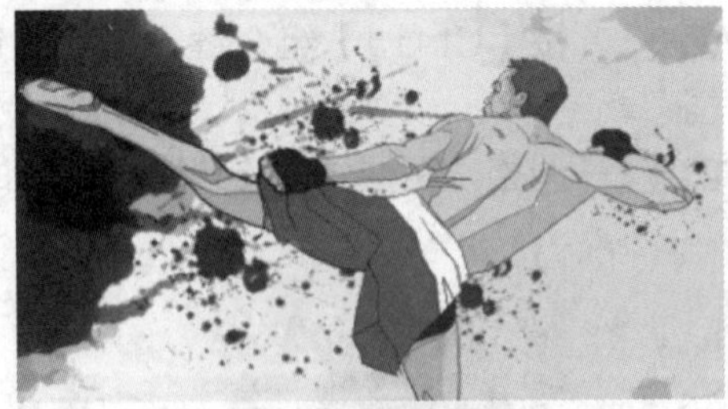

图6-94 显示效果

STEP 5 选择“画笔工具”，在“画笔预设”面板中设置“画笔大小”为 600 像素、“笔尖形状”为喷溅，如图 6-95 所示。

STEP 6 按【Shift+Ctrl+Alt+N】组合键新建“图层 9”，设置“前景色”为白色，在画布中绘制如图 6-96 所示的图形效果。

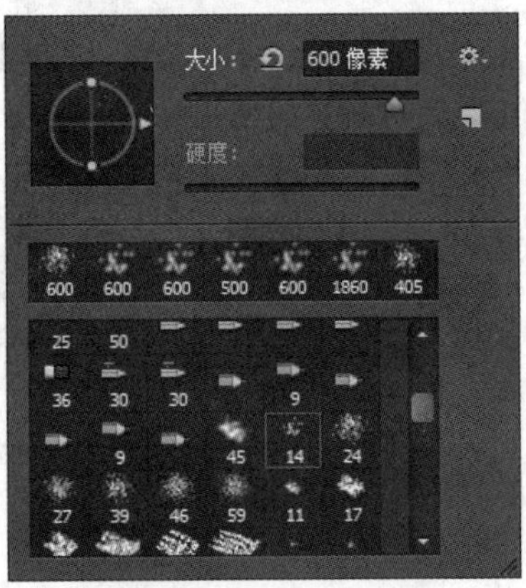

图6-95 画笔预设

图6-96 画笔工具

STEP 7 按【Ctrl+T】组合键，右击选择“变形”命令，如图 6-97 所示。

STEP 8 调整定界框的“边点”和“角点”至图 6-98 所示的样式，按【Enter】键确认自由变换，设置“图层 9”的“不透明度”为 80%，效果如图 6-99 所示。

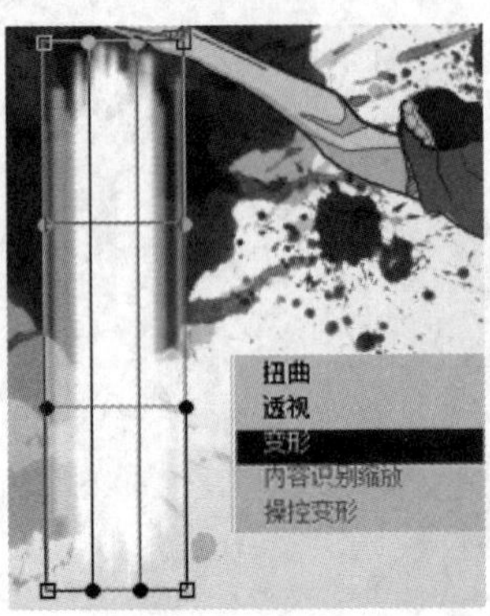

图6-97 变形

图6-98 调整定界框

图6-99 设置图层不透明度

STEP 9 选择“横排文字工具”，在选项栏中设置“字体”为叶根友毛笔行书简体、“字体大小”为 175 点、“文本颜色”为暗红色（CMYK：45、100、100、15），输入文字内容“武”，移至图 6-100 所示的位置。

STEP 10 重复STEP 9的步骤，运用“横排文字工具” T，输入文字内容“术”，移至图 6-101 所示的位置。

图6-100　横排文字工具1

图6-101　横排文字工具2

STEP 11 选择“横排文字工具” T，按住鼠标左键并拖动，然后释放鼠标，在画布中将创建一个定界框，如图 6-102 所示。

STEP 12 输入图 6-103 所示的文字内容，设置“字体”为楷体、“字体大小”为 24 点、“字体颜色”为暗红色（CMYK：45、100、100、15）、“行距”为自动。按【Ctrl+Enter】组合键，完成段落文本的创建，最终效果如图 6-104 所示。

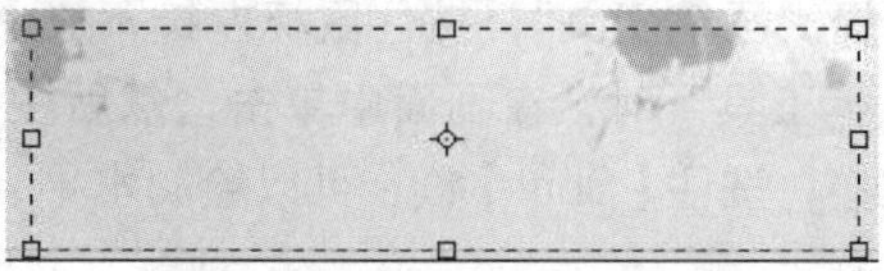

图6-102　创建段落文本

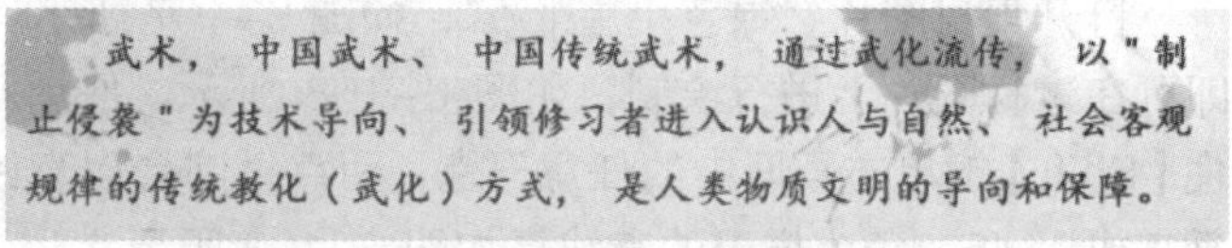

图6-103　输入文字内容

图6-104　最终效果图

STEP 13 按【Ctrl+S】组合键，将文件保存在指定文件夹中。

6.3.4　知识点讲解

1. 画笔工具

“画笔工具” 类似于传统的毛笔，它使用前景色绘制带有艺术效果的笔触或线条。“画笔工具”不仅能够用来绘制图画，还可以用来修改通道和蒙版。选择“画笔工具”，在图 6-105 所示的“画笔工具”选项栏中设置相关的参数，即可进行绘图操作。

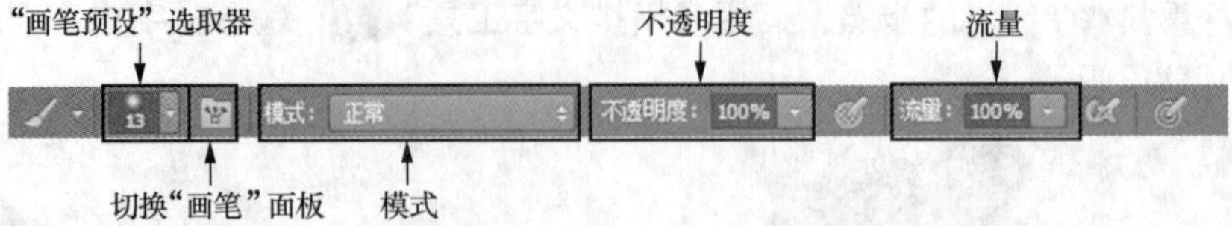

图6-105 “画笔工具”选项栏

图 6-105 中展示了“画笔工具”的相关选项，其中“画笔预设”选取器、不透明度和流量这 3 项比较常用，对它们的具体介绍如下。

- “画笔预设”选取器：单击该按钮，可打开“画笔预设”面板，在面板中可选择笔尖，以及设置画笔的大小和硬度，如图 6-106 所示。
- 切换“画笔”面板：单击可调出“画笔”和“画笔预设”面板。
- 模式：在下拉列表中可以选择画笔笔尖颜色与下面像素的混合模式。
- 不透明度：用来设置画笔的不透明度，该值越低，画笔的透明度越高。
- 流量：用于设置当光标移动到某个区域上方时应用颜色的速率。流量越大，应用颜色的速率越快。
- 启用喷枪模式：单击该按钮即可启用喷枪模式，可根据鼠标左键单击程度来确定画笔线条的填充数量。

打开素材图片“绿色小屋.jpg”，如图 6-107 所示。选择“画笔工具”，按住鼠标左键不放，即可在素材图片上进行绘制，如图 6-108 所示。使用“画笔工具”时，在画面中单击，然后按住【Shift】键单击画面中的任意一点，两点之间会以直线连接，按住【Shift】键，可以绘制水平、垂直或以 45° 角为增量的直线，如图 6-109 所示。

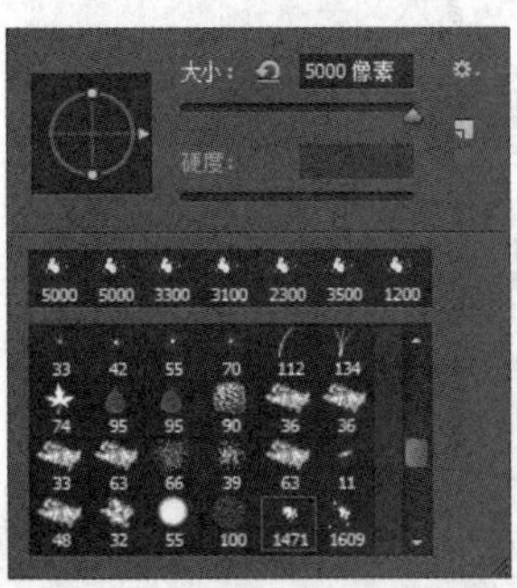

图6-106 “画笔预设”面板

图6-107 “绿色小屋”素材

图6-108 “画笔工具”绘制效果

图6-109 绘制直线

值得一提的是，“画笔工具”也可以用来描摹路径。首先绘制一个路径，如图 6-110 所示。选择“画笔工具”，设置画笔的笔尖大小和颜色。然后打开“路径”面板，单击底部的“用画笔描边路径”按钮，效果如图 6-111 所示。

图6-110　绘制路径

图6-111　用画笔描边路径效果

2.“画笔”面板

执行“窗口→画笔”命令（或按快捷键【F5】），即可调出“画笔”面板，如图 6-112 所示。

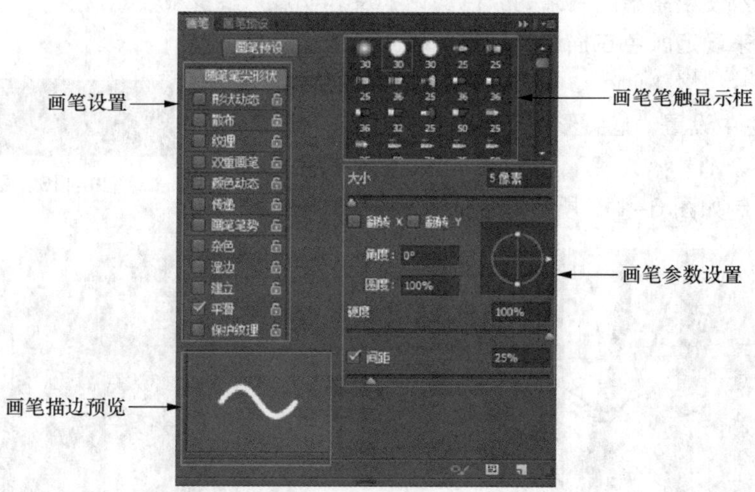

图6-112　“画笔”面板

对图 6-112 所示的“画笔”面板中的主要选项的解释如下。

- “画笔笔触”显示框：用于显示当前已选择的画笔笔触，或设置新的画笔笔触。
- 形状动态：选择“形状动态”可以调整画笔的形态，如大小抖动、角度抖动等。当选择“形状动态”时，“画笔”面板会自动切换到“形状动态”选项栏，如图 6-113 所示。
- 散布：选择“散布”可以调整画笔的分布和位置，当选择“散布”时，“画笔”面板会自动切换到“散布”选栏，如图 6-114 所示。

需要注意的是，在“散布”选项栏中，通过拖动如图 6-115 所示的散布滑块，可以调整画笔分布密度，值越大，散布越稀疏。

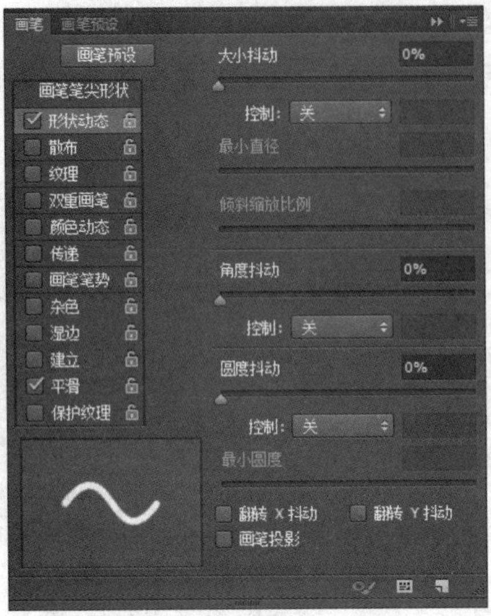

图6-113 “形状动态”选项栏

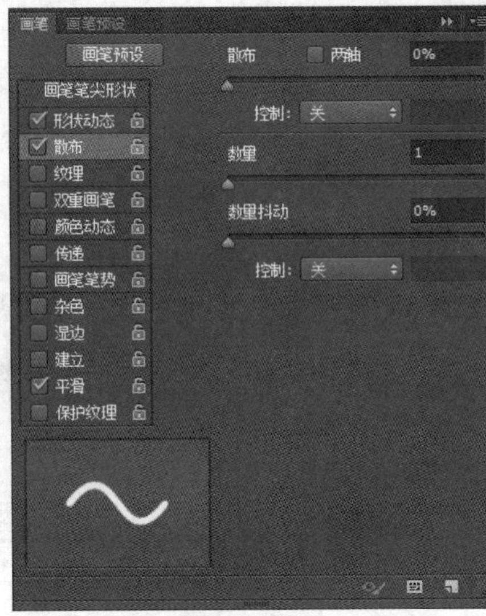

图6-114 “散布”选项栏

当勾选“两轴”复选框时，画笔的笔触范围将被缩小。

- 纹理：使画笔绘制出的线条像是在带纹理的画布上绘制出的效果一样。
- 颜色动态：使绘制出的线条的颜色、饱和度和明度产生变化。
- 传递：用来确定颜色在描边路线中的改变方式。

打开素材图片“枫树.jpg”，如图 6-116 所示。选择“画笔工具”，在选项栏中设置“笔尖形状”为散布枫叶。设置“前景色”为红色（CMYK：0、90、95、0），调整“笔尖大小”，在画布中拖动绘制如图 6-117 所示的画面效果。

图6-115 设置随机性散布

图6-116 “枫树”素材

图6-117 枫叶效果

3.“画笔预设”面板

“画笔预设”面板中提供了各种预设的画笔，如图 6-118 所示。预设画笔带有如大小、形状和硬度等可定义的特性。使用绘画或修饰工具时，打开“画笔预设”面板，选择一个预设的笔尖并调整笔尖大小即可。在“画笔预设”面板中，单击面板中的一个笔尖让其选中，拖动“大小”滑块可调整笔尖的大小。

执行“编辑→定义画笔预设”命令，即可将当前画布中的图像或选区预设成为画笔笔尖形状。然后，在“画笔”选项栏或“画笔预设”面板中选择预设的“画笔形状”，设置大小和颜色后，即可在画布中以预设的笔尖形状进行绘制。

4. 铅笔工具

“铅笔工具”是画笔工具组中的重要一员，也是使用前景色来绘制线条的。“铅笔工具”与“画笔工具”最大的区别是它只能用来绘制硬边线条。现在非常流行的像素画，主要是通过“铅笔工具”来绘制的，如图 6-119 所示。

“铅笔工具”选项栏中的内容与“画笔工具”选项栏类似，只多了一个“自动涂抹”选项，对它的具体解释如下。

自动涂抹：开始拖动鼠标时，如果光标的中心在包含前景色的区域上，可将该区域涂抹成背景色；如果光标的中心在不包含前景色的区域上，则将该区域涂抹成前景色。

使用“自动涂抹”功能，可以绘制有规律的间隔色。如图 6-120 所示的音符，就是设置了前景色（RGB：54、221、182）和背景色（RGB：34、102、255），在画布中顺序单击绘制而成的。值得注意的是，绘制出前景色的圆点后，需轻移光标，使光标中心仍在前景色上，再次单击，此时所绘制的圆点颜色才会变为背景色。多次反复操作即可绘制出间隔色的效果。

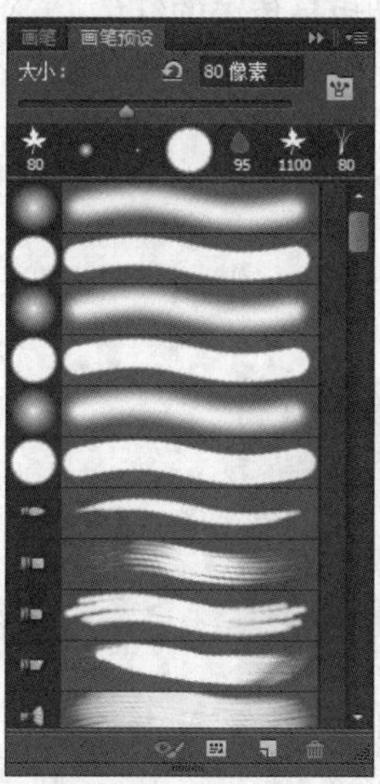

图6-118　“画笔预设”面板

图6-119　像素画

图6-120　用“自动涂抹”功能绘制的音符

6.4 任务 16：宣传册扉页设计

在书籍装帧设计中，扉页作为书籍封面一种延续的视觉效果，起到了补充书名、装饰图书的作用。所谓扉页指的是印有书名、出版社名或者作者名的书页，通常位于整本书的第二页。如图 6-121 所示即为书籍的扉页。

随着人们审美的提高，扉页的质量也越来越好，一个优秀的扉页设计往往可以提高书籍的附加价值，吸引更多的读者。下面将设计制作一个宣传册的扉页，通过本任务的学习，读者可以掌握编辑段落文字、选区的布尔运算等技巧的操作。

图6-121　书籍扉页

6.4.1　任务描述

本任务是为某企业设计一本宣传册。客户要求简洁大气，突出“诚信、进取、自强不息”的企业理念。以该宣传册的扉页部分设计为例，图 6-122 所示为最终的扉页设计效果。

6.4.2　任务分析

从公司性质上分析，该企业是一家传统型企业，其 VI 系统主色调也是传统的红色（CMYK：20、100、90、0），如图 6-123 所示。

图6-122　宣传册扉页设计效果展示

图6-123　色调选择

在宣传册传递的理念上，客户希望展现公司诚信、进取、自强不息的企业精神，因此可以运用一些具有典型性的文字或图片素材，如骏马、雄狮、古鼎等，如图 6-124 所示。本任务选取骏马作为图片素材配合文字内容，完成最终的扉页设计。

图6-124　素材选择

在设计尺寸上，可以直接按照客户要求的尺寸设计制作，其大小为 370mm × 250mm，出血尺寸为 3mm，扉页的总尺寸应为 376mm×256mm。

6.4.3 任务制作

1. 输入文字内容

STEP 1 打开 Photoshop CC 软件，按【Ctrl+N】组合键，在“新建”对话框中设置“名称”为【任务 16】宣传册扉页设计、“宽度”为 376 毫米、“高度”为 256 毫米、“分辨率”为 300 像素/英寸、“颜色模式”为 CMYK 颜色、“背景内容”为白色，如图 6-125 所示，单击“确定”按钮，完成画布的创建。

STEP 2 执行“视图→新建参考线”命令，弹出“新建参考线”对话框，在垂直位置 3 毫米处创建参考线。

STEP 3 重复STEP 2的步骤，分别在 188 毫米、373 毫米处创建垂直参考线，在 3 毫米和 253 毫米处创建水平参考线，如图 6-126 所示。

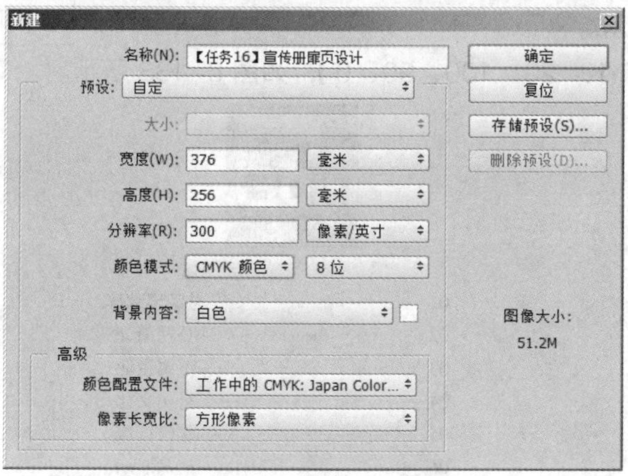

图6-125 “新建”对话框

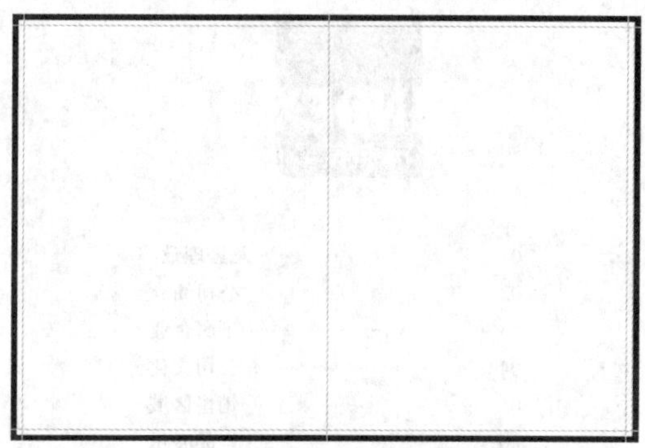

图6-126 创建参考线

STEP 4 设置“前景色”为红色（CMYK：20、100、90、0），选择“矩形工具”，在画布中绘制一个“宽度”为 57 毫米、“高度”为 63 毫米的矩形形状，移动至图 6-127 所示的位置，得到“矩形 1”图层。

STEP 5 选择“横排文字工具”，在选项栏中设置“字体”为 Digital2 Regular、“字体大小”为 72 点、“文本颜色”为白色，输入文字内容“INDEX”，移至图 6-128 所示的位置。

STEP 6 选择“横排文字工具”输入文字内容“目录”，在选项栏中设置“字体”为 Adobe 黑体、“字体大小”为 32 点、“文本颜色”为白色，效果如图 6-129 所示。

图6-127 矩形工具

图6-128 横排文字工具1

图6-129 横排文字工具2

STEP 7 选择“横排文字工具”，按住鼠标左键并拖动，在画布中将创建一个定界框，如图 6-130 所示。

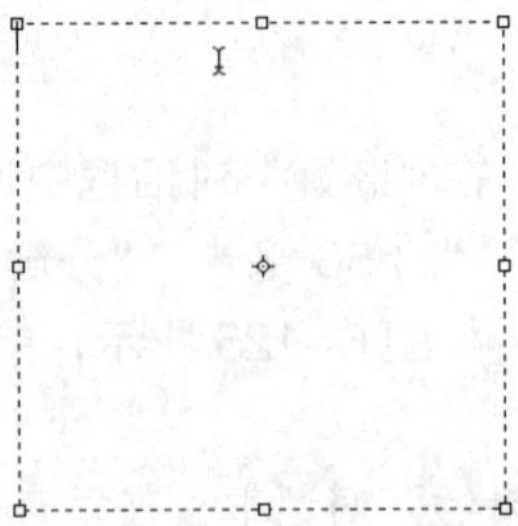

图6-130　创建定界框

图6-131　文字内容

STEP 8 输入图 6-131 所示的文字内容，设置“字体”为 Adobe 黑体、“字体大小”为 24 点、“字体颜色”为单色黑（CMYK：0、0、0、100）、“行距”为自动。按【Ctrl+Enter】组合键，完成段落文本的创建，效果如图 6-132 所示。

STEP 9 将段落的序号部分变为红色（CMYK：20、100、90、0），如图 6-133 所示。

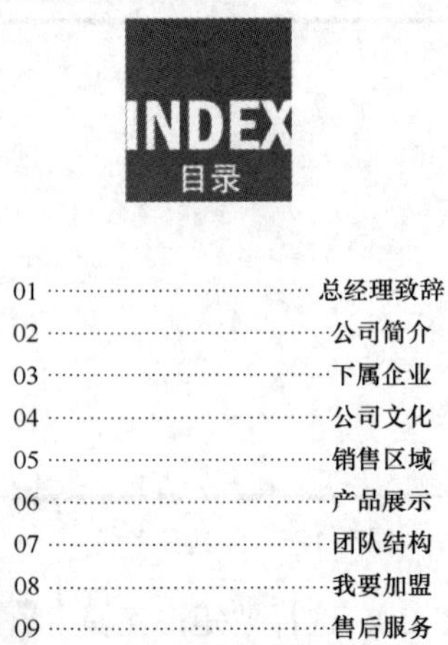

图6-132　输入段落文字

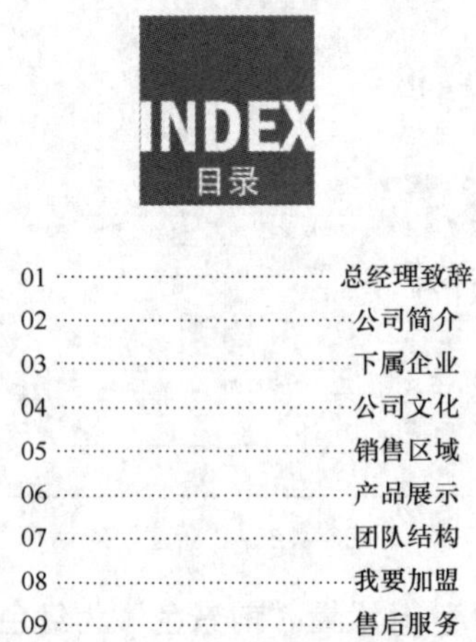

图6-133　改变段落文字颜色

2. 制作扉页图案

STEP 1 选择“椭圆选框工具”，在画布中绘制一个圆形选区，如图 6-134 所示。

STEP 2 在其选项栏中，单击“从选区减去”按钮，在画布中绘制一个选区的同时按住【Shift】键不放，得到正圆选区。同时按住【Space】键不放调整至合适的位置，形成一个新的选区，如图 6-135 所示。

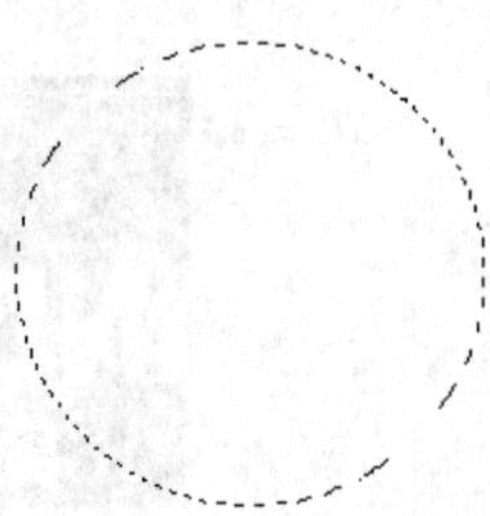

图6-134　圆形选区

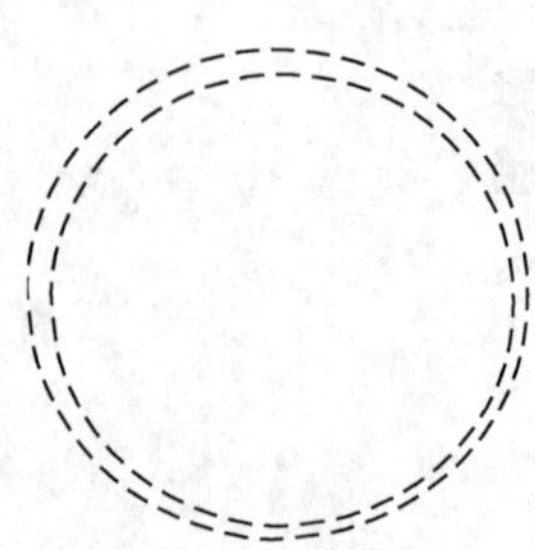

图6-135　从选区减去

STEP 03 按【Ctrl+Shift+Alt+N】组合键新建图层，得到“图层 1”。设置“前景色”为灰色（CMYK：20、15、15、0），按【Alt+Delete】组合键填充“图层 1”，按【Ctrl+D】组合键取消选区，如图 6-136 所示。

STEP 04 重复 Step01 ~ Step03 中的操作，再次绘制一个较大的圆环，如图 6-137 所示。

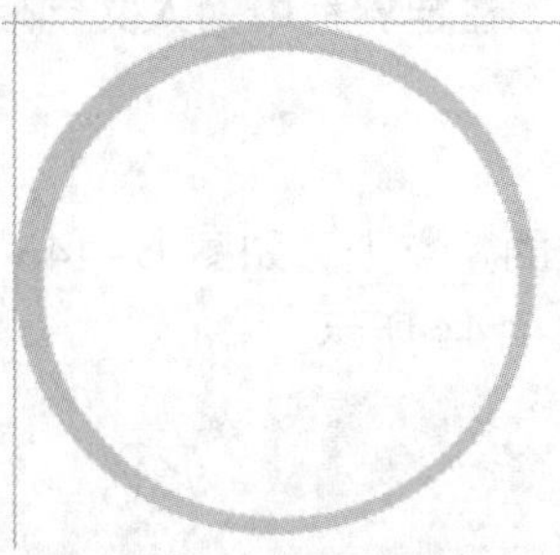
图6-136 填充选区

图6-137 绘制圆环

STEP 05 打开素材“骏马.png”，如图 6-138 所示。选择“移动工具”，将其拖至“【任务 16】书宣传册扉页设计”画布中，移至图 6-139 所示的位置。

图6-138 “骏马”素材

图6-139 移动素材

STEP 06 选择“椭圆选框工具”，在其选项栏中单击“添加到选区”按钮，在画布中绘制两个圆形选区，如图 6-140 所示。按【Ctrl+Shift+Alt+N】组合键新建图层，并填充红色（CMYK：20、100、90、0），如图 6-141 所示。

STEP 07 选择“横排文字工具”，在选项栏中设置“字体”为刘德华字体叶根友仿版、“文本颜色”为白色，分别输入“诚”“信”两个文字，调整大小和位置至图 6-142 所示。

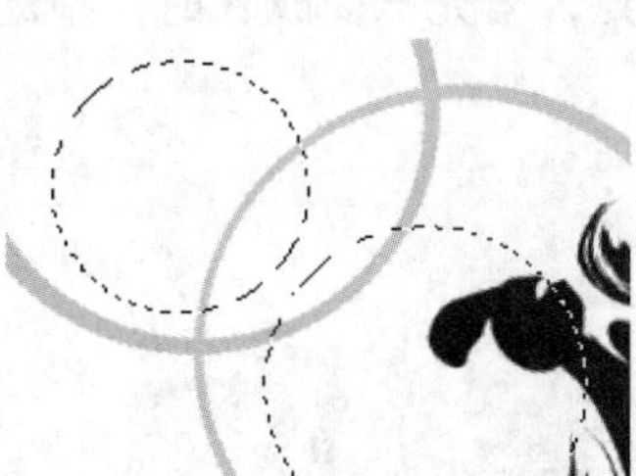
图6-140 添加到选区

图6-141 填充选区

图6-142 横排文字工具

STEP 8 按【Ctrl+S】组合键，将文件保存在指定文件夹中。

6.4.4 知识点讲解

1. 编辑段落文字

段落文字是以段落文本定界框来确定文字的位置与换行，在定界框中输入文字后，可以对定界框中的文本进行缩放、旋转和倾斜等操作。

- 缩放段落定界框

在定界框中输入文本后，将光标移至段落定界框右下方的角点上，如图 6-143 所示。当其变成↘形状时，拖动控制点即可放大或缩小定界框，如图 6-144 所示。

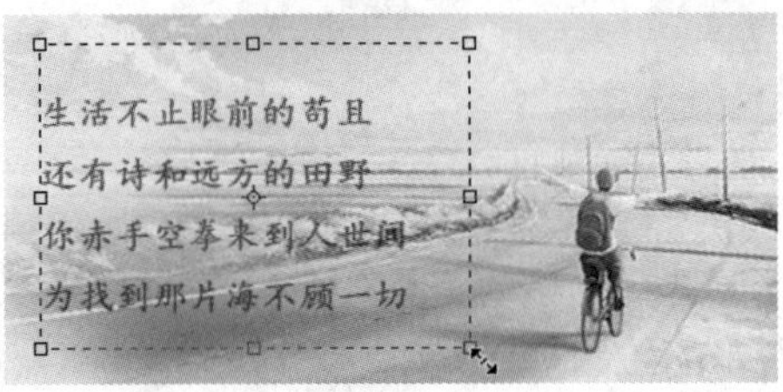

图6-143 将光标移至角点上

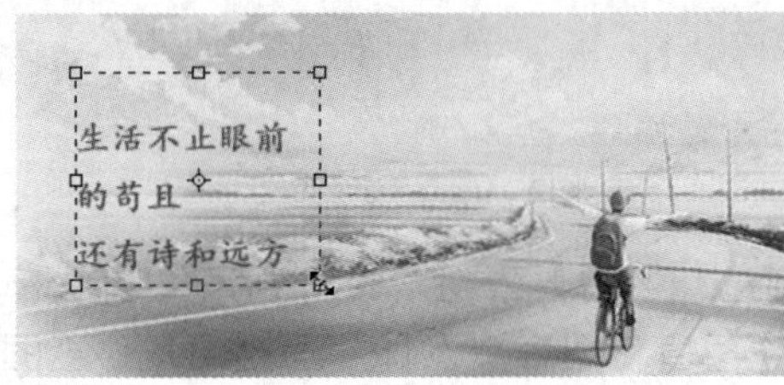

图6-144 缩小定界框

此时，定界框内的文字大小没有变化，而定界框内可以容纳的文字数目将会随着定界框的放大与缩小而变化。在缩放时按住【Shift】键可以保持定界框的比例，效果如图 6-145 所示。

- 旋转、倾斜段落定界框

在定界框中输入文本后，将光标移至段落定界框角点的外面，当其变成↩形状时，拖动控制点即可旋转定界框，如图 6-146 所示。值得注意的是，按住【Shift】键的同时拖动，定界框会按 15° 的倍数角度进行旋转，如图 6-147 所示。如果需要改变旋转中心，可以按住【Ctrl】键的同时将中心移至想要放置的位置。

图6-145 保持定界框的比例

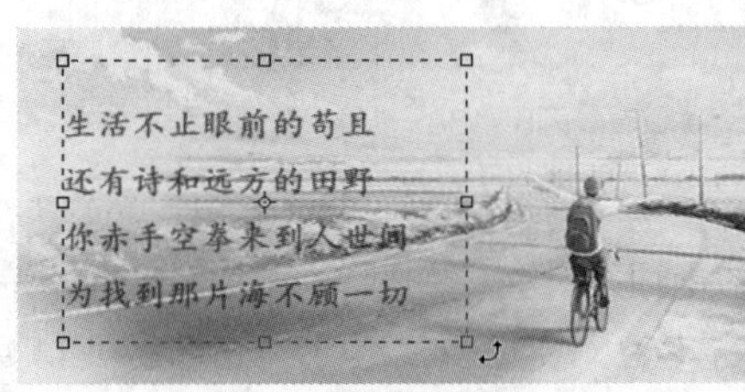

图6-146 旋转定界框

另外，按住【Ctrl+Shift】组合键的同时，将鼠标指针移至边点，当光标变成▷时，拖动边点即可倾斜段落定界框，如图 6-148 所示。

图6-147 按15° 旋转定界框

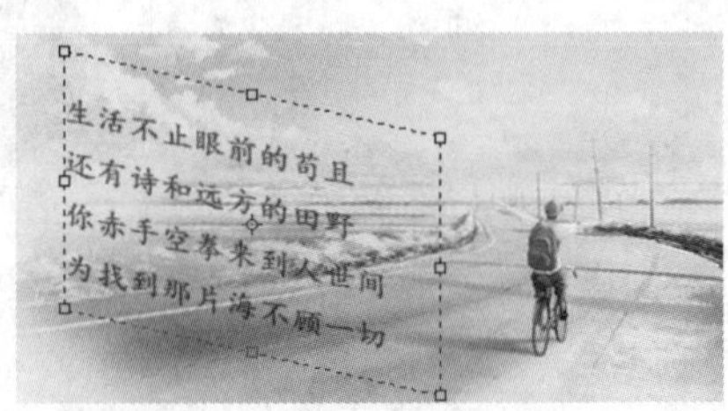

图6-148 倾斜定界框

2. 选区的布尔运算

与形状的布尔运算类似，选区的布尔运算是在画布中存在选区的情况下，使用选框、套索或者魔棒等工具创建选区时，新选区与现有选区之间的运算。通过布尔运算，可使选区与选区之间进行相加、相减或相交，从而形成新的选区。

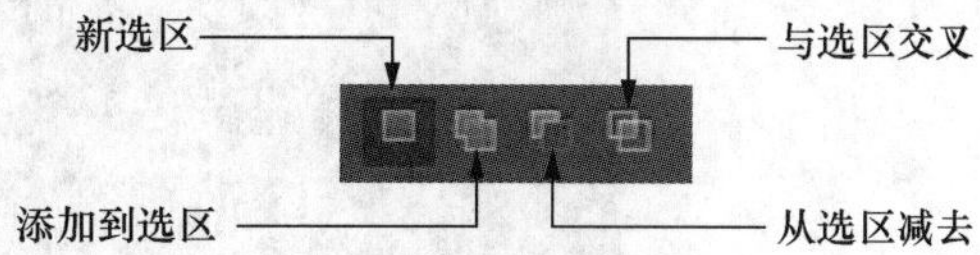

图6–149 布尔运算按钮

“布尔运算”可通过“选框工具”“套索工具”或“魔棒工具”等选区工具的选项栏进行设置，如图 6–149 所示。

通过图 6–149 容易看出，选区工具的选项栏包含 4 个按钮，从左到右依次为“新选区”“添加到选区”“从选区减去”“与选区交叉”。

- 新选区

“新选区”按钮为所有选区工具的默认选区编辑状态。选择“新选区”按钮后，如果画布中没有选区，则可以创建一个新的选区。但是，如果画布中存在选区，则新创建的选区会替换原有的选区。

- 添加到选区

“添加到选区”可在原有选区的基础上添加新的选区。单击“添加到选区”按钮后(或按【Shift】键)，当绘制一个选区后，再绘制另一个选区，则两个选区同时保留，如图 6–150 所示。如果两个选区之间有交叉区域，则会形成叠加在一起的选区，如图 6–151 所示。

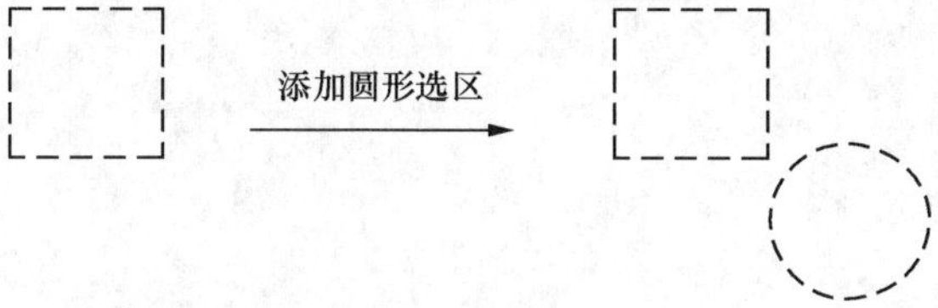

图6–150 添加到选区

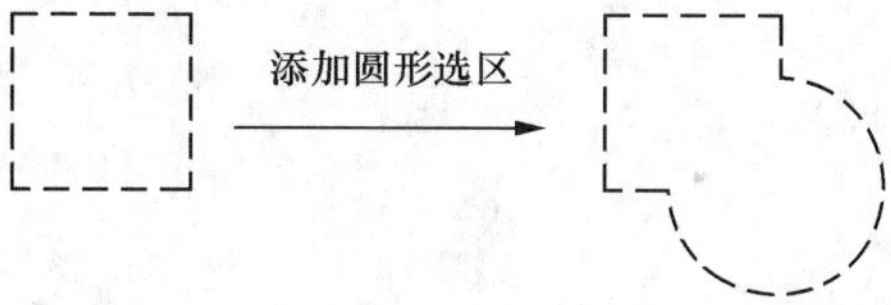

图6–151 叠加选区

- 从选区减去

“从选区减去”可在原有选区的基础上减去新的选区。单击“从选区减去”按钮后(或按【Alt】键)，可在原有选区的基础上减去新创建的选区部分，如图 6–152 所示。

- 与选区交叉

“与选区交叉”用来保留两个选区相交的区域。单击“与选区交叉”按钮后(或按【Alt+Shift】组合键)，画面中只保留原有选区与新创建的选区相交的部分，如图 6–153 所示。

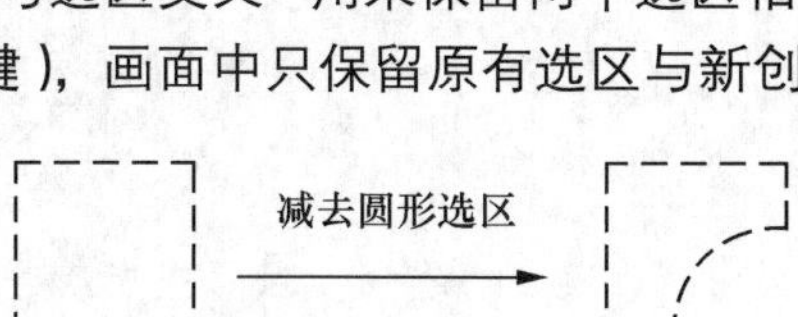

图6–152 从选区减去

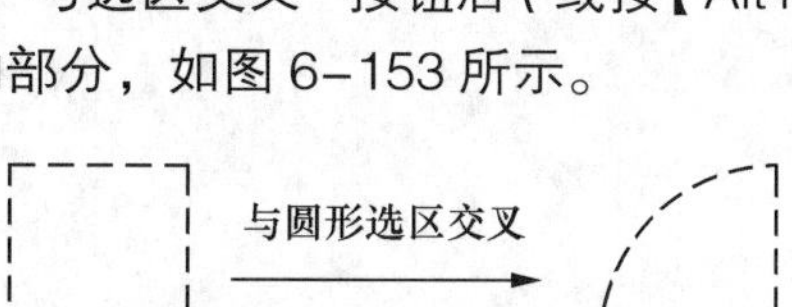

图6–153 与选区交叉

6.5 课后练习

学习完卡片设计的内容，下面来完成课后练习吧！

请结合给出的素材，使用所学工具制作如图 6–154 所示的企业宣传册封面效果。

图6-154　企业宣传册封面设计

Photoshop CC

7 Chapter

情境 7
UI 设计

学习目标

- 了解 UI 设计的基本常识，能够完成 UI 的设计与制作
- 掌握图层样式的编辑操作，可以对图层样式进行设置与修改
- 熟练路径文字的基本操作，能够输入和调整路径文字
- 了解添加和删除锚点的基本操作，可以自由地修改路径

图层样式是图层的高级操作，它可以为图层中的图像内容添加投影、发光、浮雕、描边等图层效果，通过效果的叠加可以制作具有真实质感的金属、玻璃、纹理等特殊效果。图层样式可以随时修改、隐藏或删除，操作灵活。本情境将通过 3 款精美 UI 案例，对“图层样式”的种类进行详细介绍，并对其编辑操作进行详细讲解。

7.1 UI 设计简介

UI 的本意是用户界面，是英文 User Interface 的缩写。UI 设计是指对软件的人机交互、操作逻辑、界面美观的整体设计，如图 7–1 所示。优秀的 UI 设计不仅让软件有个性、有品位，还能使软件的操作变得简单、合理，并充分体现软件的定位和特点，如图 7–2 所示。

随着互联网的飞速发展，界面设计的重要性逐渐展现。一个美观的界面会给用户带来舒适的视觉享受，拉近用户与产品的距离。

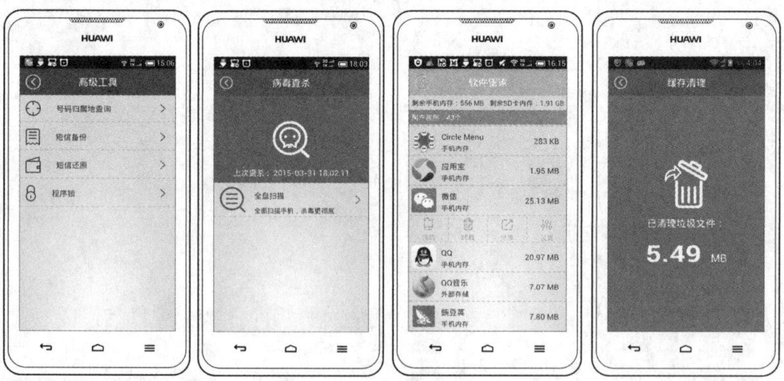

图7–1 常见的UI界面设计

图7–2 优秀的UI图标设计

7.1.1 UI 的应用范围

UI 设计涉及领域广泛，游戏设计、手机 App、网站界面等都会用到 UI 设计，具体涵盖以下几个方面。

- 网页界面、电脑、平板电脑系统。
- 通信类产品系统、应用软件界面、游戏界面以及车载导航系统界面。
- 智能电视系统、可穿戴设备界面以及家电类微型液晶屏界面。
- 医疗以及数码机床等自动化控制界面、点歌系统、远程会议系统、虚拟现实等控制界面。

从 UI 应用的范围来看，可以说 UI 设计已经渗透到人们生活中的各个方面了，并且随着人们审美观念的提高，对 UI 设计的要求也越来越高。

7.1.2 UI 的设计原则

为了能够迎合用户、提高用户体验，越来越多的应用程序产品开始提倡“以用户为中心”的设计理念，这就要求移动 UI 视觉设计师们要有敏锐的设计嗅觉和完整的设计流程及思维。UI 设计为了迎合用户的使用习惯，通常会遵循以下几个设计原则。

1. 图形简洁性

人脑不是电脑，在 UI 设计时必须要考虑人类大脑处理信息的限度。UI 界面的设计力求简洁是为了使用户便于操作、便于识别并能减少用户在使用时发生错误选择的可能性。在满足简洁性的同时，还应注意界面的排列舒适度，如图 7–3 所示。

图7–3　简洁性

2. 一致性

一致性是每一个优秀界面都具备的基本特点。它不仅是图标和界面的风格一致，还是界面内部结构的统一，更是功能操作的感受一致。一致性对于用户快速上手并决定是否持续使用有很重要的作用。

3. 从用户角度考虑

用户总是按照他们自己的方法理解和操作。在设计界面时，必须符合一般用户的思维逻辑和习惯，可通过已掌握的知识来拓宽界面的设计思路，但不应超出一般常识。要真正做到“想用户所想，做用户所做”。

4. 人性化

高效率和用户满意度是人性化的体现。例如，用户可依据自己的习惯定制界面，并能保存设置；用户能自由地做出选择，且所有选择都是可逆的；在用户做出危险的选择时有信息介入系统的提示，能预示大多数常见情况。

总地来说，所有的 UI 设计原则都基于人类心理学：人们如何感知、学习、推理、记忆，以及将意图转换为行动。

7.2 任务 17：eNote 图标

图标设计的美观程度，直接关系到应用程序被用户点击进入、操作和使用的概率。一个优秀的图标设计必然为应用程序加分，并能直观地传递给用户该程序的基本属性、风格等信息。通过对 eNote 图标设计的学习，读者可以掌握转换点工具、添加和删除锚点、添加图层样式的基本操作。

7.2.1 任务描述

图7–4　eNote图标效果展示

eNote 是一款应用于手机、iPad 等电子终端设备上的多平台记录工具，它按照国人的使用习惯开发，可提供多样化的笔记记录形式，如文字、图像、视频、声音、手写、涂鸦、书法等多重格式的文档、备忘、待办事项。eNote 的最大特色是强大的标记功能，能便捷地分层次标记出重点与非重点。除此以外，eNote 安全性高，便于知识的管理和信息的分类、分享。要求根据 eNote 的产品性质，制作一个简洁的图标，最终设计效果如图 7–4 所示。

7.2.2 任务分析

本任务是设计和制作一款记录工具 App 图标。图标的设计不仅要直观地体现软件的性质和用途，吸引用户的眼球，符合用户的审美和使用习惯，而且要与整个界面的设计协调、统一。

本任务提供了操作界面的部分截图，界面本身色调统一、风格简洁、条理清晰，如图 7–5 ~ 图 7–7 所示。根据界面的色调可将 App 图标的颜色定位在蓝白色。因为其是一款记录工具，所以可用容易联想到的记事本作为图标的雏形。因为 eNote 拥有强大的标记功能，所以在图标上可以设计书签或者其他类型的标记标志，以体现其标记功能。

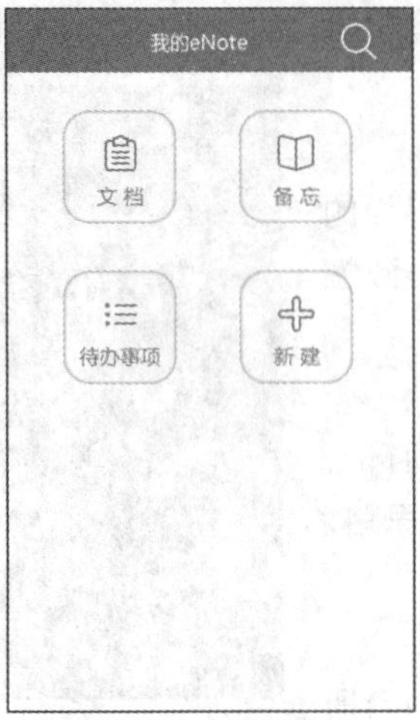

图7–5　界面截图1

图7–6　界面截图2

图7–7　界面截图3

7.2.3　任务制作

1. 制作背景

STEP 1 打开 Photoshop CC 软件，按【Ctrl+N】组合键，在“新建”对话框中设置“名称”为【任务 17】eNote 图标设计、“宽度”为 600 像素、“高度”为 500 像素、“分辨率”为 72 像素/英寸、“颜色模式”为 RGB 颜色、“背景内容”为白色。单击“确定”按钮，完成画布的新建。

STEP 2 设置“前景色”为深灰色（RGB：45、45、50），按【Alt+Delete】组合键为“背景”层填充前景色。

STEP 3 按住【Alt】键的同时，双击“背景”层，将其转为普通图层“图层 0”。

STEP 4 单击“图层”面板下方的“添加图层样式”按钮 fx，弹出“图层样式”菜单，如图 7–8 所示。

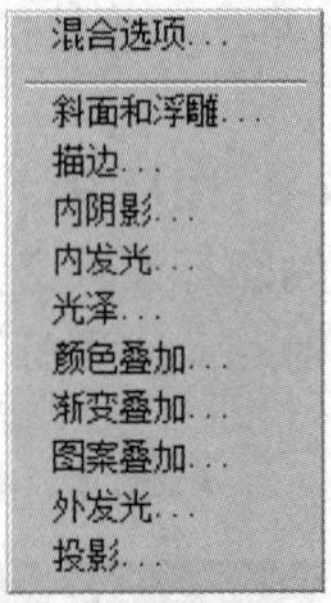

图7–8 “图层样式”菜单

STEP 5 选择“内阴影”选项，在弹出的“图层样式”对话框中，设置“内阴影”的“不透明度”为 34%、“角度”为 30 度、“距离”为 0 像素、“大小”为 60 像素，如图 7–9 所示。单击“确定”按钮，效果如图 7–10 所示。

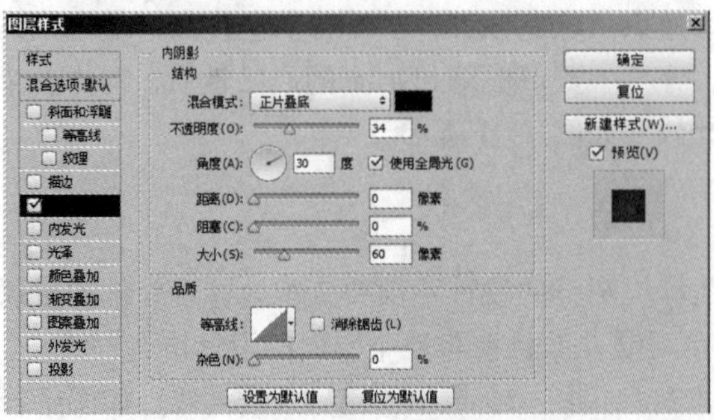

图7–9　设置“内阴影”选项

图7–10　渐变背景

2. 绘制基本图形

STEP 1 选择“圆角矩形工具”，在选项栏中设置“填充”为蓝色（RGB：100、145、220）、“描边”为无颜色、“半径”为 24 像素，在画布中拖动鼠标的同时按住【Shift】键，绘制一个正圆角矩形，大小和位置如图 7-11 所示。

STEP 2 按【Ctrl+R】组合键，调出标尺。从左侧标尺上拖动一条参考线到圆角矩形的中心位置，如图 7-12 所示。

图7-11　绘制圆角矩形

图7-12　参考线位置

STEP 3 选择“删除锚点工具”，单击圆角矩形右侧的两个锚点，将其删除，如图 7-13 所示。

STEP 4 选择“转换点工具”，单击右侧的锚点，使“平滑点”转换为“角点”，如图 7-14 所示。

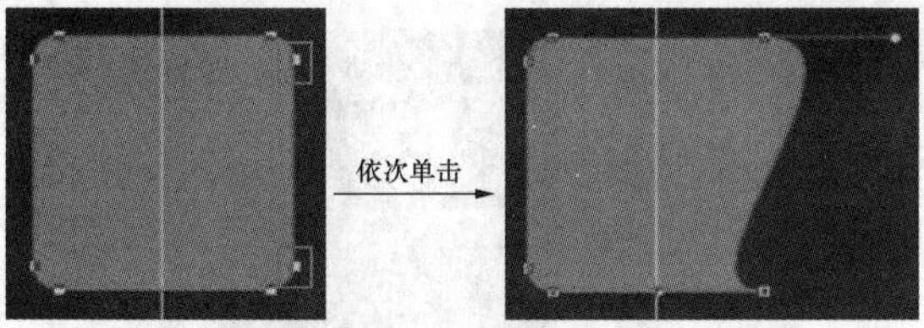

图7-13　删除锚点工具

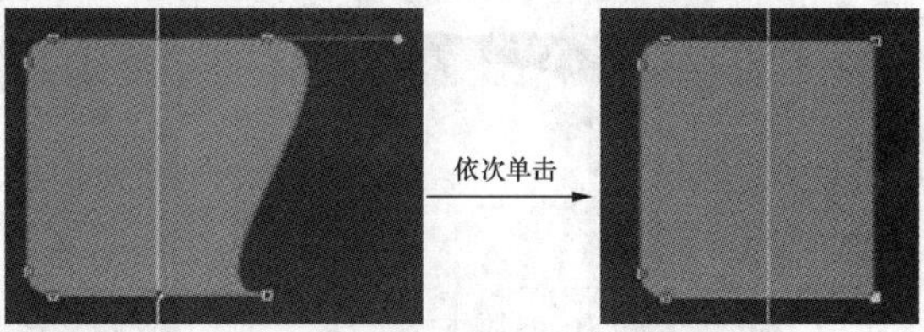

图7-14　转换点工具

STEP 5 选择“直接选择工具”，同时框选右侧的两个“角点”。按住【Shift】键的同时向参考线附近拖动，如图 7-15 所示。

STEP 6 选择“路径选择工具”，单击“圆角矩形 1”将其选中。按【Ctrl+J】组合键，复制得到“圆角矩形 1 拷贝”。在选项栏中设置“填充”为白色，效果如图 7-16 所示。

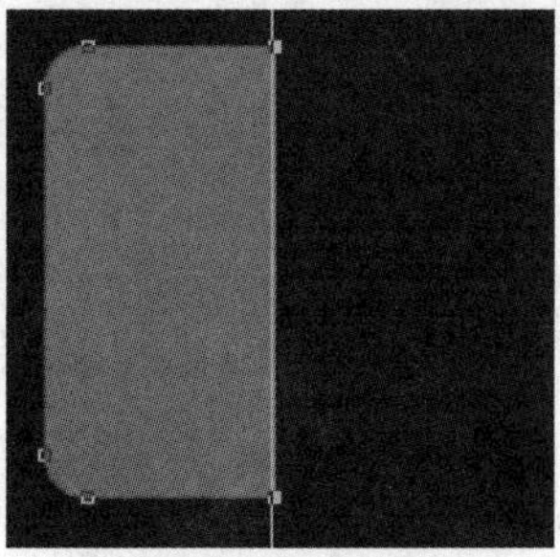
图7-15　移动角点位置

图7-16　复制并更改填充

STEP 7 按【Ctrl+T】组合键，右击选择“水平翻转”命令，将其移动至参考线右侧，效果如图 7–17 所示。按【Enter】键确定自由变换。

STEP 8 按【Ctrl+J】组合键，复制得到“圆角矩形 1 拷贝 2”。按【Ctrl+T】组合键，按住【Shift+Alt】组合键的同时，将其放大并调整位置，效果如图 7–18 所示。按【Enter】键确定自由变换。

STEP 9 选择“直接选择工具”，同时选中左侧两个锚点，按【→】键，轻移位置，使左边蓝色和右边白色的区域宽度接近，如图 7–19 所示。

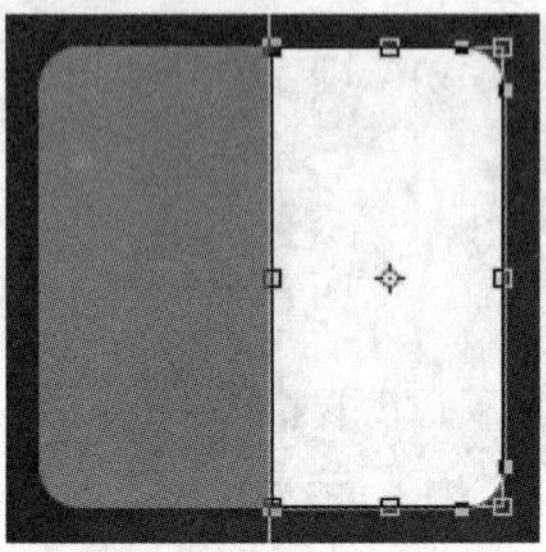
图7–17　水平翻转

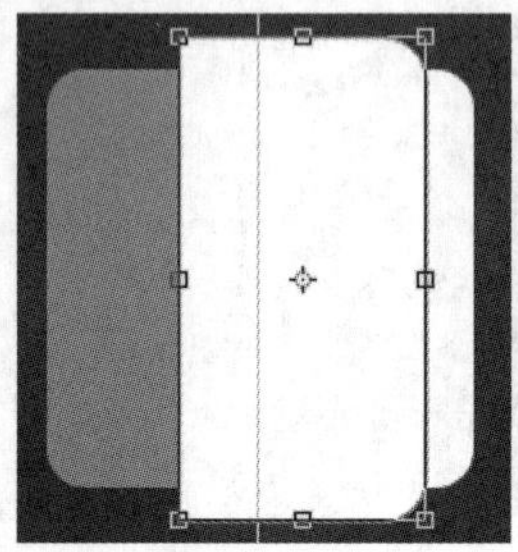
图7–18　复制并放大

图7–19　轻移锚点位置

STEP 10 单独选择左上角的锚点，按【↓】键轻移至适当的位置，如图 7–20 所示。单独选择左下角的锚点，按【↑】键轻移至适当的位置，如图 7–21 所示。

STEP 11 在选项栏中，设置“圆角矩形 1 拷贝 2”的“填充”为深蓝色（RGB：80、120、180），效果如图 7–22 所示。

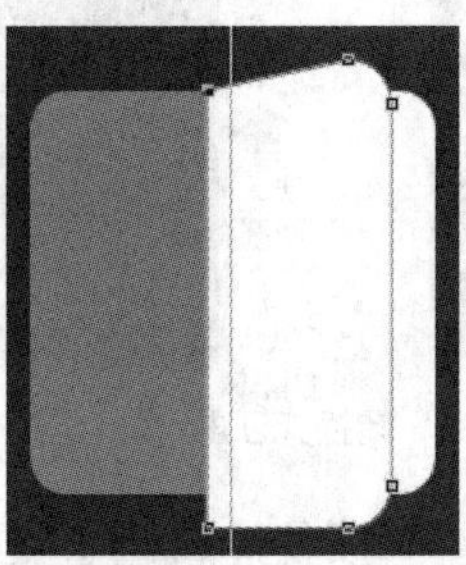
图7–20　轻移左上角锚点位置

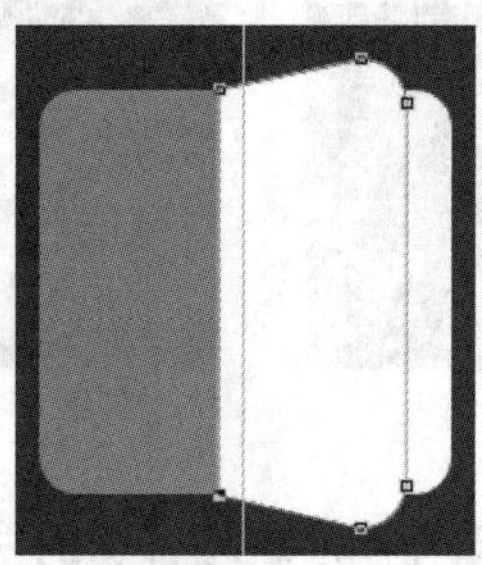
图7–21　轻移左下角锚点位置

图7–22　更改颜色

STEP 12 在“图层”面板中，选择“圆角矩形 1 拷贝”，按【Ctrl+J】组合键，复制得到“圆角矩形 1 拷贝 3”。

STEP 13 再次选择“圆角矩形 1 拷贝”，在选项栏中设置“填充”为浅灰色（RGB：225、225、225）。按【Ctrl+T】组合键，按住【Shift+Alt】组合键的同时，调整“圆角矩形 1 拷贝”的大小和位置，如图 7–23 所示。按【Enter】键确定自由变换。

3. 添加图层样式效果

STEP 1 在“图层”面板中，同时选中“圆角矩形 1”和“圆角矩形 1 拷贝 2”图层，按【Ctrl+J】组合键，复制得到“圆角矩形 1 拷贝 4”。

STEP 2 按【Ctrl+T】组合键，按住【Shift+Alt】组合键的同时，将其缩小至如图 7–24 所示。按【Enter】键确定自由变换。按【Ctrl+G】组合键，将两个图层合并为组。

STEP 3 更改左侧的“圆角矩形 1 拷贝 4”的“填充”为白色，更改右侧“圆角矩形 1 拷贝 4”的“填充”为浅灰色（RGB：205、205、205），如图 7–25 所示。

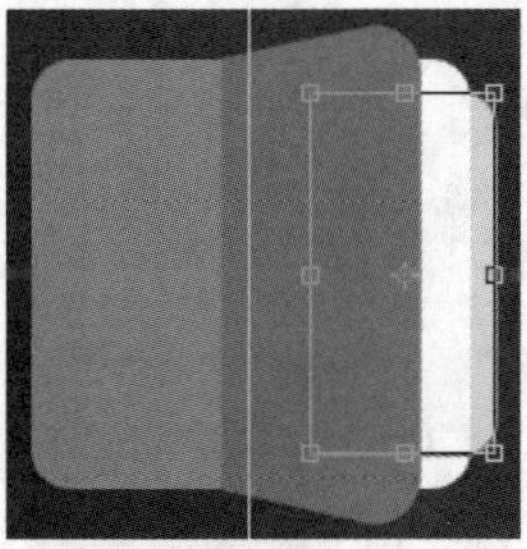

图7-23 调整大小和位置

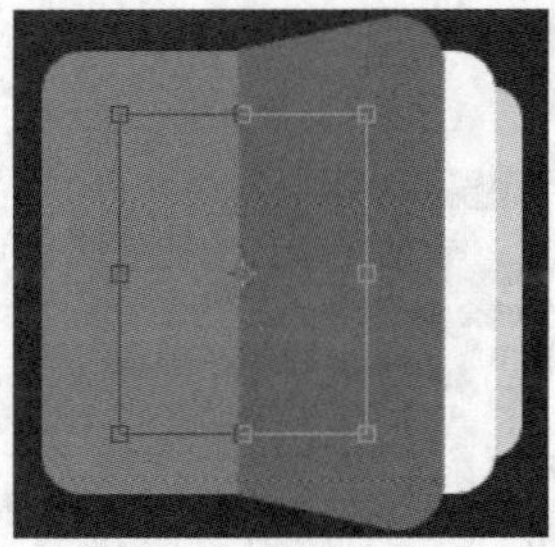

图7-24 缩小图形

图7-25 更改颜色

STEP 4 在“图层”面板中，选中“组 1”，单击“图层”面板下方的“添加图层样式”按钮，选择“投影”选项。设置“投影”的“颜色”为深蓝色（RGB：35、80、150）、“距离”为 0 像素、“大小”为 10 像素，如图 7-26 所示。单击“确定”按钮，效果如图 7-27 所示。

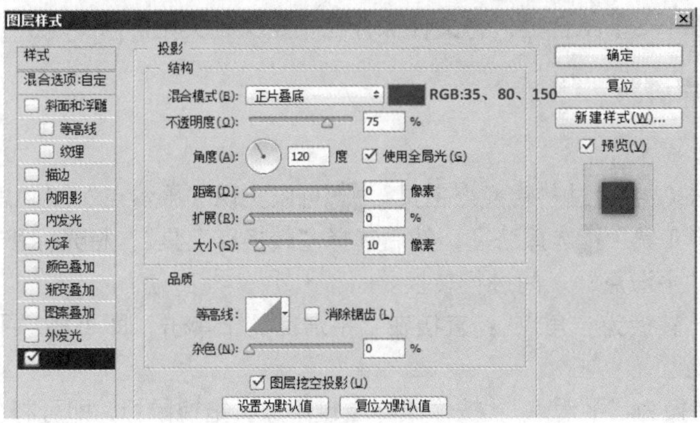

图7-26 “投影”设置

STEP 5 选择“矩形工具”，绘制一个蓝色（RGB：100、145、220）矩形，如图 7-28 所示。

STEP 6 选择“添加锚点工具”，在蓝色矩形上边单击增加一个锚点，并向下移动，如图 7-29 所示。

STEP 7 选择“转换点工具”，单击锚点将其从“平滑点”转为“角点”，如图 7-30 所示。

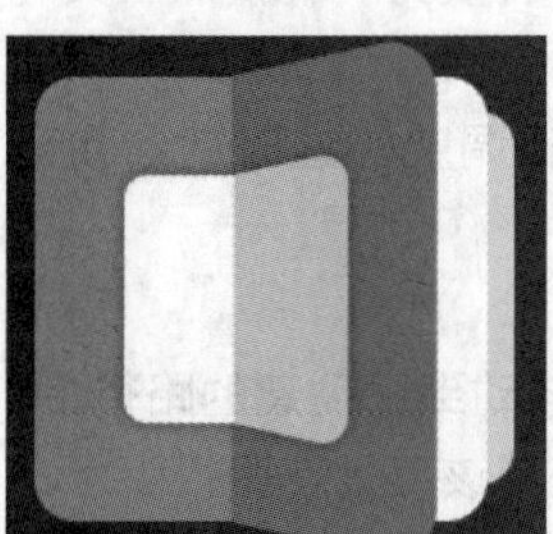

图7-27 “投影”效果

图7-28 绘制矩形

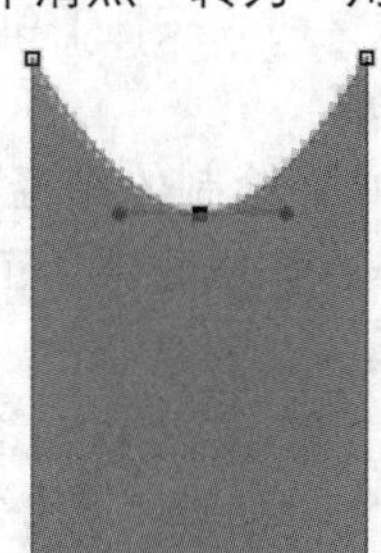

图7-29 增加锚点

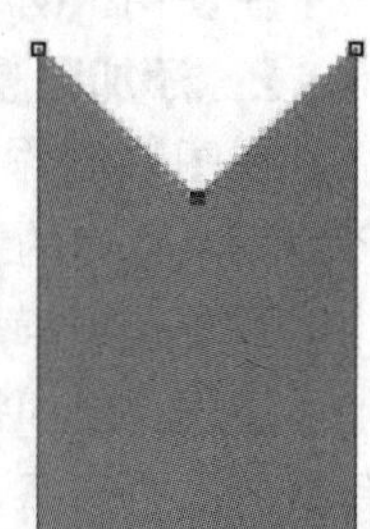

图7-30 转换点工具

STEP 8 单击“图层”面板下方的“添加图层样式”按钮，选择“内阴影”选项，设置“内阴影”的“颜色”为深蓝色（RGB：35、80、150）、“距离”为 0 像素、“大小”为 6 像素，如图 7-31 所示。单击“确定”按钮，效果如图 7-32 所示。

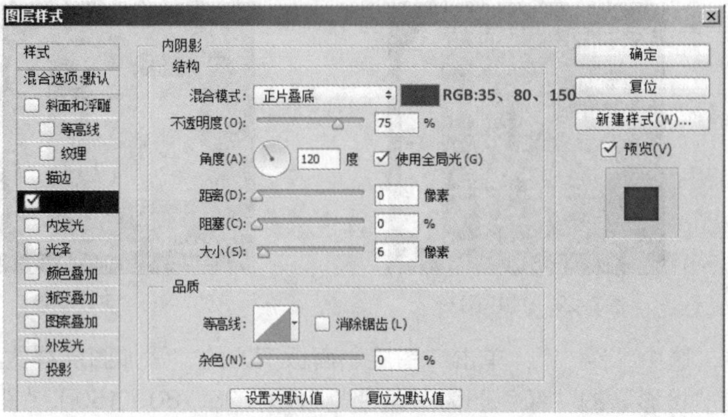

图7-31 “内阴影”设置

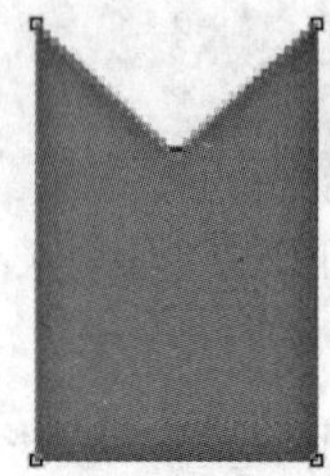

图7-32 “内阴影”效果

STEP 9 按【Ctrl+S】组合键，将文件保存在指定文件夹中。

7.2.4 知识点讲解

1. 转换点工具

在 Photoshop CC 中通过“转换点工具” 可以实现“平滑点”和“角点”之间的相互转换。通过“直接选择工具” 选择路径，然后选择“转换点工具”，将光标移至要转换的锚点上，即可在“角点”与“平滑点”之间进行转换。

- 将“平滑点”转换为“角点”：直接在“平滑点”上单击，即可将“平滑点”转换成“角点”，如图 7-33 所示。
- 将“角点”转换为“平滑点”：按住鼠标左键不放，拖拽鼠标，即可将“角点”转换为“平滑点”，如图 7-34 所示。

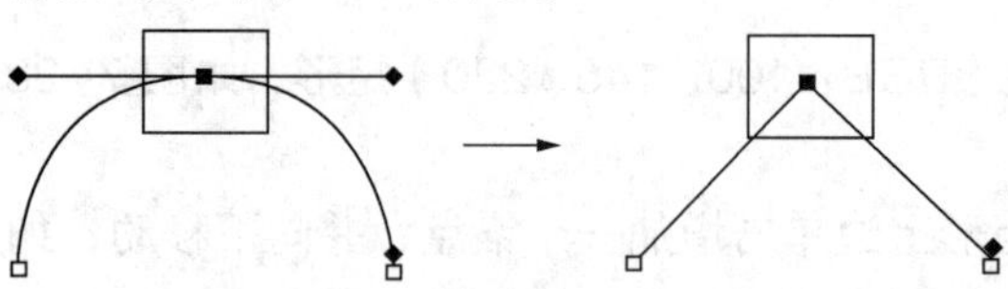

图7-33 “平滑点”转换为“角点”

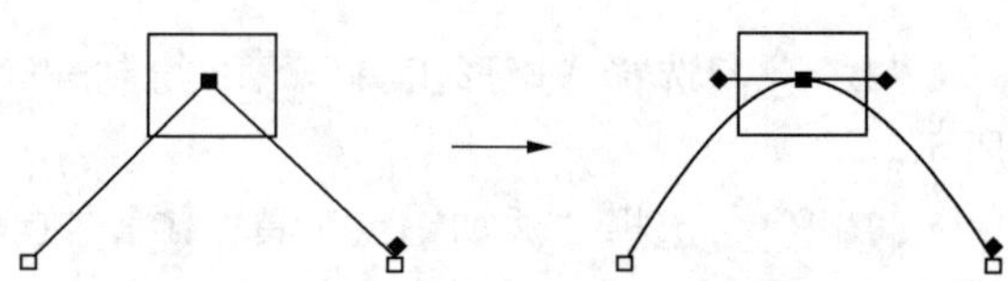

图7-34 “角点”转换为“平滑点”

在使用“钢笔工具”时，按住【Alt】键不放，可将“钢笔工具”临时转换为“转换点工具”。

2. 添加和删除锚点

在图形制作中，如果绘制的路径存在误差，就需要对其进行修改和调整，这时就会用到 Photoshop 中的添加锚点和删除锚点工具。

（1）添加锚点工具

使用“添加锚点工具” 可以在路径中添加锚点。将“钢笔工具”移动到已创建的路径上，若当前没有锚点，则“钢笔工具” 会临时转换为“添加锚点工具”，使用该工具在路径上单击即可添加一个锚点，如图 7-35 所示。

此外，还可以在钢笔工具组中直接选择“添加锚点工具”。右击“钢笔工具”，在弹出的工具组中选择“添加锚点工具”，如图 7-36 所示。

（2）删除锚点工具

“删除锚点工具” 用于删除路径上已经存在的锚点。将“钢笔工具”放在路径的锚点上，则“钢笔工具”会临时转换为“删除锚点工具”，单击锚点将其删除，效果如图 7–37 所示。

此外，还可以在钢笔工具组中选择“删除锚点工具”。右击“钢笔工具”，在弹出的工具组中选择“删除锚点工具”，如图 7–38 所示。

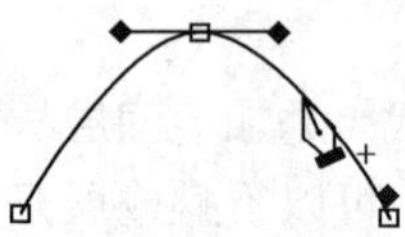

图7–35　添加锚点

图7–36　选择“添加锚点工具”

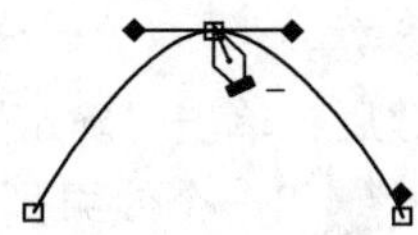

图7–37　删除锚点

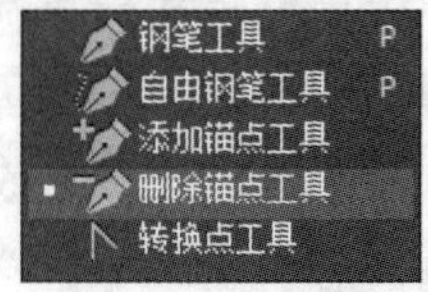

图7–38　选择“删除锚点工具”

3. 添加图层样式

图层样式可以为图层中的图形添加诸如投影、发光、浮雕等效果，从而创建真实质感的特效。为图形添加“图层样式”，需要先选中这个图层，然后单击“图层”面板下方的“添加图层样式”按钮，如图 7–39 所示。在弹出的菜单中，选择一个效果命令，如图 7–40 所示。此时，将弹出“图层样式”对话框，如图 7–41 所示。

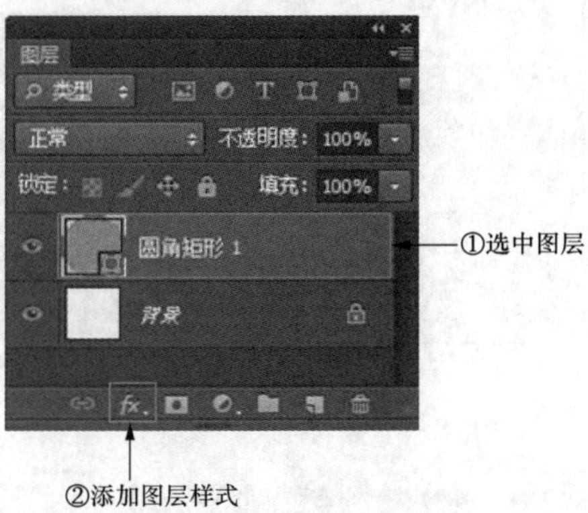

图7–39　添加图层样式

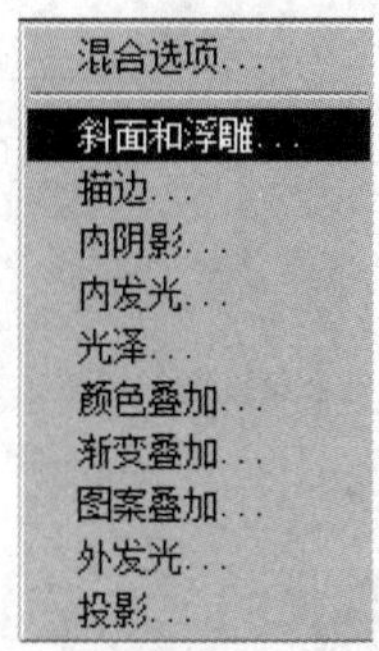

图7–40　选择一个效果命令

添加“图层样式”的快捷方式：双击需要添加图层样式图层的空白处，将弹出“图层样式”对话框，如图 7–42 所示。

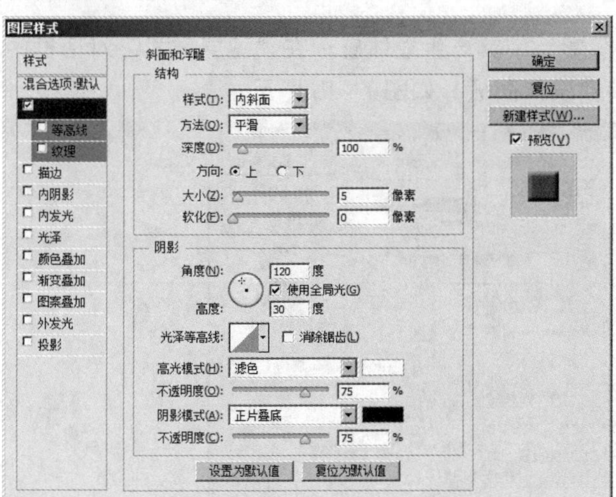

图7–41　“图层样式”对话框

图7–42　双击图层空白处

在“图层样式”对话框的左侧有 10 项效果可以选择，分别是斜面和浮雕、描边、内阴影、内发光、光泽、颜色叠加、渐变叠加、图案叠加、外发光和投影。从图 7-43 中可以看出，单击左侧的一个效果名称，可以选中该效果，对话框的中间则会显示与之对应的样式设置。

效果名称前面复选框有☑标记的，表示在图层中添加了该效果。单击效果名称前方的☑标记，可停用该效果，但保留效果参数。

在对话框中设置效果参数后，单击“确定”按钮即可为图层添加图层样式。添加了图层样式的图层会显示图层样式的图标fx和一个效果列表。单击该图层右侧的▴按钮，可以折叠或展开效果列表，如图 7-44 所示。

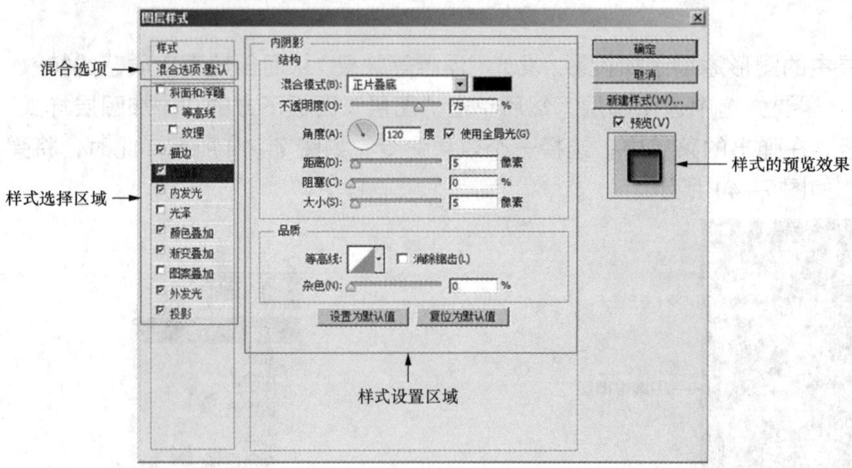

图7-43 “图层样式”对话框各选项

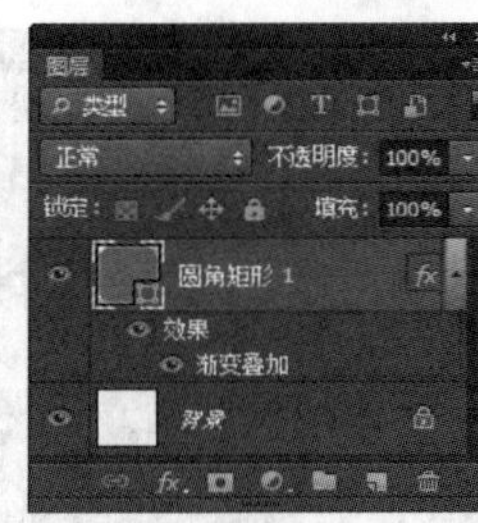

图7-44 添加图层样式后的效果

注 意

图层样式不能直接用于“背景”层，但可以在按住【Alt】键的同时，双击“背景”层，将“背景”层转换为普通图层，然后再添加图层样式效果。

4. 投影与内阴影

“投影”效果是在图形对象背后添加阴影，使其产生立体感。在“图层样式”对话框中，选择“投影”选项，即可切换到“投影”参数设置面板，如图 7-45 所示。

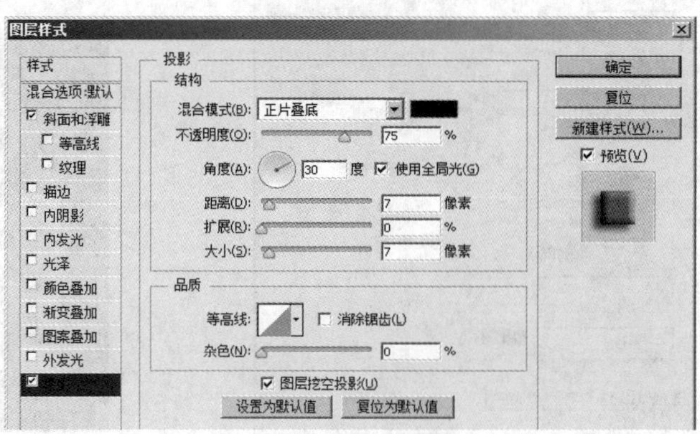

图7-45 “投影”参数设置

对“投影”参数设置面板的主要选项说明如下。

• 混合模式：用于设置阴影与下方图层的色彩混合模式，默认为“正片叠底”。单击右侧的颜色块，可以设置阴影的颜色。

• 角度：用于设置光源的照射角度，光源角度不同，阴影的位置也不同。勾选“全局光”复选框，可以使图层效果保持一致的光线照射角度。

• 距离：用于设置投影与图像的距离，数值越大，投影就越远。

• 扩展：默认情况下，阴影的大小与图层相当，如果增大扩展值，可以加大阴影。

• 大小：用于设置阴影的大小，数值越大，阴影就越大。

• 杂色：用于设置颗粒在投影中的填充数量。

• 图层挖空阴影：控制半透明图层中投影的可见或不可见效果。

“投影”效果是从图层背后产生阴影，“内阴影”与“投影”类似，但是在图形对象前面内部边缘位置添加阴影，使其产生凹陷效果。图 7-46 所示为素材图像“相机图标.psd”，添加“投影”后的效果如图 7-47 所示，添加“内阴影”后的效果如图 7-48 所示。

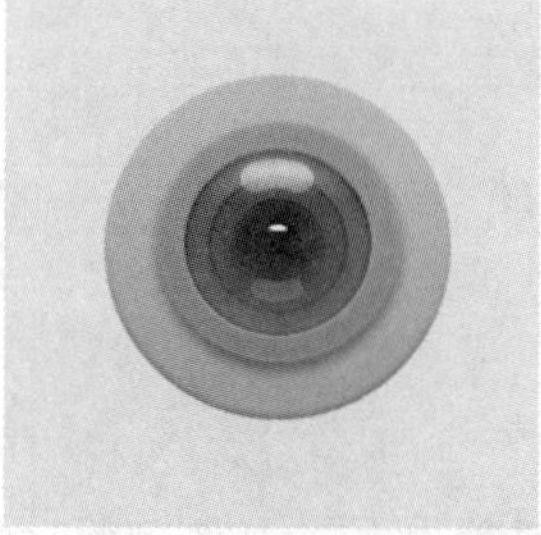

图7-46　素材“相机图标”

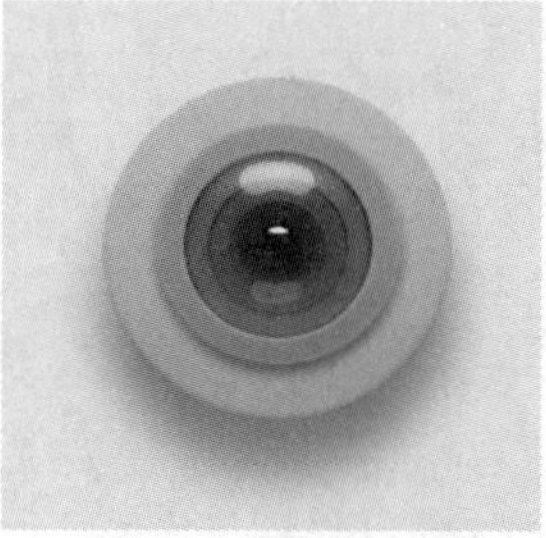

图7-47　“投影”效果

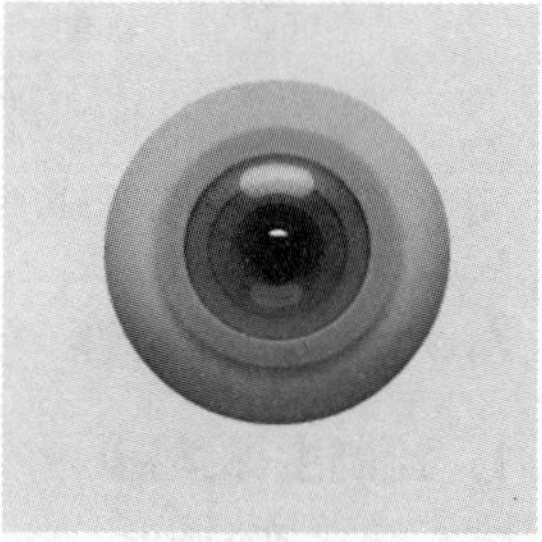

图7-48　“内阴影”效果

7.3 任务 18：遥控器功能页面

UI 页面的设计越来越注重功能操作与界面美观并存，这也是 UI 发展的必然趋势。本任务将根据已有素材，设计制作一款实用的遥控器功能页面。通过本任务，读者可以学习创建路径文字的基本操作，并能掌握“图层样式”中的描边和叠加。

7.3.1 任务描述

遥控器 App 是一款可以将手机变成遥控器的应用类程序。安装了遥控器 App 后，可以通过手机遥控电视、空调等常用家电设备。通过 App 的操作，可以选择各种品牌的遥控器，从而实现具体化的遥控操作。要求根据已有页面素材设计一款空调遥控器的 App 页面，最终设计效果如图 7-49 所示。

7.3.2 任务分析

遥控器 App 提供了一个页面素材，如图 7-50 所示。本任务要在页面中设计空调遥控器中选择“模式”功能后所能进行的操作页面。在空调遥控器中的“模式”下，一般分为暖风和冷风调节，温度的“加”和“减”是其最基本的操作。

根据遥控器的基本功能，可以通过颜色区分暖风和冷风，即暖风用暖色表示，如橙色、红色；冷风用冷色表示，如蓝色。除了颜色可以直观地反映冷暖，还可以通过状态条的情况反映冷暖的程度。切换暖风和冷风时，注意使用状态条的饱和程度来表示冷暖风。

图7-49 遥控器功能页面效果展示

图7-50 已有素材

7.3.3 任务制作

1. 绘制主体按钮

STEP 1 在 Photoshop CC 中，打开素材背景“【任务 18】遥控器功能页面”，如图 7-51 所示。

STEP 2 选择“椭圆工具”，在画布中绘制一个正圆形状，得到“椭圆 1”，如图 7-52 所示。

图7-51 素材背景

图7-52 正圆形状“椭圆1”

STEP 3 单击“图层”面板下方的“添加图层样式”按钮，为“椭圆 1”添加“投影”。设置“投影”的“颜色”为橙色（RGB：235、100、5）、“角度”为 0 度、勾掉“使用全局光”、“距离”为 9 像素、“大小”为 18 像素，设置如图 7-53 所示。单击“确定”按钮，效果如图 7-54 所示。

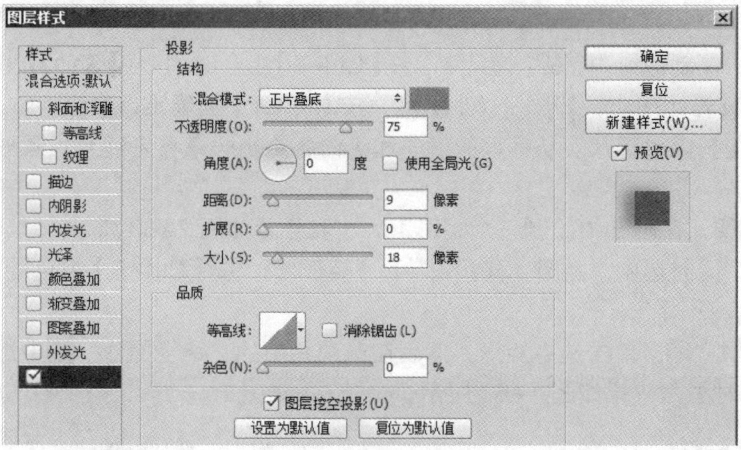

图7-53 设置“投影”

图7-54 “投影”效果

STEP 4 按【Ctrl+J】组合键，复制得到“椭圆 1 拷贝”。双击“图层”面板中的“投影”选项，更改“投影”的“颜色”为蓝色（RGB：90、185、230）、“角度”为 180 度，设置如图 7-55 所示。

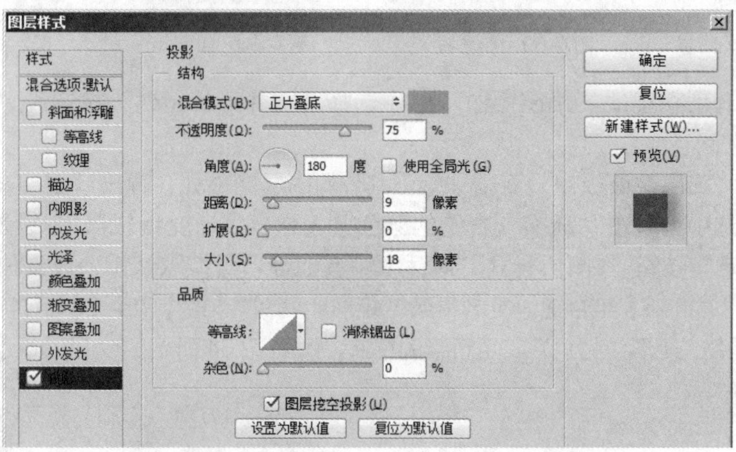

图7-55 更改“投影”设置

STEP 5 选择“渐变叠加”选项，单击“渐变”右侧的颜色条，弹出“渐变编辑器”，设置渐变效果如图 7-56 所示。单击“确定”按钮，“图层样式”对话框中其他选项保持默认值，效果如图 7-57 所示。

图7-56 渐变效果设置

图7-57 “图层样式”效果

2. 绘制选择按钮

STEP 1 按【Ctrl+J】组合键，复制得到“椭圆 1 拷贝 2”。按【Ctrl+T】组合键，按住【Shift+Alt】组合键的同时，向内拖动角点将其等比缩小，如图 7–58 所示。按【Enter】键确定自由变换。

STEP 2 按【Ctrl+R】组合键，调出标尺。从标尺的横向和纵向各拖出一条参考线至正圆形状的中心位置，如图 7–59 所示。

STEP 3 选择“矩形工具”，在画布中绘制一个矩形，大小和位置如图 7–60 所示。

STEP 4 在“图层”面板中，同时选中“椭圆 1 拷贝 2”和“矩形 1”。按【Ctrl+E】组合键，将其合并。

STEP 5 选择“路径选择工具”，单击选中矩形，然后在选项栏中的“路径操作”中选择“减去顶层形状”按钮，此时画面效果如图 7–61 所示。

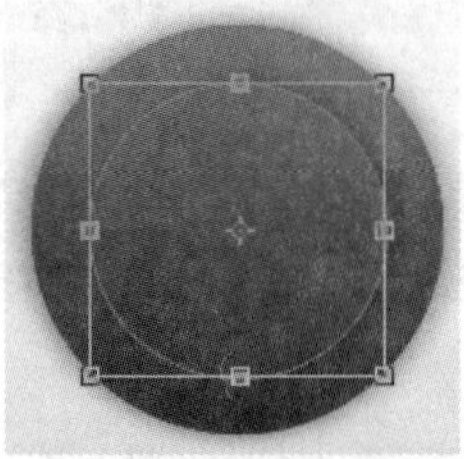
图7–58 缩小复制的图层

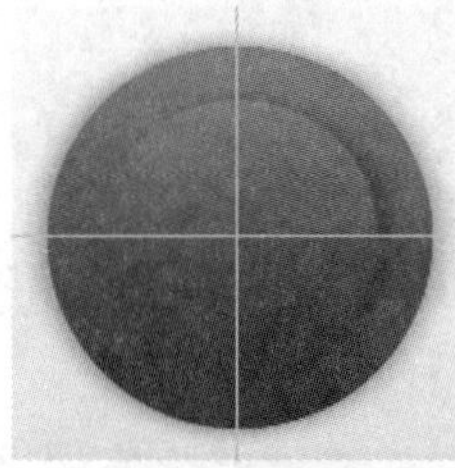
图7–59 参考线

图7–60 绘制矩形

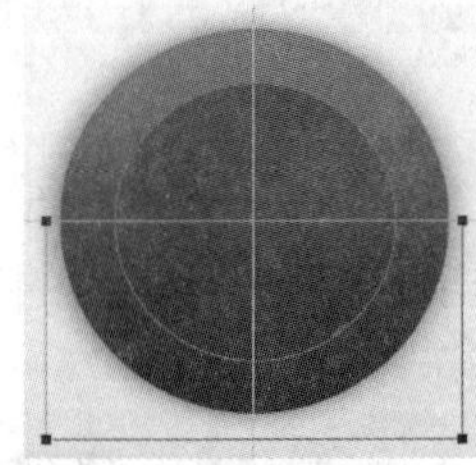
图7–61 减去顶层形状

STEP 6 在选项栏中的“路径操作”中选择“合并形状组件”按钮，在弹出的对话框中单击“是”按钮。

STEP 7 在“图层”面板中，双击“矩形 1”的图层空白处，弹出“图层样式”对话框。选择“渐变叠加”选项，单击“渐变”右侧的颜色条，弹出“渐变编辑器”，设置渐变如图 7–62 所示。单击“确定”按钮，“图层样式”对话框中其他选项保持默认值，效果如图 7–63 所示。

STEP 8 按【Ctrl+J】组合键，复制得到“矩形 1 拷贝”。按【Ctrl+T】组合键，右击选择“垂直翻转”命令，调整“矩形 1 拷贝”其至适当的位置，如图 7–64 所示。按【Enter】键确定自由变换。

图7–62 设置“渐变编辑器”

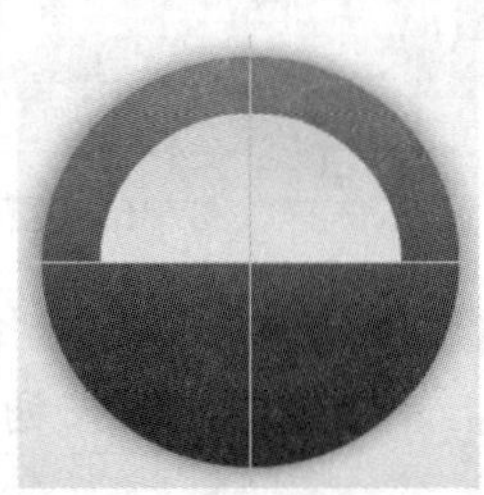
图7–63 “渐变叠加”效果

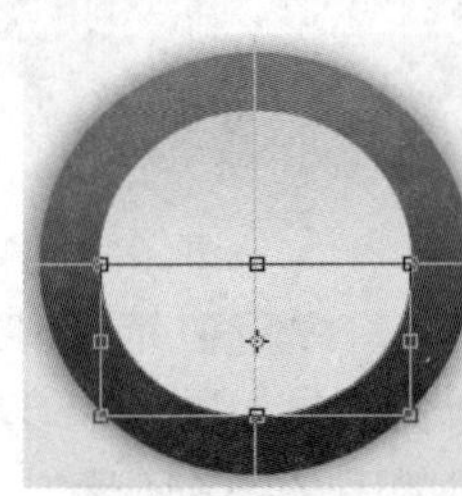
图7–64 “垂直翻转”命令

STEP 9 双击“渐变叠加”效果，弹出“图层样式”对话框。更改“渐变”右侧的颜色条，如图 7–65 所示。单击“确定”按钮，效果如图 7–66 所示。

STEP 10 在“图层”面板中，同时选中“矩形 1”和“矩形 1 拷贝”，按【Ctrl+G】组合键，将其合并。

STEP 11 为“组 1”添加“图层样式”，选择“投影”选项，设置“投影”的“不透明度”为 60%、“角度”为 90 度、不勾选“使用全局光”、“距离”为 5 像素、“大小”为 20 像素，设置如图 7–67 所示。单击“确定”按钮，效果如图 7–68 所示。

图7-65　更改“渐变编辑器”设置

图7-66　“渐变叠加”效果

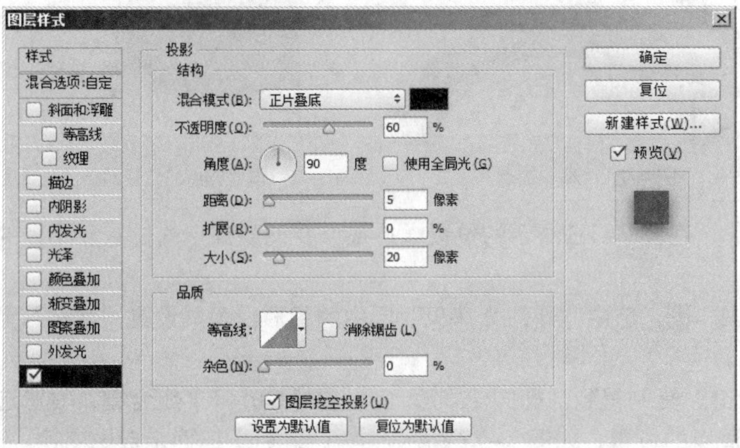

图7-67　设置“投影”

图7-68　“投影”效果

3. 绘制状态条

STEP 1 选择“椭圆工具”，以两条参考线交叉点为圆心，在画布中绘制一个比主体按钮略大的正圆形状，得到“椭圆 2”，如图 7-69 所示。

STEP 2 按【Ctrl+J】组合键，复制得到“椭圆 2 拷贝”。按【Ctrl+T】组合键，按住【Shift+Alt】组合键的同时，向内拖动角点将其等比缩小，如图 7-70 所示。按【Enter】键确定自由变换。

STEP 3 在“图层”面板中，同时选中“椭圆 2”和“椭圆 2 拷贝”，按【Ctrl+E】组合键，将其合并。

STEP 4 选择“路径选择工具”，单击选中稍小的正圆形状，然后在选项栏中的“路径操作”中选择“减去顶层形状”按钮，此时画面效果如图 7-71 所示。在选项栏中的“路径操作”中选择“合并形状组件”按钮。

STEP 5 选择“矩形工具”，在选项栏中的“路径操作”中选择“减去顶层形状”。然后，在画布中绘制一个矩形，大小和位置如图 7-72 所示。

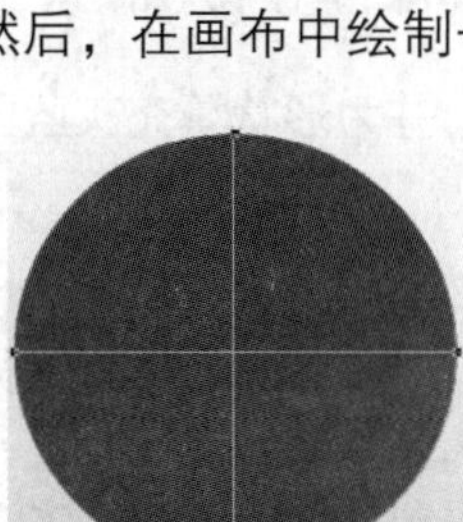

图7-69　绘制正圆形状

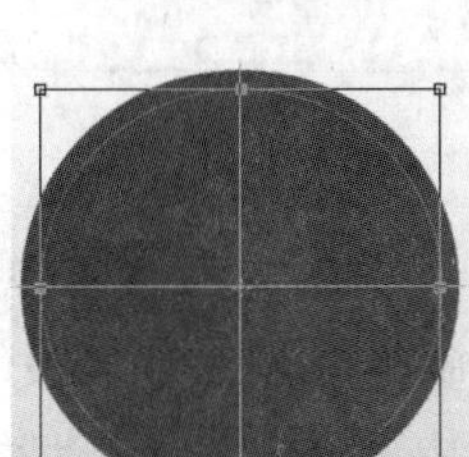

图7-70　等比缩小

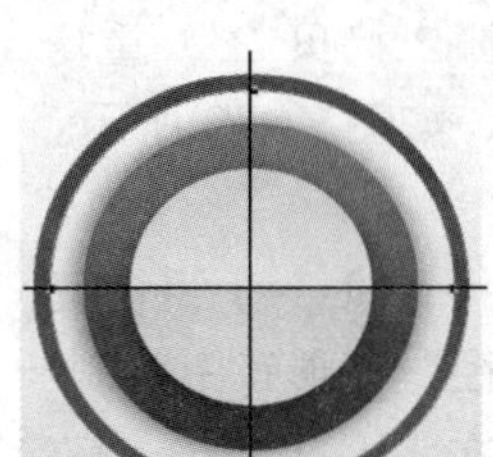

图7-71　减去顶层形状

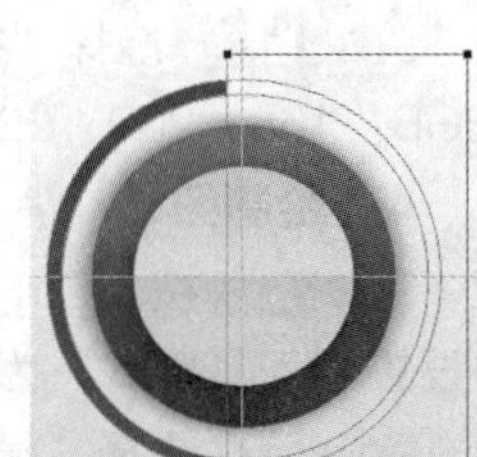

图7-72　绘制矩形

STEP 6 在选项栏中的“路径操作”中选择“合并形状组件”，在弹出的对话框中单击“是”按钮，此时画面效果如图 7-73 所示。

STEP 7 选择“添加锚点工具”，在如图 7-74 所示的位置单击为其添加一个锚点，移动锚点的位置并调整路径的弧度，如图 7-75 所示。

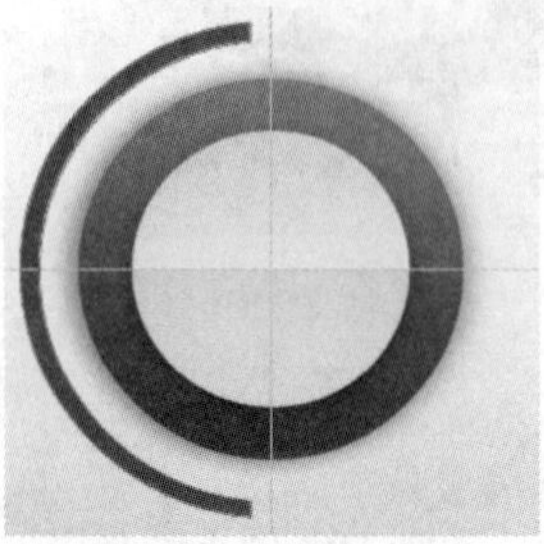
图7-73　合并形状组件

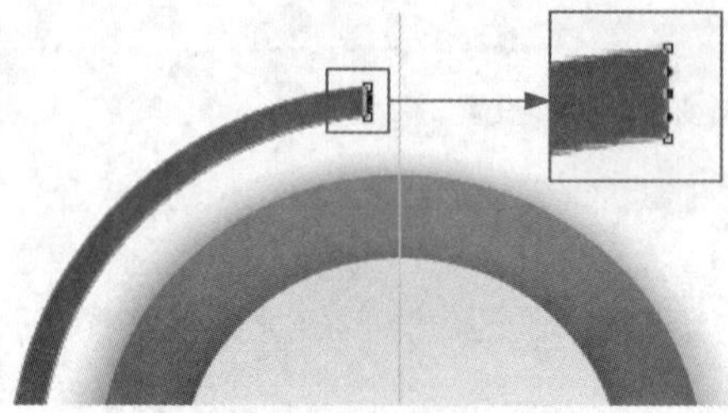
图7-74　添加锚点

图7-75　调整锚点的位置和路径的弧度

STEP 8 重复STEP 7的操作，在图 7-76 所示的位置增加锚点并调整锚点的位置和路径的弧度与图 7-75 中相同。

STEP 9 选择“路径选择工具”，选中“椭圆 2 拷贝”层中的图形。为其设置“填充”为浅灰色（RGB：205、215、220）。

STEP 10 按【Ctrl+J】组合键，复制得到“椭圆 2 拷贝 2”。按【Ctrl+T】组合键，右击选择“水平翻转”命令并将其移至适当的位置，如图 7-77 所示。按【Enter】键确定自由变换。

STEP 11 选择“椭圆 2 拷贝”，按【Ctrl+J】组合键，复制得到“椭圆 2 拷贝 3”。

STEP 12 选择“添加锚点工具”，在“椭圆 2 拷贝 3”的中部位置单击添加锚点，按住【Alt】键，切换为“删除锚点工具”，将多余的锚点删除。调整路径形状，并为形状填充橘红色（RGB：230、100、10），得到的形状如图 7-78 所示。

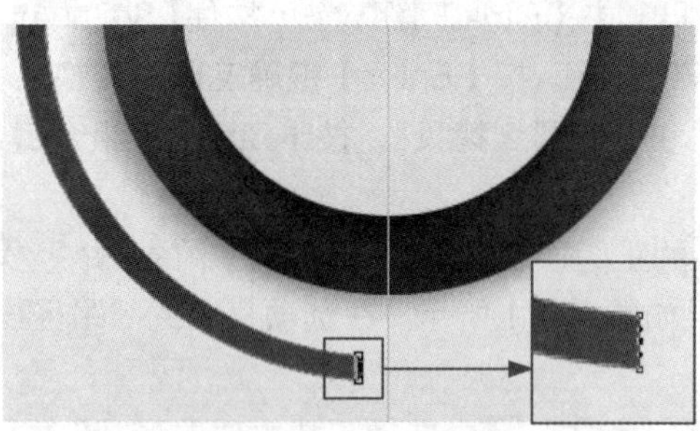
图7-76　添加锚点

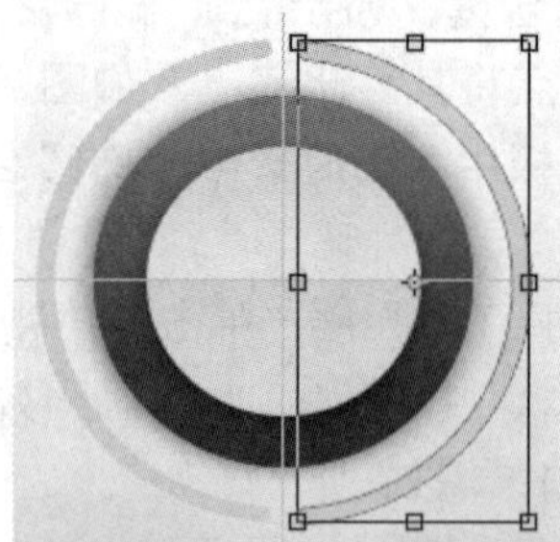
图7-77　复制并翻转

图7-78　更改形状和颜色

STEP 13 选择“椭圆 2 拷贝 2”，重复STEP 11～STEP 12的操作，并为形状填充灰蓝色（RGB：165、200、220），如图 7-79 所示。

4．绘制细节

STEP 1 按【Ctrl+Shift+Alt+N】组合键，新建“图层 1”。选择“椭圆工具”，在选项栏中设置“工具模式”为路径，在画布中绘制一个正圆路径，如图 7-80 所示。

STEP 2 选择“横排文字工具”，在选项栏中设置“字体”为微软雅黑、“大小”为 22.5 点、“颜色”为橙色（RGB：230、100、10）。

STEP 3 将光标置于路径左侧，当指针状态变为 状时，单击建立路径文字的起点，输入文字信息“暖风调节”，效果如图 7-81 所示（文字的位置和方向可以选择“路径选择工具” 或“直接选择工具” 在路径上拖动进行调整）。

图7-79　更改形状和颜色

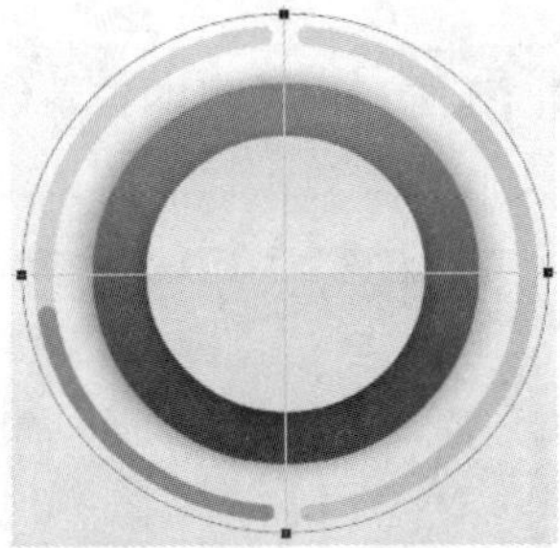
图7-80　绘制正圆路径

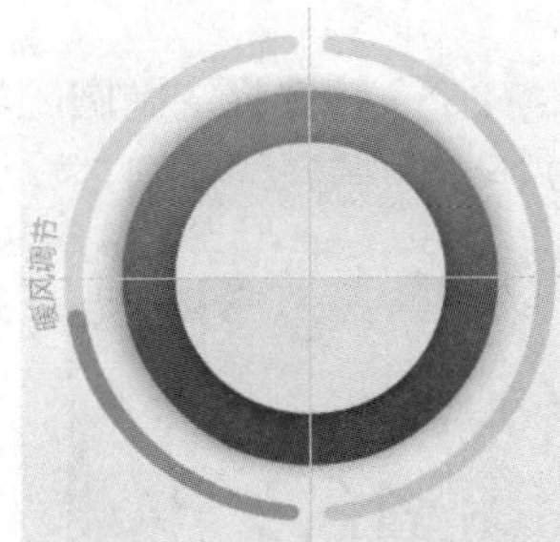

图7-81　输入文字信息

STEP 4 按【Ctrl+J】组合键，复制得到“暖风调节拷贝”。按【Ctrl+T】组合键，将其旋转并移动至适当的位置，如图 7-82 所示。按【Enter】键确定自由变换。

STEP 5 选择“横排文字工具” ，将“暖风调节拷贝”中的文字信息更改为“冷风调节”，并更改“字体颜色”为灰色（RGB：185、185、185），如图 7-83 所示。

STEP 6 选择“椭圆工具” ，在选项栏中设置“工具模式”为形状，在画布中绘制一个白色的正圆形状，如图 7-84 所示。

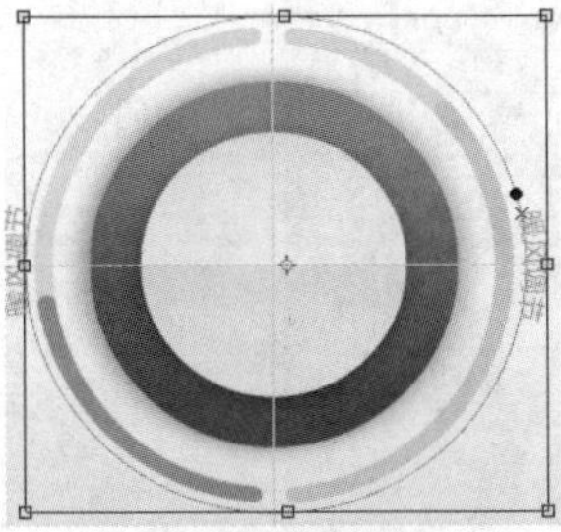

图7-82　复制文字信息

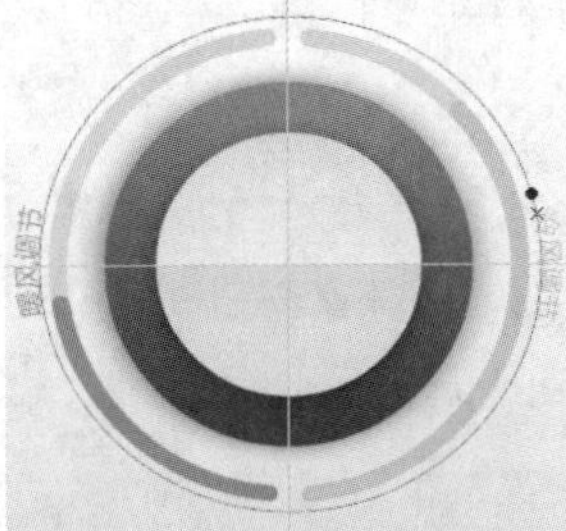

图7-83　更改文字信息

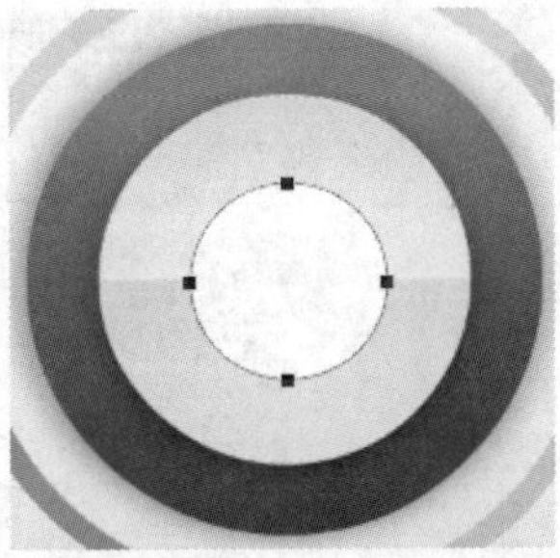
图7-84　绘制白色正圆形状

STEP 7 选择“横排文字工具” ，在画布中输入文字内容“16°”，设置适合的大小和字体，效果如图 7-85 所示。

STEP 8 选择“钢笔工具” ，绘制“填充”为无颜色、“描边”为橙色（RGB：230、100、10）、“描边宽度”为 2 点的不闭合形状，得到“形状 1”，如图 7-86 所示。

图7-85　输入文字信息

图7-86　绘制不闭合形状

STEP 9 按【Ctrl+J】组合键，复制得到“形状 1 拷贝”。按【Ctrl+T】组合键，右击选择“垂直翻转”命令并移至适当的位置，如图 7-87 所示。按【Enter】键确定自由变换。

STEP 10 在选项栏中更改其“描边颜色”为蓝色（RGB：85、185、230），效果如图 7-88 所示。

STEP 11 选择“椭圆工具”，在画布中适当的位置绘制一个正圆形状，大小和位置如图 7-89 所示，得到“椭圆 3”。

图7-87 复制并垂直翻转

图7-88 设置描边颜色

图7-89 绘制正圆形状

STEP 12 为“椭圆 3”添加“图层样式”。选择“描边”选项，设置“大小”为 2 像素、“位置”为内部、“颜色”为白色，如图 7-90 所示；选择“颜色叠加”选项，设置“颜色”为橙色（RGB：230、100、10），如图 7-91 所示。单击“确定”按钮，效果如图 7-92 所示。

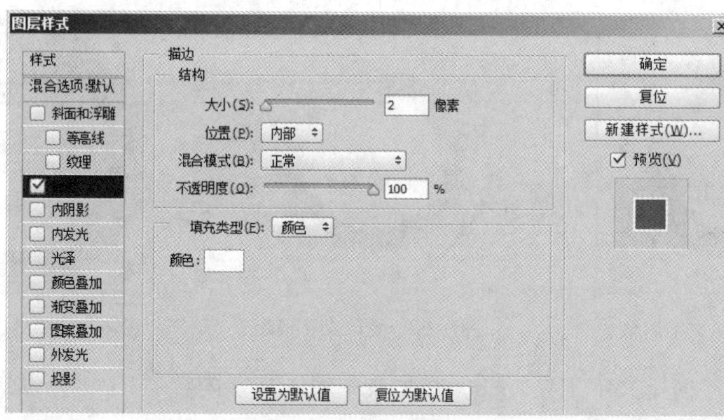

图7-90 设置“描边”

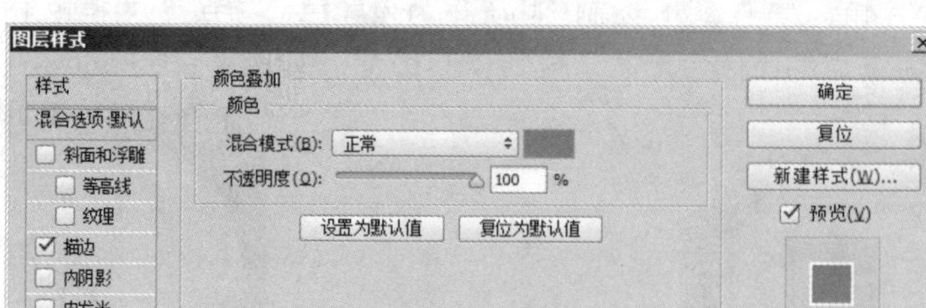

图7-91 设置“颜色叠加”

STEP 13 按【Ctrl+J】组合键，复制得到“椭圆 3 拷贝”。双击“图层”面板中的“颜色叠加”选项，调整“颜色”为蓝色（RGB：90、185、230），并移动其位置，最终效果如图 7-93 所示。

图7-92　“图层样式”效果

图7-93　调整颜色和位置

STEP 14 按【Ctrl+S】组合键，将文件保存在指定文件夹中。

7.3.4　知识点讲解

1. 创建路径文字

路径文字是指创建在路径上的文字，文字会沿着路径形状排列，如图 7-94 所示。改变路径形状时，文字的排列方式也会随之改变，如图 7-95 所示。

图7-94　路径文字

图7-95　改变路径形状

打开素材图像“水母.jpg”，选择“钢笔工具”，在图像窗口中创建一条曲线路径，如图 7-96 所示。选择“横排文字工具”，移动鼠标指针至曲线路径上，当鼠标指针变为形状时，单击确定插入点并输入文字，文字即会沿路径排列，如图 7-97 所示。按【Ctrl+H】组合键隐藏路径。

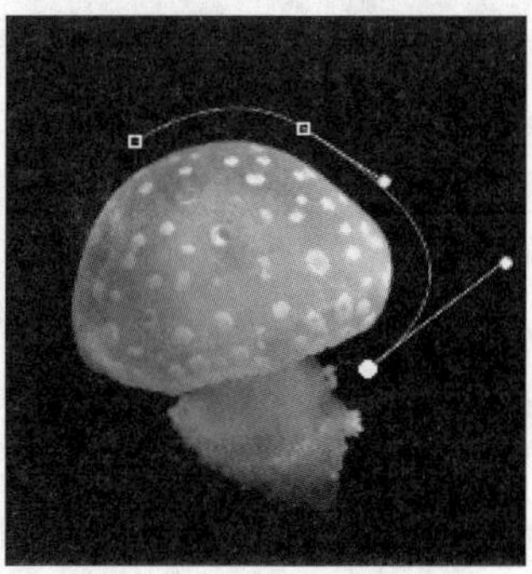
图7-96　创建曲线路径

图7-97　确定插入点并输入文字

值得一提的是，“椭圆工具”“圆角矩形工具”“自定形状工具”等矢量工具的路径，也可用于创建路径文字。

2. 描边

“描边”即使用颜色、渐变或图案勾勒图形对象的轮廓，在图形对象的边缘产生一种描边效果。在“图层样式”对话框中选择“描边”选项，即可切换到“描边”参数设置面板，如图 7-98 所示。

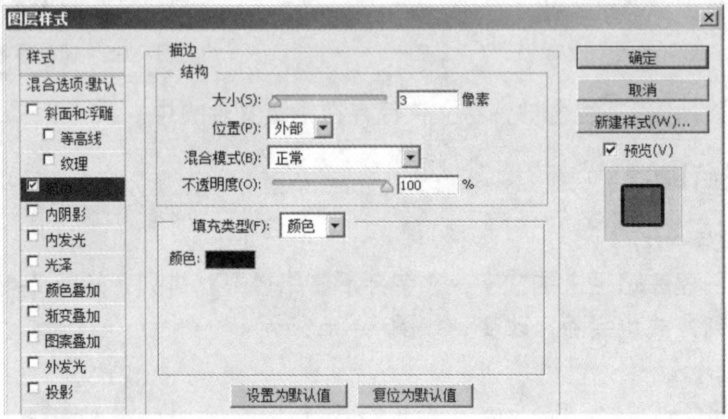

图7-98 “描边”参数设置

对“描边”参数设置面板主要选项的说明如下。

- 大小：用于设置描边线条的宽度。
- 位置：用于设置描边的位置，包括外部、内部、居中。
- 填充类型：用于选择描边的效果以何种方式填充。
- 颜色：用于设置描边颜色。

图 7-99 所示为素材图像“蜂蜜罐子.psd”，添加“描边”后的效果如图 7-100 所示。

图7-99 素材图像“蜂蜜罐子”

图7-100 “描边”效果

3. 颜色叠加、渐变叠加和图案叠加

“颜色叠加”效果可以在图形对象上叠加指定的颜色，通过设置颜色的“混合模式”和“不透明度”控制叠加效果。图 7-101 所示为素材图像“排球.jpg”，添加“颜色叠加”后的效果如图 7-102 所示。

“渐变叠加”效果可以在图形对象上叠加指定的渐变颜色。在“图层样式”对话框中选择“渐变叠加”选项，即可切换到“渐变叠加”参数设置面板，如图 7-103 所示。

图7-101 素材图像“排球”

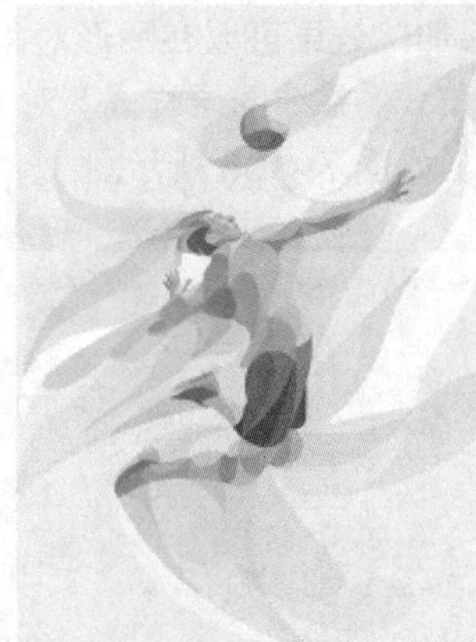

图7-102 “颜色叠加”效果

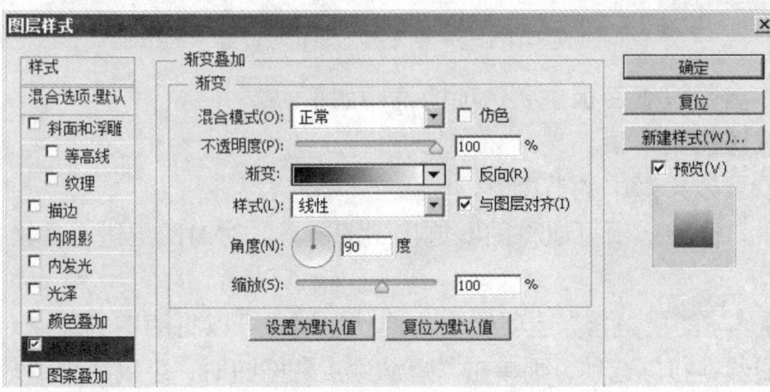

图7-103 “渐变叠加”参数设置

对“渐变叠加”参数设置面板主要选项的说明如下。

- 渐变：用于设置渐变颜色。选中“反向”复选框，可以改变渐变颜色的方向。
- 样式：用于设置渐变的形式。
- 角度：用于设置光照的角度。
- 缩放：用于设置效果影响的范围。

图 7-104 所示为素材图像“别致小品.jpg”，添加“渐变叠加”后的效果如图 7-105 所示。

图7-104 素材图像“别致小品”

图7-105 “渐变叠加”效果

“图案叠加”效果可以在图形对象上叠加指定的图案，并且可以缩放图案、设置图案的不透明度和混合模式。在“图层样式”对话框中选择“图案叠加”选项，即可切换到“图案叠加”参数设置面板，如图 7–106 所示。

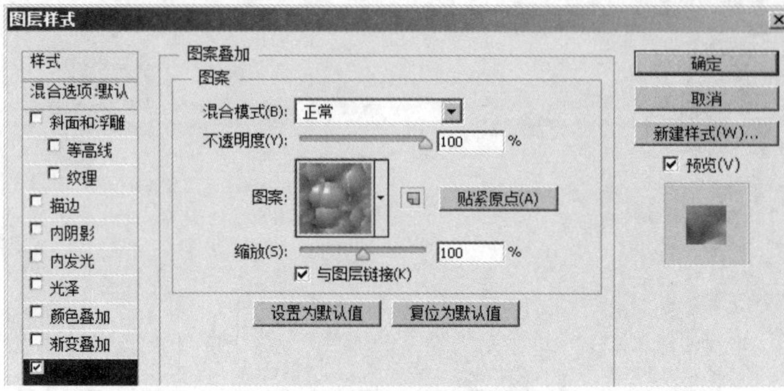

图7–106 “图案叠加”参数设置

对“图案叠加”参数设置面板主要选项的说明如下。

- 图案：用于设置图案效果。
- 缩放：用于设置效果影响的范围。
- 与图层链接：勾选该选项可以将图案链接到图层，此时对图层进行变换操作时，图案也会一同变换。
- 紧贴原点：在“与图层链接”选项处于勾选状态时，可以将图案的原点对齐到文档的原点。如果取消勾选“与图层链接”选项，则单击“紧贴原点”按钮时，可以将原点放在图层的左上角。

图 7–107 所示为素材图像“树叶图标.psd”，添加“图案叠加”后的效果如图 7–108 所示。

图7–107 素材图像“树叶图标”

图7–108 “图案叠加”效果

注意

“颜色叠加”“渐变叠加”和“图案叠加”的效果与“纯色”“渐变”和“图案”填充图层类似，只不过它们是通过图层样式的形式与内容进行叠加，但更便于修改。

7.4 任务 19：金属质感按钮

按钮图标设计不仅要形式美观、颜色协调，质感的表现也尤其重要，如常见的水晶、金属、果冻、火焰效果，表现得当都会为图标增色不少。本任务将设计制作一款金属质感按钮图标，通过本任务的学习，读者可以掌握编辑图层样式的基本操作，并能了解其他几种图层样式的基本属性和编辑。

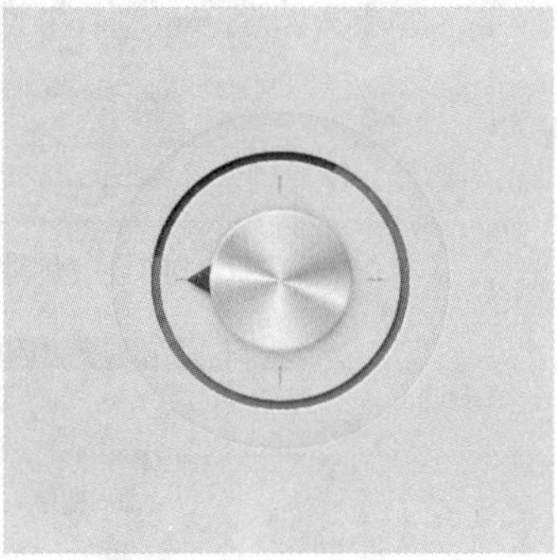

图7-109　金属质感按钮效果展示

7.4.1　任务描述

旋转按钮是图标设计中常见的款式，本任务要求设计一款有旋转按钮和指针的金属质感按钮图标。客户要求该图标的形式要为圆形，需有指针和刻度，适用于浅色背景的界面设计，图标要求醒目、简洁、有质感，同时兼顾时尚性，最终效果如图 7-109 所示。

7.4.2　任务分析

本任务是制作一款有旋转按钮和指针的金属质感按钮图标，依据任务可在质感、颜色运用等方面做如下分析。

1. 质感方面

由于图标要求由按钮、刻度和指针这几个部分组成，信息相对比较繁琐，故而在造型上尤其需要注重使用“层次”来区分这几部分。值得注意的是，“层次”不仅可以通过颜色、大小、凹凸来区分，也可以通过质感来区分。

虽然要制作的是一枚金属质感的按钮，但是如果将所有的部分都赋予金属质感，反而削弱了质感的效果。选择图标的视觉中心，即按钮部分，将其制作成金属质感，有利于提升图标的质感对比、层次和效果。削弱其他部分的质感，可增加整体图标的层次效果。

2. 颜色运用

该按钮最终运用在浅灰色（RGB：230、230、230）的背景之上，在颜色方面既要与之统一，又必须有视觉的亮点。这里运用黑色和玫红色来制作视觉的反差效果，注意黑、白、灰的关系表现。

3. 实用方面

任何图标最后都是以实用为目的，指针和刻度应存在相应的关系，可以给用户产生关联的信号，便于操作，如通过颜色将其进行关联。

7.4.3　任务制作

1. 制作背景形状

STEP 1 打开 Photoshop CC 软件，按【Ctrl+N】组合键，在“新建”对话框中设置“名称”为【任务 19】金属质感按钮、“宽度”为 386 像素、“高度”为 386 像素、“分辨率”为 72 像素/英寸、“颜色模式”为 RGB 颜色、“背景内容”为白色。

STEP 2 设置“前景色”为（RGB：230、230、230），按【Alt+Delete】组合键，为“背景”层填充前景色。

STEP 3 选择“椭圆工具”，在画布中心单击，创建一个 238 像素×238 像素的正圆形状，如图 7-110 所示，并填充为灰色（RGB：180、180、180），填充效果如图 7-111 所示。在“图层”面板中，设置“填充”为 0%。

STEP 4 单击“图层”面板下方的“添加图层样式”按钮，选择“描边”选项，设置“描边”的“大小”为 1 像素、“位置”为内部、“不透明度”为 8%，具体设置如图 7-112 所示。

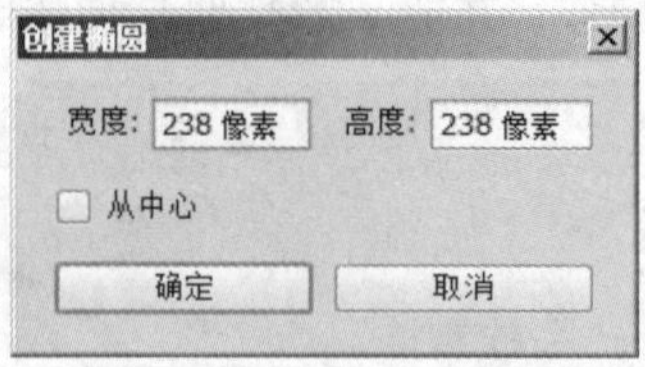

图7-110 “创建椭圆”对话框

图7-111 线性渐变

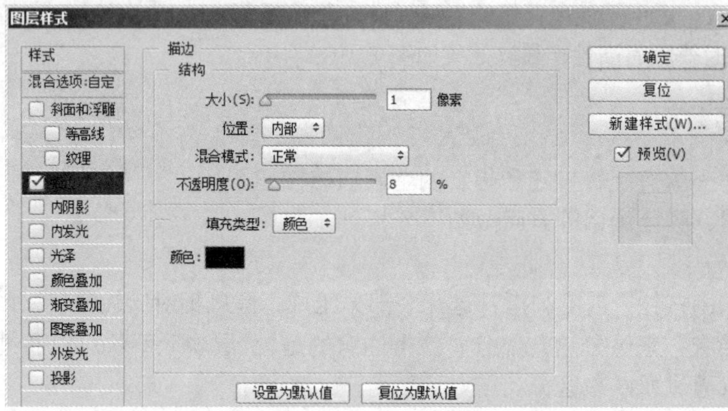

图7-112 “描边”设置

STEP 5 选择“内发光”选项，设置“内发光”的“混合模式”为正常、“不透明度”为 4%、“内发光颜色”为黑色、“大小”为 16 像素、“等高线”的设置如图 7-113 所示、“范围”为 100%，具体设置如图 7-114 所示。

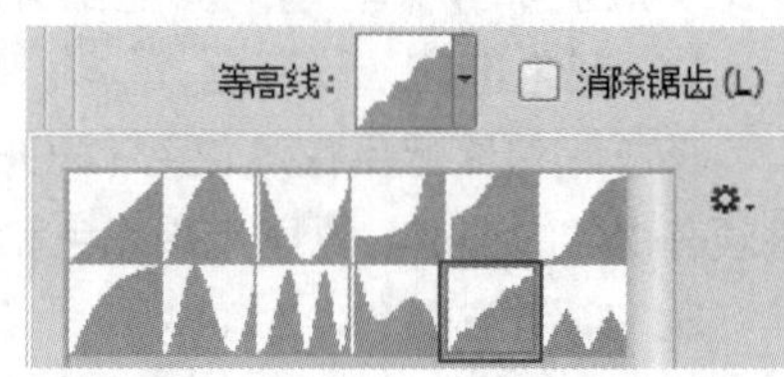

图7-113 “等高线”设置

STEP 6 选择“外发光”选项，设置“外发光”的“混合模式”为正常、“不透明度”为 38%、“内发光颜色”为白色、“大小”为 1 像素，具体设置如图 7-115 所示。

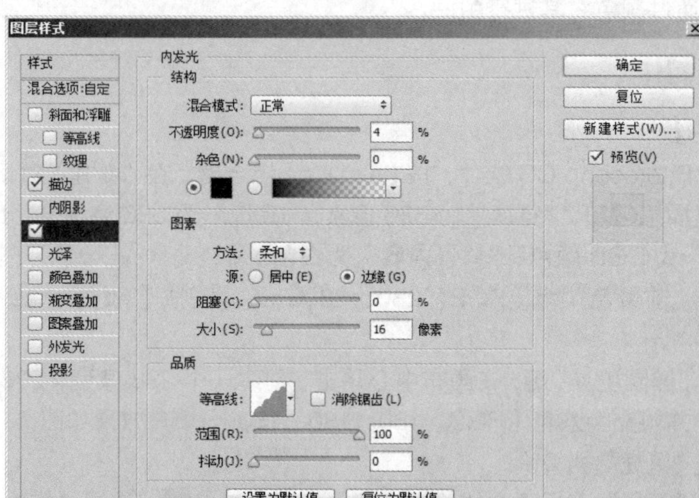

图7-114 “内发光”设置

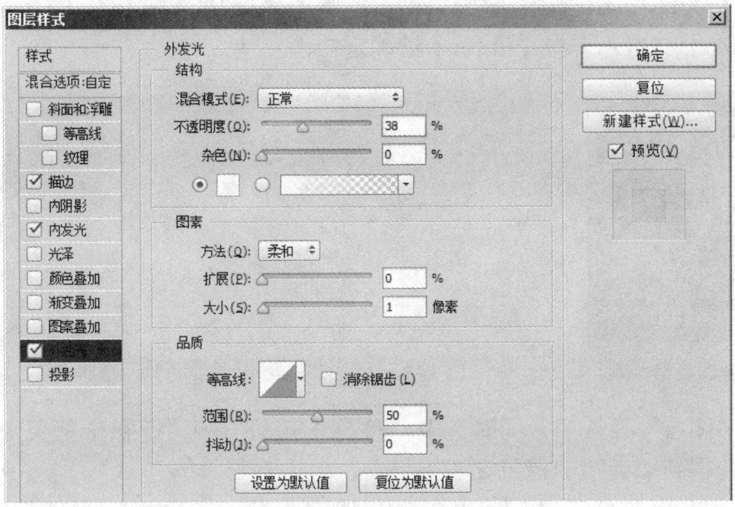

图7-115　“外发光”设置

STEP 7 选择“投影”选项，设置“投影”的“混合模式”为正常、“颜色”为白色、“不透明度”为 37%、“距离”为 1 像素、“大小”为 1 像素，具体设置如图 7-116 所示。

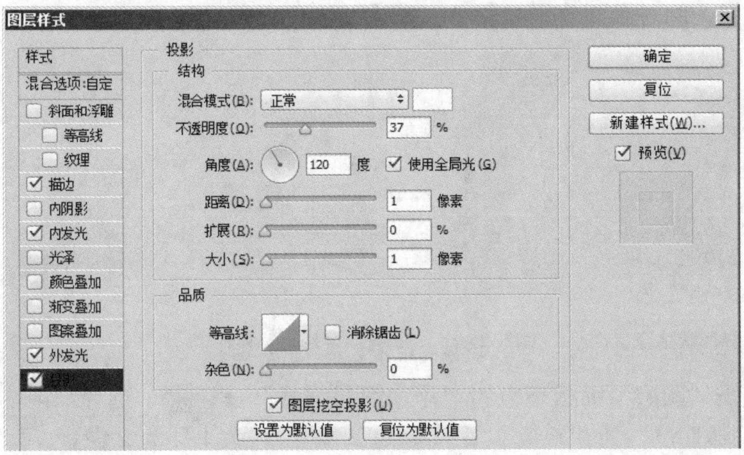

图7-116　“投影”设置

STEP 8 单击“确定”按钮，添加图层样式后的效果如图 7-117 所示。

图7-117　图层样式效果

2. 制作状态条黑色部分

STEP 1 选择“椭圆 1”，按【Ctrl+J】组合键，复制得到“椭圆 1 拷贝”。在“图层”面板中，拖动“椭圆 1 拷贝”下方的“效果”至面板底部的🗑处，将“图层样式”的效果删除，如图 7-118 所示。

STEP 2 在“图层”面板中，设置“填充”为 100%。按【Ctrl+T】组合键，调出定界框。按【Alt+Shift】组合键的同时，向内拖动“椭圆 1 拷贝”角点将其等比缩小，大小如图 7-119 所示。按【Enter】键确定自由变换。

STEP 3 按【Ctrl+J】组合键，复制得到“椭圆 1 拷贝 2”。按【Ctrl+T】组合键，再次进行等比缩小，如图 7-120 所示。按【Enter】键确定自由变换。

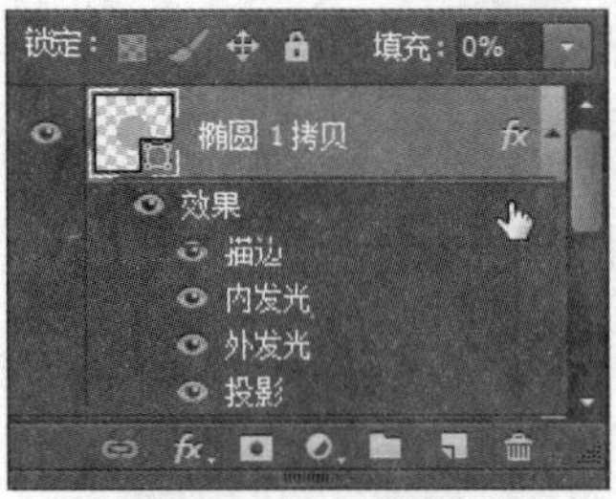

图7-118　删除效果

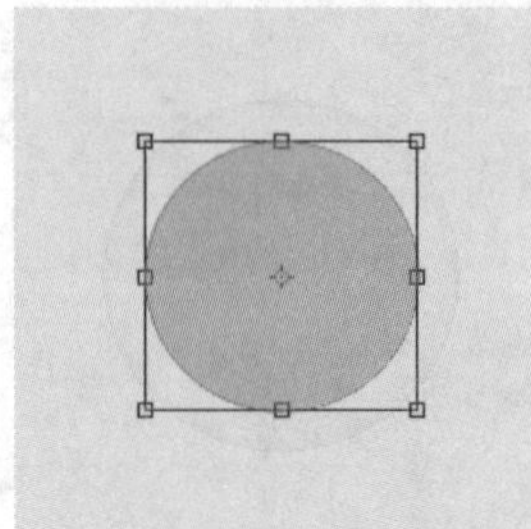
图7-119　等比缩小

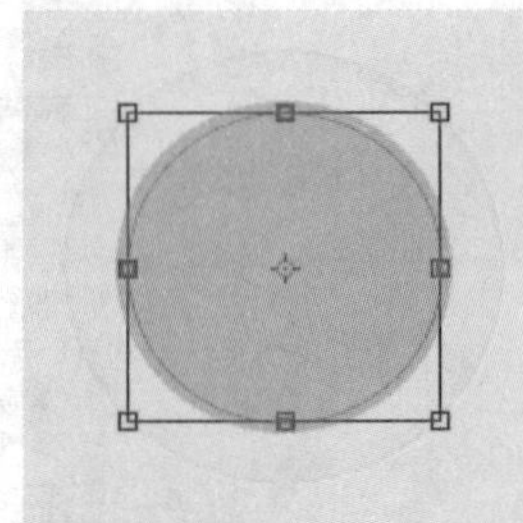
图7-120　复制并进行等比缩小

STEP 4 在“图层”面板中，同时选中“椭圆 1 拷贝”和“椭圆 1 拷贝 2”。按【Ctrl+E】组合键，将其合并得到“椭圆 1 拷贝 2”。

STEP 5 选择“路径选择工具”，单击选中“椭圆 1 拷贝 2”中略小的路径形状，如图 7-121 所示。在选项栏中的“路径操作”中选择“减去顶层形状”按钮，此时画面效果如图 7-122 所示。

STEP 6 在选项栏中的“路径操作”中选择“合并形状组件”按钮，在弹出的对话框中单击“是”按钮，此时画面效果如图 7-123 所示。

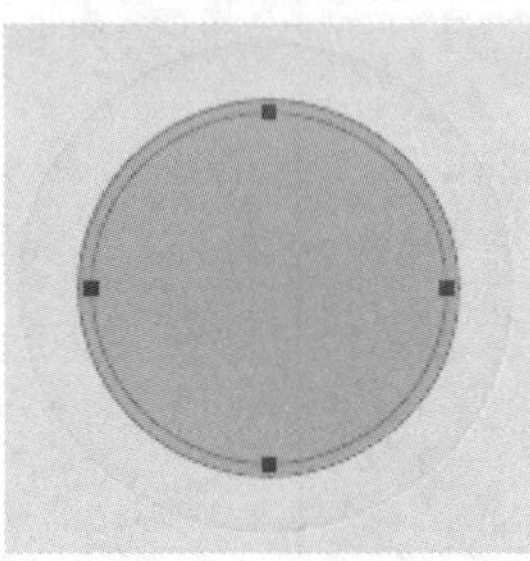
图7-121　选择形状路径

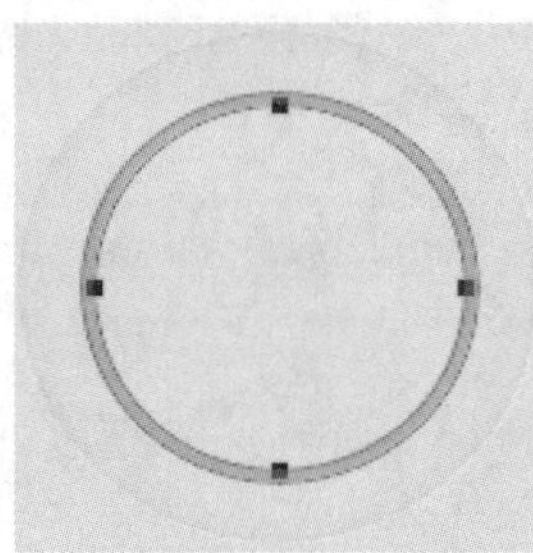
图7-122　“减去顶层形状”操作

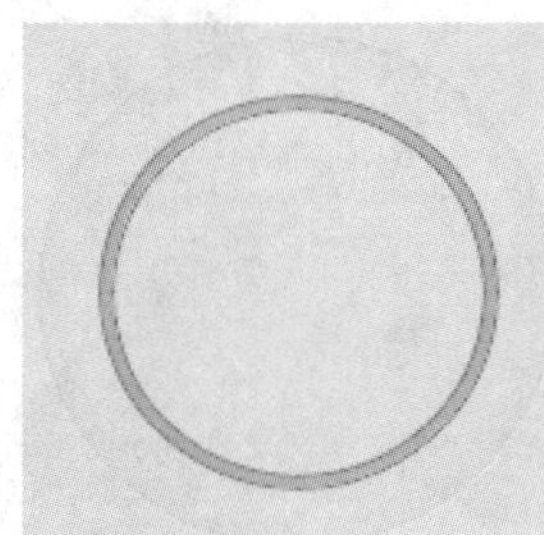
图7-123　“合并形状组件”操作

STEP 7 单击“图层”面板下方的“添加图层样式”按钮，选择“内阴影”选项，设置“内阴影”的“不透明度”为 100%、“距离”为 2 像素、“大小”为 2 像素，如图 7-124 所示。

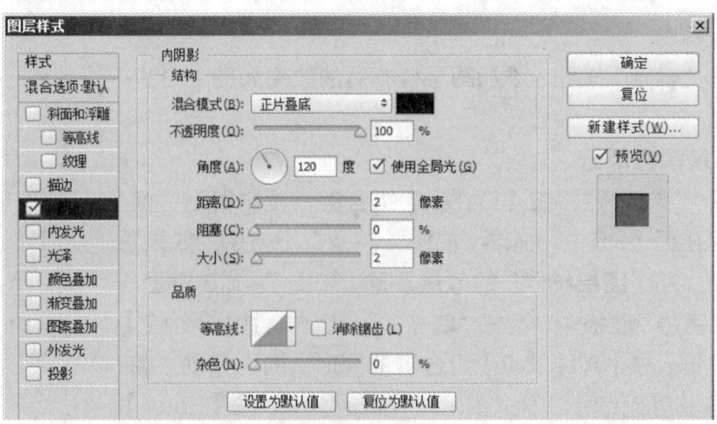

图7-124　“内阴影”设置

STEP 8 选择“渐变叠加”选项，单击“渐变”右侧的颜色条，弹出“渐变编辑器”，设置渐变效果如图 7–125 所示。设置“渐变叠加”的“样式”为角度、“角度”为 0，如图 7–126 所示。

图7–125　“渐变颜色条”设置

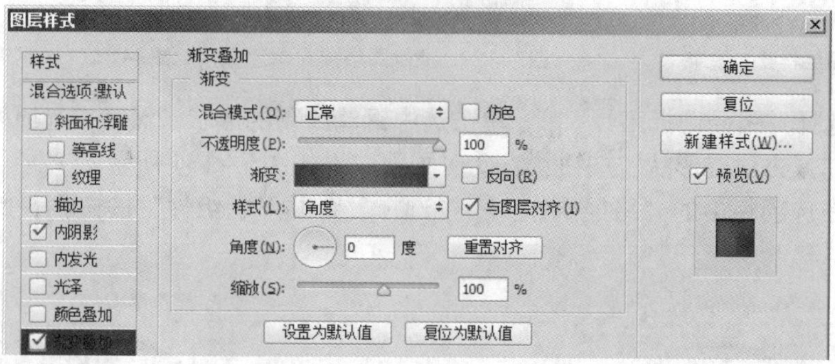

图7–126　“渐变叠加”设置

STEP 9 选择“投影”选项，设置“投影”的“混合模式”为正常、“距离”为 2 像素、“大小”为 2 像素，如图 7–127 所示。

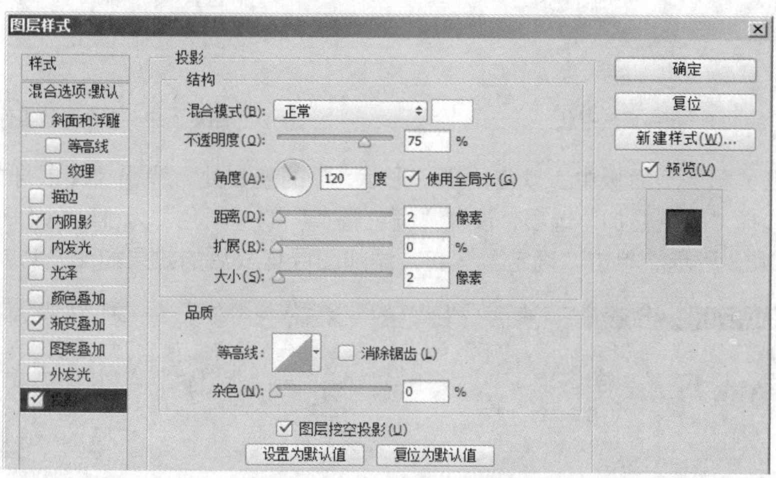

图7–127　“投影”设置

STEP 10 单击“确定”按钮，添加图层样式后的效果如图 7–128 所示。

3. 制作状态条玫红部分

STEP 1 按【Ctrl+J】组合键，复制得到“椭圆 1 拷贝 3”。在“图层”面板中，右击“椭圆 1 拷贝 3”下方的“效果”，在弹出的菜单列表中选择“清除图层样式”选项，如图 7–129 所示。

STEP 2 选择“钢笔工具”，在画布中绘制一个如图 7–130 所示的形状。

STEP 3 在“图层”面板中，同时选中“椭圆 1 拷贝 3”和“形状 1”，按【Ctrl+E】组合键，将其合并。

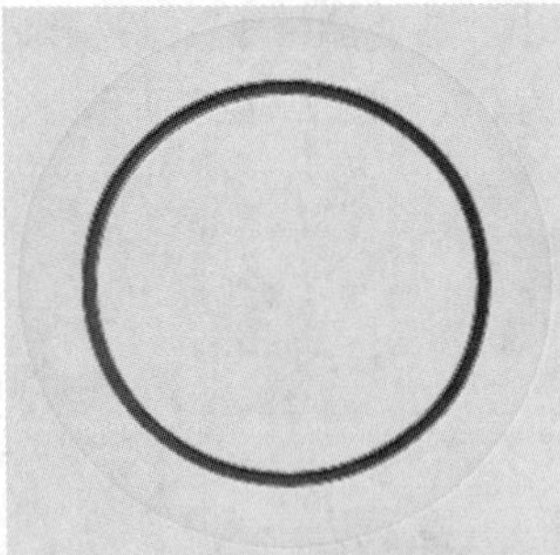

图7-128 “图层样式”效果

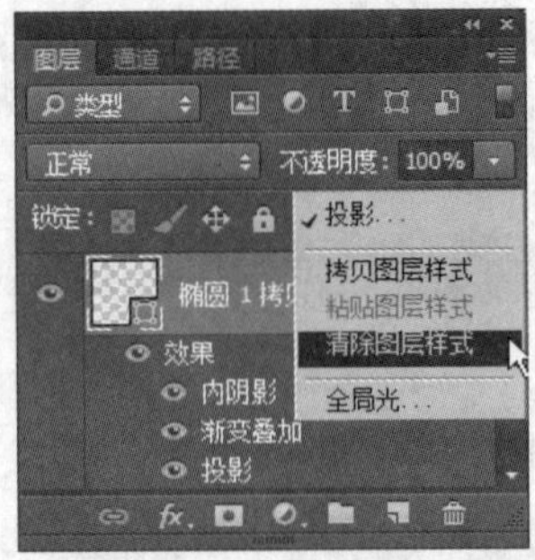

图7-129 清除图层样式

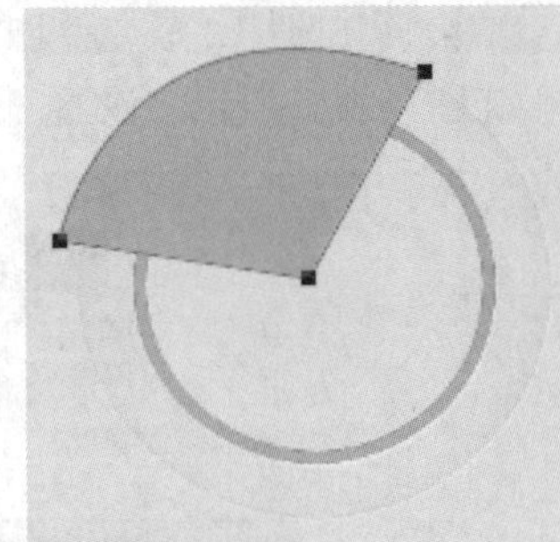

图7-130 “钢笔工具”绘制形状

STEP 4 选择“路径选择工具”，单击选中钢笔绘制的形状，然后在选项栏中的“路径操作”中选择“减去顶层形状”按钮，此时画面效果如图 7-131 所示。

STEP 5 在选项栏中的“路径操作”中选择“合并形状组件”按钮，此时画面效果如图 7-132 所示。

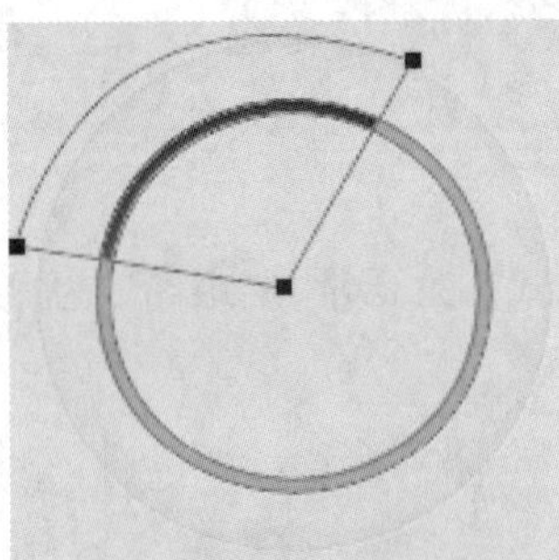

图7-131 减去顶层形状

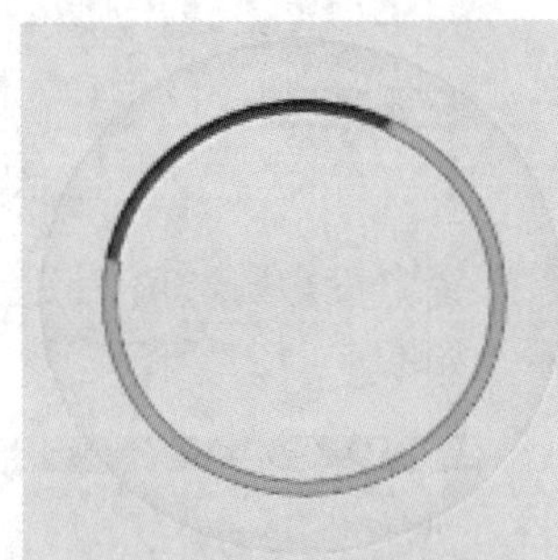

图7-132 合并形状组件

STEP 6 在“图层”面板中，双击图层“形状 1”的空白处，弹出“图层样式”对话框。

STEP 7 选择“颜色叠加”选项，设置“颜色叠加”的“颜色”为桃红色（RGB：255、55、150），如图 7-133 所示。单击“确定”按钮，添加图层样式后的效果如图 7-134 所示。

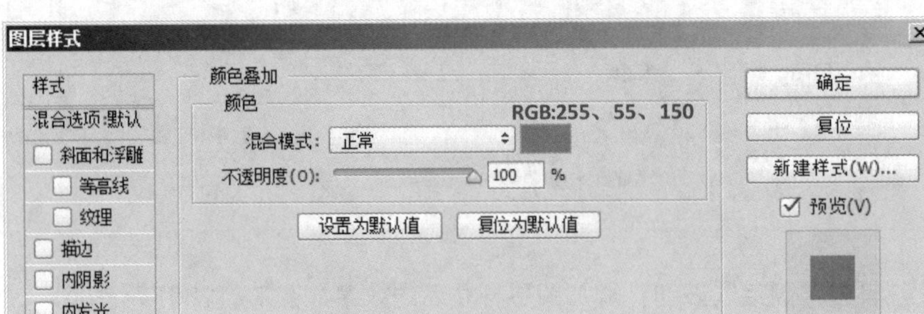

图7-133 “颜色叠加”设置

STEP 8 在“图层”面板中，选择“椭圆 1 拷贝 2”，按【Ctrl+J】组合键，复制得到“椭圆 1 拷贝 3”。调整“椭圆 1 拷贝 3”的图层顺序在“形状 1”之上。

STEP 9 在“图层”面板中，设置“椭圆 1 拷贝 3”的“不透明度”为 50%、“填充”为 0%。单击其“渐变叠加”名称前的眼睛图标，将“渐变叠加”效果隐藏，效果如图 7-135 所示。

4. 制作指针部分

STEP 1 选择“矩形工具”，在画布中绘制一个灰色（RGB：200、200、200）矩形作为刻度，得到“矩形 1”，如图 7–136 所示。

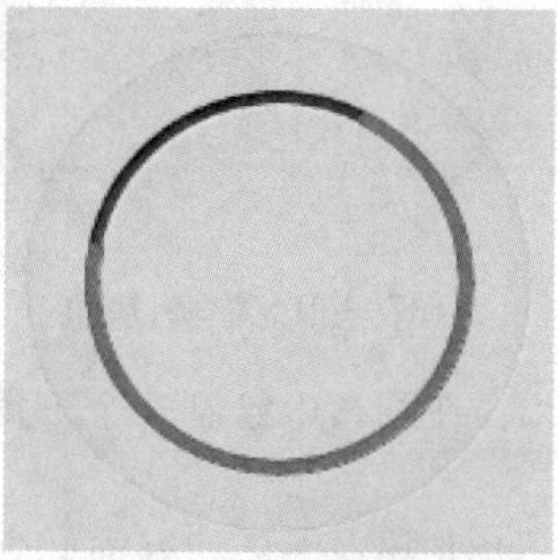

图7–134　图层样式效果

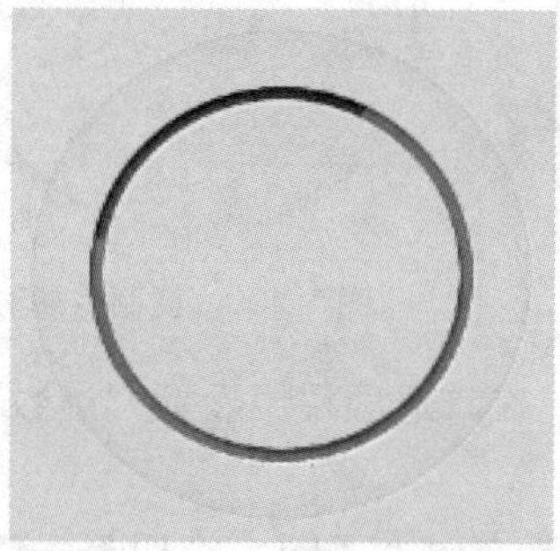

图7–135　隐藏渐变叠加效果

图7–136　绘制矩形

STEP 2 在“图层”面板中，双击图层“矩形 1”的空白处，弹出“图层样式”对话框。

STEP 3 选择“斜面和浮雕”选项，设置“斜面和浮雕”的“方向”为下、“大小”为 1 像素、“阴影模式”的“颜色”为灰色（RGB：170、170、170），如图 7–137 所示。单击“确定”按钮，添加图层样式后的效果如图 7–138 所示。

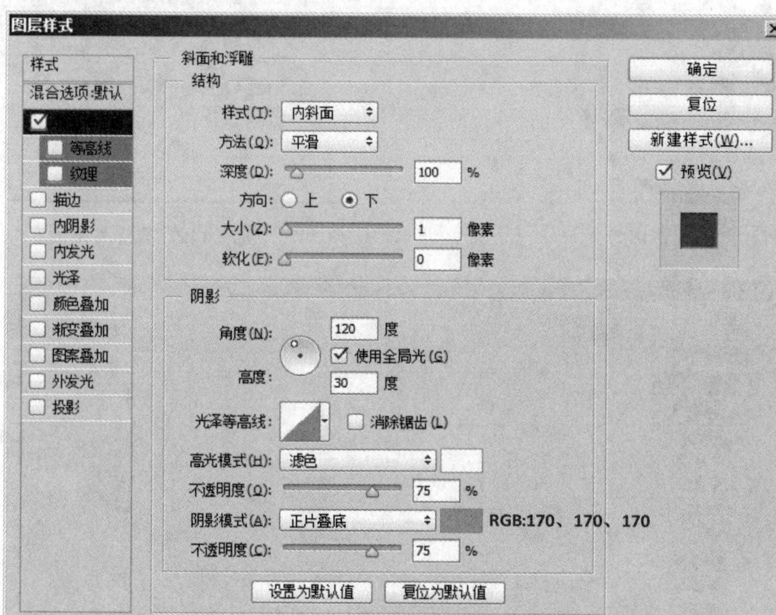

图7–137　“斜面和浮雕”设置

STEP 4 按【Ctrl+J】组合键，复制得到“矩形 1 拷贝”。选择“移动工具”，按住【Shift】键的同时，将其移至适当的位置，如图 7–139 所示。

STEP 5 在“图层”面板中，同时选中“矩形 1”和“矩形 1 拷贝”。按【Ctrl+J】组合键，得到两个复制图层。按【Ctrl+T】组合键，将其旋转 90°，效果如图 7–140 所示。

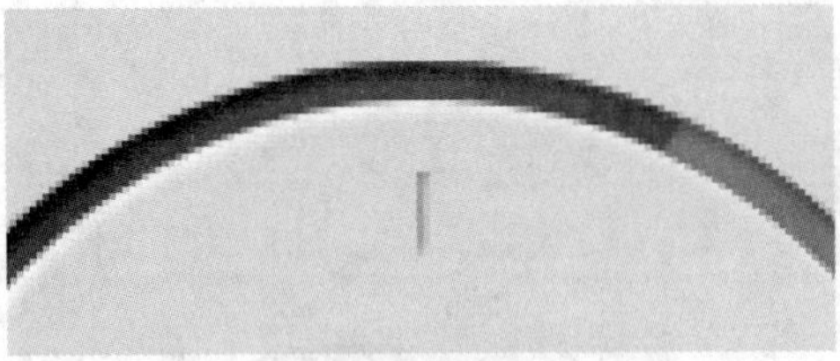

图7-138　“斜面和浮雕”效果

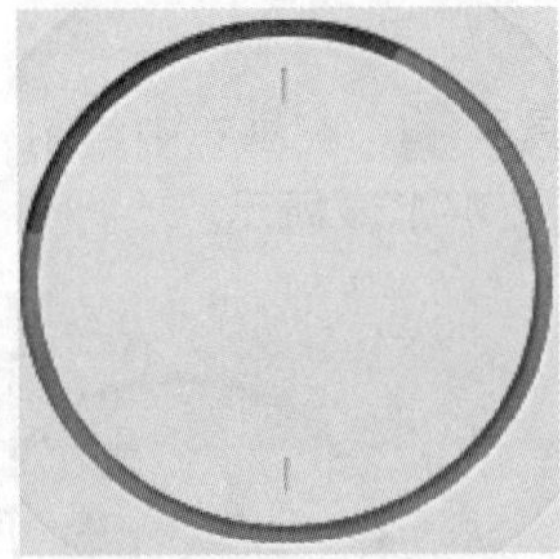

图7-139　复制并移动

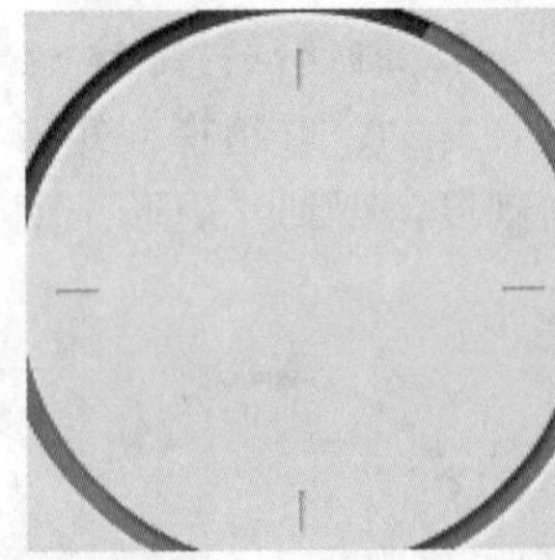

图7-140　复制并旋转

STEP 6 选择“多边形工具”，在其选项栏中设置“边数”为 3，在画布中绘制一个三角形，如图 7-141 所示。

STEP 7 在“图层”面板中，单击面板下方的“添加图层样式”按钮，选择“斜面和浮雕”选项，设置“斜面和浮雕”的“深度”为 50%、“大小”为 3 像素、“光泽等高线”如图 7-142 所示，“高光模式”的“不透明度”为 15%、“阴影模式”的“不透明度”为 32%，如图 7-143 所示。

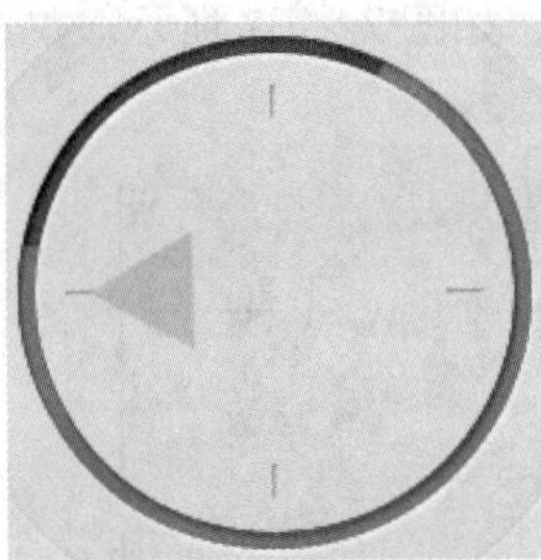

图7-141　绘制三角形

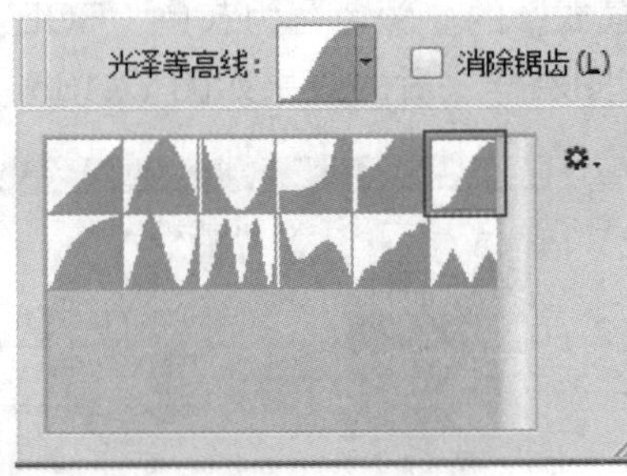

图7-142　光泽等高线

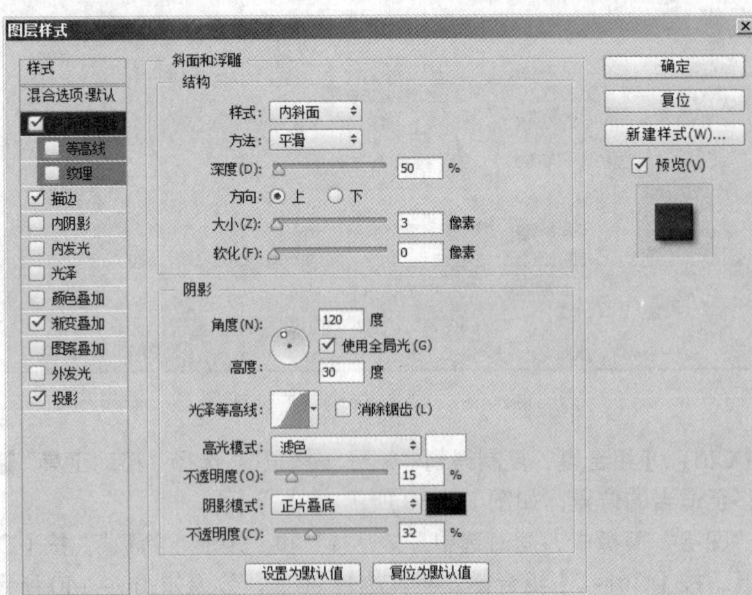

图7-143　“斜面和浮雕”设置

STEP 8 单击“描边”选项，设置“大小”为 1 像素、“不透明度”为 62%，具体参数如图 7–144 所示。

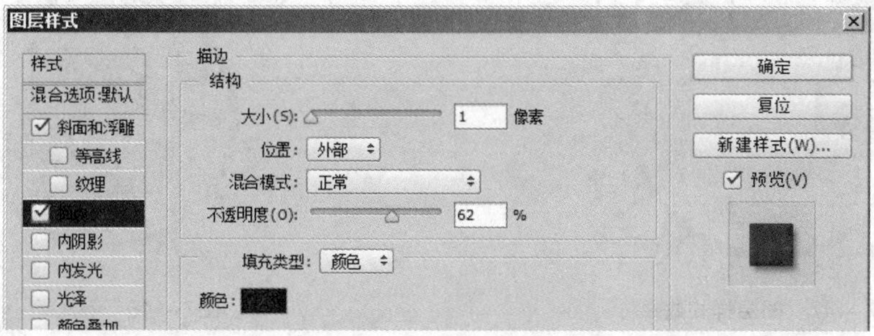

图7–144　“描边”设置

STEP 9 单击“渐变叠加”选项，单击“渐变”右侧的“渐变颜色条”，在弹出的“渐变编辑器”中设置渐变如图 7–145 所示，单击“确定”按钮。

图7–145　渐变效果设置

STEP 10 单击“投影”选项，设置“混合模式”为正常、“不透明度”为 50%、“距离”为 5 像素、“大小”为 5 像素，具体参数如图 7–146 所示。

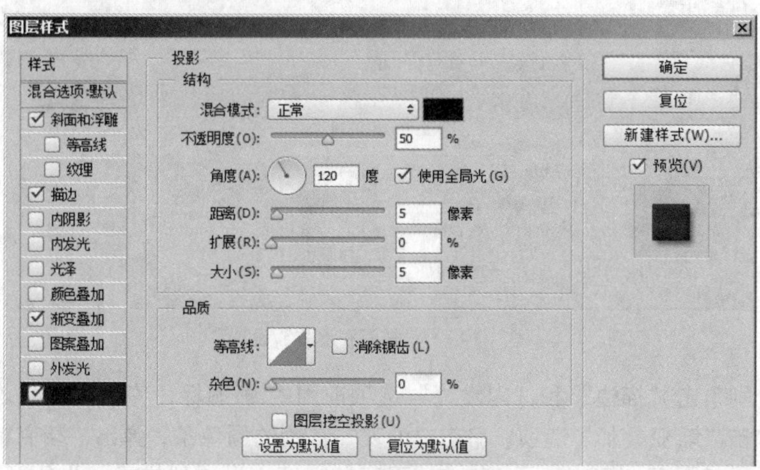

图7–146　“投影”设置

STEP 11 单击“确定”按钮，添加图层样式后的效果如图 7–147 所示。

5. 制作金属旋转按钮部分

STEP 1 在“图层”面板中，选择“椭圆 1”。按【Ctrl+J】组合键，得到“椭圆 1 拷贝”。调整“椭圆 1 拷贝”图层顺序到所有图层之上。

STEP 2 在“图层”面板中，调整“椭圆 1 拷贝”的“填充”为 100%。按【Ctrl+T】组合键，调出定界框。按【Alt+Shift】组合键的同时，向内拖动角点将其等比缩小，大小如图 7–148

所示。按【Enter】键确定自由变换。

图7-147　图层样式效果

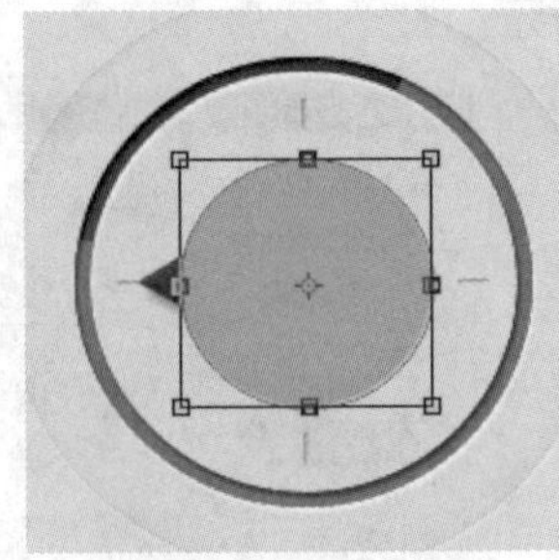

图7-148　等比缩小

STEP 3 双击“椭圆 1 拷贝”下方的“效果”图标，弹出“图层样式”对话框。选择“斜面和浮雕”选项，设置“斜面和浮雕”的“大小”为 3 像素、“高光模式”的“不透明度”为 100%、“阴影模式”的“不透明度”为 19%，如图 7-149 所示。

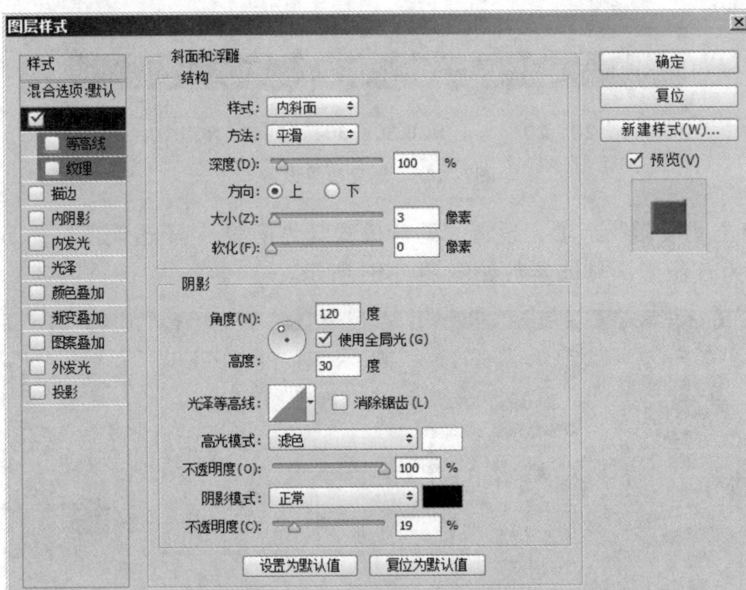

图7-149　“斜面和浮雕”设置

STEP 4 分别单击“描边”和“内发光”选项前面的☑图标，停用其样式效果。

STEP 5 单击“渐变叠加”选项，单击“渐变”右侧的颜色条，弹出“渐变编辑器”对话框，设置“渐变”效果如图 7-150 所示，单击“确定”按钮。设置“样式”为角度、“角度”为 13 度，具体参数如图 7-151 所示。

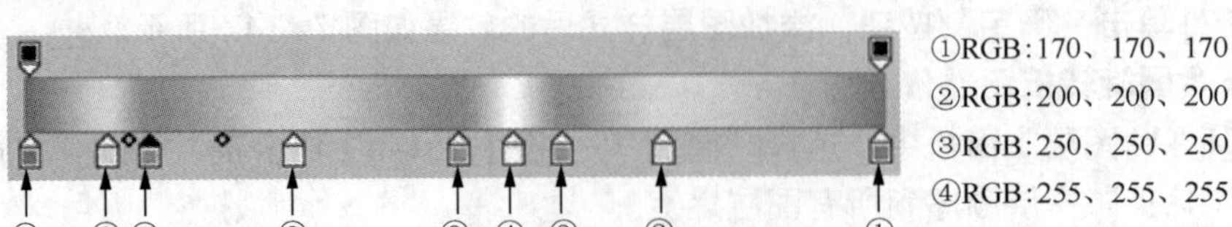

图7-150　“渐变编辑器”设置

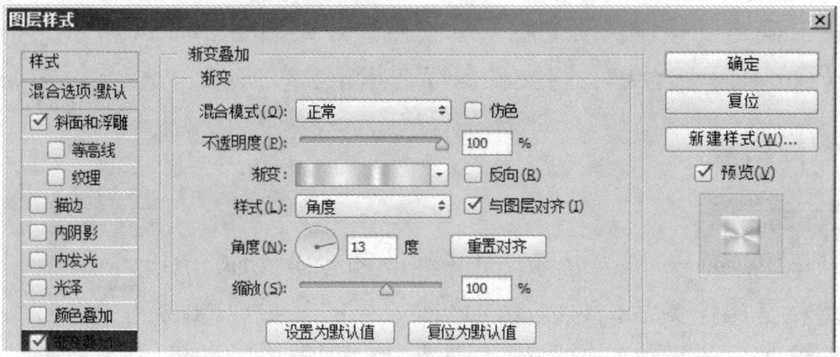

图7-151　“渐变叠加”设置

STEP 6 单击“外发光”选项，设置“不透明度”为 10%、“颜色”为黑色、“大小”为 5 像素，具体参数如图 7-152 所示。

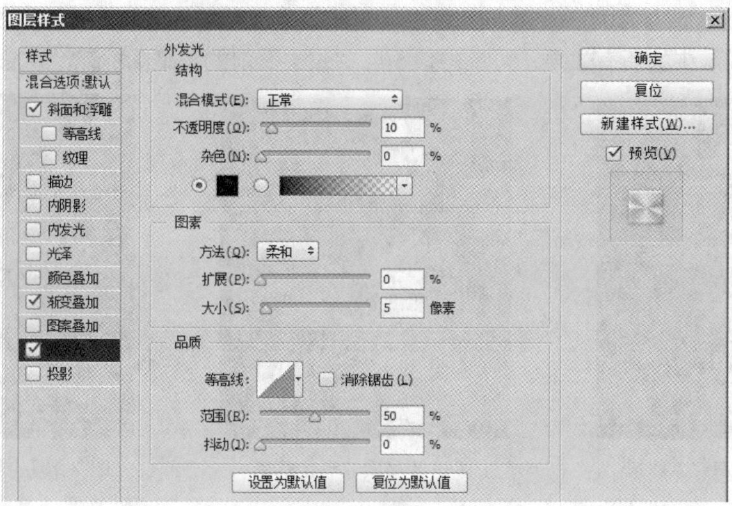

图7-152　“外发光”设置

STEP 7 单击“投影”选项，设置“混合模式”为正片叠底、“不透明度”为 12%、勾去“使用全局光”“距离”为 6 像素、“大小”为 15 像素，具体参数如图 7-153 所示。

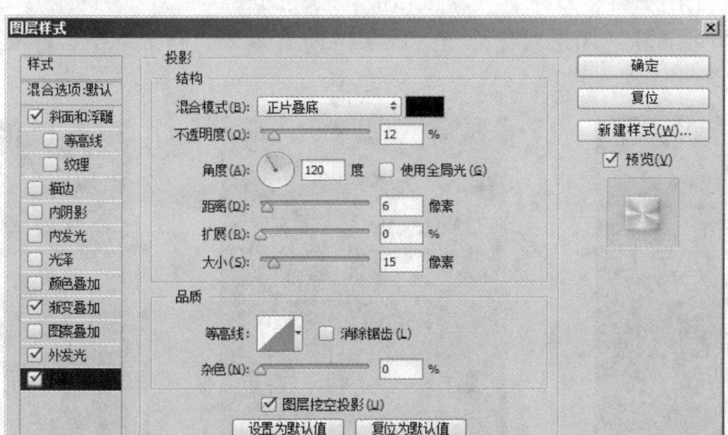

图7-153　“投影”设置

STEP 8 单击“确定”按钮，添加图层样式后的效果如图 7-154 所示。

STEP 9 按【Ctrl+S】组合键，将文件保存在指定文件夹中。

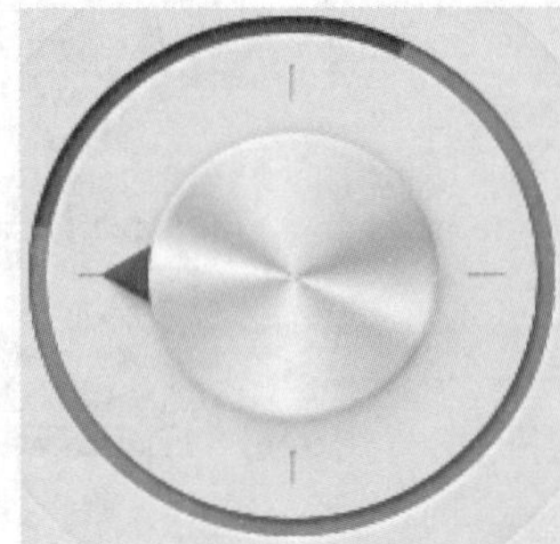
图7-154 图层样式效果

7.4.4 知识点讲解

1. 编辑图层样式

“图层样式”与“图层”一样，也可以进行修改和编辑操作。图层样式的最大优点就是操作灵活，可以随时修改效果的参数、隐藏效果、复制或者删除效果，而进行这些操作都不会对图层中的图像产生任何影响。

（1）显示与隐藏图层样式

在“图层”面板中，和显示图层类似，“效果”前面的眼睛图标用来控制“效果”的可见性，如图 7-155 所示。如果要隐藏一个效果，可以单击该效果名称前的眼睛图标，如图 7-156 所示。如果要隐藏一个图层中的所有效果，可单击该图层“效果”前的眼睛图标，如图 7-157 所示。

图7-155 图层样式效果

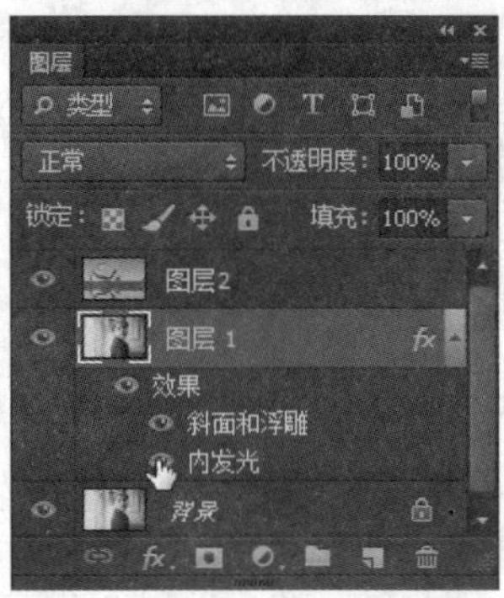

图7-156 隐藏一个效果

图7-157 隐藏所有效果

（2）修改与删除图层样式

添加“图层样式”后，在“图层”面板的相应图层中会显示图标fx。在添加的图层样式名称上双击，如图 7-158 所示。再次打开“图层样式”对话框，对参数进行修改即可。

如果要删除一个图层样式效果，可以将它拖动到“图层”面板下方的按钮上，如图 7-159 所示，释放鼠标即可删除。如果要删除一个图层的所有效果，将效果图标fx拖动到按钮上即可，如图 7-160 所示。

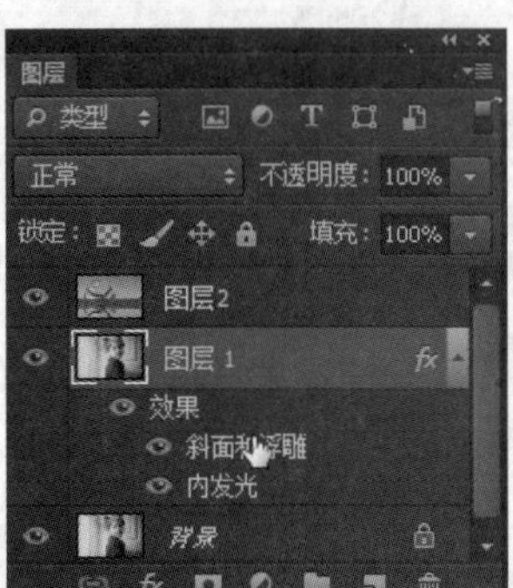

图7-158 选择修改图层样式

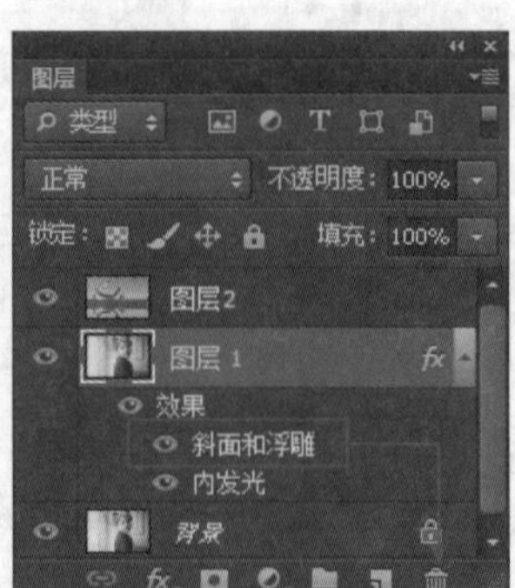

图7-159 删除一个图层效果

图7-160 删除所有效果

（3）复制与粘贴图层样式

复制与粘贴图层样式，可以减少重复性操作，提高工作效率。在添加了图层样式的图层上右击，在弹出的快捷菜单中选择“拷贝图层样式”命令，如图 7–161 所示。然后，在需要粘贴的图层上右击，在弹出的菜单中选择“粘贴图层样式”命令，如图 7–162 所示。此时，被拷贝的图层样式效果都已复制到目标图层中，如图 7–163 所示。

图7–161　“拷贝图层样式”命令

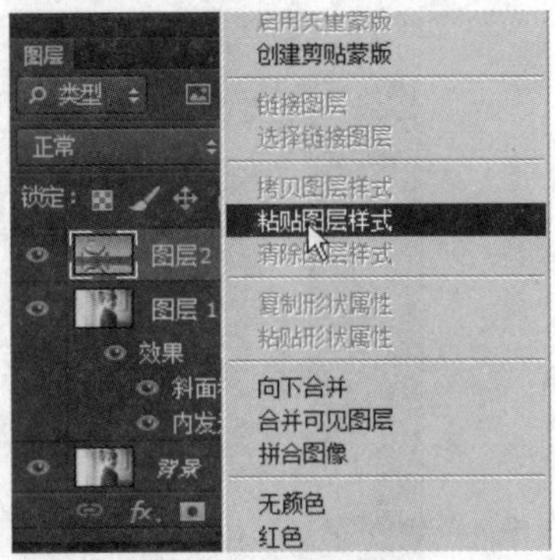

图7–162　“粘贴图层样式”命令

图7–163　复制图层样式效果

值得一提的是，按住【Alt】键不放，将效果图标 fx 从一个图层拖动到另一个图层，可以将该图层的所有效果都复制到目标图层。如果只需要复制一个效果，可以在按住【Alt】键的同时拖动该效果的名称至目标图层。

2. 斜面和浮雕

“斜面和浮雕”效果可以为图形对象添加高光与阴影的各种组合，使图形对象内容呈现立体效果。在“图层样式”对话框中选择“斜面和浮雕”选项，即可切换到“斜面和浮雕”参数设置面板，如图 7–164 所示。

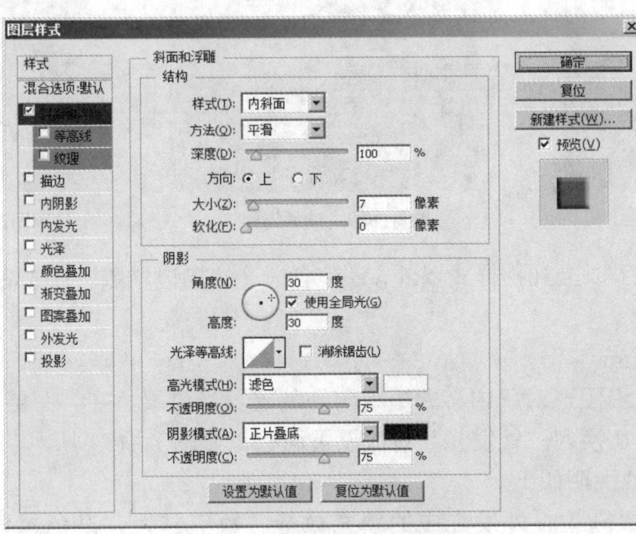

图7–164　“斜面和浮雕”参数设置

对“斜面和浮雕”参数设置面板主要选项的说明如下。

- 样式：在该下拉列表中可选择不同的斜面和浮雕样式，得到不同的效果。

• 方法：用来选择一种创建浮雕的方法。

• 深度：用于设置浮雕斜面的应用深度，数值越高，浮雕的立体性越强。

• 角度：用于设置不同的光源角度。

图 7–165 所示为素材图像“Mr.Pizza.psd”，分别为其添加“外斜面”“内斜面”“浮雕效果”“枕状浮雕”和“描边浮雕”样式，效果如图 7–166 至图 7–170 所示。

图7–165　原素材

图7–166　外斜面

图7–167　内斜面

图7–168　浮雕效果

图7–169　枕状浮雕

图7–170　描边浮雕

“斜面和浮雕”除了以上几种样式以外，还包含一个“描边浮雕”样式，它是应用于图层“描边”边界的效果。

3. 内发光与外发光

“外发光”效果是沿图形对象内容的边缘向外创建发光效果。在“图层样式”对话框中单击“外发光”选项，即可切换到“外发光”参数设置面板，如图 7–171 所示。

其中，主要选项的说明如下。

• 杂色：用于设置颗粒在外发光中的填充数量。数值越大，杂色越多；数值越小，杂色越少。

• 方法：用于设置发光的方法，以控制发光的准确程度，包括“柔和”和“精确”两个选项。

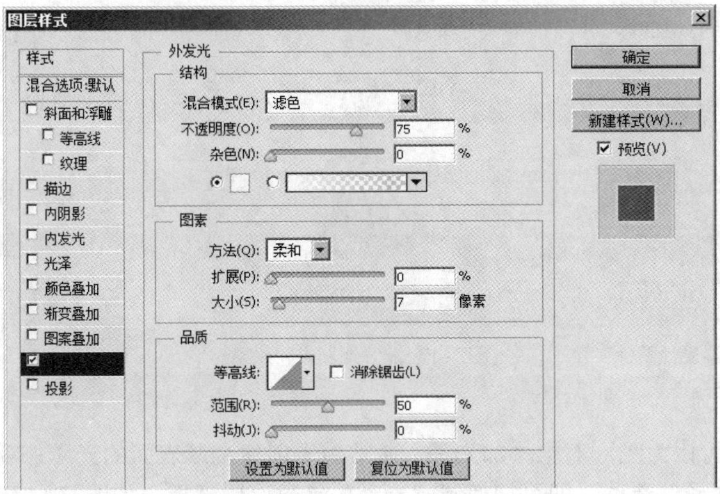

图7-171　“外发光”参数设置

- 扩展：用于设置发光范围的大小。
- 大小：用于设置光晕范围的大小。

“内发光”效果是沿图层内容的边缘向内创建发光效果。在“图层样式”对话框中选择“内发光”复选框，即可切换到“内发光”参数设置面板，如图 7-172 所示。

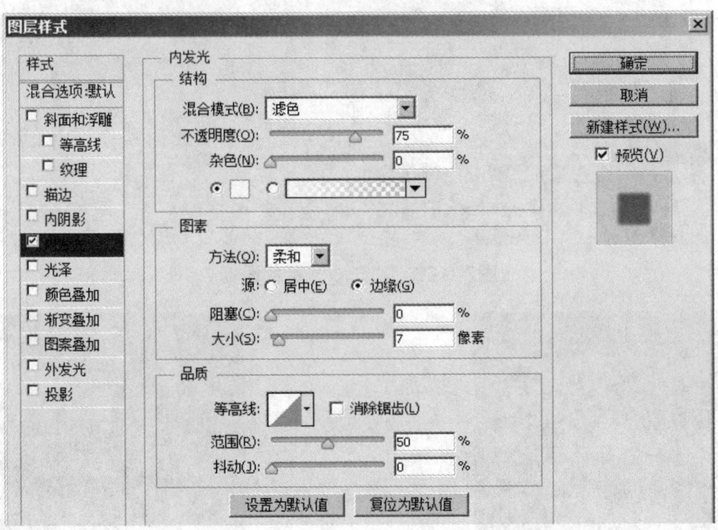

图7-172　“内发光”参数设置

其中，主要选项的说明如下。

- 源：用来控制发光光源的位置，包括“居中”和“边缘”两个选项。选择“居中”，将从图像中心向外发光；选中“边缘”，将从图像边缘向中心发光。
- 阻塞：用于设置光源向内发散的大小。

“外发光”和“内发光”都可以使图像边缘产生发光的效果，只是发光的位置不同。图 7-173 所示为素材图像“温度计图标.psd”，水银部分添加“外发光”后的效果如图 7-174 所示，添加“内发光”后的效果如图 7-175 所示。

图7-173 素材“温度计图标”

图7-174 “外发光”效果

图7-175 “内发光”效果

4. 光泽

“光泽”效果可以为图形对象添加光泽，通常用于创建金属表面的光泽外观。在“图层样式”对话框中选择“光泽”选项，即可切换到“光泽”参数设置面板，如图 7-176 所示。该效果没有特别的选项，但可以通过选择不同的“等高线”来改变光泽的样式。图 7-177 所示为素材图像“樱桃.psd”，添加“光泽”后的效果如图 7-178 所示。

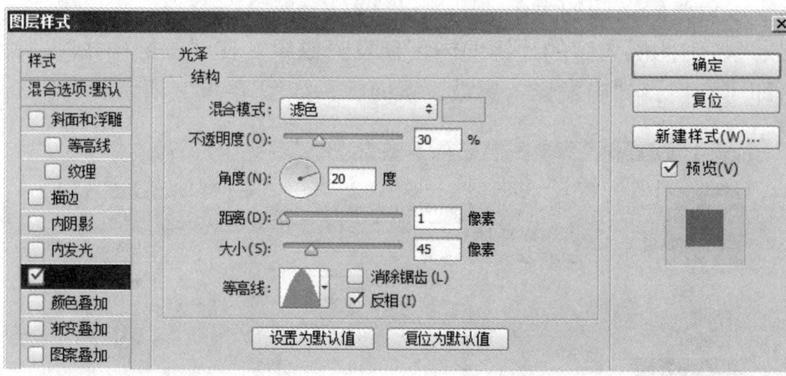

图7-176 “光泽”参数设置

图7-177 素材图像“樱桃”

图7-178 “光泽”效果

7.5 课后练习

学习完 UI 设计的内容，下面来完成课后练习吧！

请使用图层样式表现如图 7-179 所示的 UI 图标效果。

图7-179　UI图标练习

Photoshop CC

8 Chapter

情境 8 网页设计

学习目标

- 熟悉网页设计的基本流程，掌握网页设计的方法和技巧
- 掌握图像处理的基本方法，能够运用色阶、色相饱和度等工具处理图像
- 掌握通道的基本原理，能够运用通道调色和抠图

图像修饰对画面表现有非常重要的作用，它可以修改图像、营造氛围、调节色彩，使画面更具表现力。Photoshop CC 拥有强大的修饰图像功能，本情境将运用 Photoshop 中图像修饰的相关知识，制作网页中的常见模块。

8.1 网页设计简介

网页设计是网站功能策划以及页面美化的相关工作，目的是通过使用更合理的颜色、字体、图片、样式进行页面设计美化，吸引用户，提升企业的互联网品牌形象，尽可能给予用户完美的视觉体验。

在网页设计中，根据网站内容和用户群的不同，可以把网站分为个人网站、企业类网站、机构类网站、娱乐休闲类网站、行业信息类网站、购物类网站和门户类网站，如图 8-1～图 8-5 列举了一些常见类型的网站。

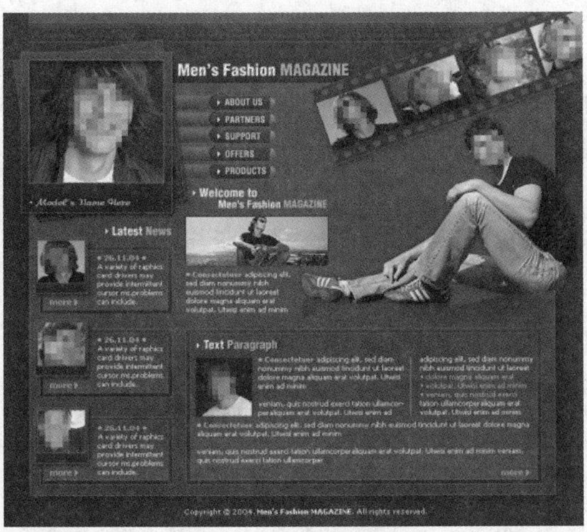

图8-1　个人类网站

图8-2　企业类网站

图8-3　娱乐休闲类网站

图8-4　购物类网站

图8-5　门户类网站

8.1.1　网页设计的基本结构

1. 页眉

页眉（Header）是显示在网页顶部的文本块和图像，是网站访问者在网页中第一眼接收到的元素，因此创建具有吸引力的页眉是网站设计中非常重要的部分。页眉部分主要包括网站标识、引导栏和导航栏 3 部分，具体介绍如下。

- **网站标识**：网站标识就是网站经营者为把自己的网站区别开来而给网站所起的名称或所加的特殊性标志，一般出现在页眉的左上角，如图 8-6 ~ 图 8-9 所示，即为一些知名的网站标识。

图8-6　淘宝网站标识

图8-7　优酷网站标识

图8-8　百度网站标识

图8-9　新浪网站标识

- **引导栏**：引导栏在网站的最上面，一般有登录、注册或个人信息等功能，如图 8-10 ~ 图 8-12 所示，即为一些网站的引导栏。

图8-10　网易引导栏

图8-11　搜狐引导栏

图8-12　淘宝引导栏

- **导航栏**：导航是指位于页眉区域的，在页眉横幅图片上边或下边的一排水平导航按钮，它起着链接整个网站中各个子级页面的作用，如图 8-13 ~ 图 8-15 所示。

通过图 8-13 ~ 图 8-15 容易看出，导航栏均以文字为主，方向可以为横向或者竖向。通过导航栏，访问者可以准确、快速地找到所需要的资源区域。

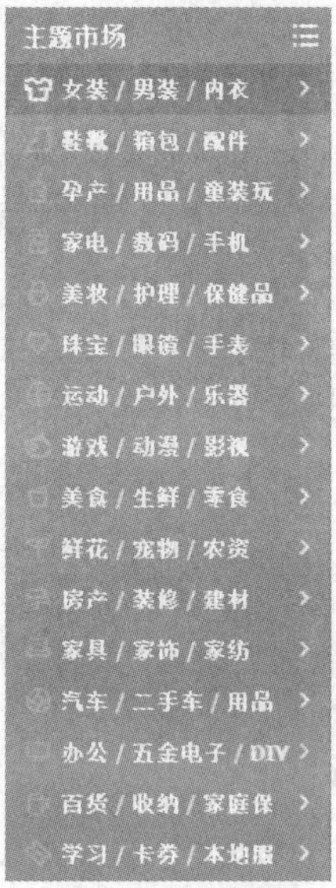

图8–13　购物类网站竖向导航栏1

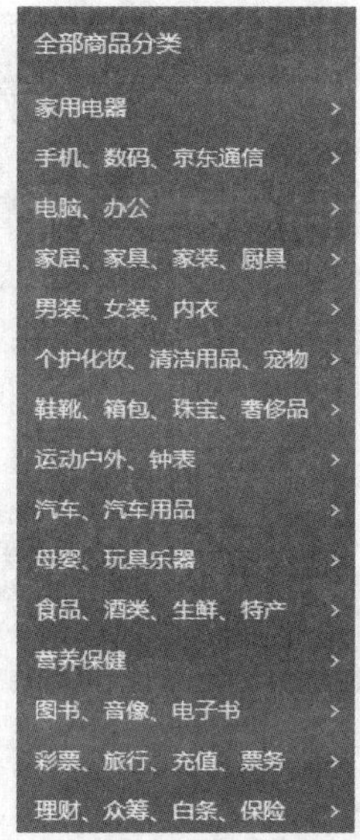

图8–14　购物类网站竖向导航栏2

图8–15　新闻网站横向导航栏

2. Banner 广告

Banner 广告一般在网站页眉的下方位置，通常是用图片幻灯片的形式对产品或者活动进行介绍，浏览者会以点击链接的形式了解详情。Banner 也是网站收益的一个主要来源，具体如图 8–16 ~ 图 8–18 所示。关于 Banner 的设计原则详见情境 3。

图8–16　电商类网站Banner1

图8–17　电商类网站Banner2

图8–18　旅游类网站Banner

3. 内容

网页内容是指网页上一切可供浏览者提取的信息，以及能够充分利用的东西，通常包括文字、图片和音视频 3 部分，具体介绍如下。

- **文字内容**：文字是网页上最重要的信息载体和交流工具，网页中的主要信息一般都以文字的形式为主，是构成网页的基本元素之一。
- **图片内容**：图片是构成网页的另一基本元素，在网页中具有提供信息并展示直观形象的作用，如图 8-19 和图 8-20 所示，即为网页中的图片内容。

图8-19　图文混合

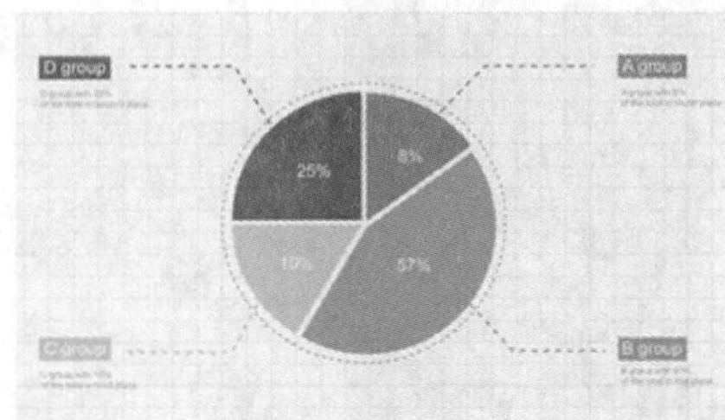

图8-20　统计图

- **音视频**：音视频是网页的重要组成部分，能够有效地吸引访问者、丰富网站的内容、增强网页的感染力，如图 8-21 所示，即为网页中的视频播放界面。

图8-21　视频内容

4. 页脚

页脚在整张网页的最底端，也是网站最重要的部分之一。一个网页如果没有了页脚，就像一篇好的文章没有结尾一样，让人感到头重脚轻，既不美观也不协调。图 8-22 和图 8-23 所示，即为网页的页脚部分。

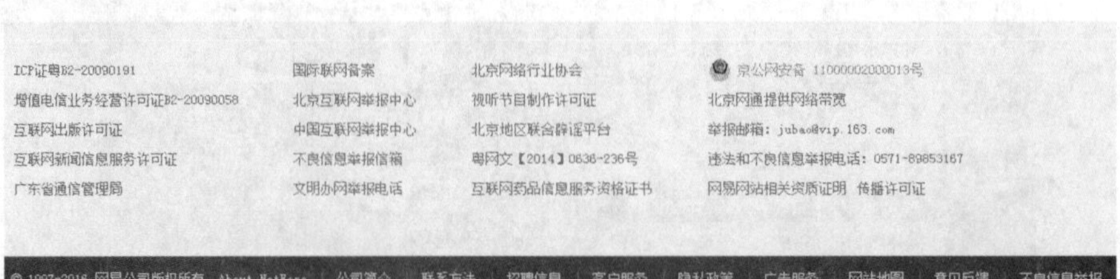

图8-22　网易网站页脚

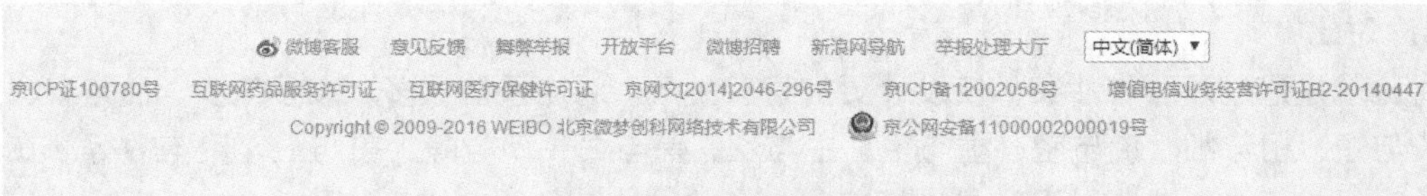

图8-23 新浪微博网站页脚

通常，页脚部分主要以文字为主，通过简单的排列，显示网站的附加信息。作为网站的基本结构之一，页脚的设计虽然简单，但不可或缺。

8.1.2 网页设计的基本原则

一个优秀的网页，在设计中通常会遵循相应的设计原则。网页设计原则主要包括统一、连贯、分割、对比及和谐等几个方面，具体解释如下。

1. 统一

统一是指设计作品的整体性和一致性。在网页设计中，作品的整体效果是至关重要的，设计时强调其整体性，可以使受众更快捷、更准确、更全面地认识网页。通常，网页设计的统一原则主要包括字体、字号、色调、图标元素的统一等，如图 8-24 和图 8-25 所示。

图8-24 文字样式统一

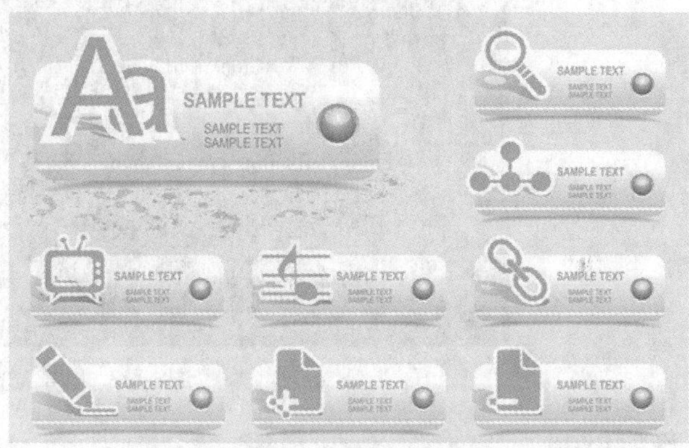

图8-25 图标色彩统一

2. 连贯

连贯是指要注意页面的相互关系。设计中应注意各组成部分在内容上的内在联系和表现形式上的相互呼应，保持整个页面设计风格的一致性，实现视觉上和心理上的连贯，使整个页面设计的各个部分融洽。

3. 分割

分割是指将页面分成若干小块，小块之间有视觉上的不同，这样可以使观者一目了然。分割是表现形式的需要，也可以被视为对于页面内容的一种归纳。在信息量较大时，为了使页面清晰、明了，通常需要对页面进行有效、合理的分割，如图 8-26 所示。

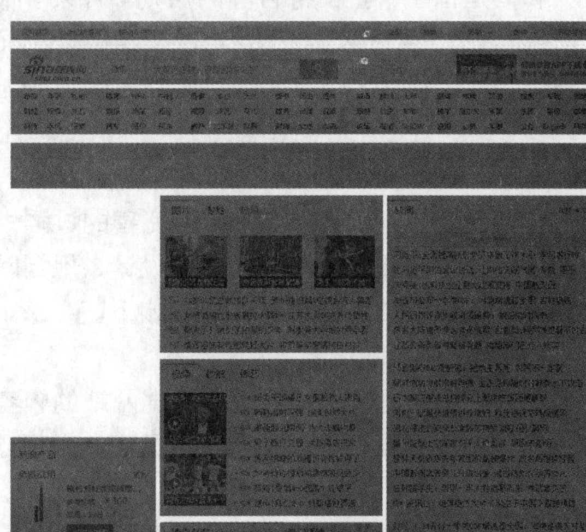

图8-26 新浪网区域划分

4. 对比

对比就是通过矛盾和冲突，使设计更加富有生气。对比手法很多，如多与少、曲与直、强与弱、长与短、粗与细、疏与密、虚与实、主与次、黑与白、动与静、美与丑、聚与散等。在使用对比的时候应慎重，对比过强容易破坏美感，影响统一。如图 8-27 和图 8-28 所示。

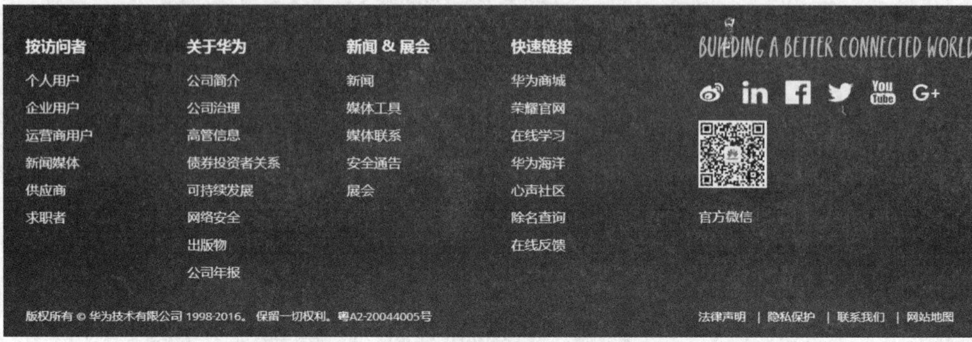

图8-27　颜色对比

图8-28　虚实对比

5. 和谐

和谐是指整个页面符合美的法则。如果一件设计作品仅仅是色彩、形状、线条等的随意混合，那么作品将没有“生命感”。和谐不仅要看结构形式，而且要看作品所形成的视觉效果能否与人的视觉感受形成一种沟通，产生共鸣，这也是设计能否成功的关键。

8.1.3 网页设计的相关流程

网页设计是一个有计划、不断完善的过程，因此在设计中往往需要遵循相关的设计流程。网页的设计流程主要包括网站的主题设计、规划网站内容结构分布、版式版面设计、网页色彩搭配的设计、检测审核内容，具体介绍如下。

1. 网站的主题设计

在进行网站主题设计时，要根据网站的内容类型和方向，设计网站的主题。对主题的定位尽量要小，内容精准，可以有自己的见解，做出自己的风格特色。

2. 规划网站内容结构分布

在网页设计中，规划网站结构也是非常重要的。详细的规划能避免在网站建设中出现的诸多问题，使网站建设能顺利进行。如图 8-29 所示，即为网站规划内容的结构图。

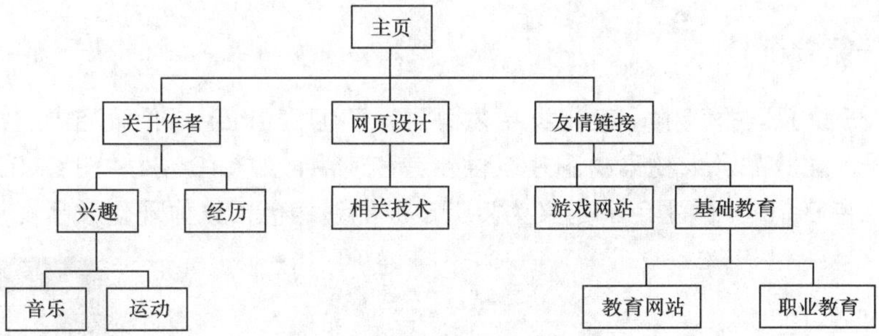

图8-29 网站规划内容和结构

3．版式版面布局设计

有了框架和内容，下一步就需要考虑如何将这些信息展现给访问者，即进入网页版面设计阶段。在版式设计阶段，需要根据特定的主题和内容，把文字、图形图像、动画、视频、色彩等信息传达要素界定在一个范围内，整齐地、有秩序地、具有艺术性地组织在一起，形成美观的页面。

4．网页色彩搭配的设计

一个色彩搭配优秀的网站，可以吸引更多的访问者，并给人留下深刻的印象。在进行网页色彩搭配设计时，应根据主题内容的需要，确定色彩的主次关系、使用面积，适度安排冷暖色调，并注意整体和局部的统一。

5．检查审核内容

当一切工作都已经完成后，在发布网页之前还要检查页面上的超链接是否正确，图片是否正常显示，文字中是否有错别字等，以保证呈现给访问者一个完美的网站。

8.2 任务 20：电商 Banner 设计

通过 8.1 节的学习，相信读者对网页设计的基本模式和相关流程已经有所了解。下面将设计制作一款 Banner，加深读者对网页设计的认识。通过本任务的学习，读者可以掌握混合器画笔工具、颜色替换工具、图层样式混合选项等工具的基本操作。

8.2.1 任务描述

本任务是为 BLUE LOVE 化妆品设计一款 Banner，客户要求突出化妆品的隔离效果。在 Banner 设计中，要着重展现商品优越的修复力及保湿缩水、细致肌肤的功效。最终效果如图 8-30 所示。

图8-30 电商Banner设计图效果展示

8.2.2 任务分析

BLUE LOVE 是我国香港的一家化妆品公司，为了让 Banner 与化妆品内容相协调，公司提供了一系列背景、化妆品及人物素材图片以供参考和使用，如图 8-31 ~ 图 8-33 所示。结合背景素材图片可以将 Banner 的主色调定义为接近皮肤的浅黄色，以体现化妆品修复效果。

图8-31　参考素材图片

图8-32　背景素材图片

图8-33　女模特素材

8.2.3 任务制作

1. 调整素材

STEP 1 打开 Photoshop CC 软件，按【Ctrl+N】组合键，在“新建”对话框中设置“名称”为【任务 20】电商 Banner 设计、“宽度”为 1190 像素、“高度”为 560 像素、“分辨率”为 72 像素/英寸、“颜色模式”为 RGB 颜色、“背景内容”为白色，如图 8-34 所示。单击“确定”按钮，完成画布的创建。

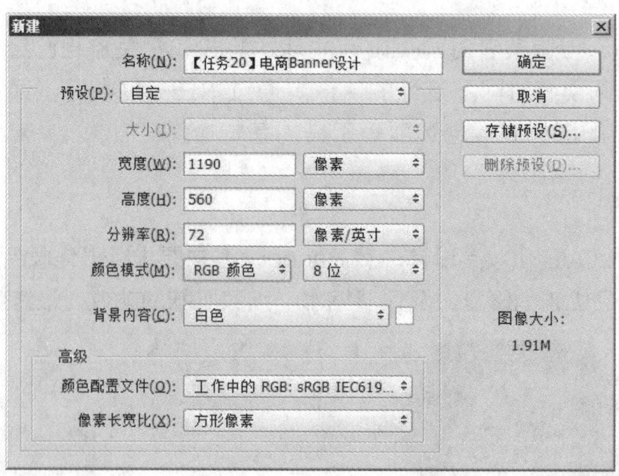

图8-34　“新建”对话框

STEP 2 打开素材图像“背景.jpg”，如图 8-35 所示。

STEP 3 按【Ctrl+O】组合键，在弹出的“打开”对话框中选择“女模特素材.psd”，单击“打开”按钮，打开所选文件，如果 8-36 所示。

STEP 4 在“图层”面板中，单击“图层 2”和“图层 0”图层前的“指示图层可见性”图标，将其隐藏，如图 8–37 所示。

图8–35 背景图

图8–36 女模特素材

STEP 5 在“图层”面板中，选中图层 1，选择“椭圆选框工具”，框选出女模特的脸部，如图 8–38 所示。按【Ctrl+J】组合键，复制得到“图层 4”，如图 8–39 所示。

图8–37 隐藏可见性

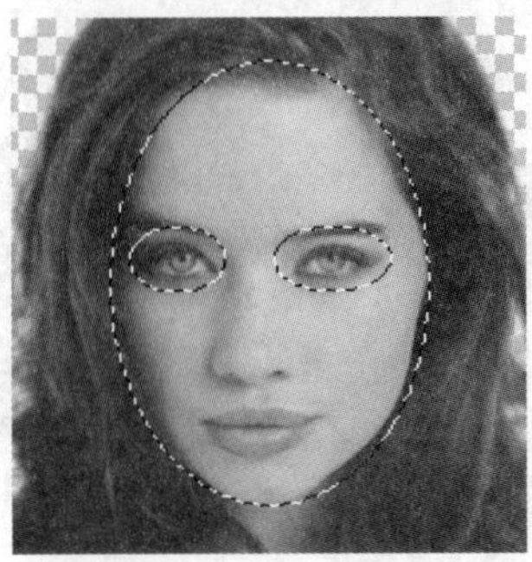
图8–38 做出选区

图8–39 复制图层

STEP 6 在“图层”面板中，选择“图层 4”图层，选择“混合器画笔工具”，如图 8–40 所示。对图像进行涂抹，把皮肤修复干净，效果如图 8–41 所示。

STEP 7 在“图层”面板中的任意一个图层上，右击选择“合并可见图层”命令，拼合可见图层，得到“图层 1”。

STEP 8 选择“红眼工具”，如图 8–42 所示。单击该图层中女模特眼睛红色的位置，达到去除红眼的效果，如图 8–43 所示。

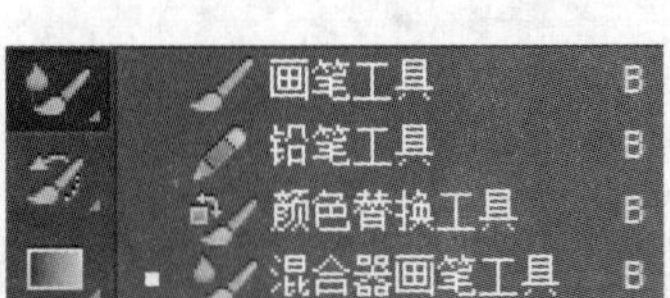

图8–40 混合器画笔工具

图8–41 修复皮肤

图8–42 红眼工具

STEP 9 在“图层”面板中，右击“图层 1”，在弹出的菜单中选择“复制图层”，弹出“复制图层”对话框。在“目标”区域中选择“【任务 20】电商 Banner 设计.psd”，如图 8-44 所示，单击“确定”按钮完成图层的复制。

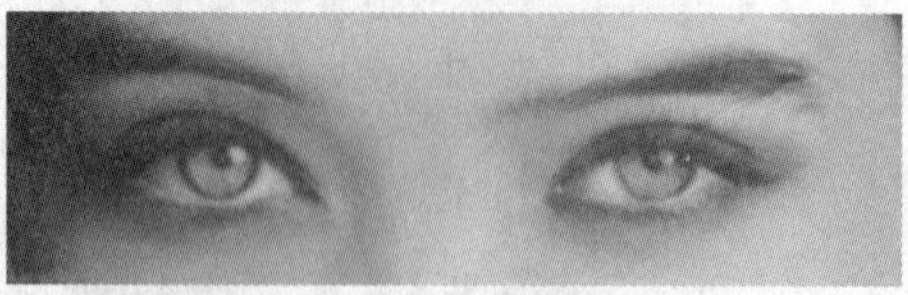
图8-43　去除红眼

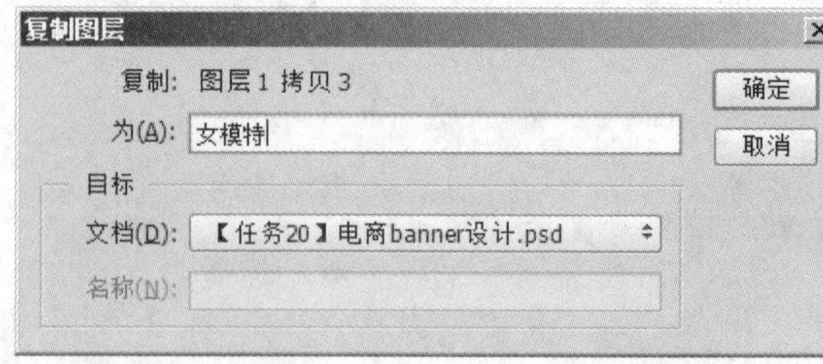

图8-44　“复制图层”对话框

STEP 10 选中“女模特”图层，按【Ctrl + T】组合键，调出定界框，单击“保持长宽比”，设置高度为 560 像素，如图 8-45 所示，按【Enter】键确定。

STEP 11 选择“移动工具”，拖动“女模特”图层至左下方对齐，如图 8-46 所示。

图8-45　调整高度

图8-46　对齐

STEP 12 选择“橡皮擦工具”，如图 8-47 所示。调节“大小”为 150 像素，硬度为 0%，如图 8-48 所示。

STEP 13 在女模特右侧边缘位置进行涂抹，如图 8-49 所示，使边缘过度自然。

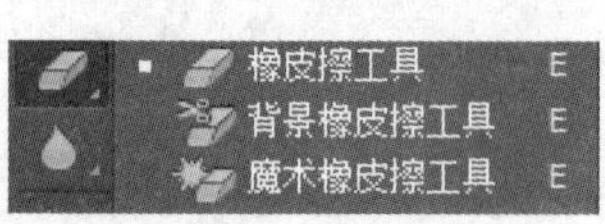

图8-47　橡皮擦工具

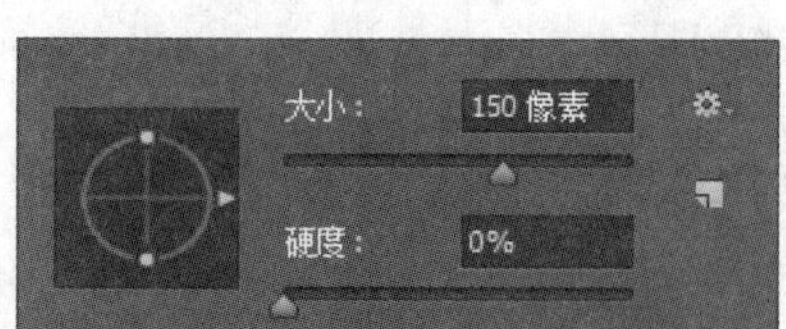

图8-48　调整大小和硬度

图8-49　边缘渐隐效果

STEP 14 打开素材“化妆品.png”，如图 8-50 所示，将其拖至如图 8-51 所示的位置，按【Enter】键确定。

STEP 15 在“图层”面板中选择“化妆品”图层右击，在弹出的菜单中选择“栅格化图层”命令，对图层进行栅格化。

STEP 16 选择“颜色替换工具”，如图 8-52 所示。设置“前景色”为粉红色（RGB：225、50、50），在中间的化妆品（包括倒影）上小心地反复涂抹，可调节画笔大小，做出颜色替换效果，如图 8-53 所示。

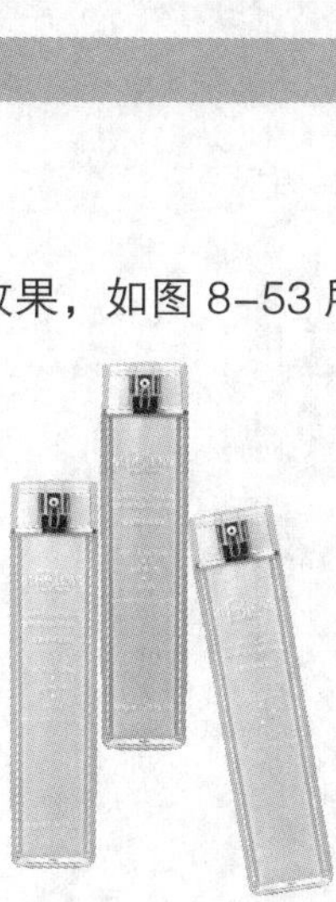

图8-50 化妆品

图8-51 置入“化妆品”素材

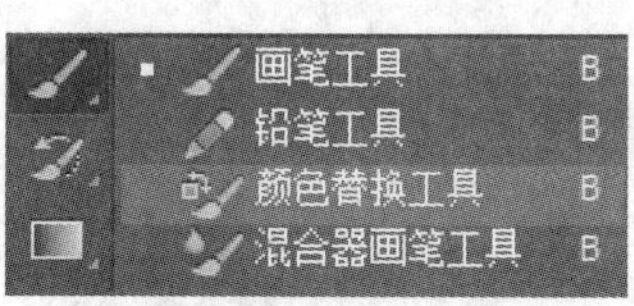

图8-52 颜色替换工具

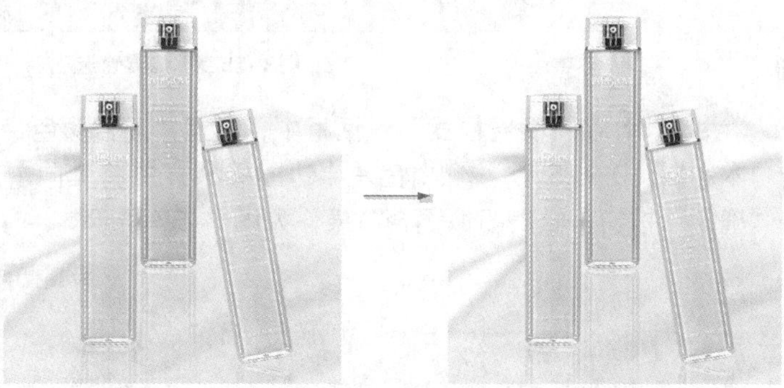

图8-53 颜色替换效果对比

STEP 17 按【Ctrl+Alt+Shift+N】组合键，新建图层并重命名为“云彩”。设置“前景色”为浅粉色（RGB：225、125、125），“背景色”为白色（RGB：225、225、225），执行“滤镜→渲染→云彩”命令，效果如图 8-54 所示。

图8-54 滤镜云彩效果

STEP 18 在“图层”面板下方单击选择“添加图层样式” fx 中的“混合选项”，弹出“图层样式”对话框，如图 8-55 所示。

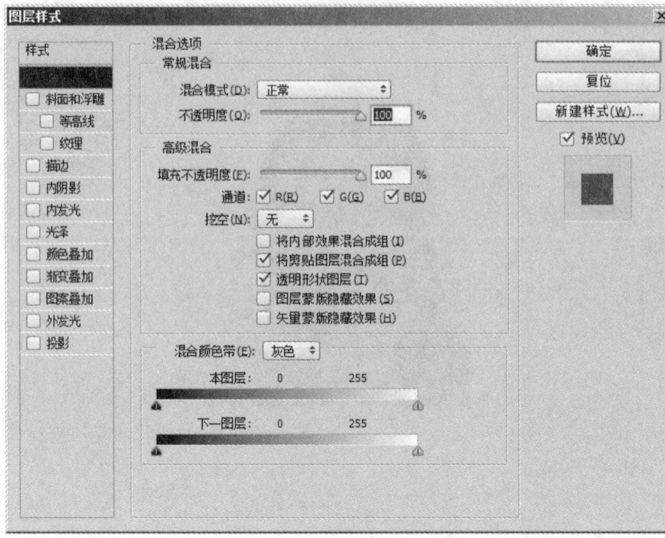

图8-55 图像混合选项

STEP 19 在“图层样式”对话框中，设置“混合颜色带”为灰色，然后按住【Alt】键，单击“本图层：0—255”右侧白色左半边图标，并将其向中间位置拖拽，如图 8-56 所示。单击“确定”按钮，做出图像混合效果，如图 8-57 所示。

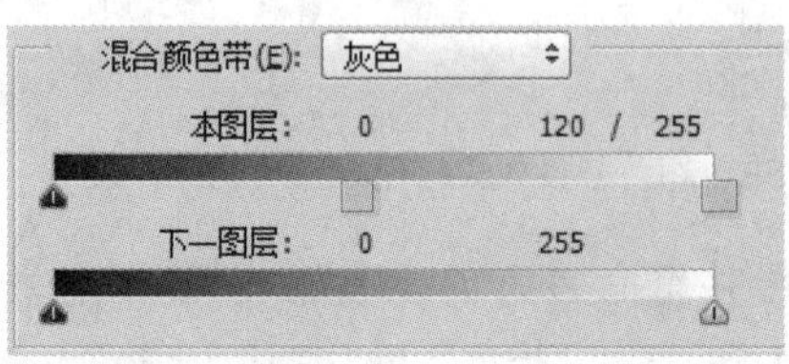

图8-56 设置“混合颜色带”

图8-57 图层混合效果

2. 添加文案

STEP 1 打开素材图像“签名.png”，并将其移动到如图 8-58 所示的位置，按【Enter】键确定。

STEP 2 选择“横排文字工具”，在选项栏中设置“字体”为微软雅黑、“字体大小”为 28 点，“文本颜色”为浅粉色（RGB：242、169、201），输入文字内容“多重隔离”和“给您更周全的”，调整“多重”和“周全”的字号大小和基线偏移位置至图 8-59 所示的样式。

图8-58 调整签名位置

图8-59 文字录入

STEP 3 选择“椭圆工具”，设置“前景色”为浅粉色（RGB：242、169、201），绘制出两个直径为“35 像素”的正圆形状，用“移动工具”将其移至图 8-60 所示的位置。

STEP 4 选择“横排文字工具”，设置“字体”为微软雅黑、“字体大小”为 21 点、“文本颜色”为白色，输入文字内容“防”和“护”。使用“移动工具”将其移至图 8-61 所示的位置，完成粉色广告语部分，效果如图 8-62 所示。

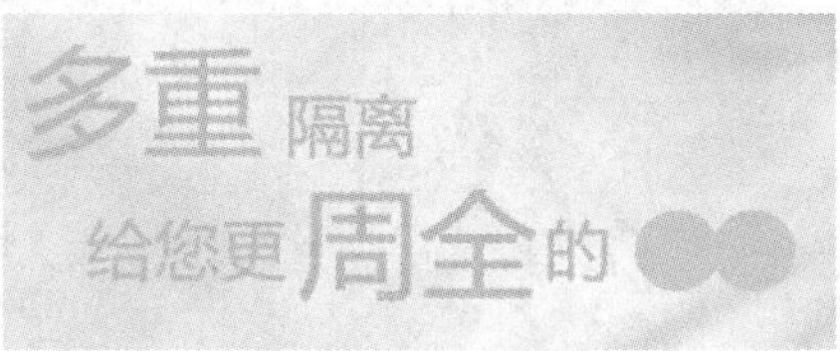

图8-60　绘制形状

图8-61　移动文字

图8-62　广告语部分

STEP 5 选择“横排文字工具”，在选项栏中设置“字体”为黑体、“字体大小”为 12 点，“文本颜色”为黑色，输入文字内容“吉姆• 露西安”和“影视歌三栖”，效果如图 8-63 所示。

STEP 6 选择“横排文字工具”，在选项栏中设置“字体”为黑体、“字体大小”为 12 点、“文本颜色”为深褐色（RGB：166、141、116），输入文字内容“隔离紫外线”“隔离空气污染”“隔离彩妆”和“隔离电脑辐射”。

STEP 7 选择“自定形状工具”，单击“自定形状拾色器”按钮，如图 8-64 所示。单击“设置”按钮，在弹出的菜单中选择“全部”选项，如图 8-65 所示。在弹出的对话框中选择“追加”。

图8-63　签名信息录入

图8-64　设置自定义形状类型

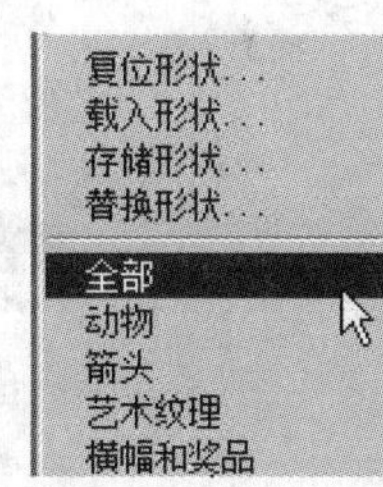

图8-65　选择“全部”

STEP 8 在“形状”面板中，选择如图 8-66 所示的形状，设置“前景色”为深褐色（RGB：166、141、116），在文案前面绘制，完成如图 8-67 所示的效果。

图8-66　设置自定义形状类型

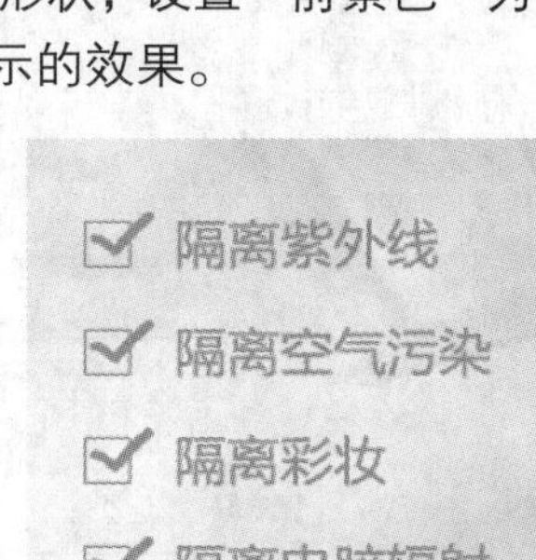

图8-67　绘制完成效果

STEP 9 打开素材“Logo.png”，如图 8-68 所示，并将其移动到如图 8-69 所示的位置。

图8-68 Logo

图8-69 移动Logo位置

STEP 10 按【Ctrl+S】组合键，将文件保存在指定文件夹中。

8.2.4 知识点讲解

1. 图层样式混合选项

图层样式混合选项是对“图层样式”的高级设置。选择“图层→图层样式→混合选项”命令，或单击“图层”面板下方的“添加图层样式”，在弹出的下拉菜单中选择“混合选项”命令，即可打开“混合选项”参数设置面板。其中，对话框中间提供了“常规混合”“高级混合”和“混合颜色带”3 部分，如图 8-70 所示。

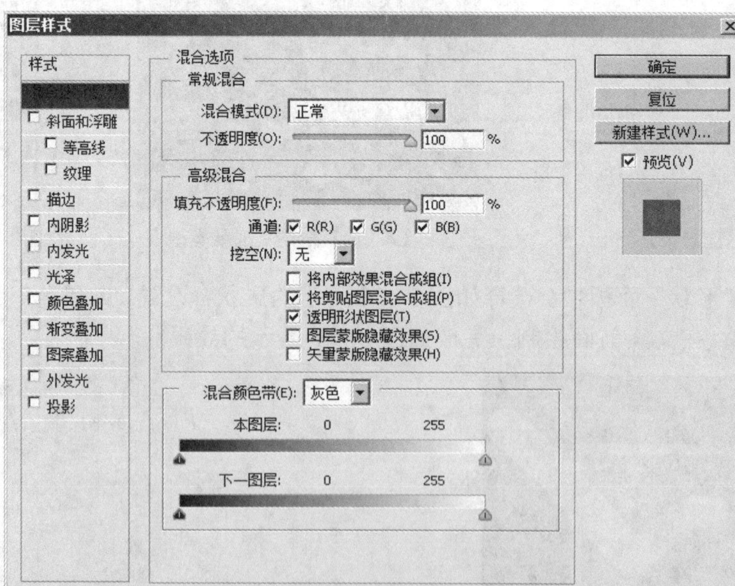

图8-70 “混合选项”参数设置

“常规混合”选项组中有两个选项，其设置内容与“图层”面板的设置相同。“高级混合”选项组中主要用于对通道进行更详细的混合设置。其中，主要选项的说明如下。

• 填充不透明度：可以选择不同的通道来设置不透明度。

• 通道：可以对不同的通道进行混合。

• 挖空：指出哪些图层需要穿透，以显示其他图层的内容。选择“无”选项表示不挖空图层；选择“浅”选项表示图像向下挖空到第一个可能的停止点；选择“深”选项表示图像向下挖空到背景图层。

“混合颜色带”选项组用于指定混合效果对哪一个通道起作用，如图 8-71 所示。两个颜色渐变条表示图层的色阶，数值范围为 0～255，可以通过拖动渐变条下面的滑块来进行设置。其中，“本图层”用于显示或隐藏当前图层的图像像素。“下一图层”用来调整下一图层图像像素的亮部或暗部。其中，白色滑块代表亮部像素，黑色滑块代表暗部像素。图像调整前后的效果分别如图 8-72 和图 8-73 所示。

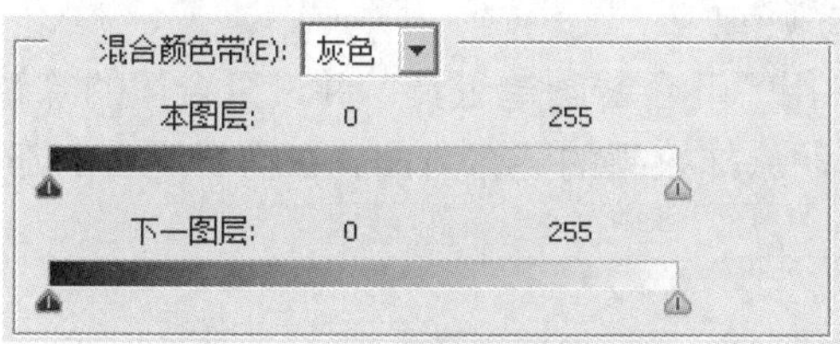

图8-71　“混合颜色带”参数设置

图8-72　原图像

值得一提的是，按住【Alt】键的同时拖动滑块，滑块会变为两部分，如图 8-74 所示。这样可以使图像上、下两层的颜色过渡更加平滑。

图8-73　“混合颜色带”效果

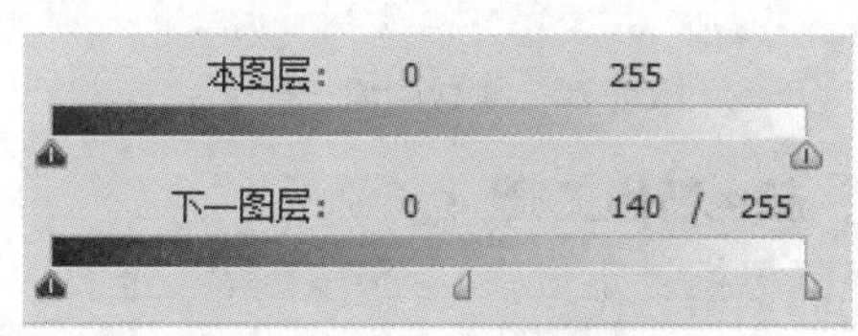

图8-74　滑块变为两部分

2. 混合器画笔工具

“混合器画笔工具”可以用来混合像素，它能模拟真实的绘画技巧，如混合画布上的颜色、组合画笔上的颜色以及在描边过程中使用不同的绘画湿度。混合器画笔有两个绘画色管（一个储槽和一个拾取器）。储槽存储最终应用于画布的颜色，拾取色管接收来自画布的油彩。

图8-75　“混合器画笔工具”选项栏

图 8-75 中展示了“混合器画笔工具”的相关选项，对它们的具体介绍如下。

• 当前画笔载入：单击按钮弹出下拉菜单，有“载入画笔”“清理画笔”和“只载入纯色”3 个选项。使用“混合器画笔工具”时，需要按住【Alt】键单击图像，可以将光标下方的颜色载入储槽。其中，“载入画笔”选项可以用来拾取光标下方的图像，此时画笔笔尖可反映出取样区域中的任何颜色变化；“清理画笔”选项可用来清除画笔中的油彩；“只载入纯色”选项可用来拾取图像中的单色。

• 每次描边后载入/清理画笔：按下按钮，可以使光标下的颜色与前景色混合；按下按钮，可以清理画笔上的油彩。

• 有用的混合画笔组合：提供了“干燥”“潮湿”等预设的画笔组合。

• 潮湿：可设置从画布拾取的油彩量，较高的设置会产生较长的画笔笔触。

• 载入：用来指定储存槽中载入的油彩量，载入速率较低时，绘画描边干燥的速度也会更快。

• 混合：用来控制画布油彩量与储槽油彩量的比例。比例为 100%时，所有油彩将从画布中拾取；比例为 0%时，所有油彩都来自储槽。

• 对所有图层取样：拾取所有可见图层中的画布颜色。

打开素材图像“杯子.jpg”，如图 8-76 所示。使用“混合器画笔工具”并设置合适的笔触，按住【Alt】键的同时，单击画面取样。然后，根据预期涂抹效果的混合方向，在需要混合的部分进行混合涂抹即可，效果如图 8-77 所示。

图8-76　素材图像“杯子”

图8-77　使用“混合器画笔工具”后的效果

3. 颜色替换工具

将鼠标指针定位在“画笔工具”上并右击，即可选择“颜色替换工具”。使用“颜色替换工具”可以用前景色替换图像中的颜色。值得注意的是，该工具不能用于位图、索引或多通道颜色模式的图像。

图8-78　“颜色替换工具”选项栏

图 8-78 中展示了“颜色替换工具”的相关选项，对它们的具体介绍如下。

• 模式：用来设置可以替换的颜色属性，包括“色相”“饱和度”“颜色”和“明度”。默认状态为“颜色”模式，它表示可以同时替换色相、饱和度和明度。

• 取样：用来设置颜色取样的方式。按下“连续”按钮，在拖动鼠标时可连续对颜色取样；按下一次按钮，只替换包括第一次单击的颜色区域中的目标颜色；按下背景色板按钮，只替换包含当前背景色的区域。

- 限制：选择“不连续”，可以替换出现在光标下任何位置的样本颜色；选择“连续”，只替换与光标下颜色临近的颜色；选择“查找边缘”，可替换包含样本颜色的连接区域，同时保留形状边缘的锐化程度。
- 容差：用来设置工具的容差。“颜色替换工具”只用来替换鼠标单击点颜色容差范围内的颜色，该值越高包含的颜色范围越大。
- 消除锯齿：勾选该项，可以为校正的区域定义平滑的边缘。

打开素材图像“气球.jpg”，如图 8-79 所示。设置前景色为天蓝色，使用“颜色替换工具”并设置合适的笔尖，即可在气球上涂抹进行颜色的替换，效果如图 8-80 所示。

图8-79 素材图像“气球”

图8-80 使用“颜色替换工具”后的效果

4. 红眼工具

“红眼工具”可以用来去除拍摄照片时产生的红眼。选择“红眼工具”，其选项栏如图 8-81 所示。在选项栏中，可以设置瞳孔的大小和瞳孔的暗度。

图8-81 “红眼工具”选项栏

“红眼工具”的使用方法非常简单。打开素材图片，如图 8-82 所示。选择“红眼工具”，然后在图像中有红眼的位置单击，如图 8-83 所示，即可去除红眼，效果如图 8-84 所示。

图8-82 原图像

图8-83 单击红眼

图8-84 去除红眼

注意

用“红眼工具”进行选择时，应单击眼睛中红色的区域。如果直接框选眼睛区域，则将只去除眼睛中一部分的红色。

8.3 任务 21：网站登录界面设计

登录界面也就是登录页，指的是用户提供账号、密码的验证界面，有控制用户权限、记录用户行为、保护操作安全的作用。本任务将设计一家医院的网站登录页，通过本案例的学习，读者可以掌握修复画笔工具、加深减淡工具、模糊工具、“通道”面板等工具的基本操作。

8.3.1 任务描述

本任务是为一家医院做登录页的设计。客户要求界面简单明了，信息传递清晰准确，能让浏览者简单、高效地对表单项进行填写和提交，颜色搭配符合医院主题。图 8-85 所示为最终制作效果。

图8-85 网站登录界面设计效果展示

8.3.2 任务分析

在进行网页设计时，相关的任务分析可以帮助设计者准确定位网站的设计风格。本次任务分析将从网页的颜色、图片和文字 3 方面进行分析。

1. 网页颜色

该网页属于医疗类型的网站，因此可以运用蓝色与白色的配色，强调科技、效率或洁净的企业形象。

2. 图片

在图片素材的运用上可以以网页颜色为基准，运用蓝天、白云、医生等图片素材和网页的主色调相匹配，表现明朗、洁净的界面风格。图 8-86 ~ 图 8-89 所示，即为本次任务所用素材。

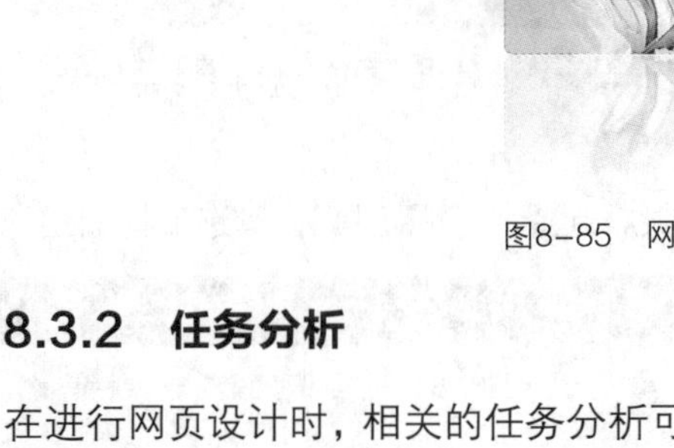

图8-86 云彩素材图片

图8-87 背景素材

图8-88　扁平化图标素材图片

图8-89　医生素材

3. 文字

文字是网页的重要组成部分，在网页中具有传达信息和解释说明图片的作用，因此在网页设计中，对于主要信息可以采取加大字号、描边等方式着重强调。

8.3.3　任务制作

1. 绘制背景素材

STEP 1 打开 Photoshop CC 软件，按【Ctrl+N】组合键，在“新建”对话框中设置“名称”为【任务 21】网站登录界面设计、“宽度”为 1000 像素、“高度”为 600 像素、“分辨率”为 72 像素/英寸、“颜色模式”为 RGB 颜色、“背景内容”为白色，如图 8-90 所示。单击“确定”按钮，完成画布的创建。

STEP 2 打开素材“天空.jpg”，如图 8-91 所示，按【Enter】键确定。

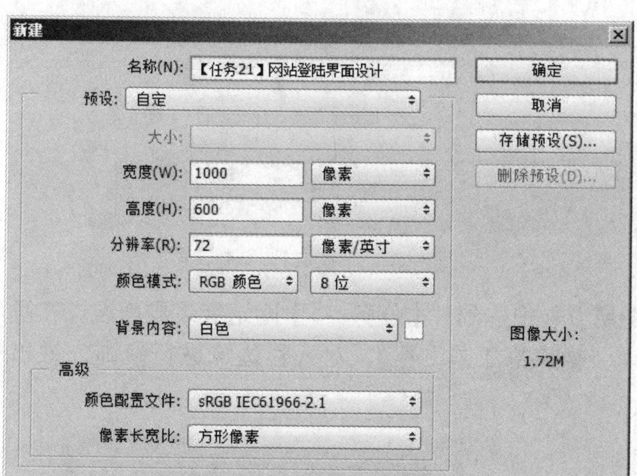

图8-90　“新建”对话框

图8-91　天空

STEP 3 执行“图像→调整→色彩平衡”命令（或按【Ctrl+B】组合键），弹出“色彩平衡”对话框，具体参数设置如图 8-92 所示。改变背景颜色后的效果如图 8-93 所示。

STEP 4 打开“云彩素材.jpg”，如果 8-94 所示。

STEP 5 在“通道”面板中，选择“红”通道，如图 8-95 所示。按住【Ctrl】键的同时，单击“通道”面板中“红”通道的缩览图，将其载入选区，如图 8-96 所示。

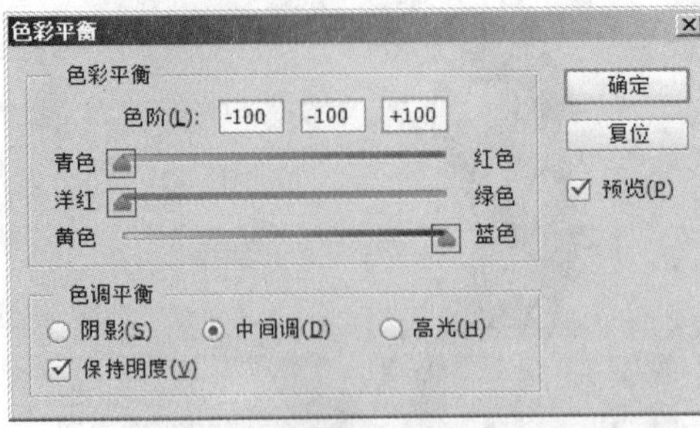

图8-92 调整色彩平衡

图8-93 背景效果（调整后）

图8-94 云彩素材

图8-95 选择“红”通道

STEP 6 在“图层”面板中，单击选择“背景”图层，在载入选区的情况下按【Ctrl+J】组合键复制图层，得到“图层 1”复制云彩效果，如图 8-97 所示。

图8-96 载入选区

图8-97 “图层1”复制云彩

STEP 7 选择“移动工具”，将“图层 1”拖拽到“【任务 21】网站登录界面设计”画布中，移动到如图 8-98 所示的位置。选择“橡皮擦工具”，对云彩边缘进行修饰，做出如图 8-99 所示的效果。

图8-98 移动到适当位置

图8-99 擦除云彩边缘

2. 制作登录信息

STEP 1 选择“圆角矩形工具”，在画布中的任意位置单击，弹出“创建圆角矩形”对话框，设置“宽度”为 560 像素、“高度”为 300 像素、“半径”为 10 像素，如图 8-100 所示。圆角矩形效果如图 8-101 所示。

图8-100　“创建圆角矩形”对话框

图8-101　创建完成

STEP 2 选择“圆角矩形 1”图层，单击”图层”面板下方的“添加图层样式”，在弹出的菜单中选择“渐变叠加”选项，如图 8-102 所示。弹出“图层样式”对话框，在右边项目栏中选择“样式”为线性、“角度”为 90 度，勾选“反向”，如图 8-103 所示。

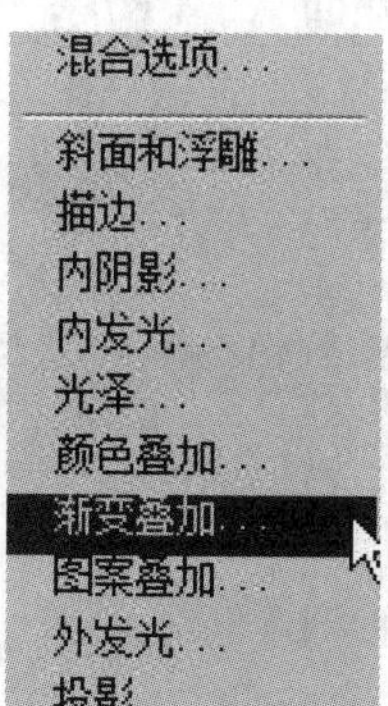

图8-102　“渐变叠加”选项

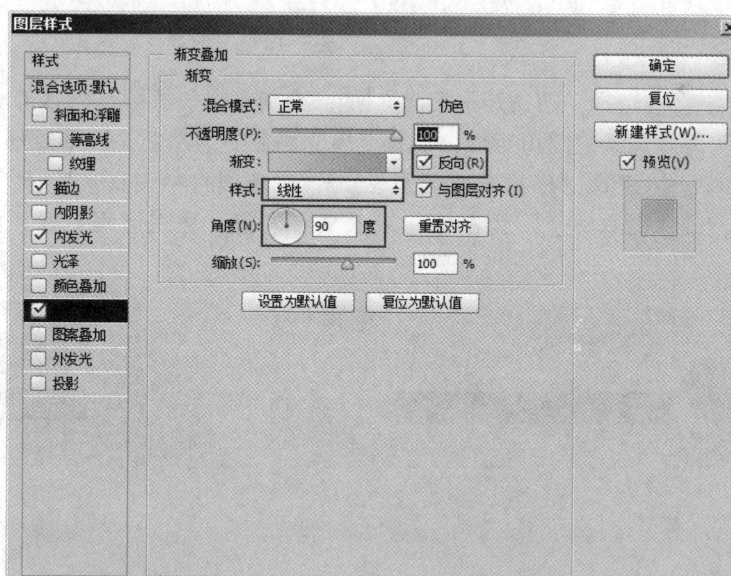

图8-103　“图层样式”对话框

STEP 3 单击“渐变”右边的“渐变颜色条”，弹出“渐变编辑器”对话框，如图 8-104 所示。设置“渐变颜色条”左侧颜色为蓝色（RGB：117、194、255）、右侧颜色为浅蓝色（RGB：174、229、255），调整颜色色标至图 8-105 所示。单击“确定”按钮，完成“渐变编辑器”的设置。

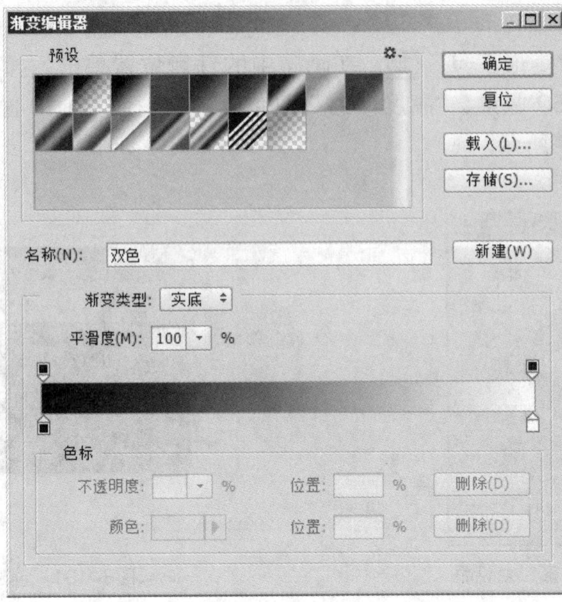

图8-104　渐变编辑器

图8-105　设置颜色

STEP 4 选择“圆角矩形工具”，绘制一个“宽度”为 530 像素、“高度”为 60 像素、“半径”为 5 像素的圆角矩形，设置“填充颜色”为黑色，移动矩形到如图 8-106 所示的位置。

STEP 5 选择“横排文字工具”，在选项栏中设置“字体”为微软雅黑、“字体大小”为 25 点、“文本颜色”为白色，输入文字内容“医院远程会诊系统登录界面”，如图 8-107 所示。

图8-106　再次绘制圆角矩形

图8-107　绘制标题文案

STEP 6 选择“圆角矩形工具”，在选项栏中设置“半径”为 4 像素，在画布中绘制 3 个圆角矩形，设置“填充颜色”为白色，大小和位置如图 8-108 所示。

STEP 7 选择“横排文字工具”，在选项栏中设置“字体”为宋体、“字体大小”为 14 点、“字体样式”为无，“文本颜色”为白色，输入文字内容“用户名:”“密码:”和“验证码:”，位置如图 8-109 所示。

图8-108 绘制项目栏

图8-109 添加文字

STEP 8 打开素材“用户图标.png”“密码图标.png”和“验证码图标.png”，如图 8-110～图 8-112 所示，移动到如图 8-113 所示的位置。

图8-110 用户图标

图8-111 密码图标

图8-112 验证码图标

STEP 9 选择“矩形工具”，绘制“宽度”为 70 像素、“高度”为 24 像素的矩形，设置“填充颜色”为白色，位置如图 8-114 所示。

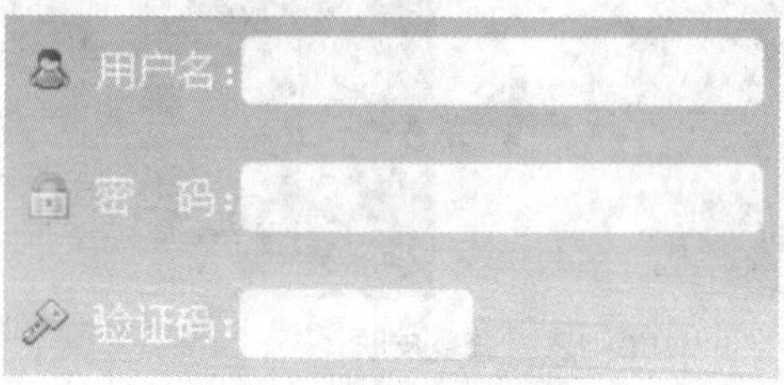

图8-113 导入图标素材

图8-114 新建矩形

STEP 10 选择“横排文字工具”，在选项栏中设置“字体”为微软雅黑、“字体大小”为 20 点，输入文字内容“1583”，设置“1”为红色，“5”为黑色，“8”为绿色，“3”为蓝色，效果如图 8-115 所示。

STEP 11 选择“圆角矩形工具”，绘制两个“宽度”为 50 像素、“高度”为 18 像素、“半径”为 2 像素的圆角矩形，设置“填充颜色”为黑色，位置如图 8-116 所示。

图8-115 制作验证码

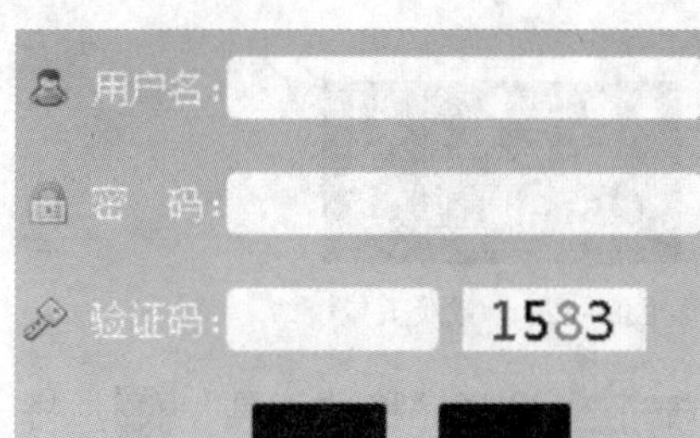

图8-116 绘制黑色圆角矩形

STEP 12 选择“横排文字工具”，在选项栏中设置“字体”为微软雅黑、“字体大小”为 12 点、“文本颜色”为白色，输入文字内容“登录”和“重置”，位置如图 8-117 所示。

3. 调整人物素材

STEP 1 打开“医生素材.psd”，如果 8-118 所示。

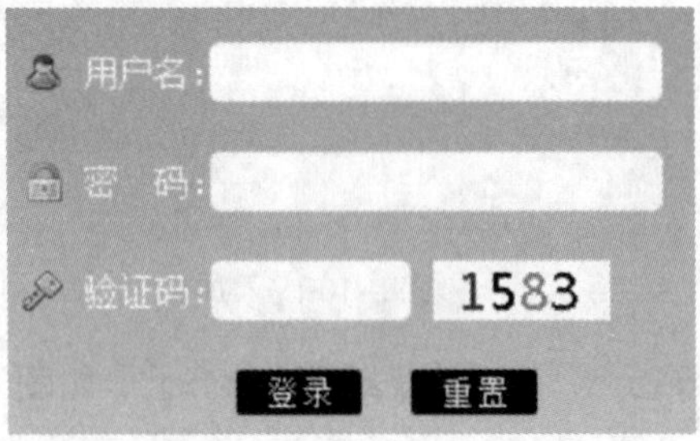

图8-117　添加文字

图8-118　医生素材

STEP 2 在“图层”面板中，选择“图层 1”，选择“修复画笔工具”，如图 8-119 所示。按住【Alt】键进行取样来控制取样来源，对医生脸部进行涂抹，如图 8-120 所示。

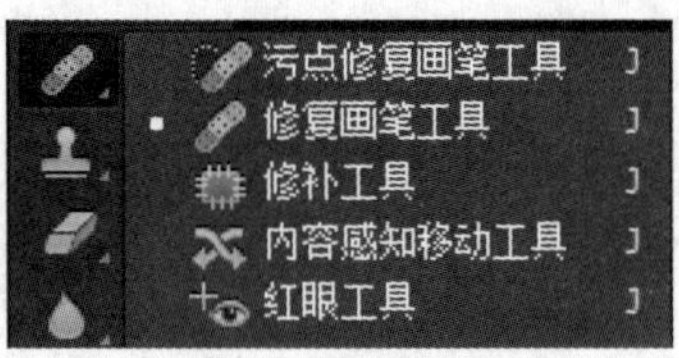

图8-119　修复画笔工具

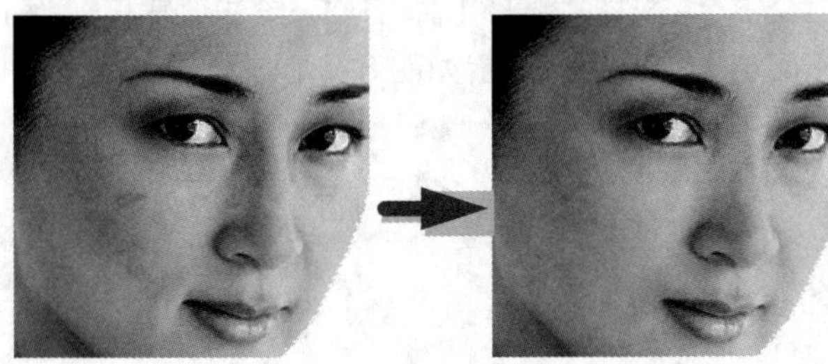

图8-120　修复皮肤

STEP 3 选择“减淡工具”，如图 8-121 所示。在“图层 1”中，对医生脸部进行涂抹，提亮人物脸部，如图 8-122 所示。

图8-121　减淡工具

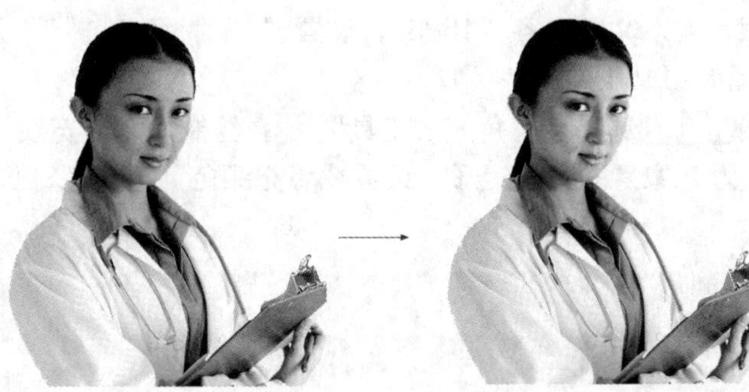

图8-122　提亮人物脸部

STEP 4 选择“移动工具”，将“医生素材”中的“图层 1”拖拽到“【任务 21】网站登录界面设计”画布中，按【Ctrl+T】组合键，调整大小，并移动到如图 8-123 所示的位置，按【Enter】键确定。

STEP 5 在“图层”面板中，选中除背景外的所有图层，按【Ctrl+Alt+E】组合键，得到新的合并图层，如图 8-124 所示。

STEP 6 按【Ctrl+T】组合键，调出自由变换定界框，右击选择“垂直翻转”选项，并将其移动到如图 8-125 所示的位置。

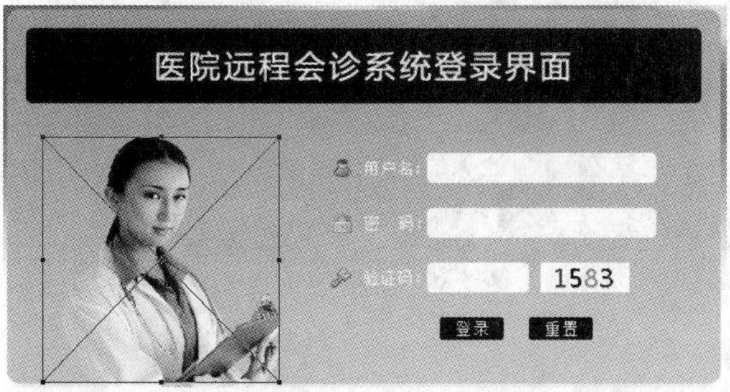

图8-123 导入医生素材

图8-124 新的合并图层

STEP 7 在“图层”面板中设置新合并图层的“不透明度”为 20%，如图 8-126 所示。

图8-125 垂直翻转

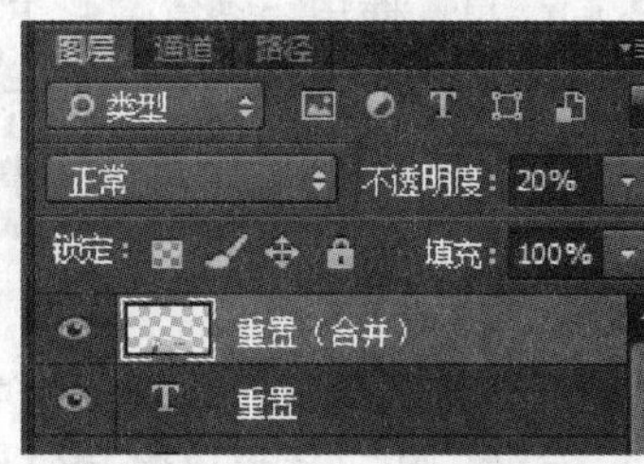

图8-126 调整不透明度

STEP 8 选择“模糊工具”，如图 8-127 所示。在新合并的图层中，对文字位置进行涂抹，做出倒影模糊效果，如图 8-128 所示。

图8-127 模糊工具

图8-128 倒影模糊效果

STEP 9 打开素材“听诊器.png”，如图 8-129 所示，并将其移动到如图 8-130 所示的位置。

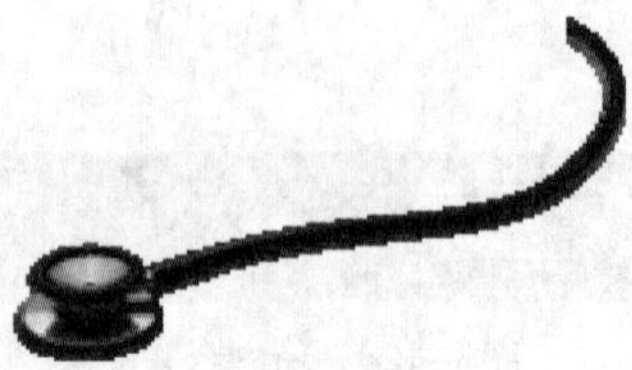

图8-129　听诊器

图8-130　添加听诊器素材

STEP 10 按【Ctrl+S】组合键，将文件保存在指定文件夹中。

8.3.4　知识点讲解

1. 修复画笔工具

“修复画笔工具” 可以通过从图像中取样，达到修复图像的目的。与“污点修复画笔工具” 不同的是，使用“修复画笔工具”时需要按住【Alt】键进行取样从而控制取样来源。“修复画笔工具”选项栏如图 8-131 所示。

图8-131　“修复画笔工具”选项栏

对“修复画笔工具”选项栏中各选项的解释如下。

- 画笔：用于选择修复画笔的大小及形状等。
- 模式：用于设置复制像素或填充图案与底图的混合模式。
- 取样：选中该选项，可以从图像中取样来修复有缺陷的图像。
- 图案：选中该选项，可以使用图案填充图像，并且将根据周围的图像来自动调整图案的色彩和色调。
- 对齐：用于设置是否在复制时使用对齐功能。
- 样本：用于设置修复的样本，分别为“当前图层”“当前和下方图层”和“所有图层”。

打开素材图片，如图 8-132 所示。选择“修复画笔工具”，在选项栏中选择一个柔和的笔尖，其他选项保持默认设置。将光标放在眼角附近没有皱纹的皮肤上，按住【Alt】键，光标将变为圆形十字图标 ⊕，此时，单击进行取样，如图 8-133 所示。然后，释放【Alt】键，在眼角的皱纹处单击并拖动鼠标进行修复，如图 8-134 所示。修复后的图像效果如图 8-135 所示。

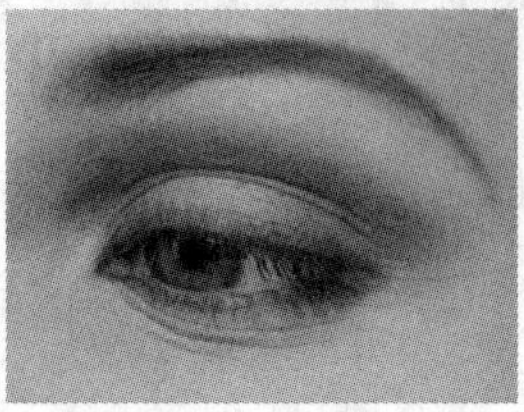

图8-132　原图像

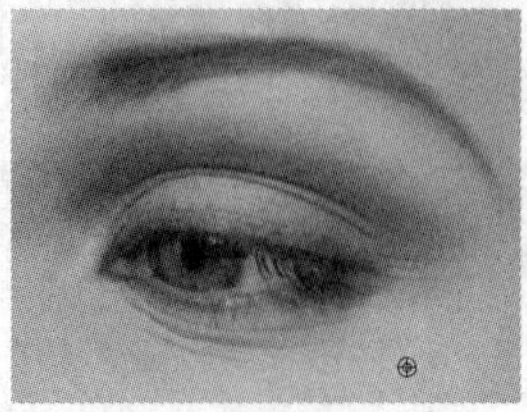

图8-133　取样

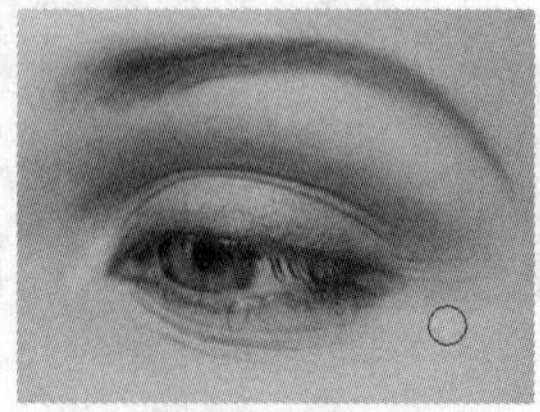

图8-134　进行修复

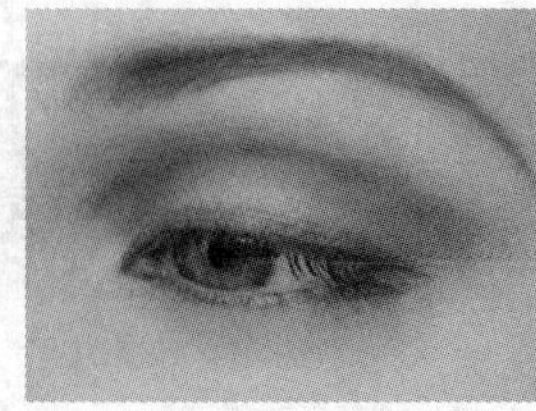

图8-135　修复完成

2. 色彩平衡

“色彩平衡”命令通过调整色彩的色阶来校正图像中的偏色现象，从而使图像达到一种平衡。执行“图像→调整→色彩平衡”命令（或按【Ctrl+B】组合键），弹出“色彩平衡”对话框。

图 8-136 所示为“色彩平衡”对话框，对其中各选项的解释如下。

• 色彩平衡：用于添加过渡色来平衡色彩效果。在“色阶”文本框中输入合适的数值，或者拖动滑块，都可以调整图像的色彩平衡。如果需要增加哪种颜色，就将滑块向所要增加颜色的方向拖动即可。

• 色调平衡：用于选取图像的色调范围，主要通过“阴影”“中间调”和“高光”进行设置。选中“保持明度”复选框，可以在调整颜色平衡的过程中保持图像整体亮度不变。

打开素材图片，如图 8-137 所示。执行“图像→调整→色彩平衡”命令（或按【Ctrl+B】组合键），弹出“色彩平衡”对话框，拖动滑块增加画面中的红色，如图 8-138 所示。单击“确定”按钮，效果如图 8-139 所示。

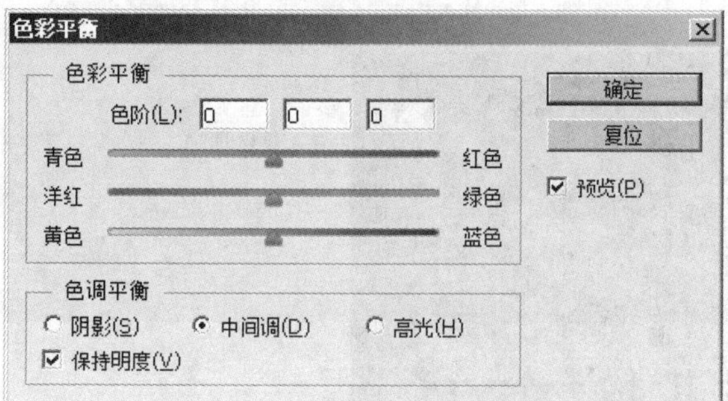

图8-136　“色彩平衡”对话框

图8-137　原图像

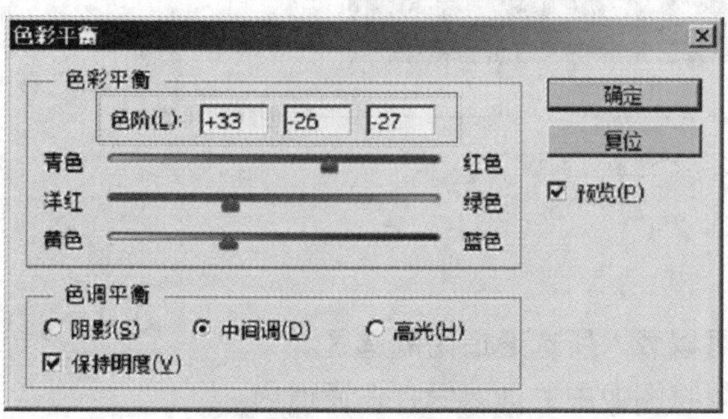

图8-138　设置“色彩平衡”

图8-139　“色彩平衡”效果

3. 模糊工具

“模糊工具”可以用来对图像进行适当的修饰，产生模糊的效果，使主体更加突出。选择“模糊工具”，待鼠标变成○状，按住鼠标左键反复涂抹，即可对图层对象进行模糊处理，如图 8-140 所示。

模糊处理前　　模糊处理后

图8-140　模糊工具

选择“模糊工具”后，可以在其选项栏中设置笔触形状和强度，如图 8-141 所示。

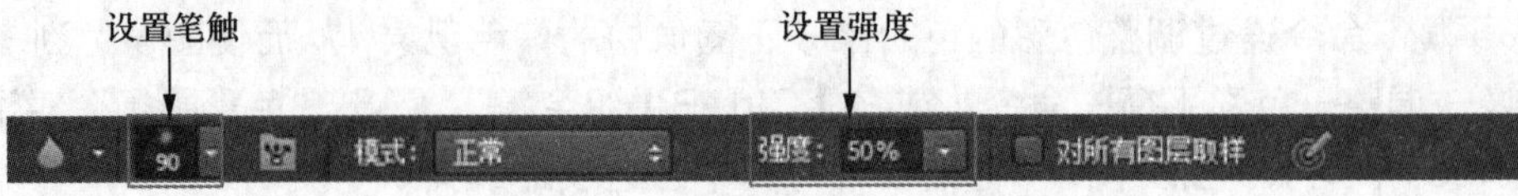

图8-141 “模糊工具”选项栏

“模糊工具”选项栏中各选项的解释如下。

- 设置笔触：用于选择画笔的形状。单击按钮，在弹出的下拉面板中可以选择笔触的形状。
- 设置强度：用于设定压力的大小，压力越大，模糊程度越明显。

4. “通道”面板

“通道”面板可以用来对所有的通道进行管理和编辑。当打开一个图像时，Photoshop 会自动创建该图像的颜色信息通道，如图 8-142 所示。

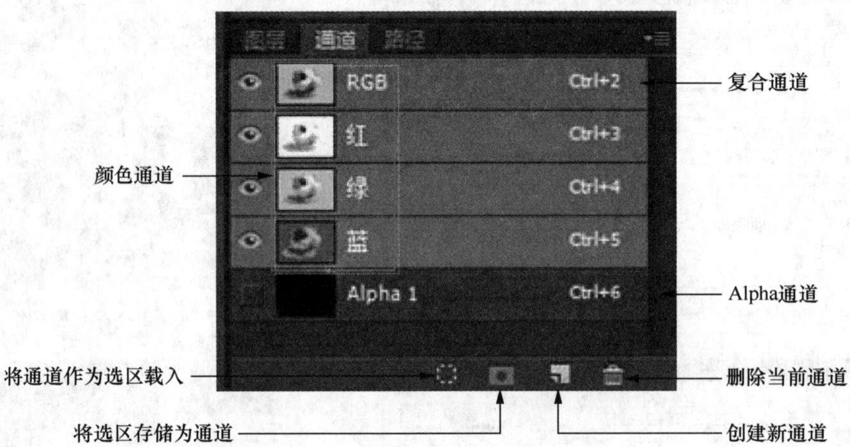

图8-142 “通道”面板

对“通道”面板中各选项的解释如下。

- 将通道作为选区载入：单击该按钮，可以载入所选通道内的选区。
- 将选区存储为通道：单击该按钮，可以将图像中的选区保存在通道内。
- 创建新通道：单击该按钮，可以创建新的 Alpha 通道。
- 删除当前通道：单击该按钮，可以删除当前选择的通道。

5. 通道的基本操作

在 Photoshop CC 中不仅可以创建新通道，还可以对当前通道进行复制和删除。

（1）创建新通道

在编辑图像的过程中，可以创建新通道。打开素材图片，单击“通道”面板右上方的按钮，将弹出如图 8-143 所示的面板菜单。选择“新建通道”命令，弹出“新建通道”对话框，如图 8-144 所示。单击“确定”按钮，即可创建一个新通道，默认名为“Alpha 1”，如图 8-145 所示。

图8-143 面板菜单

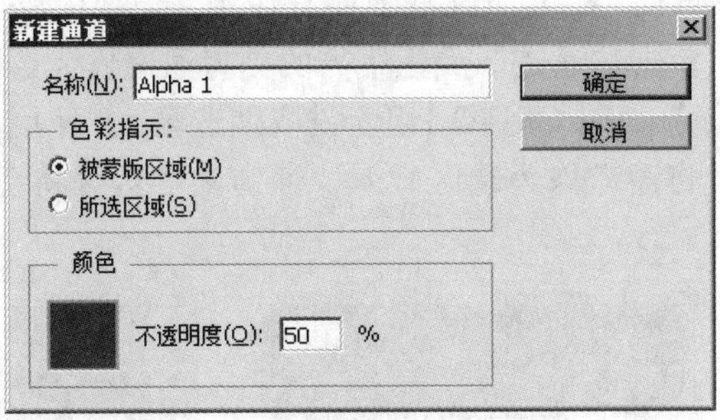

图8-144 “新建通道”对话框

图8-145 创建新通道

另外，单击“通道”控制面板下方的“创建新通道”按钮，也可以创建一个新通道。

（2）复制通道

“复制通道”命令用于将现有的通道进行复制，以产生相同属性的多个通道。单击“通道”面板右上方的按钮，在弹出的面板菜单中选择“复制通道”命令，弹出“复制通道”对话框，如图 8-146 所示。单击“确定”按钮，即可复制出一个新通道，如图 8-147 所示。

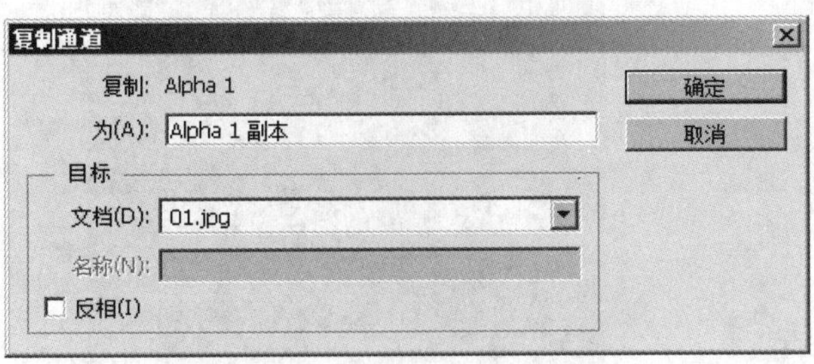

图8-146 “复制通道”对话框

图8-147 复制通道

（3）删除通道

不需要的通道可以将其删除，以免影响操作。单击“通道”面板右上方的按钮，在弹出的面板菜单中选择“删除通道”命令，即可将通道删除。

另外，单击“通道”面板下方的“删除当前通道”按钮，将弹出提示对话框，如图 8-148 所示。单击“是”按钮，即可将通道删除。或者也可将通道直接拖动到“删除当前通道”按钮上进行删除。

图8-148 提示对话框

6. Alpha 通道

Alpha 通道是通道的重要组成部分，使用 Alpha 通道不仅可以保存选区，还可以将选区存储为灰度图像。然后，可以使用画笔、加深、减淡等工具以及各种滤镜，通过编辑 Alpha 通道来修改选区。另外，还可以通过 Alpha 通道载入选区。

在 Alpha 通道中，白色代表可以被选择的区域，黑色代表不能被选择的区域，灰色代表可以被部分选择的区域。用白色涂抹 Alpha 通道可以扩大选区的范围；用黑色涂抹 Alpha 通道则会收缩选区；用灰色涂抹 Alpha 通道可以增加羽化的范围。

打开素材图片，如图 8-149 所示。在 Alpha 通道中，使用“渐变工具”制作一个呈现灰度阶梯的区域，如图 8-150 所示。单击“通道”面板下方的“将通道作为选区载入”按钮，可以载入通道的选区，如图 8-151 所示。按【Ctrl+D】组合键取消选区，并使用黑色画笔涂抹 Alpha 通道，如图 8-152 所示。此时，将通道作为选区载入，通道内的选区将会收缩，如图 8-153 所示。

图8-149　原图像

图8-150　制作灰度阶梯选区

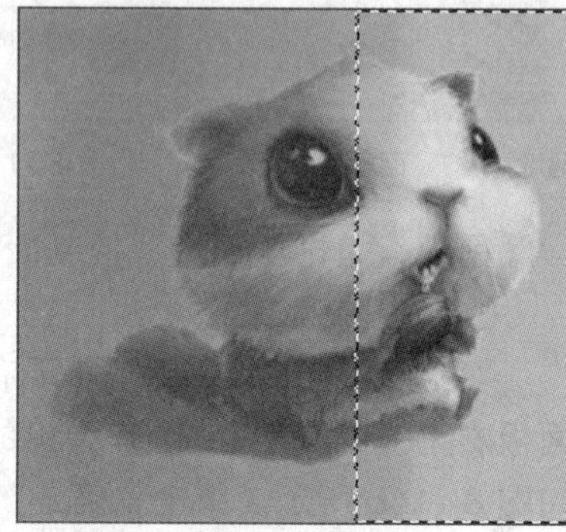

图8-151　载入选区

图8-152　用黑色画笔涂抹Alpha通道

图8-153　通道内的选区收缩

8.4 任务 22：摄影网站首页设计

网站首页是网站整体形象的浓缩，它直接决定了客户是继续深入访问还是要直接跳出。所以在进行网页设计时，不仅要把握好色彩与图片的关系，更要合理安排每一个栏目的内容版块。本任务将设计一款关于婚纱摄影的网站首页。通过本任务的学习，读者可以掌握亮度/对比度、曝光度、色阶等对图像颜色调整的基本操作。

8.4.1 任务描述

巴黎婚纱摄影馆以其流畅的空间，极富艺术性的陈列，清丽典雅的组合，独特、宁静、简约的设计风格，创造五星级的婚纱摄影空间。本次任务是为巴黎婚纱摄影馆设计一个网站首页，公司要求结合公司的特点和理念，设计一个简约大气、时尚潮流的网站首页，同时在首页中要重点突出摄影的质量。图 8-154 所示为最终制作效果。

图8-154　摄影网站首页设计效果展示

8.4.2　任务分析

在网站首页设计中，排版布局尤其重要。合理的排版布局可以让整个页面显得整齐有序。首页布局的基本结构包括导航栏、Banner、内容和页脚 4 个部分。为了让制作首页的过程更加流畅，可以对其逐个进行分析。

1. 导航栏

导航栏起着链接整个网站中各个子级页面的作用，因此在设计时可以按照客户需求，划分相应的列表项。同时，还可以在导航栏中添加公司 Logo，以推广公司的主题和品牌文化，如图 8-155 所示。为了使网站更加商业化，还可以在导航栏中添加服务热线，以方便客户咨询，如图 8-156 所示。

图8-155 Logo

图8-156 服务热线

2. Banner

为了符合网页的主色调，可以选用整体以蓝色为主的 Banner 素材，如图 8-157 所示。

3. 内容

鉴于公司要求重点突出摄影质量，因此可以展示一些处理过的摄影照片。同时，通过合理的布局排版和相关的文字修饰，可彰显网页的简约大气和富于艺术性的设计风格。

图8-157 Banner

4. 页脚

最后，页脚部分简单注明公司版权即可。

8.4.3 任务制作

1. 导航栏的制作

STEP 1 打开 Photoshop CC 软件，按【Ctrl+N】组合键，在“新建”对话框中设置“名称”为【任务 22】摄影网站首页设计、“宽度”为 1400 像素、“高度”为 3200 像素、“分辨率”为 72 像素/英寸、“颜色模式”为 RGB 颜色、“背景内容”为白色，如图 8-158 所示。单击“确定”按钮，完成画布的创建。

STEP 2 打开素材“Logo.png”，如图 8-159 所示，并将其移动到画布左上方位置。

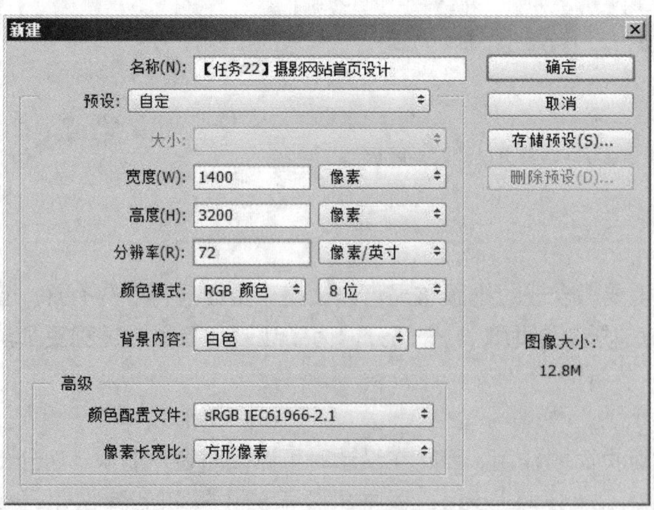

图8-158 “新建”对话框

图8-159 Logo

STEP 3 选择“横排文字工具” T，在选项栏中设置“字体”为微软雅黑，“文本颜色”

为深蓝色（RGB：15、120、186），在画布中输入文字，其大小、内容和位置如图 8-160 所示。

图8-160 选项信息

STEP 4 打开素材“电话图标.png”，如图 8-161 所示，按【Enter】键确定。

STEP 5 选择“横排文字工具” ，在选项栏中设置“字体”为微软雅黑、“文本颜色”为橙色（RGB：255、168、0），在画布中输入文字信息并调整“24 小时服务热线”为黑色，效果如图 8-162 所示。

图8-161 电话图标

图8-162 服务热线

STEP 6 选择“移动工具” ，调整“客服热线”的位置，导航栏效果如图 8-163 所示。

图8-163 导航栏效果

2. Banner 的制作

STEP 1 打开素材“Banner.png”，如图 8-164 所示，并将其移动到“导航栏”下方位置，如图 8-165 所示。

图8-164 Banner

图8-165 移动Banner的位置

STEP 2 选择“椭圆工具” ，绘制出 4 个“直径”为 14 像素的正圆形状，设置“填充颜色”为深蓝色（RGB：15、120、186）。在“图层”面板中，调整其中 3 个圆形的“不透明度”为 30%，效果如图 8-166 所示。

STEP 3 选择“矩形工具” ，绘制一个“宽度”为 46 像素、“高度”为 70 像素的矩形，设置“填充颜色”为灰色（RGB：124、124、124）、图层“不透明度”为 30%，如图 8-167 所示。

STEP 4 选择“矩形工具” ，绘制两个“宽度”为 2 像素、“高度”为 33 像素的长矩形，设置“填充颜色”为白色、图层“不透明度”为 30%，按【Ctrl+T】组合键，调出自由变换定界框，调整角度，效果如图 8-168 所示。

图8-166 圆形按钮

图8-167 绘制矩形

图8-168 左侧翻页按钮

STEP 5 在“图层”面板中，选中STEP 3～STEP 4所绘制的 3 个矩形图层，按【Ctrl+G】组合键，编组并重命名为“上一页按钮”。

STEP 6 按【Ctrl+J】组合键复制组，按【Ctrl+T】组合键调出自由变换定界框，右击选择“水平翻转”命令，并重命名组为“下一页按钮”。将两个组分别移动到如图 8-169 所示的位置，完成 Banner 部分的绘制。

3. 内容的制作

STEP 1 选择“矩形工具” ，在 Banner 部分的正下方位置绘制一个“宽度”为 1400 像素、“高度”为 1000 像素的矩形，设置“填充颜色”为灰色（RGB：235、235、235），并将图层重命名为“灰色背景”。

图8-169　Banner部分

STEP 2 选择“横排文字工具”，在选项栏中设置“字体”为微软雅黑、“字体大小”为 30 点、“文本颜色”为深蓝色（RGB：15、120、186）。在“灰色背景”上方中间位置，输入如图 8-170 所示的内容。

STEP 3 选择“自定义形状工具”，通过按钮设置“自定义形状类型”，如图 8-171 所示。单击“设置”按钮，在弹出的菜单中选择“全部”，如图 8-172 所示。在弹出的对话框中选择“追加”。

图8-170　作品展示标题

图8-171　设置自定义形状类型

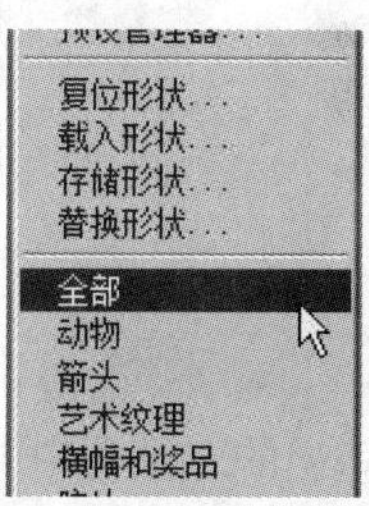

图8-172　选择“全部”

STEP 4 设置“自定义形状类型”如图 8-173 所示，设置“前景色”为深蓝色（RGB：15、120、186），在文案左右绘制形状，完成如图 8-174 所示的效果。

图8-173　设置自定义形状类型

图8-174　绘制完成效果

STEP 5 打开“照片 1.png”素材，如图 8-175 所示，执行“图像→调整→亮度/对比度”命令，在弹出的对话框中调整“亮度”和“对比度”，具体数值如图 8-176 所示。单击“确定”按钮，效果如 8-177 所示。

图8-175 照片1

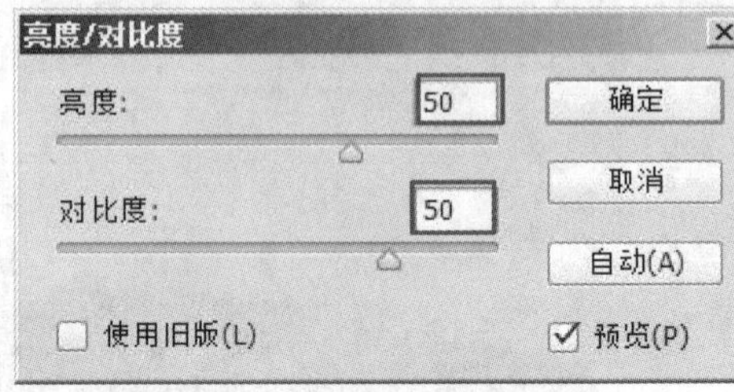

图8-176 “亮度/对比度”对话框

图8-177 调节前后对比

STEP 6 打开“照片 2.png”素材，如图 8-178 所示，执行“图像→调整→曝光度”命令，在弹出的对话框中调节曝光度，具体数值如图 8-179 所示。单击“确定”按钮，效果如图 8-180 所示。

图8-178 照片2

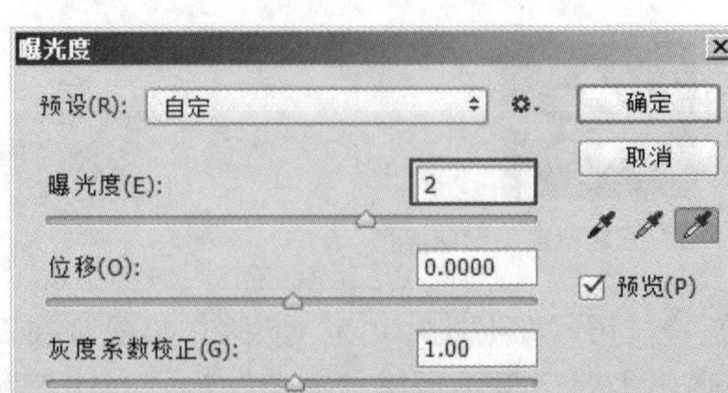

图8--179 “曝光度”对话框

图8-180 调节前后对比

STEP 17 打开“照片 3.png”素材，如图 8-181 所示，执行“图像→调整→色阶”命令，在弹出的对话框中，设置“通道”为蓝，将中间的滑块向右滑动，具体数值如图 8-182 所示。单击“确定”按钮，效果如图 8-183 所示。

图8-181 照片3

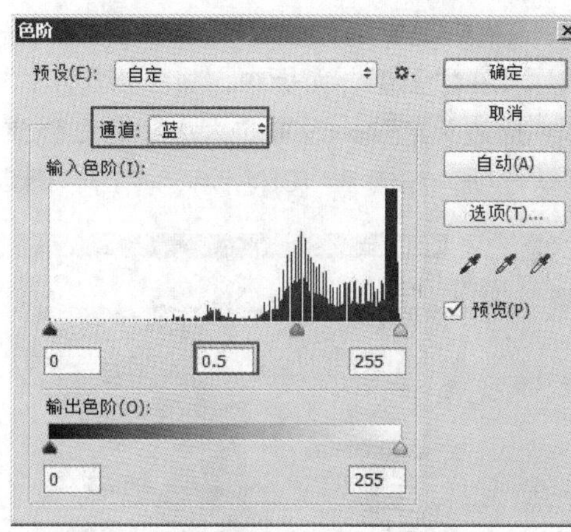

图8-182 “色阶”对话框

图8-183 调节前后对比

STEP 8 选择“移动工具” ，将“照片 1”“照片 2”和“照片 3”拖入“【任务 22】摄影网站首页设计”画布中，移动到如图 8-184 所示的位置。

图8-184　导入照片

STEP 9 在“图层”面板中，将“照片 1”“照片 2”和“照片 3”3 个图层“添加图层样式” ，选择“描边”选项，设置“大小”为 2 像素、“颜色”为浅灰色（RGB：200、200、200），其他为默认选项，如图 8-185 所示，单击“确定”按钮。

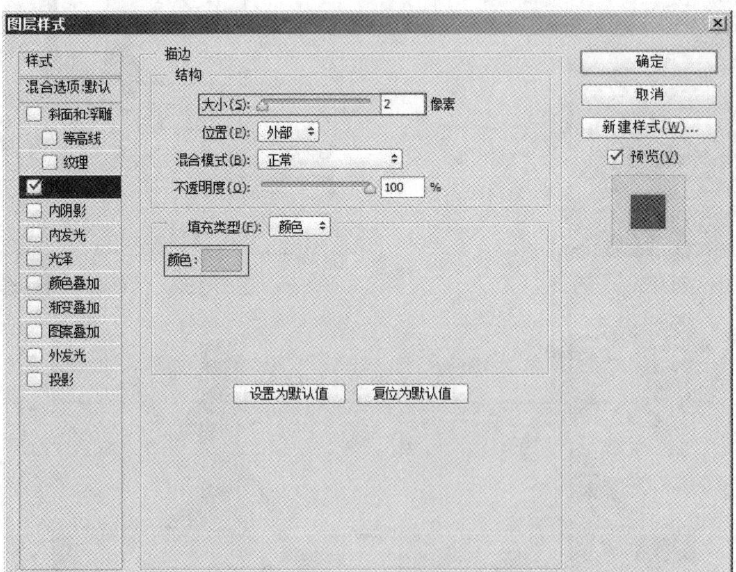

图8-185　添加描边

STEP 10 打开“灰 Logo.png”“Y.png”“L.png”和“文案图片.png”素材，如图 8-186～图 8-189 所示。选择“移动工具” ，将其分别移动到如图 8-190 所示的位置，完成“作品展示”部分的制作。

图8-186 灰Logo

Y

图8-187 Y

L

图8-188 L

ou are my

YOU ARE MY LIFE I AM YOUR STORY IN VIDEO STARRING
YOU ARE MY ONLY LOVE FOR YOU IS THE MEANING OF

ove theme

图8-189 文案图片

图8-190 “作品展示”部分效果展示

STEP 11 选择“横排文字工具”，在选项栏中设置“字体”为微软雅黑、“字体大小”为 30 点、“文本颜色”为深蓝色（RGB：15、120、186）。在“灰色背景”下面中间位置输入内容，并使用“自定义形状工具”绘制形状，完成如图 8-191 所示的效果。

STEP 12 打开“背景.png”素材，并将其移动到如图 8-192 所示的位置。

艺术相册 / Art Album

图8-191 艺术相册标题

图8-192 导入“背景”素材

STEP 13 打开素材“照片 4.png”，如图 8-193 所示，执行“图像→调整→曲线”命令（或按【Ctrl+M】组合键），弹出“曲线”对话框，设置“通道”为红，调整曲线具体位置如图 8-194 所示，单击“确定”按钮，效果如图 8-195 所示。

图8-193　照片4

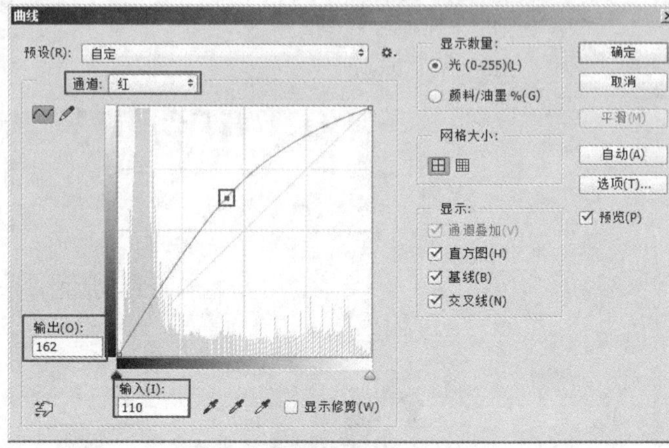

图8-194　通道调色

图8-195　调节前后对比

STEP 14 选择“移动工具”，将“照片 4”～“照片 8”素材拖入“【任务 22】摄影网站首页设计”画布中，分别移动到如图 8-196 所示的位置

STEP 15 选择“横排文字工具”，在选项栏中设置“字体”为微软雅黑，根据提供的“文案.txt”文字素材，输入内容并调整字号和位置，完成如图 8-197 所示的效果。

图8-196　导入照片

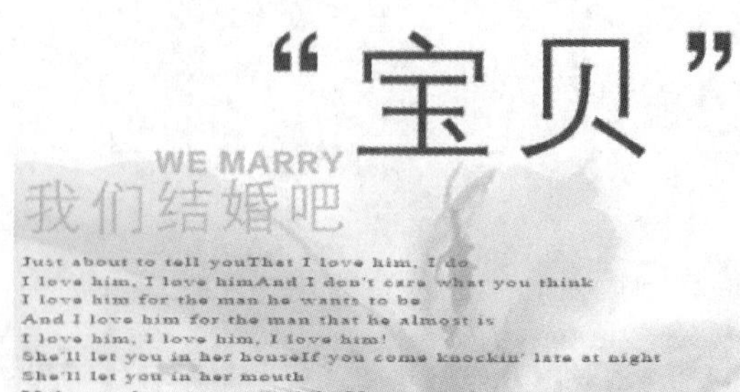

图8-197　文案

STEP 16 打开“装饰物.png”素材，如图 8–198 所示，并将其移动到画布中如图 8–199 所示的位置，完成“艺术相册”部分的制作。

图8–198　装饰物

图8–199　“艺术相册”部分效果展示

4. 页脚的制作

STEP 1 选择“矩形工具”，在底部居中位置绘制一个“宽度”为 1400 像素、“高度”为 140 像素的矩形，设置“填充颜色”为灰色（RGB：235、235、235）。

STEP 2 选择“横排文字工具”，设置“字体”为微软雅黑、“字体大小”为 16 点，输入内容并调整位置，完成如图 8–200 所示的效果，完成页脚的制作。

图8–200　页脚

STEP 3 按【Ctrl+S】组合键，将文件保存在指定文件夹中。

8.4.4 知识点讲解

1. 亮度/对比度

“亮度/对比度”命令可以用来快速地调节图像的亮度和对比度。执行“图像→调整→亮度/对比度”命令，弹出“亮度/对比度”对话框。

图 8–201 所示为“亮度/对比度”对话框，对其中各选项的解释如下。

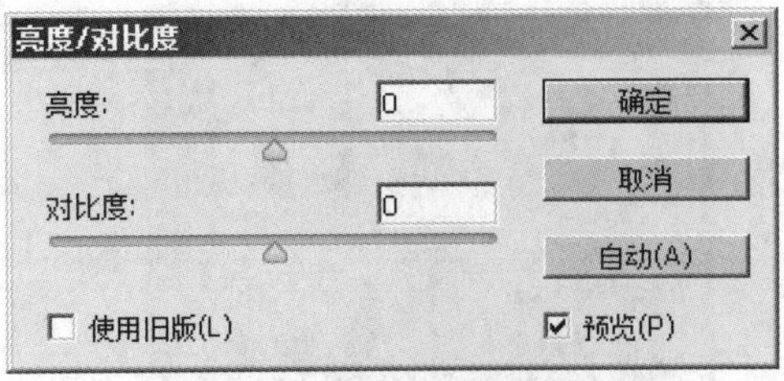

图8–201　“亮度/对比度”对话框

• 亮度：拖动该滑块，或在文本框中输入数字（–100 ~ 100），即可调整图像的明暗。向左拖动滑块，数值显示为负值，图像亮度降低；向右拖动滑块，数值显示为正值，图像亮度增加。

• 对比度：用于调整图像颜色的对比程度。向左拖动滑块，数值显示为负值，图像对比度降低；向右拖动滑块，数值显示为正值，图像对比度增加。

- 使用旧版：新版本对“亮度/对比度”的调整算法进行了改进，能够保留更多的高光和细节。如果需要使用旧版本的算法，可以选择“使用旧版”复选框。

打开素材图片，如图 8-202 所示。执行“图像→调整→亮度/对比度”命令，弹出“亮度/对比度”对话框，如图 8-203 所示。拖动滑块或在文本框中输入数值（-50 ~ 50）即可调整图像的亮度和对比度，如图 8-204 所示。单击“确定”按钮，效果如图 8-205 所示。

图8-202 原图像

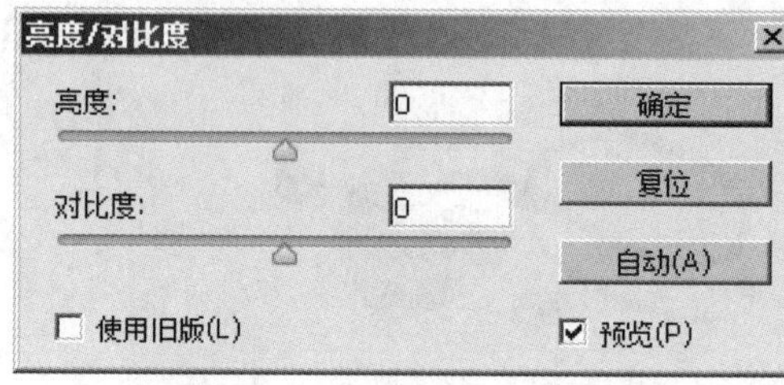

图8-203 “亮度/对比度”对话框

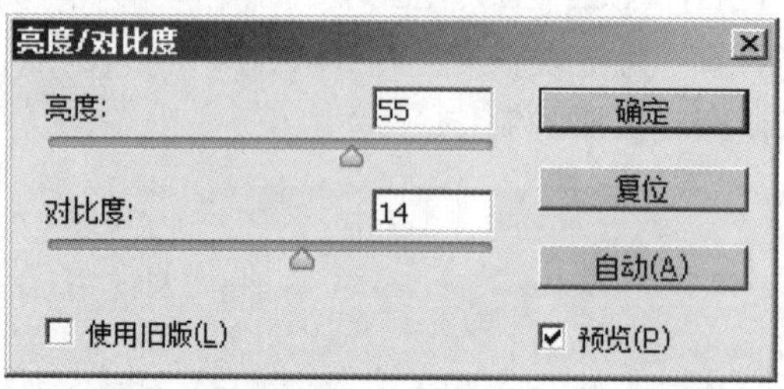

图8-204 调整“亮度”和“对比度”

图8-205 “亮度/对比度”效果

2. 曝光度

拍摄照片时，有时会因为曝光度过度导致图像偏白，或者曝光不足使图像看起来偏暗。使用“曝光度”命令可以使图像的曝光度恢复正常。打开素材图片，如图 8-206 所示。执行“图像→调整→曝光度”命令，弹出“曝光度”对话框，如图 8-207 所示。

图8-206 原图像

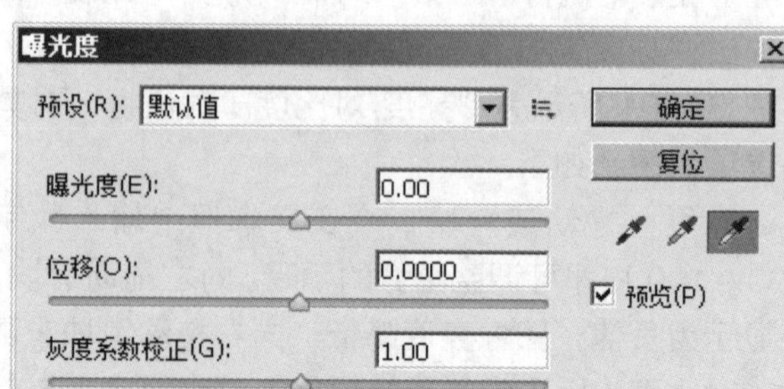

图8-207 “曝光度”对话框

对“曝光度”对话框中各选项的解释如下。

• 曝光度：用于设置图像的曝光程度，通过增强或减弱光照强度使图像变亮或变暗。设置正值或向右拖动滑块，可以使图像变亮，如图 8-208 所示。设置负值或向左拖动滑块，可以使图像变暗，如图 8-209 所示。

• 位移：用于设置阴影或中间调的亮度，取值范围是-0.5～0.5。设置正值或向右拖动滑块，可以使阴影或中间调变亮，但对高光的影响很轻微。

• 灰度系数校正：使用简单的乘方函数来设置图像的灰度系数。可以通过拖动该滑块或在其后面的文本框中输入数值校正照片的灰色系数。

图8-208　设置曝光度为1

图8-209　设置曝光度为-1

3. 色阶

“色阶”命令是最常用到的调整命令之一。它不仅可以调整图像的阴影、中间调和高光的强度级别，而且还可以校正色调范围和色彩平衡。

打开素材图片，如图 8-210 所示。执行“图像→调整→色阶”命令（或按【Ctrl+L】组合键），弹出“色阶”对话框，如图 8-211 所示。

图8-210　原图像

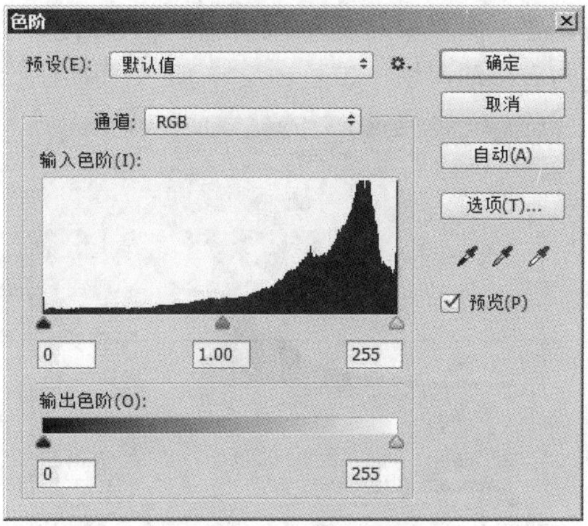

图8-211　“色阶”对话框

在“色阶”对话框中，中间的直方图显示了图像的色阶信息。其中，黑色滑块代表图像的暗部，灰色滑块代表图像的中间色调，白色滑块代表图像的亮部。通过拖动黑、灰、白色滑块或输入数值来调整图像的明暗变化。对“色阶”对话框中其他选项的解释如下。

（1）通道

在“通道”下拉列表中可以选择一个颜色通道进行调整。例如，在调整 RGB 图像的色阶时，在“通道”下拉列表中选择“蓝”通道，如图 8-212 所示。然后拖动滑块可以对图像中的蓝色进行调整，如图 8-213 所示。单击“确定”按钮，效果如图 8-214 所示。

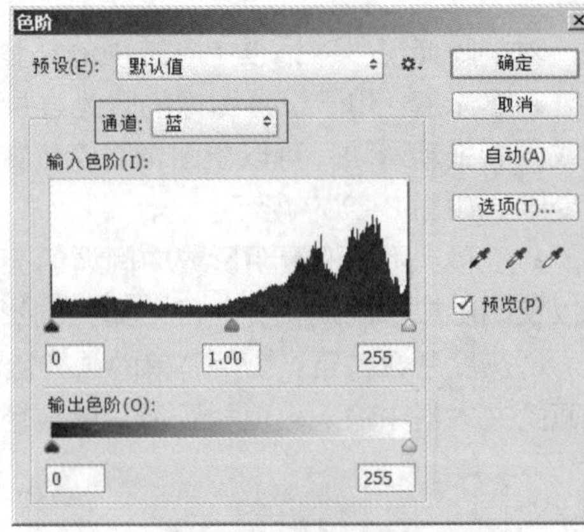

图8-212　选择“蓝”通道

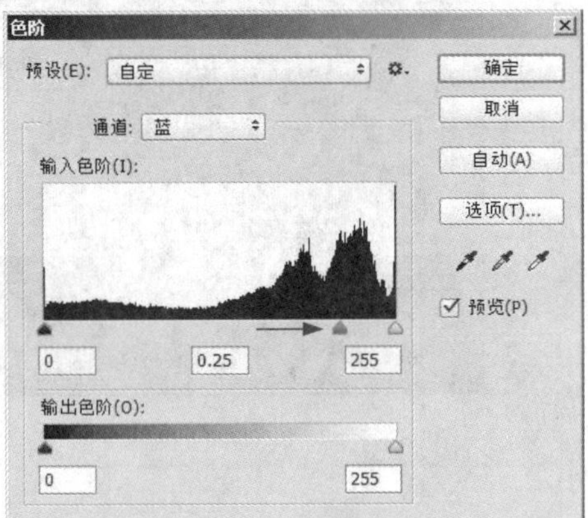

图8-213　调整图像中的蓝色

图8-214　调整后的效果

（2）输入色阶

“输入色阶”用来调整图像的阴影（左侧滑块）、中间调（中间滑块）和高光区域（右侧滑块），从而提高图像的对比度。拖动滑块或者在滑块下面的文本框中输入数值都可以对图片的输入色阶进行调整。向左拖动滑块，如图 8-215 所示，与之对应的图片色调会变亮，效果如图 8-216 所示。向右拖动滑块，如图 8-217 所示，则图片色调会变暗，效果如图 8-218 所示。

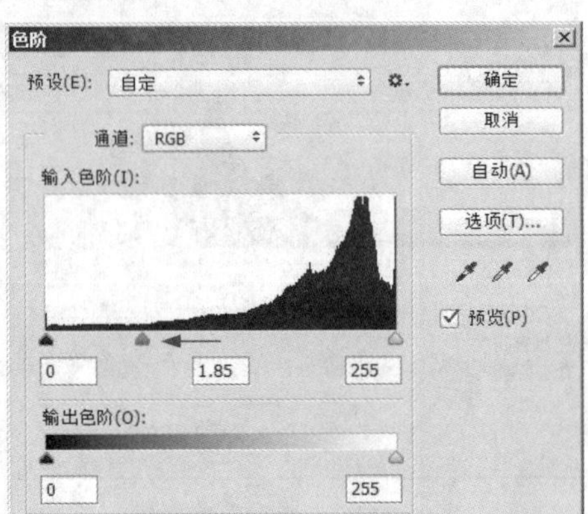

图8-215　向左拖动滑块

图8-216　图片色调变亮

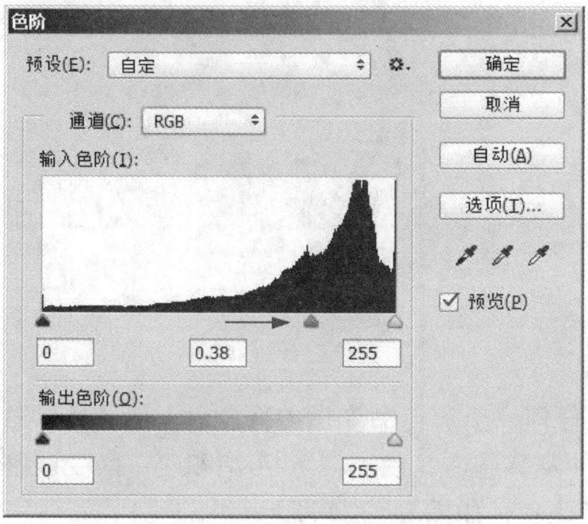

图8-217 向右拖动滑块

图8-218 图片色调变暗

（3）输出色阶

“输出色阶”可以限制图像的亮度范围，从而降低对比度，使图像呈现出类似褪色的效果。同样，拖动滑块或者在滑块下面的文本框中输入数值，都可以对图片的输出色阶进行调整，如图 8-219 所示。单击“确定”按钮，效果如图 8-220 所示。

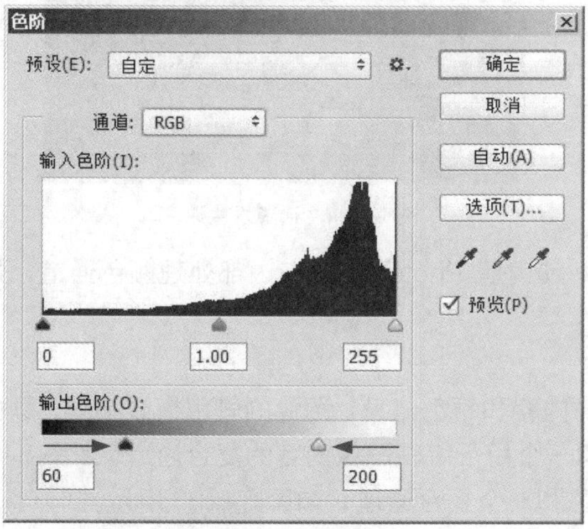

图8-219 拖动滑块

图8-220 调整后的图片效果

4. 反相

“反相”命令用于反转图像的颜色和色调，可以将一张正片黑白图像转换为负片，产生类似照片底片的效果。打开素材图片，如图 8-221 所示。执行“图像→调整→反相”命令（或按【Ctrl+I】组合键），将对图像进行“反相”操作，效果如图 8-222 所示。

5. 通道调色

“通道”是一种重要的图像处理方法，它主要用来存储图像的色彩信息。接下来，将对“调色命令与通道的关系”“颜色通道”及“通道调色”进行具体讲解。

图8-221　原图像

图8-222　“反相”效果

（1）调色命令与通道的关系

图像的颜色信息保存在通道中，因此，使用任何一个调色命令调整颜色时，都是通过通道来影响色彩的。如图 8-223 所示为一个 RGB 文件及其通道，使用“色相/饱和度”命令调整它的整体颜色时，可以看到红、绿、蓝通道都发生了改变，如图 8-224 所示。

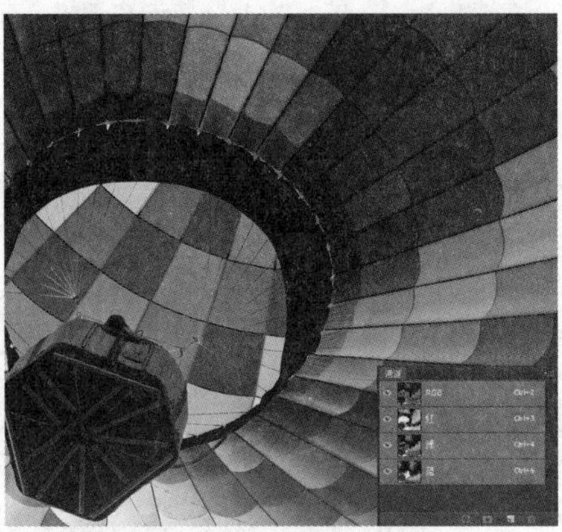

图8-223　RGB文件

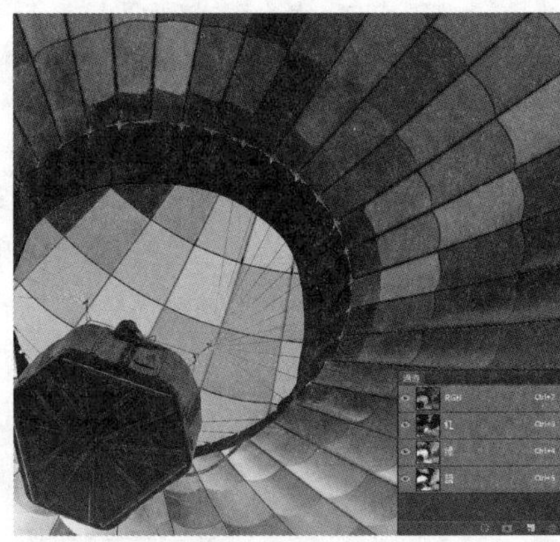

图8-224　通道发生改变

由此可见，使用调色命令调整图像颜色时，其实是 Photoshop 在内部处理颜色通道，使之变亮或者变暗，从而实现色彩的变化。

（2）颜色通道

颜色通道就像是摄影胶片，它们记录了图像内容和颜色信息。图像的颜色模式不同，颜色通道的数量也不相同。RGB 图像包含红、绿、蓝和一个用于编辑图像内容的复合通道，如图 8-225 所示。CMYK 图像包含青色、洋红、黄色、黑色和一个复合通道，如图 8-226 所示。

（3）通道调色

在颜色通道中，灰色代表了一种颜色的含量，明亮的区域表示大量对应的颜色，暗的区域表示对应的颜色较少。如果要在图像中增加某种颜色，可以将相应的通道调亮；要减少某种颜色，将相应的通道调暗即可。

“色彩”和“曲线”对话框中都包含通道选项，可以从中选择一个通道，调亮它的明度，从而影响颜色，具体操作如下。

打开素材图片，如图 8-227 所示。按【Ctrl+M】组合键，弹出“曲线”对话框。在“通道”下拉列表中选择“红”，将红色通道调亮，如图 8-228 所示。单击“确定”按钮，可以看到图片中的红色色调增加，如图 8-229 所示。反之，将红色通道调暗时，图片中的红色色调会减少，如图 8-230 所示。

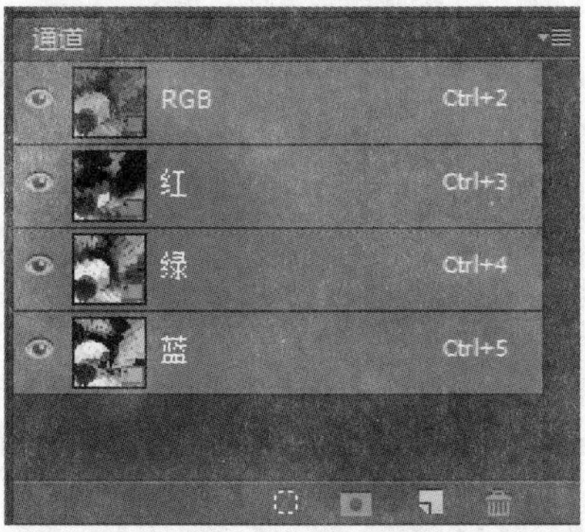

图8-225　RGB图像通道

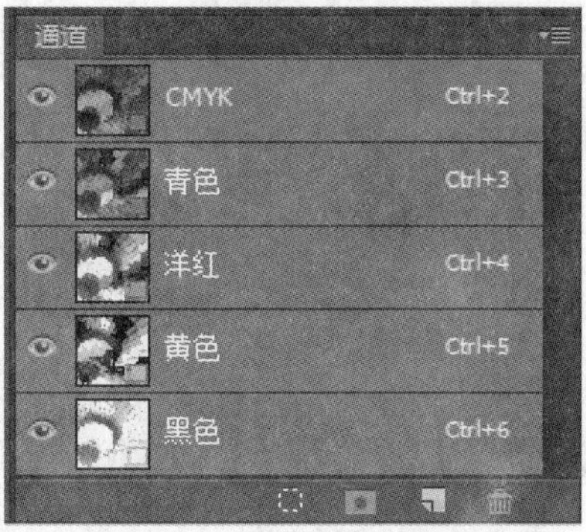

图8-226　CMYK图像通道

图8-227　原图像

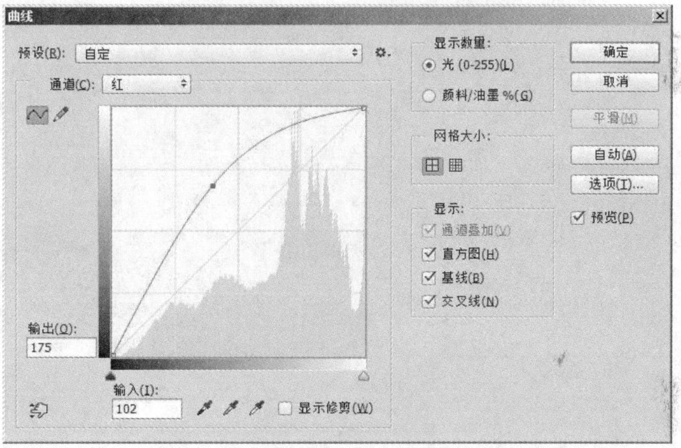

图8-228　将红色通道调亮

图8-229　图片中增加了红色

图8-230　图片中减少了红色

8.5　课后练习

学习完网页设计的内容，下面来完成课后练习吧！

请使用所学的工具绘制如图 8-231 所示的化妆品 Banner。

图8-231 化妆品Banner

Photoshop CC

9 Chapter

情境 9
招贴设计

学习目标

- 熟悉招贴设计的基本流程，掌握招贴设计的方法和技巧
- 掌握图层混合模式的应用，能够控制图层之间的颜色融合
- 掌握蒙版的应用，能够熟练运用蒙版工具调整处理图片
- 熟悉仿制图章工具的使用，能够运用仿制图章工具处理图片

图像处理是 Photoshop 标志性的应用功能，在使用 Photoshop CC 进行图像处理时，应用“图层混合模式”和“蒙版”能够制作出绚丽多彩、方便编辑的图像效果。本情境将通过 3 幅招贴设计的案例对“图层混合模式”“蒙版”以及一些常用的图像处理工具进行详细讲解。

9.1 招贴设计简介

招贴（Poster）也称“海报”“宣传画”，是一种张贴在公共场合、引起大众注意、以达到宣传目的的印刷广告形式。其基本尺寸为 30 英寸 × 20 英寸（762mm × 508mm），相当于国内对开纸大小。依照这一基本标准尺寸，按照纸张开度，招贴又发展出其他标准尺寸，如全开、四开、八开，其中最常用的尺寸是大度的四开和对开。如图 9-1 ~ 图 9-3 所示，即为不同尺寸的招贴设计。

图9-1 单幅4开招贴

图9-2 单幅8开招贴

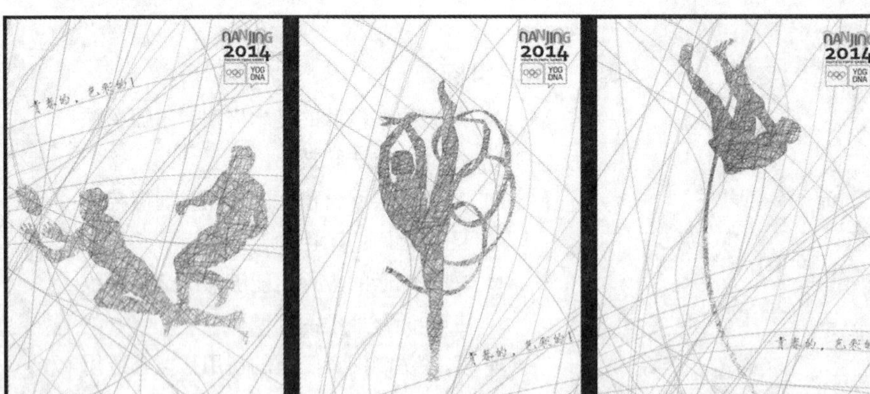

图9-3 系列招贴

招贴是现代广告中使用最频繁、最广泛的传播手段之一。随着人们审美观念的提高以及企业对自身形象宣传的重视，现代的招贴设计不但具有传播的实用价值，还具有极高的艺术欣赏性和收藏性。

9.1.1 招贴设计分类

随着社会的日趋商业化，招贴也有了不同的表现形式。根据功能、需求的不同，通常将招贴分为公益招贴和商业招贴两大类，具体介绍如下。

1. 公益招贴

公益招贴通常以社会公益性问题为题材，如纳税、戒烟、优生、竞选、献血、交通安全、环境保护、和平、文体活动宣传等，如图 9-4 和图 9-5 所示。

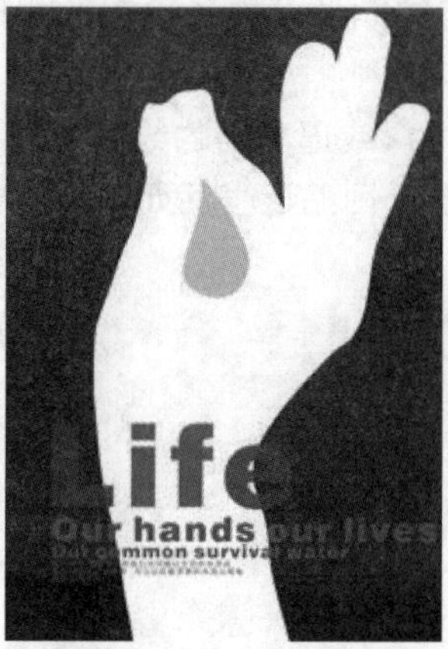

图9-4 节约用水公益招贴

图9-5 献血公益招贴

2. 商业招贴

商业招贴则以直接宣传企业促销商品及商业服务，满足消费者需求等内容为题材，如产品形象宣传、品牌形象宣传、企业形象宣传、商业会展、交通邮政和电信服务及金融信贷服务等，如图 9-6 和图 9-7 所示。

图9-6 商场促销招贴

图9-7 日本寿司店招贴

9.1.2 招贴设计的构成要素

虽然招贴的内容、主题以及表现形式千变万化，但其构成要素却基本相同。招贴的构成要素主要包括文字设计要素、图形设计要素、色彩设计要素和版式设计要素，具体介绍如下。

1. 文字设计要素

文字设计是招贴设计的重要组成部分，是增强视觉传达效果、展现招贴设计风格、赋予招贴版面审美价值的重要手段。招贴中的文字主要包括侧重于设计内容的文案设计和突出表现形式的主题字体设计。前者是将广告内容、信息通过文字的方式表达出来，力求简单、明了，富于冲击力和表现力；后者则是利用文字的重叠、夸张、变形等手段将文字图形化，表达主题内容，如图 9-8 所示。

2. 图形设计要素

图形设计是招贴设计的又一重要组成部分。招贴设计中的图形分为具象图形和抽象图形两种，具体解释如下。

- **具象图形**：具象图形是指有具体形象的图案，多采用摄影或逼真画的绘制方法，对事物的具体形态、色彩、质地进行形象再现，其图形特征鲜明、生动，因贴近生活而表现出丰富的感染力，如图 9-9 所示。

图9-8 文字设计要素

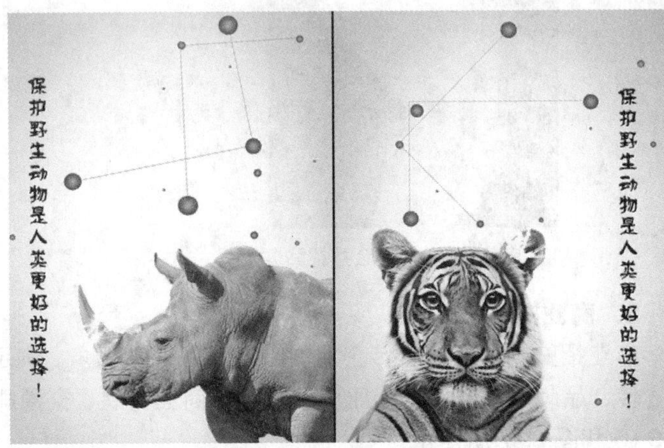

图9-9 具象图形

- **抽象图形**：抽象图形是指由点、线、面和肌理效果等绘制的图形，不具有象形的意义，仅以抽象性的造型元素来表达形式美感，如图 9-10 所示。

3. 色彩设计要素

色彩作为一种表情达意的手段，是现代招贴设计中最重要的一个要素。一幅招贴作品的成败，在很大程度上取决于色彩运用的优劣。在招贴设计中，鲜亮的色彩可以给人们留下深刻的印象，有助于创造个性诉求，引起人们的情感共鸣。如图 9-11 所示的招贴设计，整体运用红色，表现了热情、喜庆、活泼的节日氛围，引人注目。

图9-10 抽象图形

图9-11 啤酒宣传招贴

4. 版式设计要素

在招贴设计中，版式设计可以使作品具有更多的变化，通过版式设计可以对图形、文字、色彩等要素进行整体的考虑与安排，统一图文、突出重点，保证各组成要素在内容和形式上的联系和统一。

9.1.3 招贴设计的特点

招贴设计虽隶属于平面设计，遵循平面设计的相关规范，如设计出血线、设置 CMYK 颜色模式以及单色黑字体的设置要求等，但它也具有自己的设计特点。招贴设计的特点主要体现在画面尺寸、视觉效果以及设计创意 3 个方面，具体介绍如下。

1. 画面尺寸

鉴于招贴的分布范围主要是在公共活动空间，这种街头广告艺术的性质决定了招贴必须以大尺寸的画面来进行信息传达。招贴画面的尺寸一般为对开、全开甚至更大的尺寸，如电脑写真设备制作的巨幅招贴如图 9-12 所示。

2. 视觉效果

招贴设计注重远距离的视觉效果，加之受众对街头广告注意时间的短暂，因此要求招贴设计必须遵循以下几个方面的视觉设计原则，以达到迅速、准确、有效传达信息的目的。

- 图形和文字高度概括，需要准确、简洁。
- 色彩对比强烈，需要和谐统一。
- 考虑到画面空间的灵活运用和信息的简化。
- 注重设计形式的多样化。

3. 设计创意

创意是招贴设计的灵魂，它能够使招贴的诉求重点明确、主题突出并具有深刻的内涵，使招贴作品产生强烈的感染力和说服力，如图 9-13 所示。

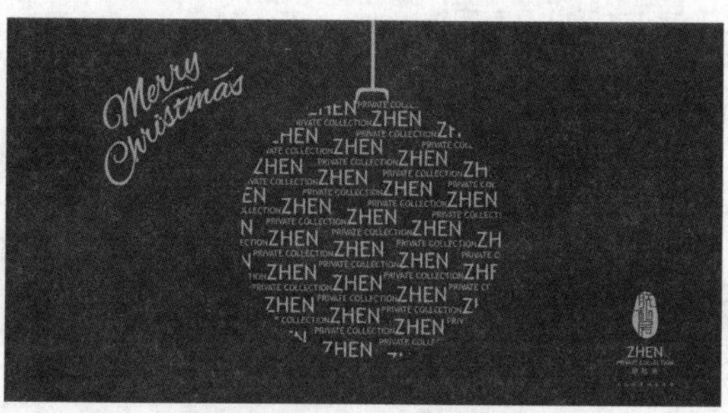

图9-12 巨幅招贴设计

图9-13 雾霾公益招贴设计

9.2 任务 23：公益招贴设计

公益招贴是指以社会公益性问题为题材绘制的宣传画，意在通过某种观念的传达，呼吁公众关注的问题，从而服务于公众利益。下面将设计制作一幅公益招贴，通过本任务的学习，读者可以掌握“叠加”等图层混合模式的相关操作。

9.2.1 任务描述

在现代社会，健康、正确的公益广告所承载的社会理想、社会文明，已经逐渐融入我们的社会文化中，成为社会文化与风尚的重要组成部分。本次任务是为团结湖社区设计一幅公益招贴，社区工作人员希望通过公益招贴的宣传能够让民众树立团结的理念，互帮互助，构建和谐社区。图 9-14 所示为最终的设计效果图。

9.2.2 任务分析

在进行设计工作时，有条理的任务分析可以帮助设计师准确、快速地完成设计任务。本次任务分析将按照招贴设计的基本思路，以确定主题、选取形象、安排构图以及色彩运用 4 个步骤进行分析。

1. 确定主题

在进行设计时，首先要确定设计主题。在确定设计主题时往往依据委托人的意图和相关文案进行判断。本次设计任务通过“团结湖社区”的文案可以将主题确定为“团结”，文案如图 9-15 所示。

图9-14 公益招贴效果展示

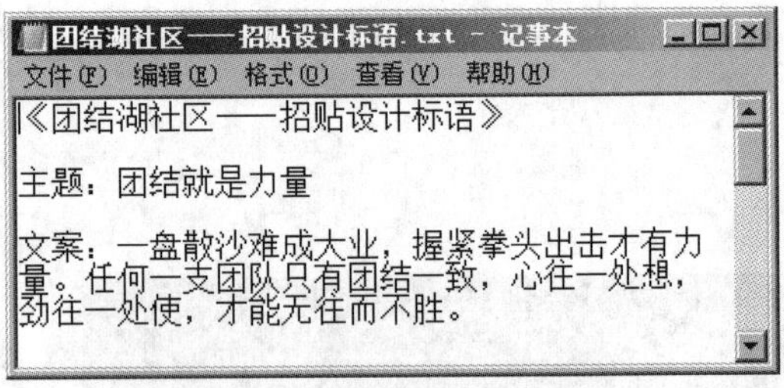
团结湖社区——招贴设计标语.txt - 记事本

文件(F) 编辑(E) 格式(O) 查看(V) 帮助(H)

《团结湖社区——招贴设计标语》

主题：团结就是力量

文案：一盘散沙难成大业，握紧拳头出击才有力量。任何一支团队只有团结一致，心往一处想，劲往一处使，才能无往而不胜。

图9-15 团结湖社区招贴文案

2. 选取形象

在确定主题之后，就可以根据主题选取形象。本次任务的招贴设计以“团结”为主题，因此可以选取拳头、绳索、筷子、积木等象征团结的图案作为主题形象，如图 9-16 所示。

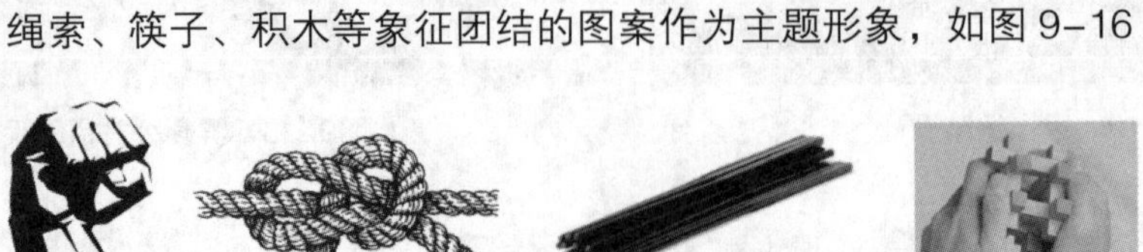

拳头　绳索　筷子　积木

图9-16 主题形象

在本次设计任务中，我们选取“拳头”作为招贴设计的主题形象。

3. 安排构图

在安排构图时，要确定主题形象、主题文字的位置以及大小对比关系，需要做到主题突出、文字简练、设计简洁、具有感染力。

4. 色彩运用

在色彩运用上，根据招贴设计的特点，可以采用热情、有感染力的红色作为主体色，使招贴设计能够创造个性的诉求，引起人们的情感共鸣。

9.2.3 任务制作

1. 制作背景

STEP 1 打开 Photoshop CC 软件，按【Ctrl+N】组合键，在“新建”对话框中设置“名称”为“【任务 23】公益招贴设计”，“宽度”为 514 毫米、“高度”为 768 毫米、“分辨率”为 300 像素/英寸、“颜色模式”为 CMYK 颜色、“背景内容”为白色，如图 9-17 所示。单击“确定”按钮，完成画布的创建。

STEP 2 执行“视图→新建参考线”命令，弹出“新建参考线”对话框，在垂直位置 3 毫米处创建参考线。

STEP 3 重复STEP 2的操作，分别在 511 毫米处创建垂直参考线，在 3 毫米和 765 毫米处创建水平参考线，如图 9-18 所示。

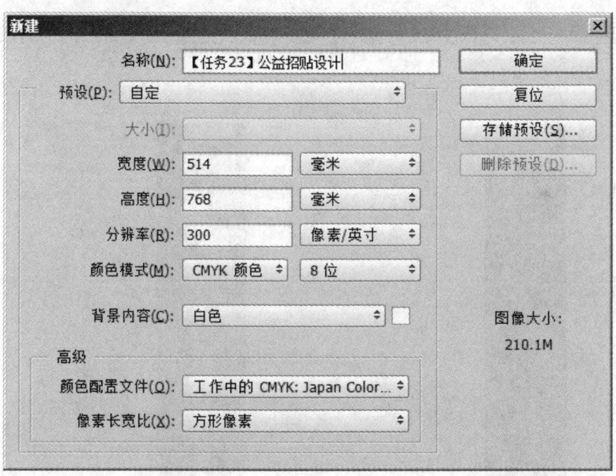

图9-17　“新建”对话框

图9-18　创建参考线

STEP 4 设置前景色为红色（CMYK：0、100、100、50），按【Alt+Delete】组合键填充背景图层。

STEP 5 按【Ctrl+Shift+Alt+N】组合键新建图层，得到“图层 1”。设置前景色为白色，运用“渐变工具”在画布中绘制白色到透明的径向渐变，如图 9-19 所示。

STEP 6 设置“图层 1”的“图层混合模式”为叠加，图层“不透明度”为 75%，效果如图 9-20 所示。

STEP 7 保持“图层 1”的选中状态，按【Ctrl+J】组合键复制图层，得到“图层 1 拷贝”图层。

STEP 8 按【Ctrl+Shift+Alt+N】组合键新建图层，得到“图层 2”。选择“矩形选框工具”在画布中绘制一个如图 9-21 所示的矩形选区。

图9-19　径向渐变

图9-20　叠加和调整不透明度

图9-21　矩形选框工具

STEP 9 在绘制的选区中单击鼠标右键，在弹出的菜单中选择“变换选区”命令，调出定界框，如图 9-22 所示。

STEP 10 在定界框中单击鼠标右键，在弹出的菜单中选择“透视”命令，调整选区至图 9-23 所示的样式，按【Enter】键确认自由变换。

STEP 11 选择“渐变工具”，在画布中绘制白色到透明的线性渐变至图 9-24 所示的样式，按【Ctrl+D】组合键取消选区。

图9-22　变换选区

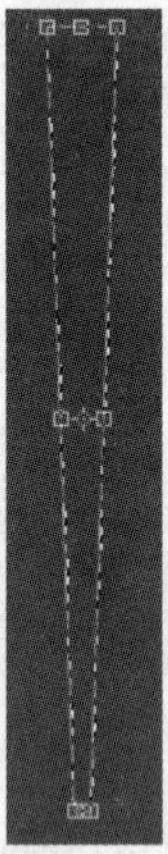
图9-23　调整选区

图9-24　选区中的线性渐变

STEP 12 选中“图层 2”，设置其“不透明度”为 15%，然后按【Ctrl+J】组合键复制图层，得到“图层 2 拷贝”图层。

STEP 13 将“图层 2 拷贝”图层移至图 9-25 所示的位置，按【Ctrl+E】组合键拼合“图层 2”和“图层 2 拷贝”图层。

STEP 14 选中拼合后的图层，按【Ctrl+Alt+T】组合键变换复制图层，并将图形中心点移至图 9-26 所示的位置。

STEP 15 在选项栏中的“设置旋转”△ 0 度处，设置旋转角度为 30 度，效果如图 9-27 所示，按【Enter】键确认自由变换。

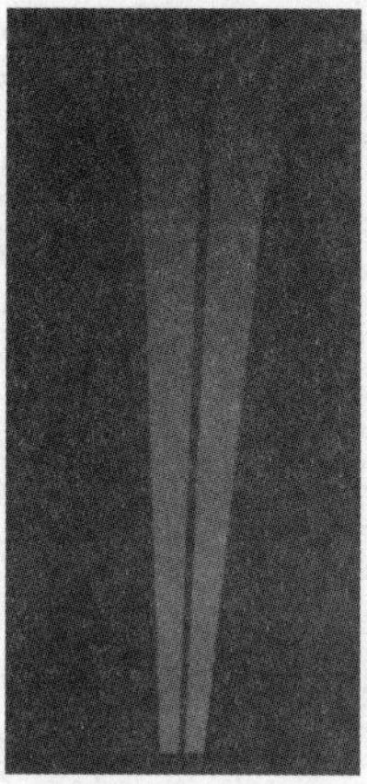
图9-25　拼合图层

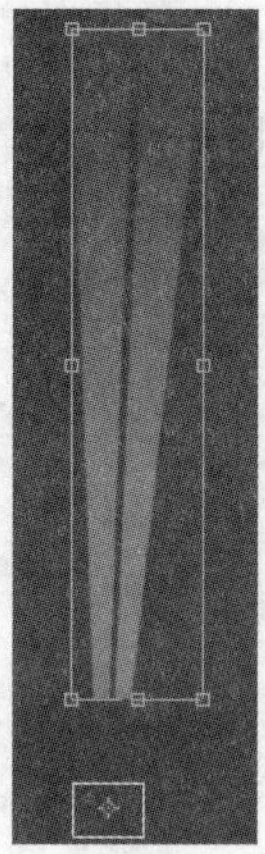
图9-26　调整中心点位置

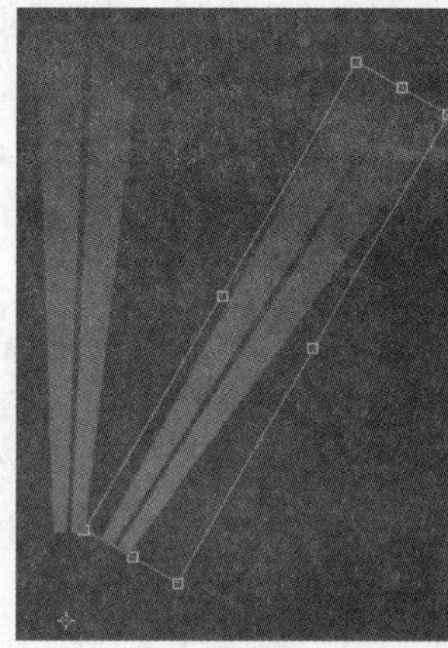
图9-27旋转图层

STEP 16 按【Ctrl+Shift+Alt+T】组合键，复制“图层 2 拷贝”图层至图 9-28 所示的样式。

STEP 17 按【Ctrl+E】组合键拼合 STEP 16 中复制的所有图层，得到“图层 2 拷贝 12”图层，并移至图 9-29 所示的位置

STEP 18 按【Ctrl+J】组合键复制“图层 2 拷贝 12”图层，并将复制的图层旋转至图 9-30 所示的角度，按【Enter】键确认自由变换。

图9-28　自由变换复制

图9-29　拼合移动图层

图9-30　旋转图层

STEP 19 按【Ctrl+Shift+Alt+N】组合键新建图层，得到“图层 2”，并填充白色。

STEP 20 在“图层”面板上双击“图层 2”图层，弹出“图层样式”对话框，如图 9-31 所示。

STEP 21 选择“图案叠加”选项，在右侧红框标示的图案选区中将第 3 个图案作为“图层 2”的叠加图案，如图 9-32 所示。单击“确定”按钮，效果如图 9-33 所示。

STEP 22 在“图层”面板中，右击“图层 2”，在弹出的菜单中选择“栅格化图层样式”命令，将“图层 2”样式栅格化。

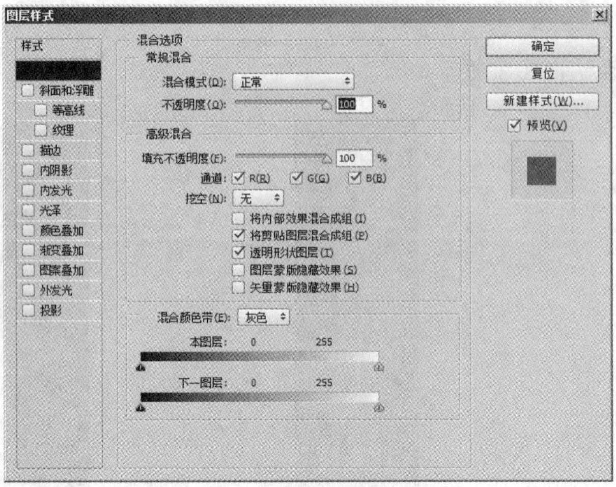

图9-31 “图层样式”对话框

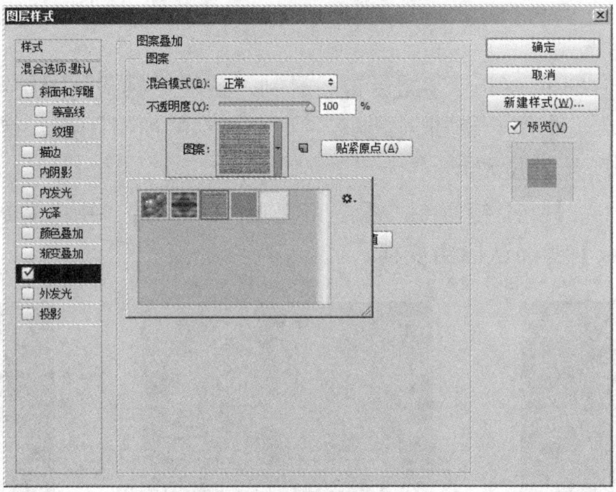

图9-32 “图案叠加”设置

STEP 23 设置“图层 2”的“图层混合模式”为叠加，图层“不透明度”为 50%，效果如图 9-34 所示。

图9-33 图案叠加效果

图9-34 叠加图层效果

2. 制作内容

STEP 1 打开素材“拳头.png”，如图 9–35 所示。选择移动工具“ ”，将其拖至“【任务 23】公益招贴设计”画布中，移至图 9–36 所示的位置，得到“图层 3”。

STEP 2 按【Ctrl+T】组合键调出自由变换定界框，调整素材至合适的大小，按【Enter】键确认自由变换，如图 9–37 所示。

图9–35　“拳头”素材

图9–36　移动素材

图9–37　调整大小

STEP 3 按【Ctrl+Shift+Alt+N】组合键新建图层，得到“图层 4”，按【Ctrl+[】组合键将“图层 4”的位置调整至“图层 3”的下面，如图 9–38 所示。

STEP 4 设置前景色为暗红色（CMYK：0、95、95、20），运用“硬边圆”笔触的画笔在“图层 4”中绘制，遮挡“拳头”素材的透明部分，效果如图 9–39 所示。

STEP 5 选择“横排文字工具” ，在选项栏中设置“字体”为方正粗倩简体、“字体大小”为 20 点、“文本颜色”为黄色（CMYK：5、15、40、0），设置“字间距”为 60，输入文字内容“团结就是”，如图 9–40 所示。

图9–38　图层排列顺序

图9–39　渲染滤镜

图9–40　横排文字工具

STEP 6 在“图层”面板中双击文字图层，弹出“图层样式”对话框。

STEP 7 选择“渐变叠加”选项，设置“样式”为径向、“角度”为 14 度，如图 9–41 所示。

STEP 8 单击“渐变”右侧的“渐变颜色条”，弹出“渐变编辑器”。设置“渐变颜色条”左侧颜色为浅黄色（CMYK：5、15、40、0），中间颜色为土黄色（CMYK：20、25、50、0），右侧颜色为深黄色（CMYK：20、35、55、0），调整颜色色标至图 9-42 所示的位置。单击“确定”按钮，完成“渐变编辑器”的设置。

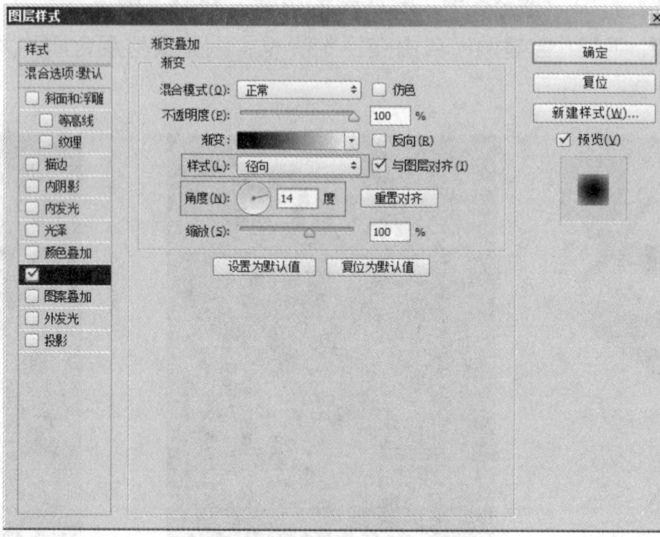

图9-41 “渐变叠加”设置

STEP 9 选择“横排文字工具”，在选项栏中设置“字体”为金梅毛笔扁行书、“文本颜色”为黄色（CMYK：5、15、40、0），分别在画布中输入文字“力”和“量”，调整至图 9-43 所示的大小和位置。

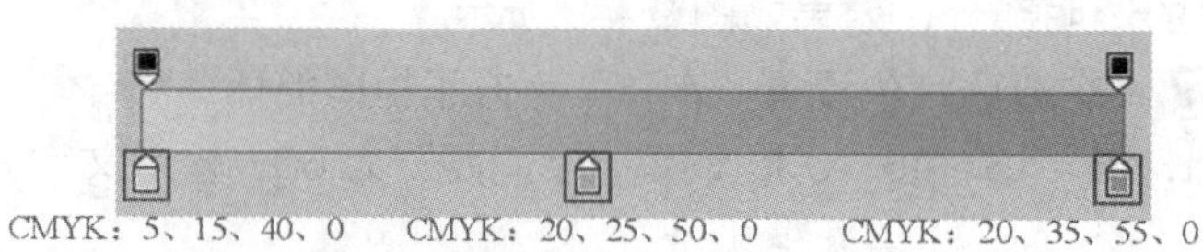

图9-42 设置“渐变颜色条”

图9-43 横排文字工具

STEP 10 拷贝“团结就是”文字图层的图层样式，将其分别粘贴到“力”和“量”文字所在的图层上，如图 9-44 所示，效果如图 9-45 所示。

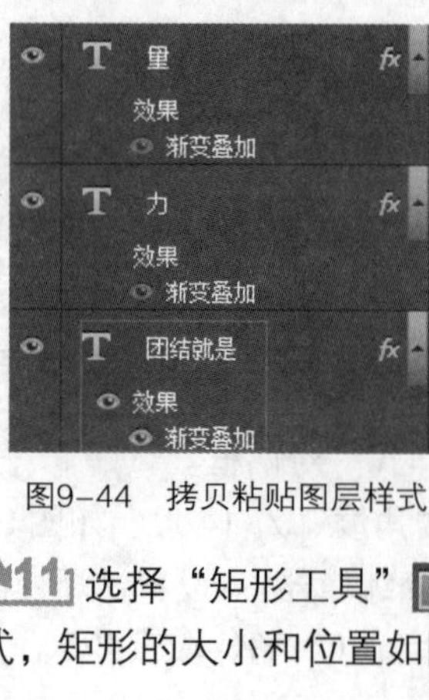

图9-44 拷贝粘贴图层样式

图9-45 图层样式效果

STEP 11 选择“矩形工具”，在画布中绘制一个矩形，并粘贴文字图层中“渐变叠加”的图层样式，矩形的大小和位置如图 9-46 所示。

STEP 12 选择“横排文字工具” T，按住鼠标左键并拖动创建一个如图 9-47 所示的定界框。

STEP 13 输入图 9-48 所示的文字内容，设置“字体”为微软雅黑 Regular、“字体大小”为 24 点、“字体颜色”为黄色（CMYK：5、15、40、0）、“行距”为自动。按【Ctrl+Enter】组合键，完成段落文本的创建。

图9-46　矩形工具

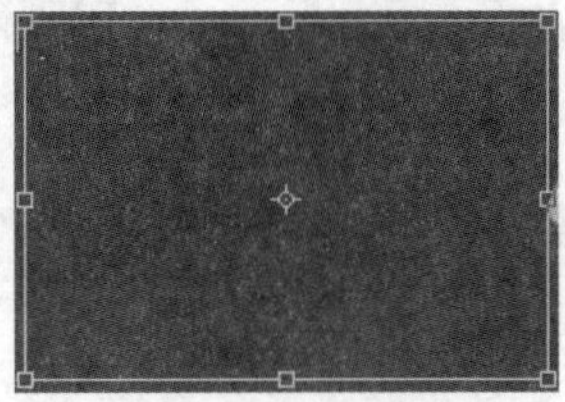

图9-47　定界框

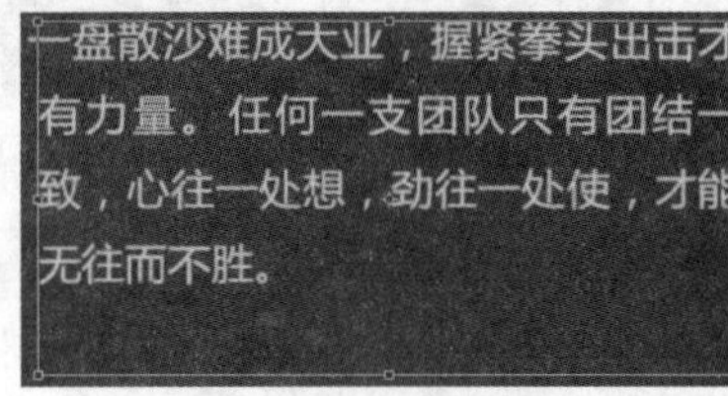

图9-48　文字内容

STEP 14 按【Ctrl+S】组合键，将文件保存在指定文件夹中。

9.2.4　知识点讲解

1. 叠加

“叠加”是“正片叠底”和“滤色”的组合模式。采用此模式合并图像时，图像的中间调会发生变化，高色调和暗色调基本保持不变，如图 9-49 所示。

通过图 9-49 容易看出，当选择“叠加”模式后，图像的高色调和暗色调区域，如“黑色”“白色”等没有变化，但图像的中间调区域，如“绿色”“蓝色”等都发生了或明或暗的变化。

鉴于这种特性，在处理图像时，通常运用“叠加”来制作图像中的高光、亮色部分，如图 9-50 所示。

图9-49　叠加对比图

图9-50　高光、亮色

2. 其他图层混合模式

除了前面讲到过的几种图层混合模式外，在使用 Photoshop CC 进行图像合成时，还会用到其他的图层混合模式，具体介绍如下。

- 正常：默认的图层混合模式，用当前图层像素的颜色叠加下层颜色。当图层的不透明度为 100%时，显示最顶层图层像素的颜色，如图 9-51 所示。
- 溶解：编辑或绘制每个像素使其成为结果色。根据像素位置的不透明度，结果色由基色或混合色的像素随机替换，如图 9-52 所示。

图9-51　正常

图9-52　溶解

• 变暗：在混合时将绘制的颜色与底色之间的亮度进行比较，亮于底色的颜色都被替换，暗于底色的颜色保持不变，如图 9-53 所示。

• 颜色加深：用于查看每个通道的颜色信息，通过像素对比度，使底色变暗，从而显示当前图层的绘图色，如图 9-54 所示。

图9-53　变暗

图9-54　颜色加深

• 线性加深：同样用于查看每个通道的颜色信息，不同的是它是通过降低其亮度使底色变暗来反衬当前图层颜色的，如图 9-55 所示。

• 深色和浅色：二者模式相反，分别如图 9-56 和图 9-57 所示。

图9-55　线性加深

图9-56　深色

• 变亮：与变暗模式相反。使用"变亮"模式，混合时取绘图色与底色中较亮的颜色，底色中较亮的像素将被绘图色中较亮的像素取代，而底色中较暗的像素保持不变，如图 9-58 所示。

• 颜色减淡：主要用于查看每个通道的颜色信息，通过增加对比度来使底色变亮，从而显示当前图层的颜色，如图 9-59 所示。

• 线性减淡（添加）：用于查看每个通道的颜色信息，然后通过降低其他颜色的亮度来反映当前图层的颜色，如图 9-60 所示。

图9-57　浅色

图9-58　变亮

图9-59　颜色减淡

图9-60　线性减淡（添加）

- 柔光：是根据图像的明暗程度来决定图像的最终效果是变亮还是变暗，如图 9-61 所示。
- 强光：同柔光一样，是根据图像的明暗程度来决定图像的最终效果是变亮还是变暗。此外，选择“强光”模式还可以产生类似聚光灯照射图像的效果，如图 9-62 所示。

图9-61　柔光

图9-62　强光

- 亮光：通过增减对比度来加深或减淡图像的颜色，如图 9-63 所示。
- 线性光：通过增加或降低当前图层的颜色亮度来加深或减淡颜色，如图 9-64 所示。

图9-63　亮光

图9-64　线性光

• 点光：根据当前图层的亮度来替换颜色，如图 9–65 所示。

• 实色混合：将两个图层叠加，且当前图层产生很强的硬边性边缘，如图 9–66 所示。

图9–65　点光

图9–66　实色混合

• 差值：将当前图层的颜色与其下方图层颜色的亮度进行对比，用较亮颜色的像素值减去较暗颜色的像素值，所得差值就是最后效果的像素值，如图 9–67 所示。

• 排除：该模式与“差值”模式效果类似，但是比“差值”模式的效果要柔和，如图 9–68 所示。

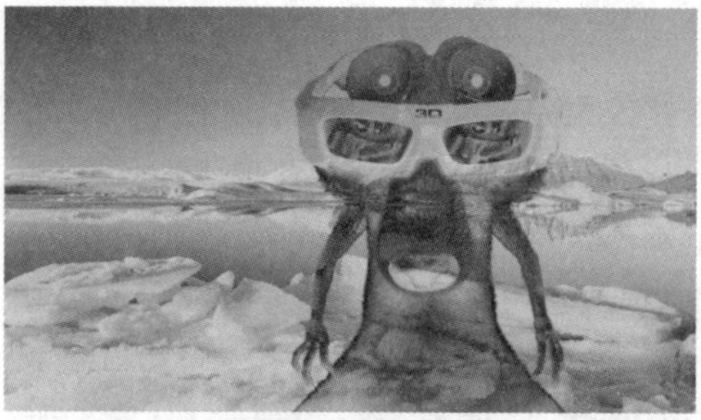

图9–67　差值

图9–68　排除

• 减去：查看每个通道中的颜色信息，并从基色中减去混合色，如图 9–69 所示。

• 划分：查看每个通道中的颜色信息，并从基色中划分混合色，如图 9–70 所示。

图9–69　减去

图9–70　划分

• 色相：选择下方图层颜色的亮度和饱和度值与当前图层的色相值进行混合从而创建结果色，混合后的亮度即饱和度取决于底色，但是色相则取决于当前图层的颜色，如图 9–71 所示。

• 饱和度：混合后的色相及明度与底色相同，而饱和度则与绘制的颜色相同，如图 9–72 所示。

图9-71 色相

图9-72 饱和度

注意

在饱和度为0%的情况下选择此模式，图像将不发生变化。

- 颜色：使用底色的明度及绘图色的色相和饱和度来创建结果色。这样可以保护图像的灰色色调，但是混合后的整体颜色由当前绘制色决定，如图 9-73 所示。
- 明度：使用底色的色相和饱和度来创建最终的结果色，如图 9-74 所示。

图9-73 颜色

图9-74 明度

9.3 任务 24：瑜伽商业招贴设计

随着市场经济的飞速发展，商业招贴也越来越被商界所重视。所谓商业招贴指的是以商品宣传为目标的招贴广告。比起公益招贴，商业招贴往往更加注重广告效果以及消费者的心理需求。下面将设计制作一幅瑜伽商业招贴，通过本任务的学习，读者可以掌握图层蒙版和剪贴蒙版等工具的操作。

9.3.1 任务描述

本任务是为般若瑜伽设计一幅招贴广告。般若瑜伽是一家简约、时尚、具有现代风格的高级私人瑜伽连锁机构，以“强调身、心、灵兼修”为理念，使人达到身体与心灵的和谐与统一。客户希望在招贴中能够传达培训开班信息和瑜伽的各种益处，体现人与自然的完美结合，图 9-75 所示为最终的设计效果图。

9.3.2 任务分析

本次任务分析将从文字、图像、色彩和设计尺寸等招贴设计构成要素进行分析，以帮助设计师快速定位。

1. 文字

该公司是一家以瑜伽培训为主的连锁机构，所以在文字设计上可着重突出“瑜伽”二字，并且客户希望传达瑜伽的开班信息，因此在开班信息的文字上可以运用背景色着重显示。

2. 图像

在图像的运用上，可以运用一些山水风景和瑜伽人物等具象图形来表现人与自然的完美结合和瑜伽丰富的感染力，如图 9-76 ~ 图 9-78 所示，即为本次任务所用素材。

图9-75　瑜伽商业招贴效果展示

图9-76　晚景

图9-77　海边

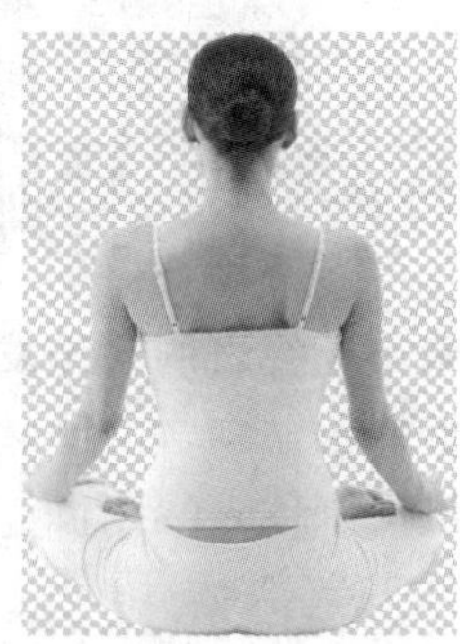

图9-78　瑜伽人物

3. 色彩

在色彩运用上，瑜伽以安静、柔美为主，因此在设计上可以选用白色或浅灰色作为招贴主色调。

4. 设计尺寸

在设计尺寸上，可以直接按照客户既定尺寸制作，大小为 420mm × 570mm（4 开纸张大小），出血尺寸为 3mm，招贴的总尺寸应为 426mm × 576mm。

9.3.3 任务制作

1. 制作背景

STEP 1 打开 Photoshop CC 软件，按【Ctrl+N】组合键，在“新建”对话框中设置“名称”为“【任务 24】瑜伽商业招贴设计”、“宽度”为 426 毫米、“高度”为 576 毫米、“分辨率”为 300 像素/英寸、“颜色模式”为 CMYK 颜色、“背景内容”为白色，如图 9-79 所示。单击“确定”按钮，完成画布的创建。

STEP 2 执行“视图→新建参考线”命令，弹出“新建参考线”对话框，在垂直位置 3 毫米和 423 毫米处以及水平位置 3 毫米和 573 毫米处创建参考线，如图 9-80 所示。

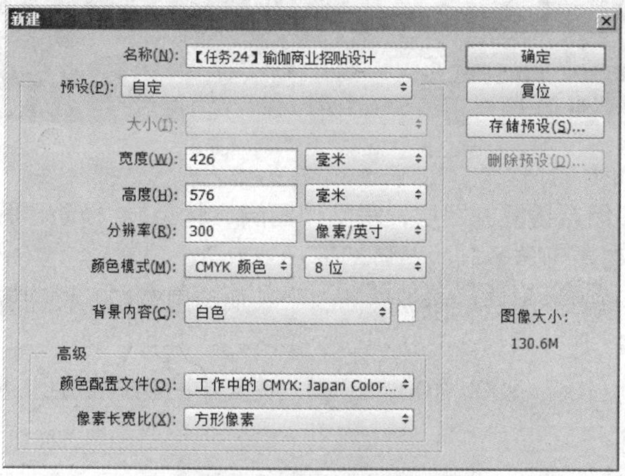

图9-79 “新建”对话框

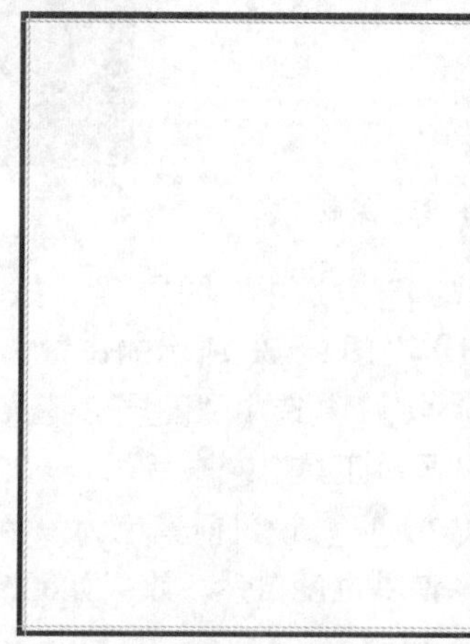

图9-80 创建参考线

STEP 3 设置前景色为浅灰色（CMYK：5、5、5、0），按【Alt+Delete】组合键填充背景图层。

STEP 4 选择“画笔工具”，在选项栏中单击“画笔预设选取器”按钮，然后在弹出的面板中单击右上角的按钮，在弹出的下拉面板中选择“载入画布”选项，弹出“载入”对话框。在对话框中选择“墨迹笔刷.abr”素材，如图 9-81 所示，单击“载入”按钮，完成画笔的载入。

STEP 5 按【Shift+Ctrl+Alt+N】组合键新建“图层 1”。设置前景色为黑色（CMYK：50、50、50、100）。

STEP 6 在选项栏中单击“画笔预设选取器”按钮，弹出“画笔预设”对话框。设置“画笔大小”为 1500 像素、“笔尖形状”为墨迹笔刷，如图 9-82 所示。

图9-81 墨迹笔刷

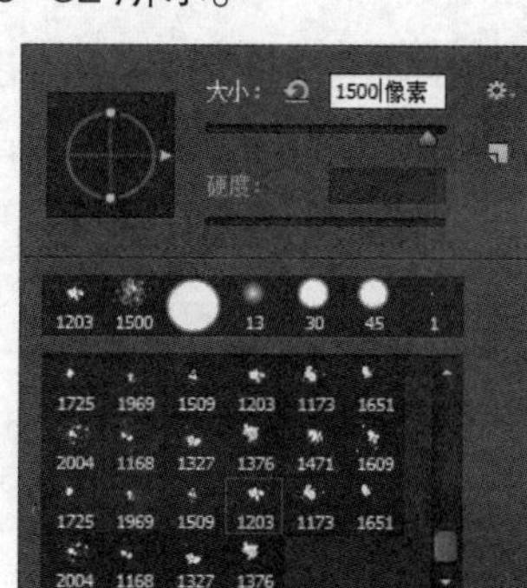

图9-82 画笔预设

STEP 7 按住鼠标左键不放，在画布中拖动画笔，绘制如图 9-83 所示的图形效果。

STEP 8 打开素材“晚景.jpg”，如图 9-84 所示。运用“移动工具”，将其拖至“【任务 24】瑜伽商业招贴设计”画布中，移至图 9-85 所示的位置，得到“图层 2”。

图9-83　绘制效果

图9-84　晚景

STEP 9 选中“图层 2”，按【Ctrl+J】组合键复制图层，得到“图层 2 拷贝”。移动“图层 2 拷贝”至图 9-86 所示的位置，使其完全覆盖画笔绘制的黑色图形。

STEP 10 选中“图层 2 拷贝”图层，单击“图层”面板底部的“添加图层蒙版”按钮。选择“画笔工具”，设置一个较柔和的笔尖。

STEP 11 设置前景色为黑色（CMYK：100、100、100、100），在复制的晚景图层上进行涂抹，使其过度自然，效果如图 9-87 所示。

图9-85　移动素材1

图9-86　移动素材2

图9-87　图层蒙版

STEP 12 同时选中“图层 2”和“图层 2 拷贝”图层，执行“图层→创建剪贴蒙版”命令（或按【Ctrl+Alt+G】组合键），即可创建剪贴蒙版，如图 9-88 所示，剪贴蒙版效果如图 9-89 所示。

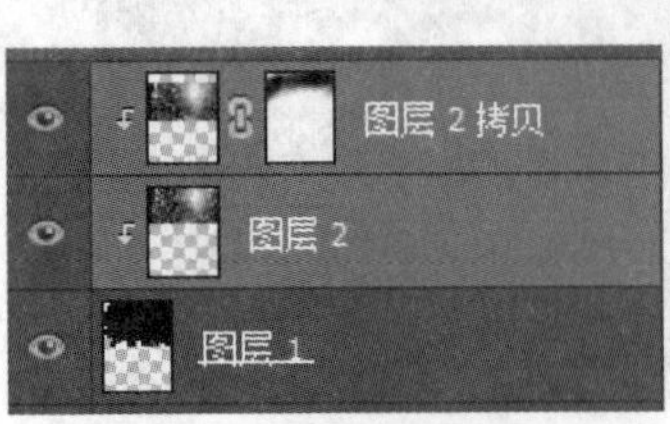

图9-88　创建剪贴蒙版

图9-89　剪贴蒙版效果

STEP 13 打开素材“海边.jpg”，如图 9-90 所示。选择“移动工具”，将其拖至“【任务 24】瑜伽商业招贴设计”画布中，得到“图层 3”。

STEP 14 调整“图层 3”的排列顺序，使其置于“图层 4”的下方，设置“图层混合模式”为叠加，效果如图 9-91 所示。

图9-90 海边

图9-91 调整图层顺序和叠加图层

STEP 15 按【Shift+Ctrl+Alt+N】组合键新建“图层 4”。设置前景色为浅黄色（CMYK：5、10、40、0），运用“柔边圆”画笔在画布中绘制如图 9-92 所示的样式。

图9-92 画笔工具

STEP 16 将“图层 4”的排列顺序调整至“图层 1”的下方，效果如图 9-93 所示。

图9-93 调整图层顺序

2. 添加内容

STEP 1 打开素材“瑜伽人物.png”，如图 9-94 所示。选择“移动工具”，将其拖至“【任务 24】瑜伽商业招贴设计”画布中，移至图 9-95 所示的位置，得到“图层 5”。

STEP 2 选择“钢笔工具”，沿着人物衣服边缘绘制路径，按【Ctrl+Enter】组合键将路径转化为选区，如图 9-96 所示。按【Ctrl+Shift+I】组合键反选选区。

图9-94 瑜伽人物

图9-95 移动素材

图9-96 将路径转化为选区

STEP 3 按【Ctrl+B】组合键，调出“色彩平衡”对话框，按照图 9-97 所示的参数进行设置，效果如图 9-98 所示。按【Ctrl+D】组合键取消选区。

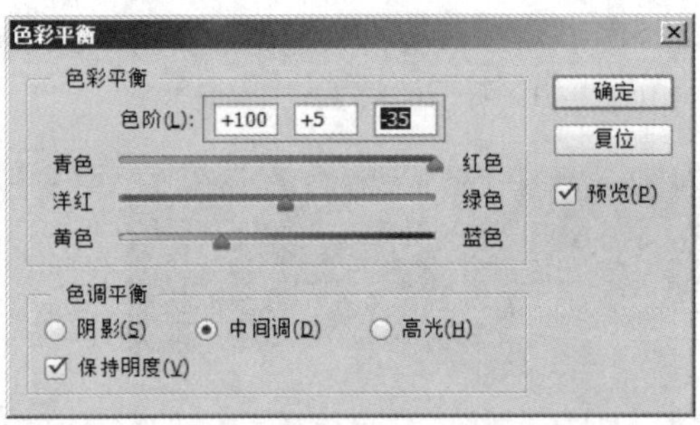

图9-97 “色彩平衡”对话框

图9-98 逆光人物效果

STEP 4 按【Shift+Ctrl+Alt+N】组合键，新建“图层 6”。设置前景色为深灰色（CMYK：80、80、75、60），运用降低“不透明度”和“流量”的“柔边圆”画笔在画布中绘制如图 9-99 所示的阴影效果。

STEP 5 在“图层”面板中，调整“图层 6”的排列顺序，使其置于“图层 5”的下方，效果如图 9-100 所示。

STEP 6 选择“横排文字工具” T，在选项栏中设置“字体”为叶根友毛笔行书简体、“字体大小”为 200 点，输入文字内容“瑜”，如图 9-101 所示。

图9-99 画笔工具

图9-100 阴影效果

图9-101 横排文字工具

STEP 7 为“瑜”所在的文字图层添加“描边”图层样式，设置“大小”为 24 像素、“颜色”

为白色，具体参数设置如图 9-102 所示。

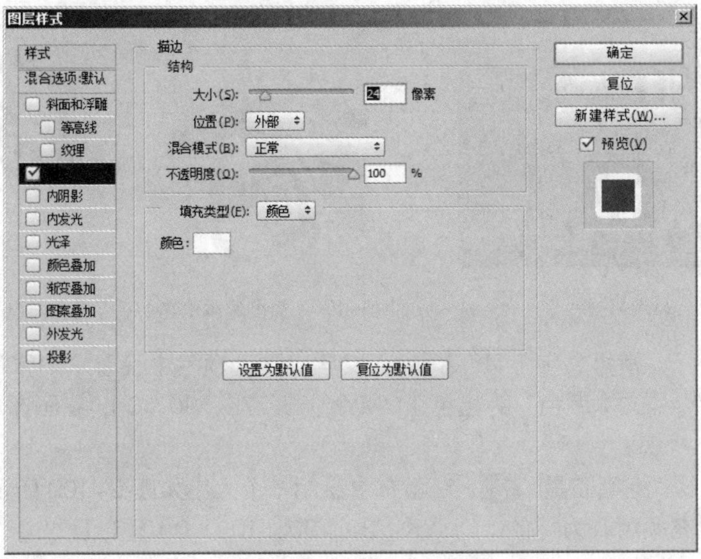

图9-102　“描边”设置

STEP 8 继续为“瑜”所在的文字图层添加“投影”图层样式，设置“颜色”为棕色（CMYK：50、90、100、20）、“不透明度”为 27%、“扩展”为 100%、“大小”为 24 像素，具体参数设置如图 9-103 所示。单击“确定”按钮，最终的图层样式效果如图 9-104 所示。

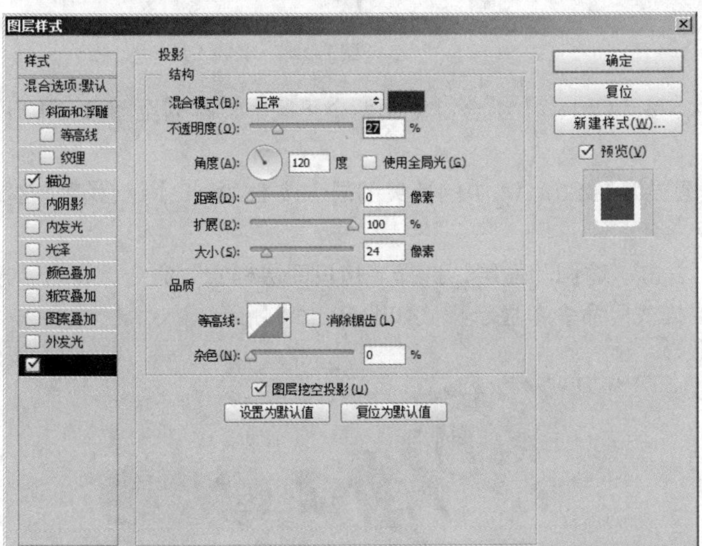

图9-103　“投影”设置

图9-104　图层样式效果

STEP 9 选择“矩形选框工具”，框选“晚景”素材的一部分，选择“移动工具”，将其移至“商业招贴设计”画布中，如图 9-105 所示，得到“图层 7”。

STEP 10 将“图层 7”移至文字图层上方，按【Ctrl+Alt+G】组合键创建剪贴蒙版，效果如图 9-106 所示。

STEP 11 运用STEP 6 ~ STEP 10的方法制作文字“伽”，并选择“移动工具”移至图 9-107 所示的位置。

图9-105　框选素材

图9-106　剪贴蒙版效果

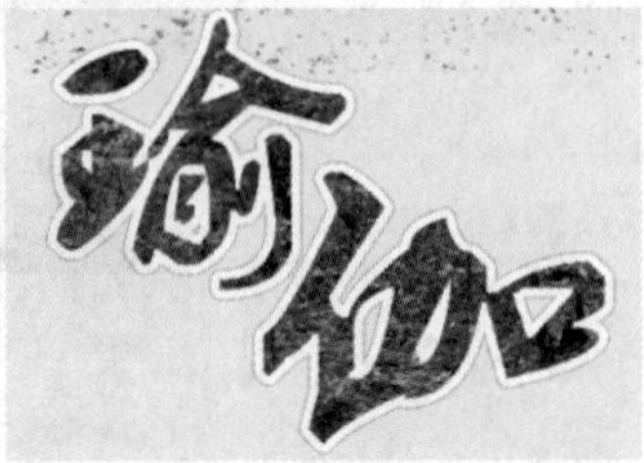

图9-107　文字效果

STEP 12 选择“横排文字工具”输入文字，在选项栏中设置“字体”为华文中宋、“字体大小”为 200 点、“文本颜色”为橙色（CMYK：5、70、90、0），在画布中输入图 9-108 所示的文字内容。

STEP 13 选择“椭圆工具”，在画布中绘制一个大小如图 9-109 所示的正圆，得到“椭圆 1”图层，将填充颜色改为棕色（CMYK：30、90、100、0）。

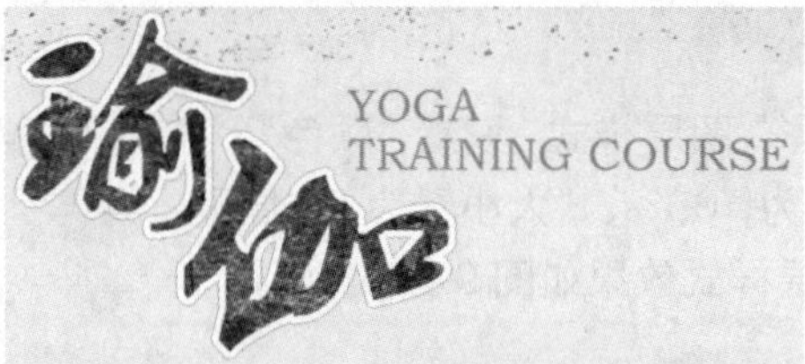

图9-108　横排文字工具

图9-109　椭圆工具

STEP 14 选中“椭圆 1”图层，按【Ctrl+J】组合键复制两个正圆形，排列至图 9-110 所示的位置。

STEP 15 同时选中“椭圆 1”图层以及 Step14 中的拷贝图层，按【Ctrl+E】组合键拼合图层，得到“椭圆 1 拷贝 2”图层。

STEP 16 在“图层”面板中，右击“瑜伽”图层，选择“拷贝图层样式”命令，右击“椭圆 1 拷贝 2”图层，选择“粘贴图层样式”命令，显示样式如图 9-111 所示。

图9-110　排列图层

图9-111　拷贝粘贴图层样式

STEP 17 选择“横排文字工具”，在选项栏中设置“字体”为华文中宋、“字体大小”为 56 点、“文本颜色”为白色，设置“字间距”为 340，输入文字内容“培训班”，如图 9-112 所示。

STEP 18 选择“矩形工具”，在画布中绘制一个“宽度”为 217.9 毫米、“高度”为 15.8

毫米的矩形，颜色为橙色（CMYK：5、70、90、0），排列在“瑜伽”文字的下方，如图 9-113 所示。

图9-112　横排文字工具

图9-113　矩形工具

STEP 19 选择“横排文字工具”，在选项栏中设置“字体”为华文中宋、“字体大小”为 24 点、“文本颜色”为白色、“字间距”为 25，输入图 9-114 所示的文字内容。

图9-114　横排文字工具

STEP 20 继续运用“横排文字工具”，输入如图 9-115 所示的文字内容，设置“字体”为华文中宋、“字体大小”为 18 点、“文本颜色”为白色、字间距为 25。

STEP 21 选择“移动工具”，将输入的文字移至图 9-116 所示的位置，得到最终效果。

STEP 22 按【Ctrl+S】组合键，将文件保存在指定文件夹中。

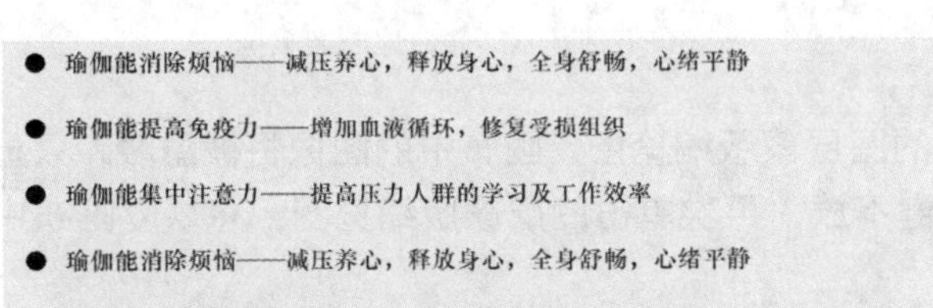

图9-115　输入文字

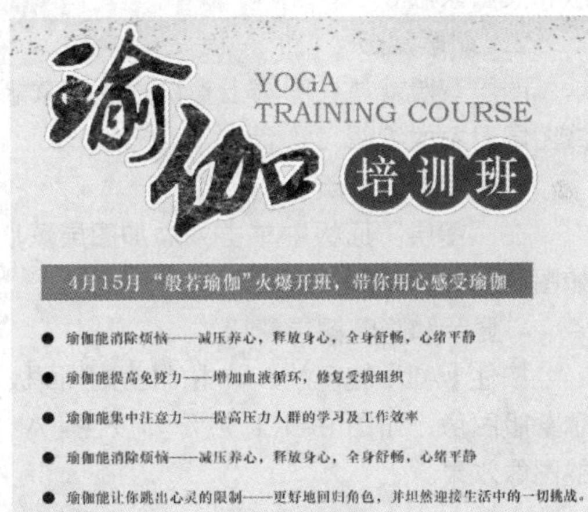

图9-116　调整文字位置

9.3.4　知识点讲解

1. 认识蒙版

在墙体上喷绘一些广告标语时，常会用一些挖空广告内容的板子遮住墙体，然后在上面喷色。这样，将板子拿下后，广告标语就工整地印在墙体上了，这个板子就起到了“蒙版”的作用。“蒙版”可以理解为“蒙在上面的板子”，通过这个“板子”可以保护图层对象中未被选中的区域，使其不被编辑，如图 9-117 所示。

在图 9-117 中，只显示了一部分人物作为可编辑区域，不需要显示的部分则可以通过“蒙版”隐藏。当取消“蒙版”时，人物整体将作为可编辑区域全部显示在画布中，如图 9-118 所示。

图9-117　蒙版效果

图9-118　取消蒙版

在“蒙版”中，“黑色”为“蒙版”的保护区域，可隐藏不被编辑的图像，“白色”为“蒙版”的编辑区域，用于显示需要编辑的图像部分，“灰色”为“蒙版”的部分显示区域，在此区域的图像会呈现半透明状态。在 Photoshop CC 中，主要的蒙版类型有图层蒙版、剪贴蒙版、快速蒙版和矢量蒙版。

2. 图层蒙版

图层蒙版就是在图层上直接建立的蒙版，通过对蒙版进行编辑、隐藏、链接、删除等操作完成图层对象的编辑。

- 添加图层蒙版

在“图层”面板中单击“添加图层蒙版”按钮，即可为选中的图层添加一个图层蒙版，如图 9-119 所示。

- 显示和隐藏图层蒙版

按住【Alt】键不放，单击“图层”面板中的图层蒙版缩览图，画布中的图像将被隐藏，只显示蒙版图像，如图 9-120 所示。按住【Alt】键不放，再次单击图层蒙版缩览图，将恢复画布中的图像效果。

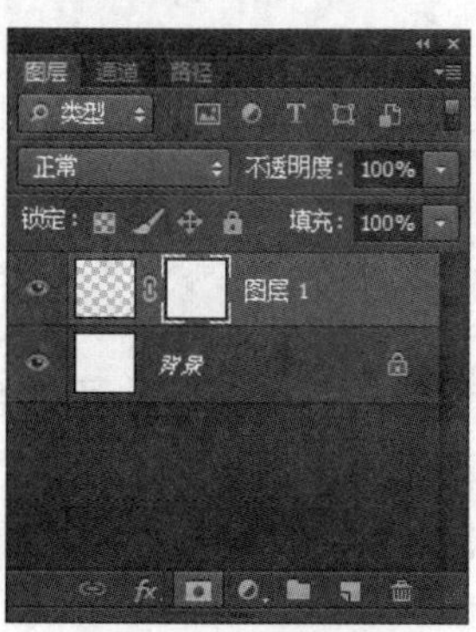

图9-119　添加图层蒙版

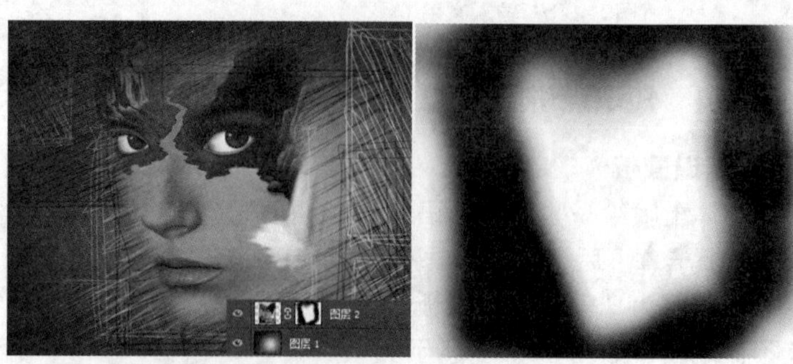

图9-120　显示蒙版图像

• 图层蒙版的链接

在“图层”面板中，图层缩览图和图层蒙版缩览图之间存在“链接图标”，用来关联图像和蒙版，当移动图像时，蒙版会同步移动。单击“链接图标”时，将不再显示此图标，此时可以分别对图像与蒙版进行操作。

• 停用和恢复图层蒙版

执行“图层→图层蒙版→停用”命令（或按住【Shift】键不放，单击图层蒙版缩览图），可停用被选中的图层蒙版，此时图像将全部显示，如图 9-121 所示。再次单击图层蒙版缩览图，将恢复图层蒙版效果。

• 删除图层蒙版

执行“图层→图层蒙版→删除”命令（或在图层蒙版缩览图上右击，在弹出的快捷菜单中选择“删除图层蒙版”命令），即可删除被选中的图层蒙版，如图 9-122 所示。

图9-121　停用图层蒙版

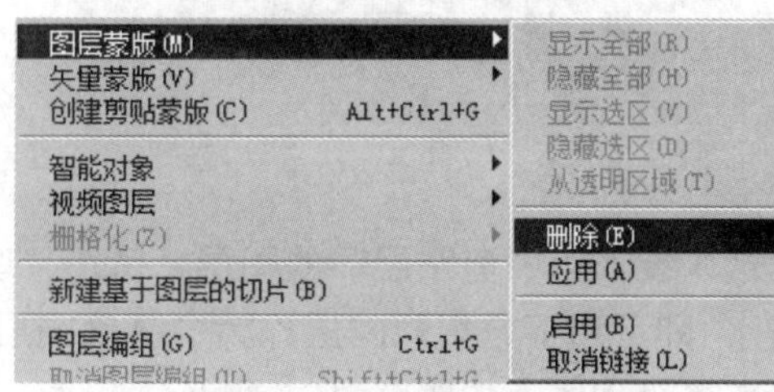

图9-122　删除图层蒙版

多学一招：创建遮盖图层全部的蒙版

执行“图层→图层蒙版→隐藏全部”命令（或按住【Alt】键不放，单击“添加图层蒙版”按钮），可创建一个遮盖图层全部的蒙版，如图 9-123 所示。

此时，图层中的图像将会被蒙版全部隐藏，设置前景色为白色，选择“画笔工具”，在画布中涂抹，即可显示涂抹区域中的图像，如图 9-124 所示。

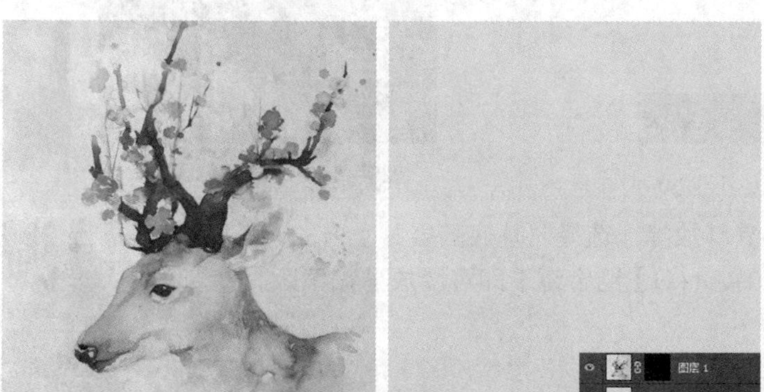

图9-123　遮盖图层全部的蒙版

图9-124　显示图像

3. 剪贴蒙版

剪贴蒙版是通过下方图层的形状来限制上方图层的显示范围，从而达到一种剪贴画效果的蒙版，如图 9-125 所示的“炫彩文字”效果就是应用剪贴蒙版制作的。剪贴蒙版的最大优点是可以通过一个图层来控制多个图层的可见内容，而图层蒙版和矢量蒙版都只能控制一个图层。

在 Photoshop 中，至少需要两个图层才能创建剪贴蒙版，通常将位于下面的图层称为“基底图层”，将位于上面的图层称为“剪贴层”。图 9-125 中所示的剪贴蒙版效果就是由一个“文字”基底图层和一个“炫彩光效”剪贴层组成的，如图 9-126 所示。

图9-125　剪贴蒙版效果

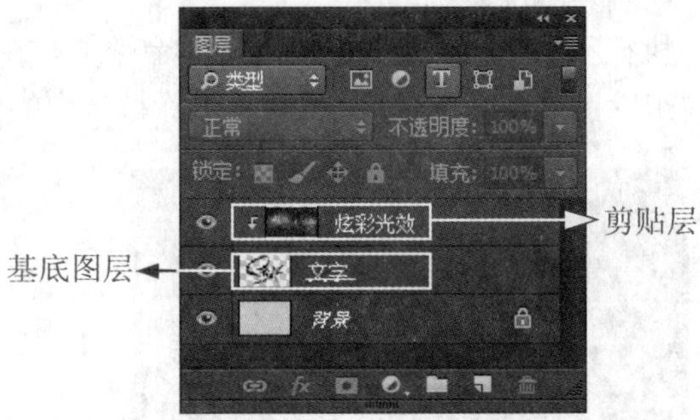

图9-126　基底图层和剪贴层

选中要作为“剪贴层”的图层，执行“图层→创建剪贴蒙版”命令（或按【Ctrl+Alt+G】组合键），即可用下方相邻图层作为“基底图层”，创建一个剪贴蒙版。“基底图层”的图层名称下会带一条下划线，如图 9-127 所示。

此外，按住【Alt】键不放，将鼠标指针移动到“剪贴层”和“基底图层”之间单击，也可以创建剪贴蒙版，如图 9-128 所示。

图9-127　基底图层

图9-128　创建剪贴蒙版

对于不需要的剪贴蒙版可以将其释放掉。选择“基底图层”上方的“剪贴层”，执行“图层→释放剪贴蒙版”命令（或按【Ctrl+Alt+G】组合键）即可释放剪贴蒙版。

注意

可以用一个“基底图层”来控制多个“剪贴层”，但是这些“剪贴层”必须是相邻且连续的。

9.4 任务 25：美容 SPA 商业招贴设计

随着人们审美水平的不断提高，以及对美的不断追求，美容 SPA 越来越受人们青睐；同时，各种推广手段也层出不穷，其中最为常见的就是招贴推广。本任务将设计制作一幅美容 SPA 招贴，通过本任务的学习，读者可以掌握仿制图章工具、内容感知移动工具、修补工具以及图案图章工具的操作。

图9-129　美容SPA商业招贴设计效果展示

9.4.1　任务描述

本次任务是根据微整形美容 SPA 会所给出的文案，为其设计一幅商业招贴。客户希望通过招贴宣传“爱美丽 爱自己”的主题活动，推广“微整形 美容 SPA”，并且在招贴设计中要体现“微整形 美容 SPA”的高雅和与众不同，图 9-129 所示为最终的招贴设计效果。

9.4.2　任务分析

美容 SPA 的服务对象多以女性顾客为主，因此在设计时可以选用女性模特、花瓣等素材，以调理肌肤及塑身保养为诉求，强调身体与心灵的完美结合。如图 9-130 ~ 图 9-133 所示，即为本次任务所使用的素材。

图9-130　粉色背景

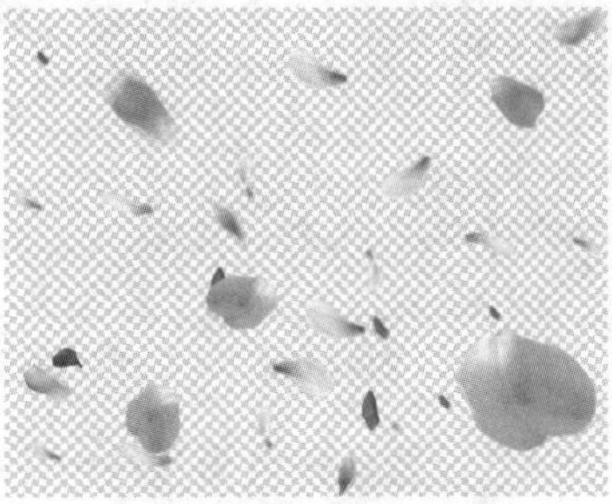

图9-131　花瓣

图9-132　女性轮廓

图9-133　雀斑模特

在色彩定位上可以以黑色作为主色调，突出美容 SPA 的高雅和与众不同。同时，由于客户提供了较多的文案内容，因此在设计时，对于需要重点突出的文案主题，可以采取加大字号、变换颜色以及添加特殊背景色的方式，着重强调。

在设计尺寸上，可以直接按照客户的既定尺寸制作，大小为 420mm × 570mm（4 开纸张大小），出血尺寸为 3mm，招贴的总尺寸应为 426mm × 576mm。

9.4.3 任务制作

1. 制作背景

STEP 1 打开 Photoshop CC 软件，按【Ctrl+N】组合键，在“新建”对话框中设置“名称”为【任务 25】美容 SPA 商业招贴设计、“宽度”为 426 毫米、“高度”为 576 毫米、“分辨率”为 300 像素/英寸、“颜色模式”为 CMYK 颜色、“背景内容”为白色，如图 9-134 所示。单击“确定”按钮，完成画布的创建。

STEP 2 执行“视图→新建参考线”命令，弹出“新建参考线”对话框，在垂直位置 3 毫米和 423 毫米处以及水平位置 3 毫米和 573 毫米处创建参考线，如图 9-135 所示。

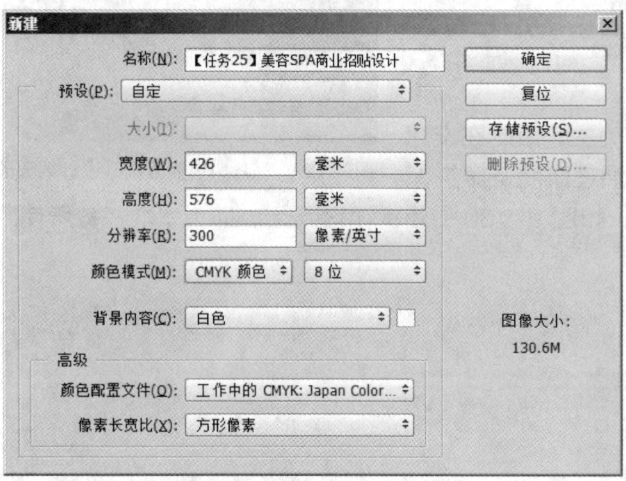

图9-134 “新建”对话框

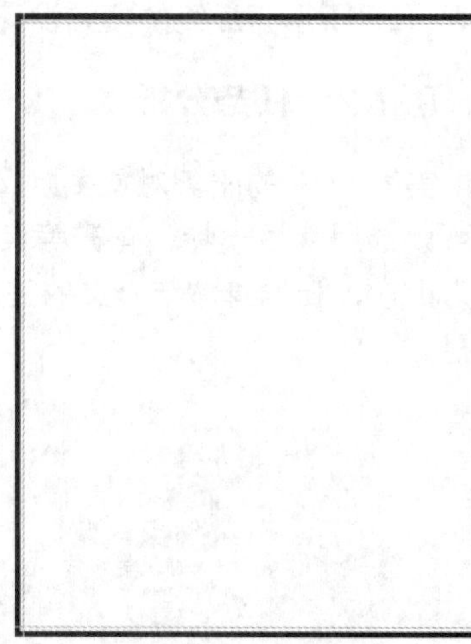

图9-135 创建参考线

STEP 3 设置前景色为浅绿色（CMYK：5、0、10、0），按【Alt+Delete】组合键填充背景图层。

STEP 4 打开素材“粉色背景.jpg”，如图 9-136 所示。在工具箱中选择“内容感知移动工具”，如图 9-137 所示。按住鼠标左键不放，在图像中需要移动的区域创建选区，如图 9-138 所示。

图9-136 粉色背景

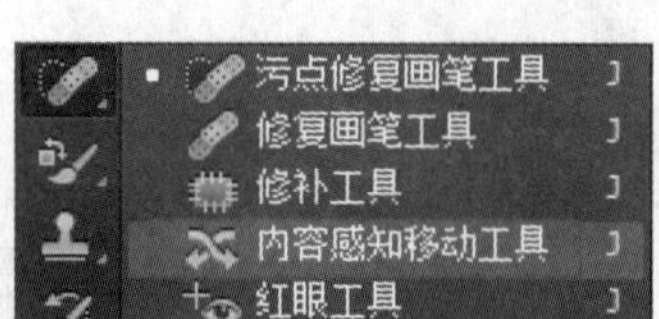

图9-137 内容感知移动工具

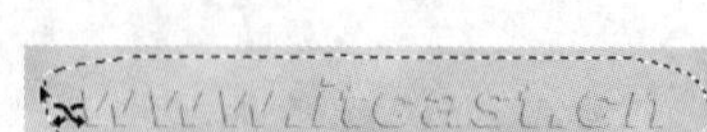

图9-138 创建选区

STEP 5 将鼠标指针放在选区内，按住左键不放并向画面右侧拖动，将选区移出画布，如图 9–139 所示。释放鼠标后，图片素材的水印将被移除，效果如图 9–140 所示。

STEP 6 选择“移动工具”，将去除水印的素材图片拖至“【任务 25】美容 SPA 商业招贴设计”画布中，调整大小并移至图 9–141 所示的位置，得到“图层 1”。

图9–139　移动

图9–140　清除水印

图9–141调整素材

STEP 7 按【Ctrl+U】组合键，弹出“色相/饱和度”对话框，按照图 9–142 所示的参数调整图片，效果如图 9–143 所示。

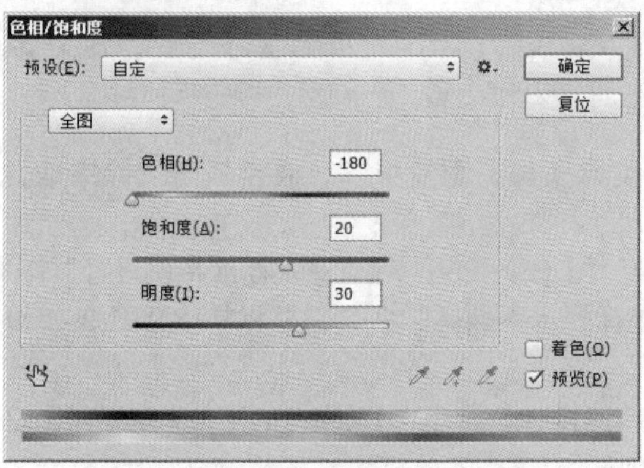

图9–142　“色相/饱和度”对话框

图9–143　调整效果

STEP 8 选择“钢笔工具”，在画布中绘制如图 9–144 所示的路径，按【Ctrl+Enter】组合键将路径转化为选区，如图 9–145 所示。

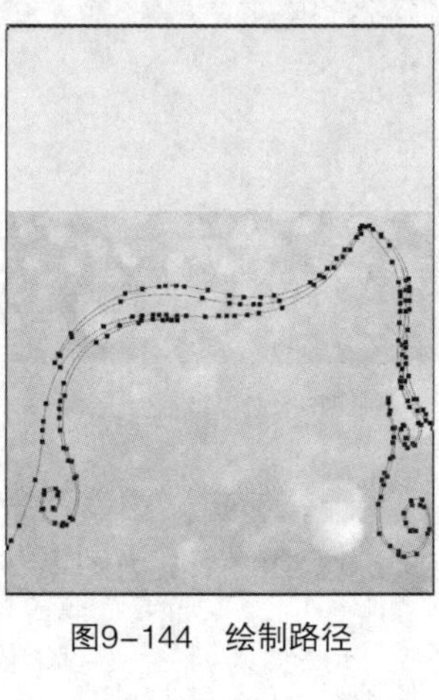

图9–144　绘制路径

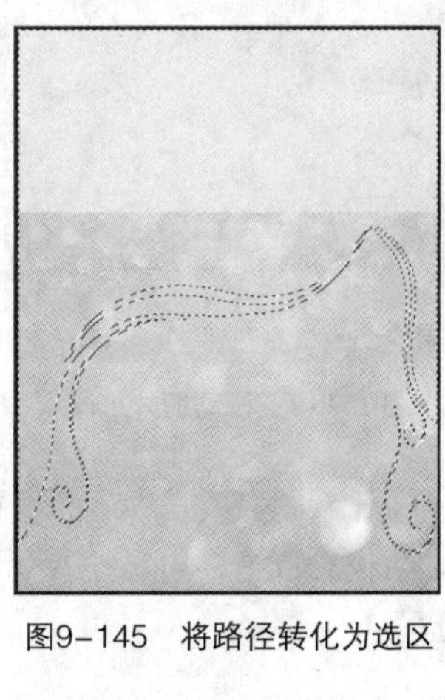

图9–145　将路径转化为选区

STEP 9 按【Ctrl+Shift+Alt+N】组合键新建图层，得到“图层 2”，设置前景色为黑色（CMYK：50、50、50、100），按【Alt+Delete】组合键填充“图层 2”，按【Ctrl+D】组合键取消选区，如图 9–146 所示。

2. 模特素材和文字部分

STEP 1 打开素材“雀斑模特.jpg”，在工具箱中选择“仿制图章工具”，将鼠标指针定位在图 9–147 所示的位置，按住【Alt】键，当指针将变为圆形十字图标时，单击鼠标确定取样点。

图9–146　填充“图层2”

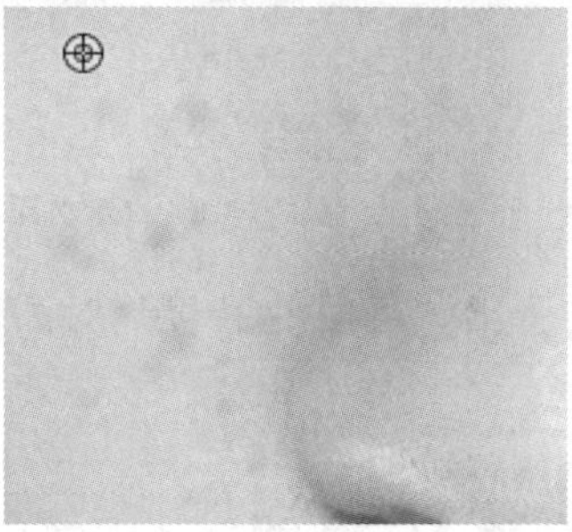

图9–147　确定取样点

图9–148　修复图片

STEP 2 在画面中有雀斑的位置单击，清除雀斑。重复操作，直至雀斑清除完成，效果如图 9–148 所示。

STEP 3 选择“移动工具”，将其拖至“【任务 25】美容 SPA 商业招贴设计”画布中，得到“图层 3”。按【Ctrl+T】组合键，右击选择“水平翻转”命令，并将其移至图 9–149 所示的位置。

STEP 4 在“图层”面板中，调整“图层 3”的排列位置于“图层 2”的下方，效果如图 9–150 所示。

图9–149　移动图片

图9–150　调整图层顺序

STEP 5 打开素材“花瓣.png”，如图 9–151 所示。执行“编辑→定义图案”命令，将弹出“图案名称”对话框，如图 9–152 所示。单击“确定”按钮，定义选区中的图像为图案，按【Ctrl+D】组合键取消选区。

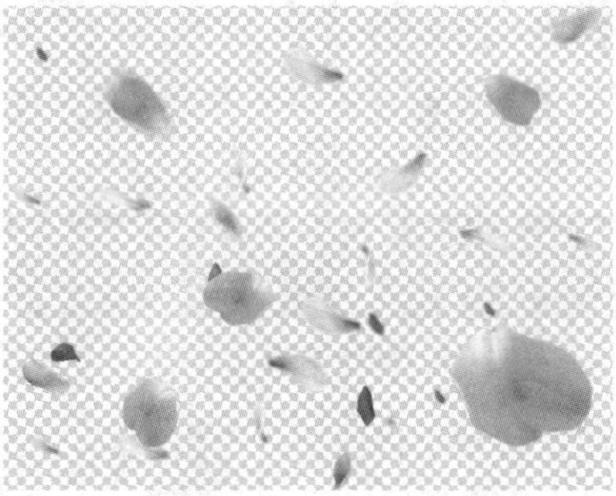

图9-151 花瓣

图9-152 “图案名称”对话框

STEP 6 在工具箱中选择“图案图章工具”，如图 9-153 所示。在其工具栏中单击“图案拾色器”按钮，弹出图案列表菜单，选择定义的图案，如图 9-154 所示。

STEP 7 单击选项栏中的“画笔预设”按钮，在弹出的如图 9-155 所示的“画笔预设”选取器中，设置“大小”为 700 像素、“硬度”为 0%。

图9-153 图案图章工具

图9-154 选择定义的图案

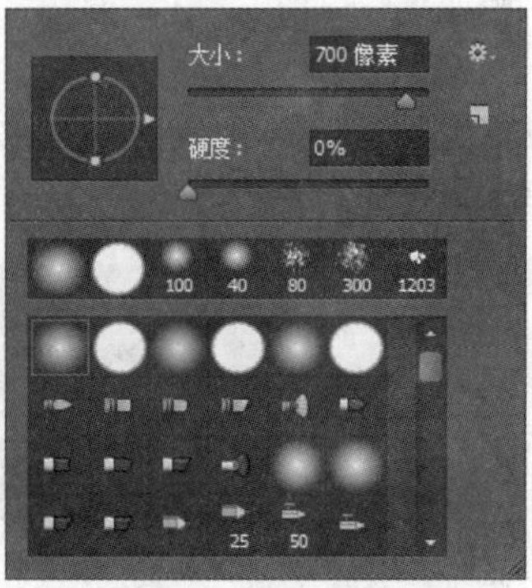

图9-155 “画笔预设”选取器

STEP 8 按【Ctrl+Shift+Alt+N】组合键新建图层 “图层 4”。在画面中的合适位置单击，并按住鼠标左键不放进行涂抹至图 9-156 所示的效果。

STEP 9 选择“横排文字工具”，在左上版块中依次输入文字信息并调整大小和颜色，具体如图 9-157 所示。

图9-156 图案图章工具

图9-157 横排文字工具

STEP 10 选择“矩形工具”，在画布中绘制一个“宽度”为 227.6 毫米、“高度”为 25.9

毫米的矩形，并填充绿色（CMYK：50、5、100、0），如图 9-158 所示。

STEP 11 选择“横排文字工具”，在绿色矩形上输入文字，设置“字体”为方正准圆简体、“字体大小”为 36 点、“文本颜色”为白色，输入文字内容如图 9-159 所示。

图9-158　矩形

图9-159　输入文字内容

STEP 12 选择“横排文字工具”，按住鼠标左键并拖动，在画布中将创建一个如图 9-160 所示的定界框。

图9-160　定界框

STEP 13 输入图 9-161 所示的文字内容，设置“字体”为华文中宋、“字体大小”为 20 点、“字体颜色”为白色、“行距”为 25。

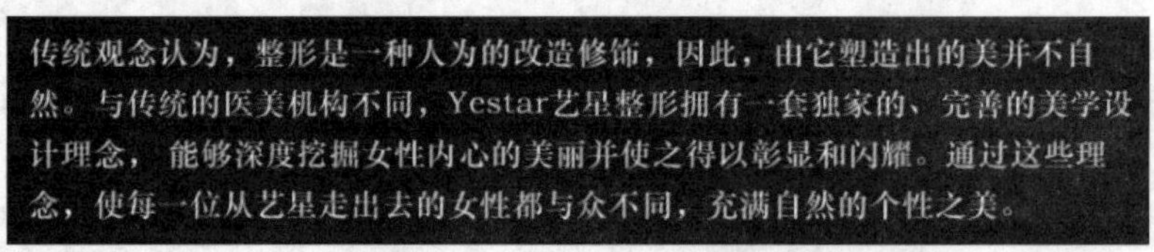

图9-161　输入文字内容

STEP 14 将STEP 9～STEP 13中的文字进行排列，效果如图 9-162 所示。

STEP 15 选择“椭圆工具”，在画布中绘制一个正圆形状，并填充绿色（CMYK：50、5、100、0），设置图层“不透明度”为 38%，移至图 9-163 所示的位置。

图9-162　文字排版

图9-163　椭圆工具

STEP 16 打开素材“女性轮廓.png”，如图 9-164 所示。选择“移动工具”，将其拖至“【任务 25】美容 SPA 商业招贴设计”画布中，移至图 9-165 所示的位置，得到“图层 5”。

图9-164 女性轮廓

图9-165 移动素材

STEP 17 设置“图层 5”的“不透明度”为 15%，运用“自由变换”调整图片大小至图 9-166 所示的样式。

STEP 18 选中“椭圆 1”图层，按【Ctrl+J】组合键复制图层，得到“椭圆 1 拷贝”图层。调整拷贝图层的大小和位置，如图 9-167 所示。

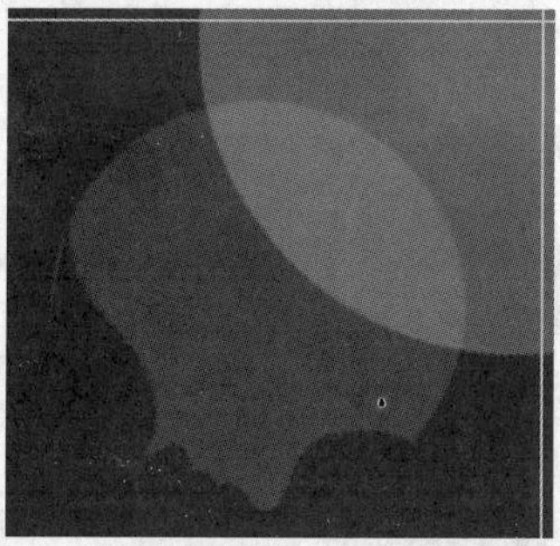

图9-166 调整图片大小和不透明度

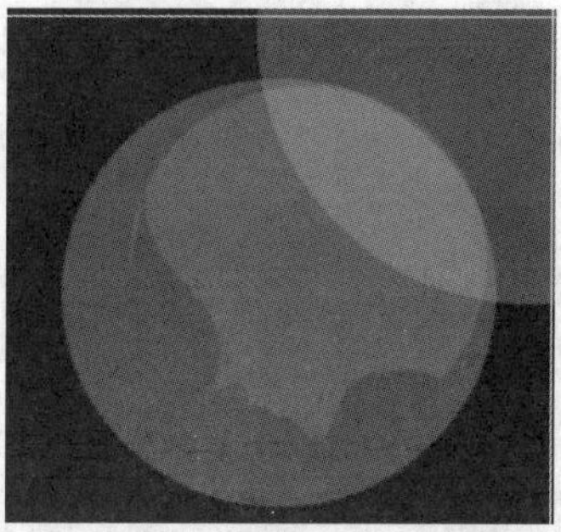

图9-167 调整拷贝图层的大小和位置

STEP 19 按住【Ctrl】键不放，单击“图层”面板中的“图层 5”缩览图，将其载入选区，如图 9-168 所示。按【Delete】键，删除选区内容，如图 9-169 所示。按【Ctrl+D】组合键取消选区。

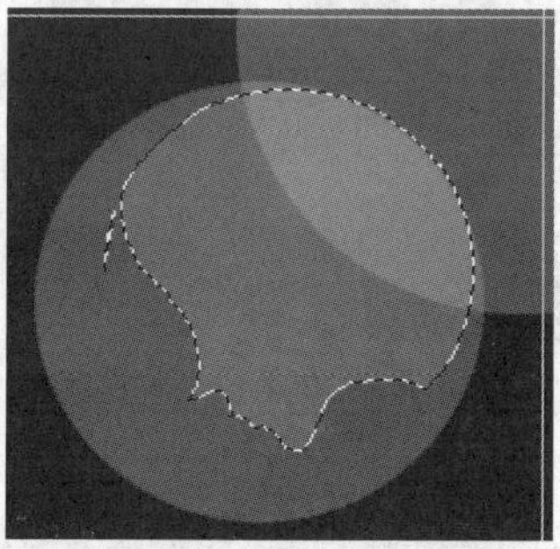

图9-168 载入选区

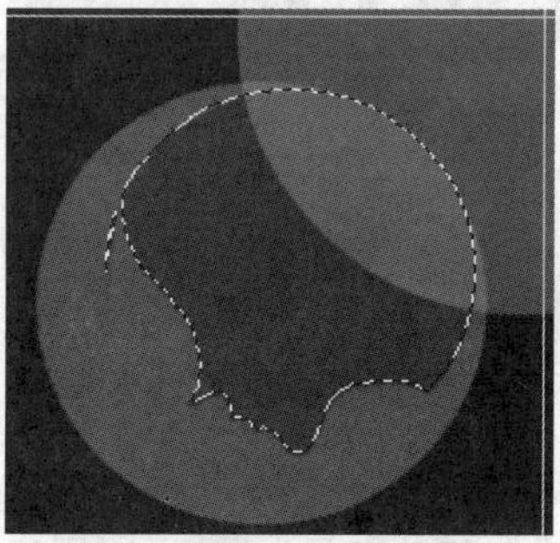

图9-169 删除选区内容

STEP 20 按【Ctrl+S】组合键，将文件保存在指定文件夹中。

9.4.4 知识点讲解

1. 仿制图章工具

“仿制图章工具”是一种用来复制图像的工具，原理类似于克隆技术。它可以将一幅图像的全部或部分复制到同一幅图像或另一幅图像中。选择“仿制图章工具”后，其选项栏如图 9-170 所示。

图9-170 “仿制图章工具”选项栏

对“仿制图章工具”选项栏中各选项的解释如下。

- 画笔：用于设置画笔的大小及形状等。
- 模式：用于设置“仿制图章工具”的混合模式。
- 不透明度：用于设置“仿制图章工具”在仿制图像时的不透明度。
- 对齐：用于设置是否在复制时使用对齐功能。
- 样本：用于设置仿制的样本，分别为“当前图层”“当前和下方图层”和“所有图层”。

打开素材图片，如图 9-171 所示。选择“仿制图章工具”，将鼠标指针定位在图像中需要复制的位置，按住【Alt】键，光标将变为圆形十字图标 ⊕，此时，单击确定取样点，如图 9-172 所示。然后，释放鼠标。在画面中合适的位置单击，并按住鼠标左键不放进行涂抹，如图 9-173 所示，直至复制出目标对象，如图 9-174 所示。

图9-171 打开图片

图9-172 单击确定取样点

图9-173 进行光标定位和涂抹

图9-174 复制出取样点的图像

2. 内容感知移动工具

“内容感知移动工具”可以用来在移动图片中选中某个区域时，智能填充原来的位置。使用“内容感知移动工具”时，先为需要移动的区域创建选区，然后将其拖动到所需位置即可。选择“内容感知移动工具”，其选项栏如图 9-175 所示。

图9-175 “内容感知移动工具”选项栏

对“内容感知移动工具”选项栏中各选项的解释如下。

• 模式：在该下拉列表中，可以选择“移动”和“扩展”两种模式。其中，“移动”选项是将选取的区域内容移动到其他位置，并自动填充原来的区域；“扩展”选项是将选取的区域内容复制到其他位置，并自动填充原来的区域。

• 适应：单击按钮，弹出下拉列表，该列表中包含“结构”和“颜色”两个部分。其中“结构”部分用于设置选择区域保留的严格程度，可以设置 1～5 的整数值；“颜色”部分用于设置允许的颜色适应量。

打开素材图片，如图 9-176 所示。选择“内容感知移动工具”，在选项栏中将“模式”设置为“移动”，其他选项保持默认设置。在图像中需要移动的区域创建选区，如图 9-177 所示。然后，将光标放在选区内，单击并向画面右侧拖动鼠标，如图 9-178 所示。释放鼠标后，选区内的图像将会被移动到新的位置，效果如图 9-179 所示。

图9-176　原图像

图9-177　创建选区

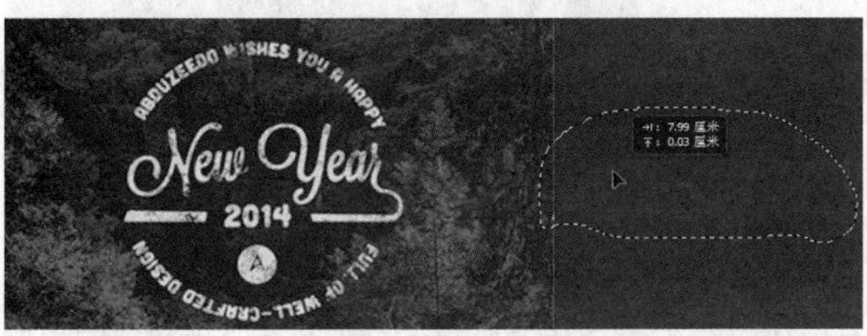

图9-178　向右侧拖动鼠标

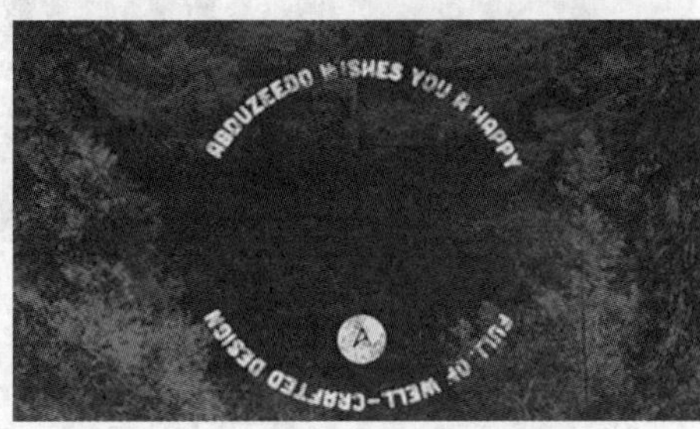

图9-179　图像被移除并填补

3. 修补工具

“修补工具”使用其他区域中的像素来修复选中的区域，并将样本像素的纹理、光照和阴影与源像素进行匹配。该工具的特别之处是需要用选区来定位修补范围。选择“修补工具”，其选项栏如图 9-180 所示。

图9-180　“修补工具”选项栏

对“修补工具”选项栏中各选项的解释如下。

• 源：选中该按钮，如果将源图像选区拖至目标区域，则源区域图像将被目标区域的图像覆盖。

• 目标：选中该按钮，表示将选定区域作为目标区域，用其覆盖需要修补的区域。

- 透明：选中该复选框，可以将图像中差异较大的形状图像或颜色修补到目标区域中。
- 使用图案：创建选区后该按钮将被激活，单击其右侧的下拉按钮，可以在打开的图案列表中选择一种图案，以对选区图像进行图案修复。

打开素材图片，如图 9-181 所示。选择“修补工具”，并在选项栏中选中“目标”按钮，其他选项保持默认设置。在图像中单击并拖动鼠标绘制选区，如图 9-182 所示。然后，将光标放在选区内，单击并向左拖动鼠标即可复制图像，如图 9-183 所示。按【Ctrl+D】组合键取消选区，效果如图 9-184 所示。

图9-181　原图像

图9-182　绘制选区

图9-183　复制图像

图9-184　修补完成

4. 图案图章工具

“图案图章工具”可以用来将系统自带的或预先定义的图案复制到图像中。选择“图案图章工具”后，其选项栏如图 9-185 所示。

图9-185　“图案图章工具”选项栏

单击“图案”下拉按钮，将弹出“图案”下拉面板，如图 9-186 所示，可以选取系统预设或已经预定的图案。此时，单击按钮，在弹出的菜单中可以选择“新建图案”“载入图案”“保存图案”“删除图案”等命令，如图 9-187 所示。

打开素材图片，如图 9-188 所示。选择“图案图章工具”，在要定义为图案的图像上绘制选区，如图 9-189 所示。然后，执行“编辑→定义图案”命令，将弹出“图案名称”对话框，如图 9-190 所示。单击“确定”按钮，定义选区中的图像为图案，然后，按【Ctrl+D】组合键取消选区。

图9-186　“图案”下拉面板

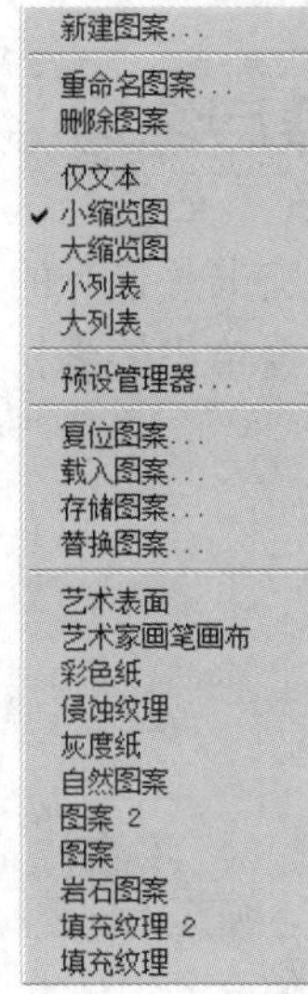

图9-187　“图案”菜单

图9-188　打开图片

图9-189　绘制选区

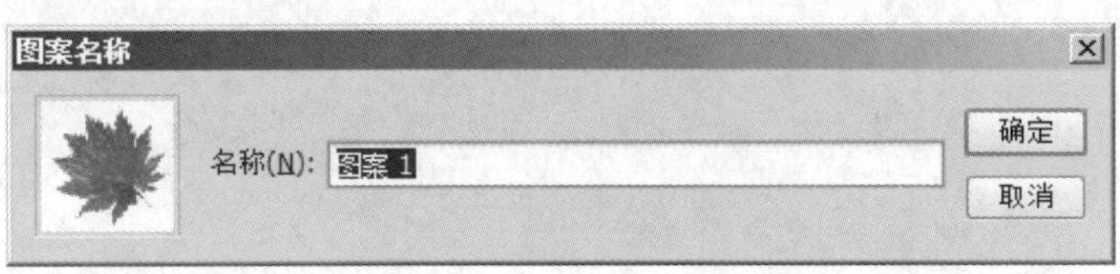

图9-190　“图案名称”对话框

在“图案图章工具”选项栏中，选择定义好的图案，如图 9-191 所示。然后，在画面中合适的位置单击，并按住鼠标左键不放进行涂抹，即可复制出定义好的图案，效果如图 9-192 所示。

图9-191　选择定义好的图案

图9-192　复制定义好的图案

9.5 课后练习

学习完卡片设计的内容，下面来完成课后练习吧！

请结合给出的素材，运用所学工具制作如图 9-193 所示的公益招贴海报效果。

图9-193　公益招贴海报

Photoshop CC

10 Chapter

情境 10 包装设计

学习目标

- 熟悉包装设计的构成要素，掌握包装设计的方法和技巧
- 掌握滤镜库的基本使用方法，能够运用滤镜库中的效果处理图像

在 Photoshop 中，滤镜像一位神奇的魔术师，轻轻松松就能实现图像中的各种特殊效果，如云彩、马赛克、素描、模糊、光照、扭曲等。本情景将运用 Photoshop 中的滤镜、历史记录画笔工具等相关知识，制作两款常见的包装设计。

10.1 包装设计简介

包装设计是指对包装商品的容器进行美化装饰设计，它是产品理念、产品特性、消费心理的综合反映，并能直接影响消费者对产品的购买欲。图 10-1 ~ 图 10-4 所示，即为一些常见的产品包装设计。

图10-1　包装设计1

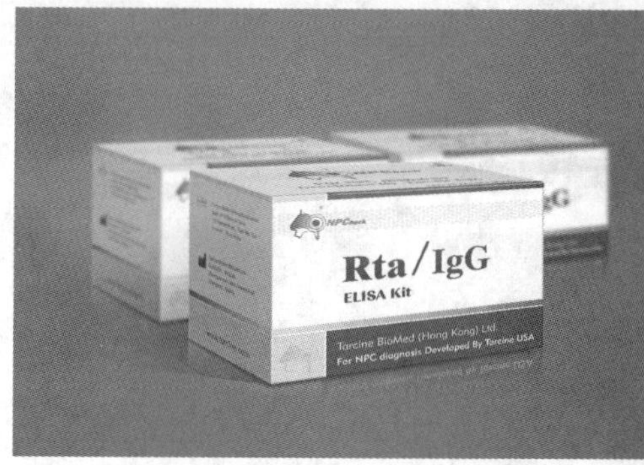

图10-2　包装设计2

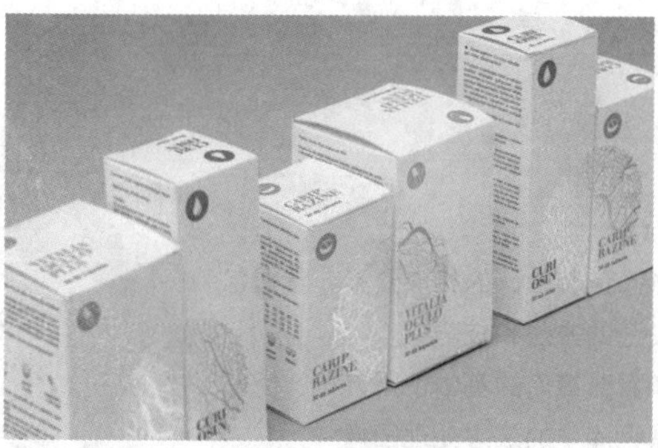

图10-3　包装设计3

图10-4　包装设计4

包装除了具有装饰美化的功能外，还具有保护商品、传达商品信息、方便使用、方便运输、促进销售、提高产品附加值等功能。

10.1.1　包装设计的类型

包装是集材料、种类、内容、形态为一体的全方位综合设计，设计师不仅要考虑设计的美观程度，还要考虑成本预算、实现效果、功能等多方面因素。通常包装设计的类型可以从以下几个方面进行分类。

1. 材料分类

材料分类指的是按照包装的材料类型进行分类，通常可以将包装材料细分为玻璃类、金属类、纸类、塑料类和其他类。如图 10-5 ~ 图 10-8 所示即为一些常见材料的包装。材料的选择，一般由商品的成本、贮存方式和形态等因素决定。

图10-5 玻璃包装

图10-6 金属包装

图10-7 纸类包装

图10-8 塑料包装

2. 种类分类

种类分类主要是以商品的用途来进行划分，可将包装细分为商业包装、工业包装、消费品包装、军需用品包装等。根据商品种类的不同，所进行的设计深度也不同。

3. 内容分类

内容分类是针对包装物的类别进行的分类，通常可将包装分为食品包装、医药包装、轻工产品包装、针棉织品包装、家用电器包装、机电产品包装和果菜类包装等，如图 10-9 和图 10-10 所示。

图10-9 食品包装

图10-10 蔬菜包装

4. 形态分类

形态主要以包装的大小来定义，主要分为小包装形态、中包装形态和大包装形态。

10.1.2 包装设计的构成要素

包装设计的构成要素主要有 3 大部分，分别为外形要素、构图要素和材料要素，具体介绍如下。

1. 外形要素

外形要素是指商品包装展示面的外形，包括展示面的大小、尺寸和形状。一个新颖的包装外形应该可以吸引消费者的视觉，使消费者对商品留下深刻的印象。在考虑包装外形要素创新的同时，也要保证是从大众审美的角度出发。图 10-11 ~ 图 10-15 所示即为一些新颖的包装形式。

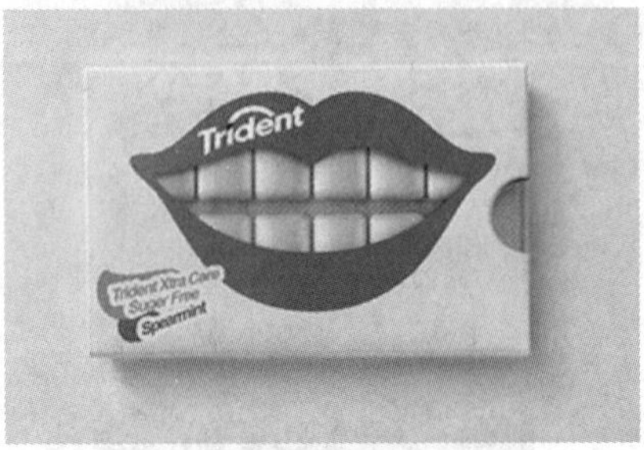

图10-11　口香糖创意包装

图10-12　糖果创意包装

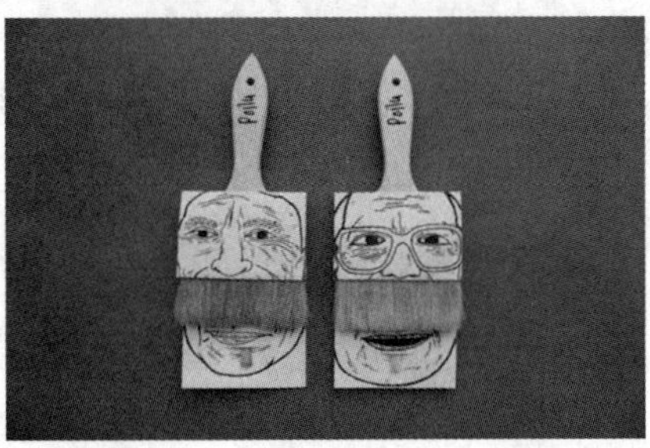

图10-13　刷子创意包装

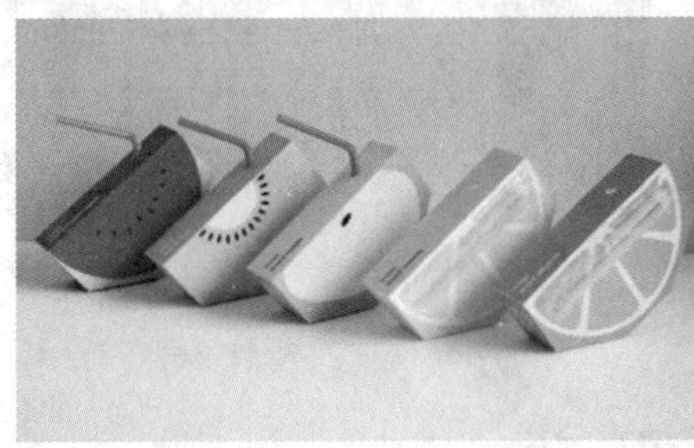

图10-14　饮料创意包装

2. 构图要素

构图是将商品包装展示面的商标、图形和文字组合排列在一起，构成完整的画面信息。商品设计构图要素（商标、图形、文字和色彩）运用得正确、合理、美观，就可称该设计为优秀的设计作品。

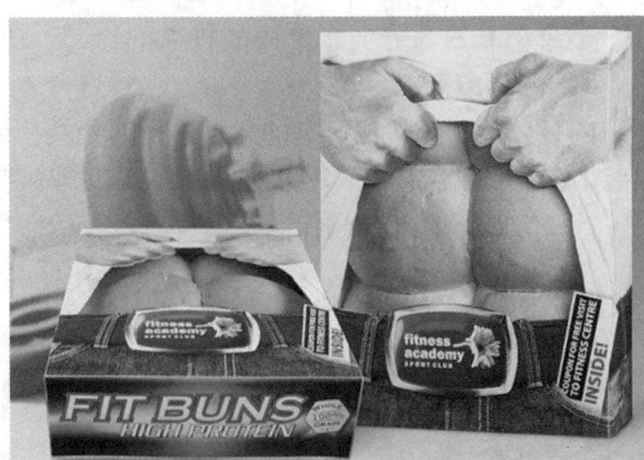

图10-15　面包创意包装

3. 材料要素

材料要素是指商品包装所用材料表面的纹理和质感，它将影响到商品包装的视觉效果。包装用的材料种类有很多，如纸类材料、塑料材料、玻璃材料、金属材料等，不同的材料有着不同的效果。运用不同材料，并妥善地加以组合配置，可以给消费者不一样的感觉。

10.1.3　包装设计的基本原则

我们在购物时总是对那些包装设计精美、优秀的产品多看几眼，无论是快速消费品，还是化妆品，或是食品。而一款优秀的包装设计一定遵循一些基本原则，具体如下。

1. 科学原则

科学原则指的是在商品包装设计上秉承科学的态度和研究问题的方式。务实地展开调研、科学地分析研究商品的特性、有序地研发商品的包装设计方案等，都是设计人员必须重视和切实执行的过程和法则。

2. 安全原则

所谓安全原则即要求设计要遵循保护商品、防止商品在流通的过程中遭受损坏。例如，容器包装的各个部位的位置和比例等，都需要根据产品的特质来精心安排。同时，安全原则也要求包装对人体的保护设计，如在棱角部分的精心设计和处理，可防止刮伤、蹭伤情况的发生。

3. 便利原则

“设计是为人而不是物”，这是现代设计的精神本质。既需要为包装商品带来便利，也必须能够让消费者更轻松地识别、了解和携带。因此，便利原则的根本在于以服务消费者为目标。

4. 整体原则

商品包装设计的整体筹划非常重要，需要处理好整体与局部的关系，保证在设计风格上的整体化。即便是独立包装也需要注重整体的问题，只有这样才能更好地体现出商品包装的主题。

10.2 任务 26：CD 包装设计

CD 在我们生活中随处可见，CD 的盘面和包装也多种多样，它既是光盘内容的一种表现方式，也是光盘信息的核心卖点。本任务将制作一款 CD 包装和盘面设计，通过本任务的学习，读者可以掌握历史记录画笔工具，并熟悉滤镜库的基本使用方法。

10.2.1 任务描述

本任务是为一款名为“烟雨江南”的中国古典音乐专辑进行包装设计。客户要求包装封面以水墨画为主题，突出表现专辑名称——“烟雨江南”，整体感觉柔丽清雅，在保证颜色典雅的同时，不失去它自有的特色，图 10-16 所示为最终制作效果。

图10-16 CD包装设计效果展示

10.2.2 任务分析

色调、图案、文字是构成包装的基本元素，本任务将从基本色调、封面图案、文字内容、尺寸等方面进行设计思路分析，具体如下。

1．基本色调

为了体现“烟雨江南”的意境和风格，可以运用滤镜库制作一种水墨画的古典效果。由于“江南”的题材局限，在色调方面，比较适宜使用灰色色调。

2．封面图案

本任务的封面图案由客户提供，如图 10-17 所示，是一副青瓦灰墙、小桥流水人家的水乡美景。素材的色调虽然比较单一，但还要根据基本色调的选择进行适当的调节。

图10-17　江南风景大图

3．文字

本任务的文字内容较少，主要是 CD 的专辑名称。为了配合水乡的文化气息，文字的设计以中国毛笔字为佳，配以中国独有的篆刻印章效果，浓郁的中国风迎面而来。

4．尺寸

客户要求成品尺寸为 190mm × 190mm，根据包装的结构得出设计尺寸为 350mm × 190mm，出血尺寸为 3mm，封面的总尺寸为 356mm × 196mm。

10.2.3　任务制作

1．包装底色

STEP 1 打开 Photoshop CC 软件，按【Ctrl+N】组合键，在“新建”对话框中设置“名称”为【任务 26】CD 包装设计、“宽度”为 356 毫米、“高度”为 196 毫米、“分辨率”为 300 像素/英寸、“颜色模式”为 CMYK 颜色、“背景内容”为白色，如图 10-18 所示。单击“确定”按钮，完成画布的创建。

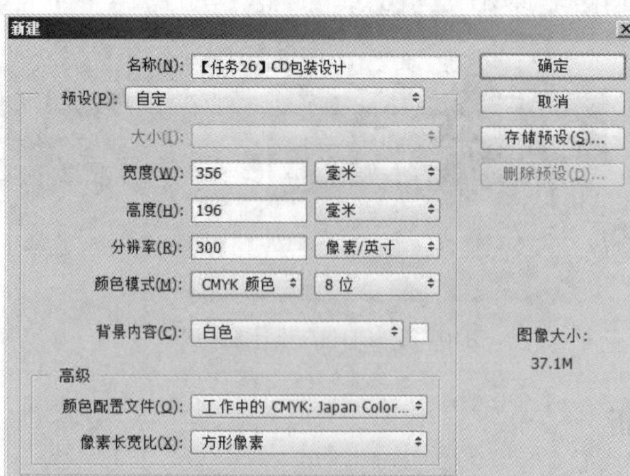

图10-18　“新建”对话框

STEP 2 按【Ctrl+R】组合键调出标尺，新建参考线，四周参考线与画布的间距为 3 毫米，其他具体数值如图 10-19 所示。

STEP 3 选择“圆角矩形工具” ，绘制一个圆角矩形，弹出“属性”面板，设置其中一个圆角矩形的“左上角半径”和“左下角半径”为 240 像素、“右上角半径”和“右下角半径”为 0 像素，如图 10-20 所示，得到“圆角矩形 1”。

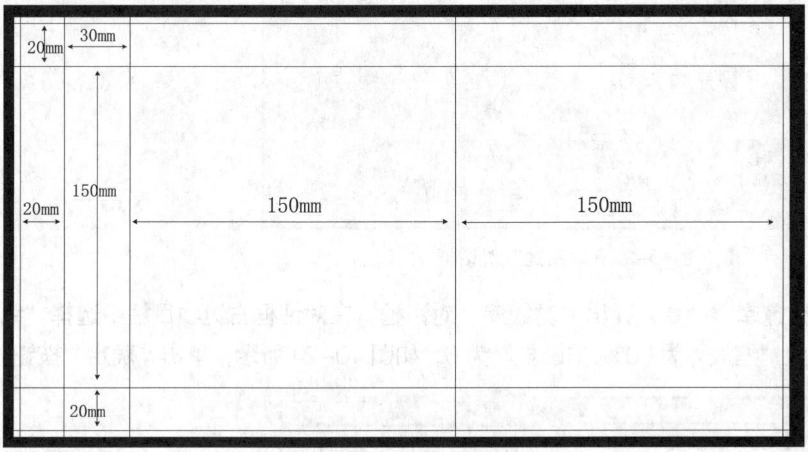

图10-19　参考线具体数值

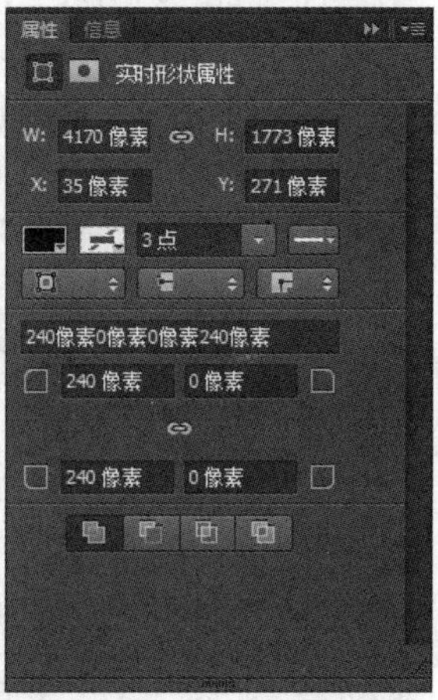

图10-20　“属性”面板

STEP 4 继续绘制圆角矩形，在“属性”面板中，设置 4 个“角半径”为 240 像素，得到“圆角矩形 2”。

STEP 5 选择“圆角矩形 1”和“圆角矩形 2”合并图层，设置“填充颜色”为黑色，大小和位置如图 10-21 所示，并将图层重命名为“外皮”。

STEP 6 选择“椭圆工具” ，选中“外皮”图层，按住【Shift】键的同时，在画布中绘制一个圆形，大小和位置如图 10-22 所示。

图10-21　合并图层

图10-22　绘制圆形

STEP 7 按【Ctrl+N】组合键，在“新建”对话框中设置“名称”为纹理素材、“宽度”为 356 毫米、“高度”为 196 毫米、“分辨率”为 300 像素/英寸、“颜色模式”为 RGB 颜色、“背景内容”为白色，如图 10-23 所示。单击“确定”按钮，完成画布的创建。

STEP 8 设置“前景色”为浅灰色（RGB：225、225、225），按【Alt+Delete】组合键填充前景色，并将图层重命名为“纹理素材”。

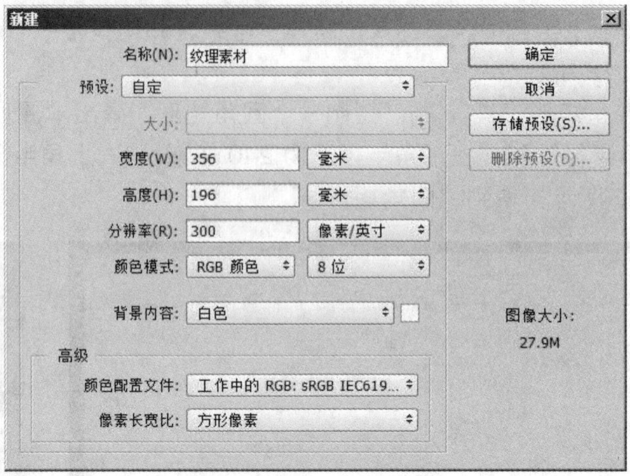

图10-23 “新建”对话框

STEP 9 执行“滤镜→滤镜库”命令，弹出“滤镜库”对话框。在对话框右边项目栏中选择“纹理”中的“纹理化”选项，设置“缩放”为60%、“凸显”为6，如图10-24所示，单击“确定”按钮。

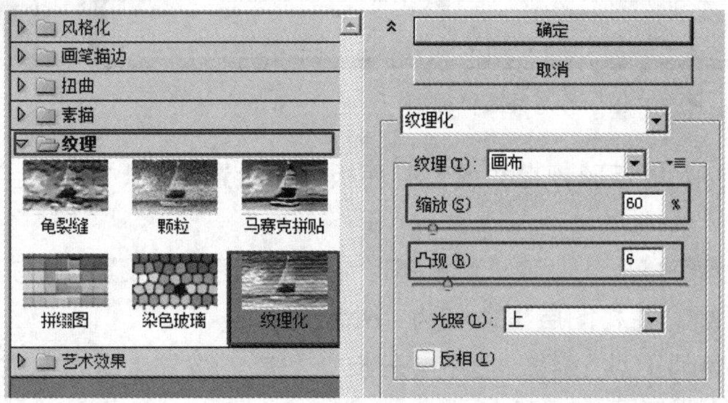

图10-24 设置参数

STEP 10 选择“移动工具”，将“纹理素材”拖入“【任务26】CD包装设计”画布中。按住【Alt】键，在“图层”面板中，单击“纹理素材”和“外皮”图层之间位置，如图10-25所示，创建剪切蒙版，效果如图10-26所示。

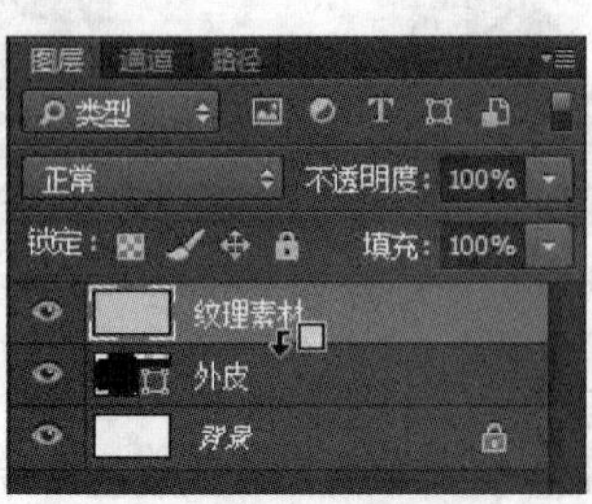

图10-25 按住【Alt】键单击

图10-26 创建剪切蒙版

2. 包装图案

STEP 1 打开素材“江南风景大图.jpg”，如图10-27所示。按【Ctrl+Shift+U】组合键去色，如图 10-28 所示，并将图层重命名为“水墨画”。

图10-27　江南风景大图

图10-28　去色

STEP 21 执行“滤镜→滤镜库”命令，弹出“滤镜库”对话框。在对话框右侧选择“画笔描边”中的“喷溅”选项，设置“喷色半径”为 16、“平滑度”为 9，如图 10-29 所示，单击“确定”按钮，效果如图 10-30 所示。

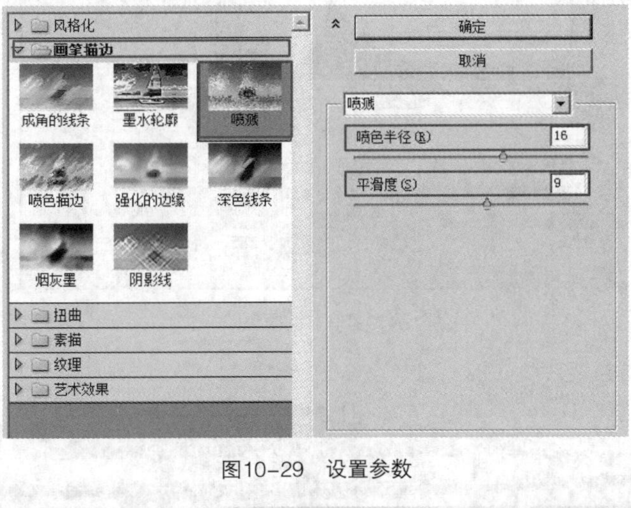

图10-29　设置参数

图10-30　水墨效果

STEP 3 选择“历史记录画笔工具”，如图 10–31 所示。在图片中的灯笼处进行涂抹，还原灯笼颜色，效果如图 10–32 所示。

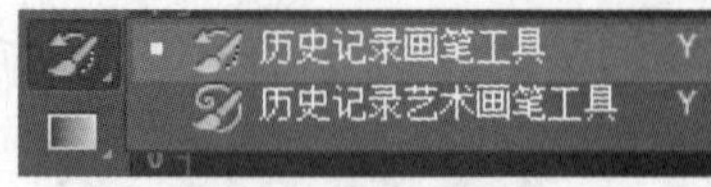

图10–31 历史记录画笔工具

图10–32 还原灯笼颜色

STEP 4 按【Ctrl+L】组合键调出“色阶”对话框，调整颜色，具体参数如图 10–33 所示，单击“确定”按钮，效果如图 10–34 所示。

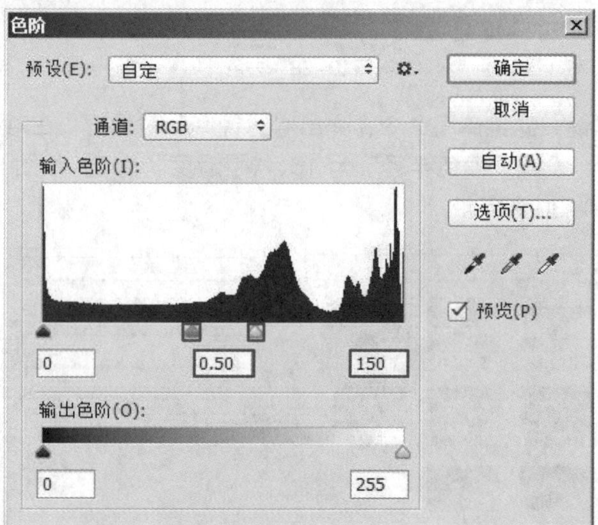

图10–33 调整色阶

图10–34 调整色阶效果

STEP 5 选择“移动工具”，将“水墨画”拖入“【任务 26】CD 包装设计”画布中。按【Ctrl+T】组合键调出自由变换定界框，调整大小和位置，如图 10–35 所示，按【Enter】键确定。

图10-35　导入“水墨画”素材

STEP 6 选择“矩形框选工具”，框选出如图 10-36 所示的区域。

图10-36　绘制选区

STEP 7 在选中“水墨画”图层的情况下，单击“图层”面板底部的“添加图层蒙版”按钮，如图 10-37 所示，为“水墨画”图层添加图层蒙版，效果如图 10-38 所示。

图10-37　添加图层蒙版

图10-38　图层蒙版效果

STEP 8 在“图层”面板中，设置“水墨画”图层的“混合模式”为正片叠底，如图 10-39 所示，画面效果如图 10-40 所示。

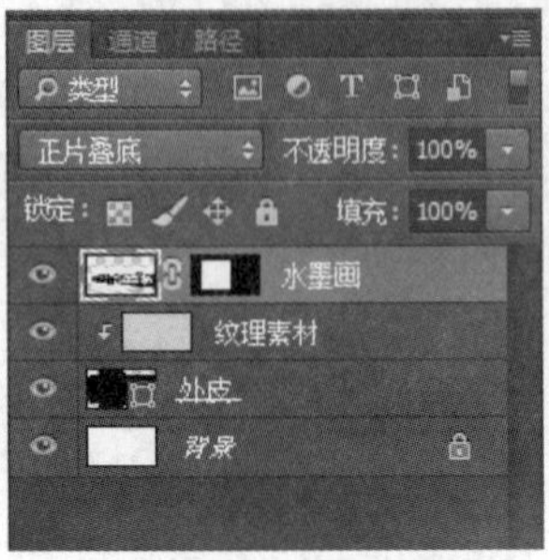

图10-39 设置混合选项

图10-40 正片叠底效果

3. 包装细节

STEP 1 打开素材“墨迹 1.jpg”，如图 10-41 所示，将其拖入画布中，在“图层”面板中设置“不透明度”为 5%、“混合模式”为正片叠底，按【Ctrl+T】组合键调出“自由变换”定界框，调整大小和位置，如图 10-42 所示，按【Enter】键确定。

STEP 2 选择“横排文字工具” T，设置“字体”为叶根友毛笔行书简体、“文本颜色”为黑色，输入文字内容“烟”“雨”“江”“南”，字体大小和位置如图 10-43 所示。

图10-41 墨迹1

图10-42 导入墨迹素材

图10-43 输入文字

STEP 3 打开素材“小船.png”和“印章.jpg”，如图 10-44 和图 10-45 所示。按【Ctrl+T】组合键调出“自由变换”定界框，调整大小。在“图层”面板中，设置“混合模式”为正片叠底，效果如图 10-46 所示。

图10-44 小船

图10-45 印章

图10-46　导入素材

STEP 4 在“图层”面板中，同时选择文字等图层，如图 10-47 所示，按【Ctrl+G】组合键编组，并将组命名为“烟雨江南”，如图 10-48 所示。

图10-47　选中图层

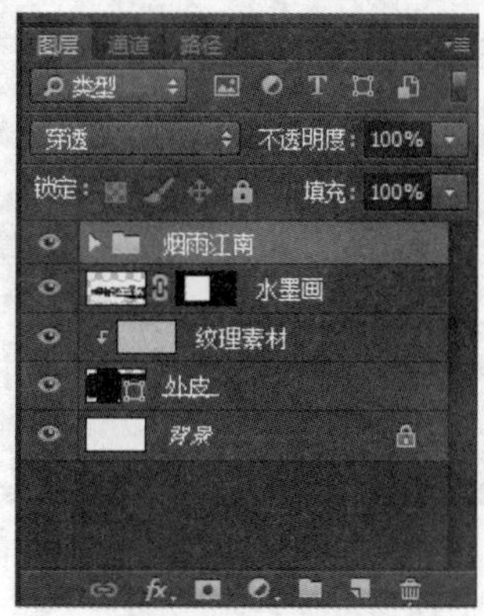

图10-48　将图层编组

STEP 5 选择“多边形工具”，在选项栏中设置“边”为 3，在画布中绘制一个三角形，设置“填充颜色”为白色，效果如图 10-49 所示。

STEP 6 选择“横排文字工具”，设置“文本颜色”为黑色、“字体”为微软雅黑、“字号”为 10 点，输入文字内容“由此撕开”。

STEP 7 按【Ctrl+T】组合键，调出“自由变换”定界框，将文字移动到如图 10-50 所示的位置。

图10-49　绘制三角形

图10-50　移动文字

STEP 8 打开素材“墨迹 2.jpg”，如图 10-51 所示，将其拖入画布中。在“图层”面板中，设置“混合模式”为正片叠底、“不透明度”为 40%。按【Ctrl+T】组合键调出“自由变换”定界框，调整大小和位置，按【Enter】键确定，效果如图 10-52 所示。

图10-51　墨迹2

图10-52　导入墨迹素材

STEP 9 在“图层”面板中，选择“烟雨江南”组，按【Ctrl+J】组合键复制组，按【Ctrl+T】组合键调出“自由变换”定界框，调整大小和位置，效果如图 10-53 所示。

STEP 10 选择“矩形工具”，在包装封面四周绘制一个正方形，设置“填充颜色”为无颜色、“描边颜色”为白色、“描边宽度”为 4 点，如图 10-54 所示。单击“描边选项”、选择点状线、“对齐”为外部，如图 10-55 所示，画面效果如图 10-56 所示。

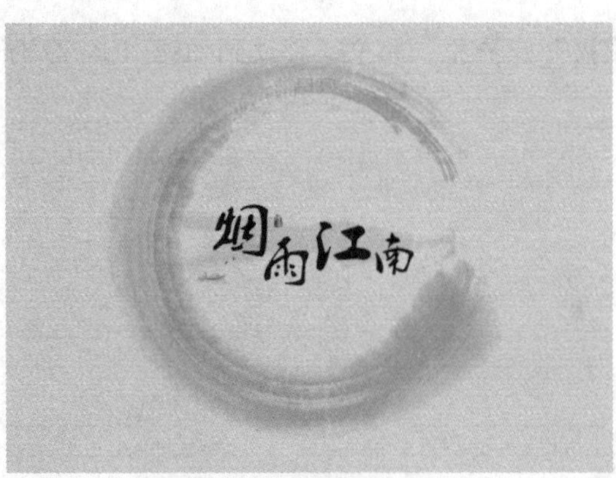

图10-53　复制组效果

图10-54　设置描边宽度和颜色

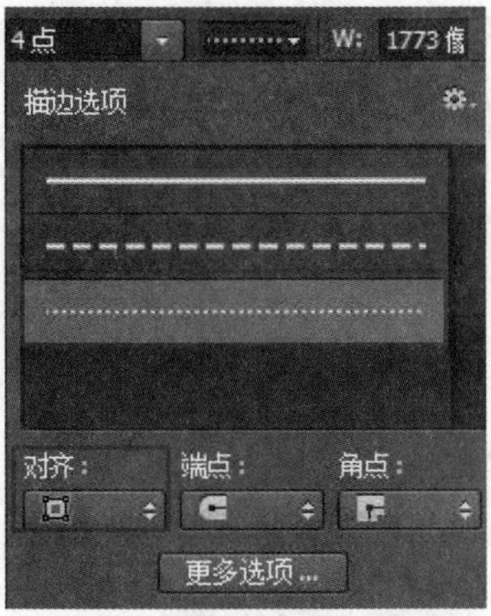

图10-55　设置描边选项

图10-56　绘制点状线效果

STEP 11 按【Ctrl+S】组合键，将文件保存在指定文件夹中。

4. CD 光盘正面

STEP 1 打开文件"【任务 26】CD 包装设计"，如图 10-57 所示。

图10-57　【任务26】CD包装设计

STEP 2 选择"裁剪工具" ，将画布裁剪成如图 10-58 所示的大小，按【Enter】键确定。

STEP 3 按【Shift+Ctrl+S】组合键，设置"文件名"为 CD 光盘封面，"保存类型"为 JPG，将文件保存在指定文件夹中。

STEP 4 按【Ctrl+N】组合键，在"新建"对话框中设置"名称"为【任务 26】CD 光盘正面、"宽度"为 150 毫米、"高度"为 150 毫米、"分辨率"为 300 像素/英寸、"颜色模式"为 CMYK 颜色、"背景内容"为白色，如图 10-59 所示。单击"确定"按钮，完成画布的创建。

图10-58　裁剪图像

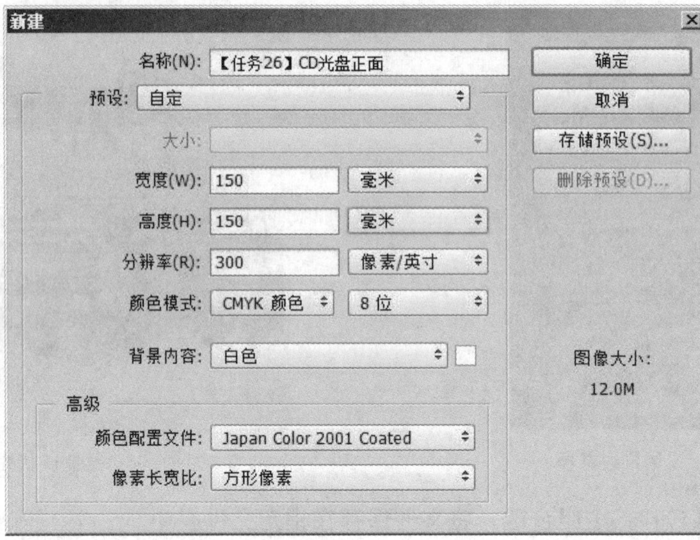

图10-59 “新建”对话框

STEP 5 选择“椭圆工具”，设置“填充颜色”为浅灰色（CMYK：15、10、10、0）、“描边颜色”为灰色（CMYK：25、20、20、0）、“描边宽度”为 2 点，在画布中绘制一个“宽度”为 118 毫米、“高度”为 1 毫米的正圆形状，将该图层命名为“椭圆 1”，效果如图 10-60 所示。

STEP 6 打开素材“CD 光盘封面.jpg”，如图 10-61 所示。

图10-60 椭圆1

图10-61 CD光盘封面

STEP 7 在“图层”面板中，以“椭圆 1”为基底图层，以“CD 光盘封面”为剪贴层，创建剪切蒙版，效果如图 10-62 所示。

STEP 8 选择“椭圆工具”，在画布中绘制一个“直径”为 15 毫米的正圆形状，设置“填充颜色”为白色、“描边颜色”为浅灰色（CMYK：15、10、10、0）、“描边宽度”为 22 点、“描边选项”中的“对齐”为外部，如图 10-63 所示。位置和大小如图 10-64 所示，得到“椭圆 2”。

图10-62　创建剪切蒙版

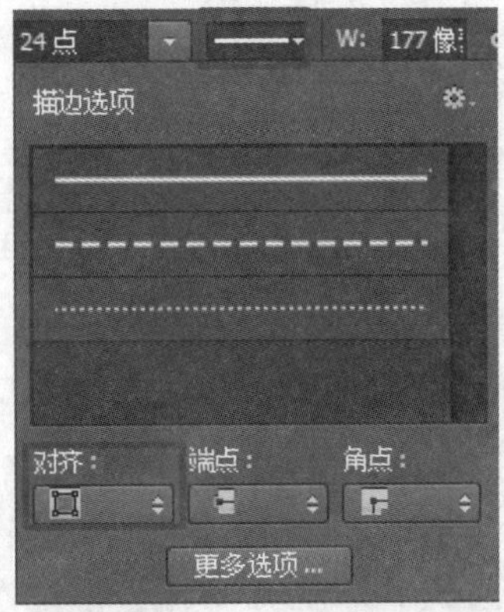

图10-63　设置描边选项

STEP 9 选中“椭圆 2”图层，单击“图层”面板底部的“添加图层样式” fx，在弹出的菜单中选择“描边”选项，如图 10-65 所示。

图10-64　绘制正圆效果

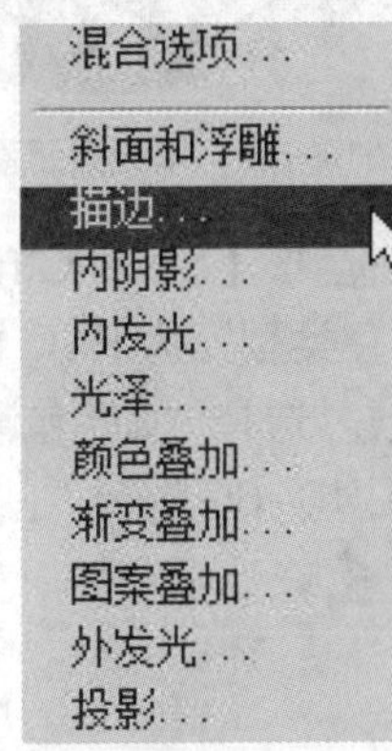

图10-65　选择“描边”选项

STEP 10 在“图层样式”对话框中，设置“大小”为 20 像素、“位置”为外部、“颜色”为灰色（CMYK：26、20、20、0），如图 10-66 所示，单击“确定”按钮，完成后的最终效果如图 10-67 所示。

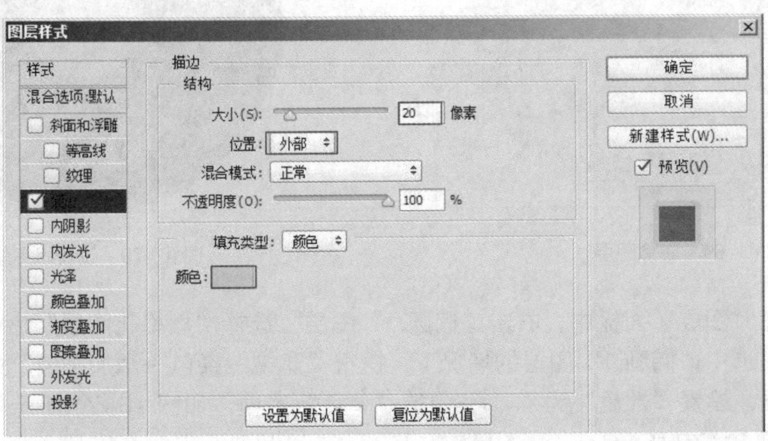

图10-66　添加图层样式

STEP 11 按【Ctrl+S】组合键，将文件保存在指定文件夹中。

5. CD 光盘反面

STEP 1 打开文件“CD 光盘正面.psd”，如图 10-68 所示。

图10-67　CD光盘正面效果展示

图10-68　CD光盘正面

STEP 2 按【Shift+Ctrl+S】组合键，弹出“另存为”对话框，设置“文件名”为 CD 光盘反面、“保存类型”为 PSD 格式，将文件保存在指定文件夹中。

STEP 3 选择“CD 包装封面”图层，单击“图层”面板底部的“删除图层”按钮，得到的效果如图 10-69 所示。

STEP 4 在选项栏中，设置“椭圆 1”图层的“填充颜色”为黑色，如图 10-70 所示。

图10-69　删除图层

图10-70　设置填充颜色

STEP 5 在“图层”面板中，右击“椭圆 1”图层，选择“栅格化图层”命令。

STEP 6 在选中“椭圆 1”图层的情况下，执行“滤镜→杂色→添加杂色”命令，弹出“添加杂色”对话框，设置“数量”为 40%，勾选“单色”选项，如图 10-71 所示。单击“确定”按钮，效果如图 10-72 所示。

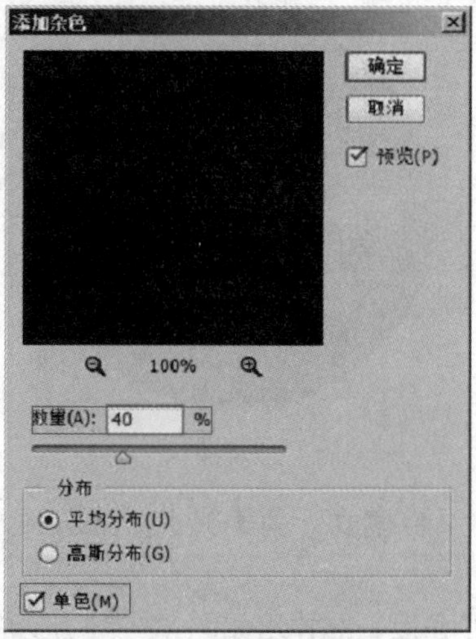

图10–71　设置添加杂色

图10–72　添加杂色效果

STEP 7 执行“滤镜→模糊→径向模糊”命令，弹出“径向模糊”对话框，设置“数量”为10、“模糊方法”为旋转，如图 10–73 所示。单击“确定”按钮，效果如图 10–74 所示。

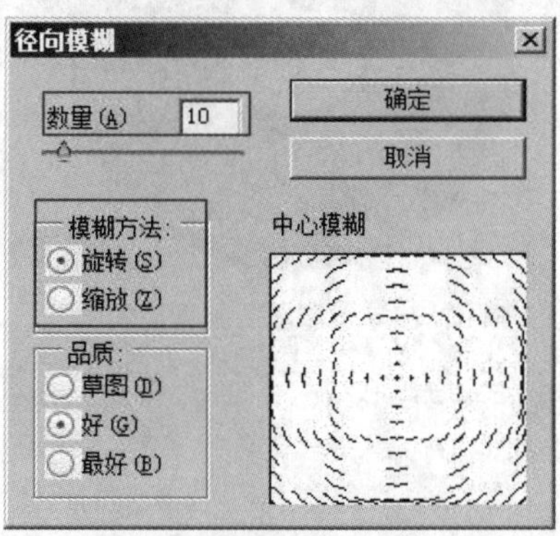

图10–73　设置径向模糊

图10–74　径向模糊效果

STEP 8 选择“渐变工具”，打开“渐变编辑器”，设置一个两边透明、中间白色的渐变，如图 10–75 所示。

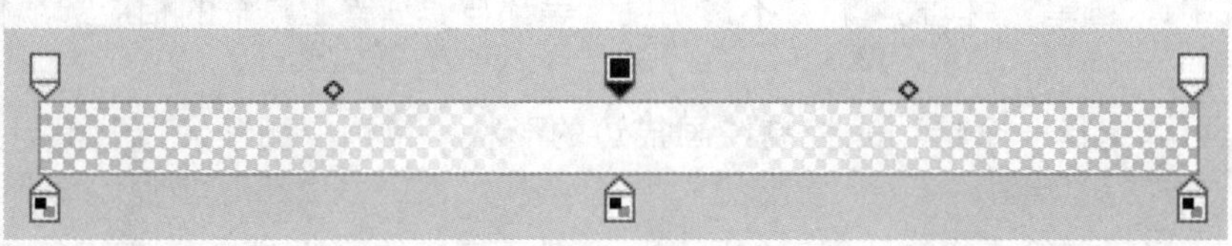

图10–75　设置渐变

STEP 9 按【Ctrl+Shift+Alt+N】组合键，新建“图层 1”。在选区内绘制一个如图 10–76 所示的线性渐变。

STEP 10 按【Ctrl+T】组合键，调出定界框，右击选择“透视”命令，按住【Shift】键的同时，将左上角点拉到左下角点位置处，得到交叉高光，效果如图 10–77 所示，按【Enter】键确定。

图10-76 绘制线性渐变

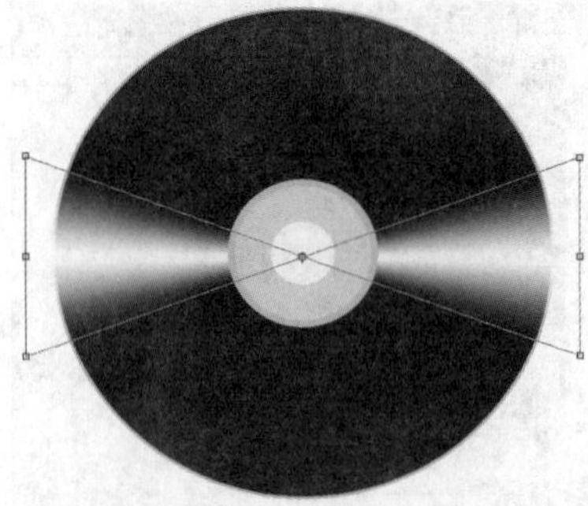

图10-77 “透视”命令

STEP 11 在“图层”面板中，设置“图层 1”的“混合模式”为柔光，效果如图 10-78 所示。

STEP 12 按【Ctrl+J】组合键，复制“图层 1”并调整角度，制作出如图 10-79 所示的效果。

图10-78 柔光效果

图10-79 复制图层并调整角度

STEP 13 按【Ctrl+S】组合键，将文件保存在指定文件夹中。

10.2.4 知识点讲解

1. 历史记录画笔工具

使用“历史记录画笔工具”可以将图像恢复到编辑过程中某一步骤的状态，或者将部分图像恢复为原样。需要注意的是，该工具需配合“历史记录”面板一同使用。在“历史记录画笔工具”选项栏中，“画笔”“模式”和“不透明度”等都与“画笔工具”的相应选项相同，其他选项的解释如下。

- 样式：可以选择一个选项来控制绘画描边的形状，包括“绷紧短”“绷紧中”和“绷紧长”等。
- 区域：用来设置绘画描边所覆盖的区域，值越高覆盖的区域越广，描边的数量也越多。
- 容差：容差值可以限定可应用绘画描边的区域。低容差可用于在图像中的任何地方绘制无数条描边，高容差会将绘画描边限定在与原状态或快照中的颜色明显不同的区域。

打开素材图像“向日葵.jpg”，如图 10-80 所示。执行“图像→调整→去色”命令，效果如图 10-81 所示。打开“历史记录”面板，单击底部的“创建新快照”按钮，创建“快照 1”。注意单击“快照 1”前方的“设置历史记录画笔工具的源”，使按钮显示。然后，选择“打开”步骤，使画面恢复到打开时的状态，如图 10-82 所示。选择“历史记录画笔工具”，设置适合的笔尖大小，然后在第一朵和最后一朵向日葵上涂抹，即可使其恢复到去色状态，效果如图 10-83 所示。

图10-80 素材图像“向日葵”

图10-81 “去色”命令

图10-82 “历史记录”面板

图10-83 使用“历史记录画笔工具”

2. 滤镜库

滤镜库是一个整合了“风格化”“画笔描边”“扭曲”“素描”等多个滤镜组的对话框。打开素材图像“猫.jpg”，执行“滤镜→滤镜库”命令，即可打开“滤镜库”对话框。对话框的左侧是预览区，中间是 6 组可供选择的滤镜，右侧是参数设置区，具体如图 10-84 所示。

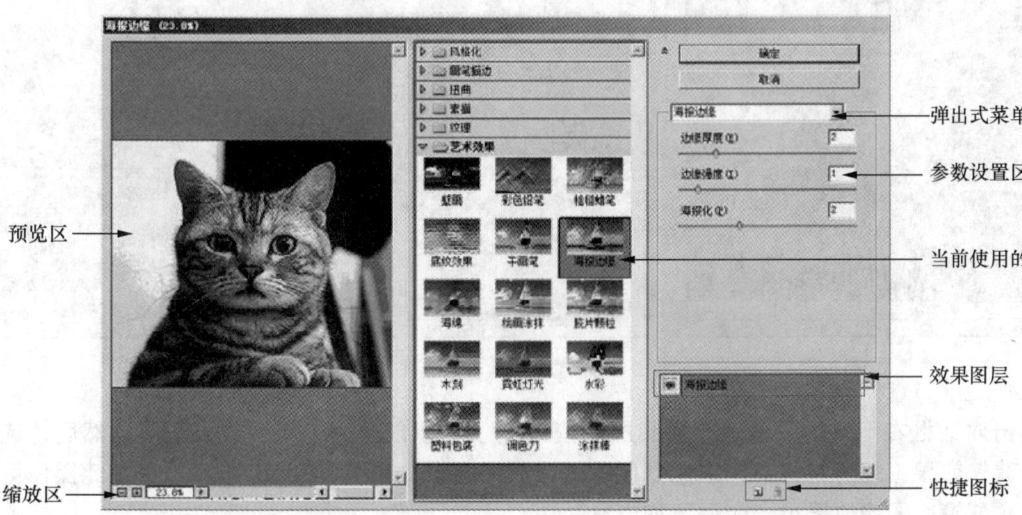

图10-84 “滤镜库”对话框

对“滤镜库”对话框中各选项的解释如下。

• 预览区：用于预览滤镜效果。

• 缩放区：单击⊞按钮，可放大预览区的显示比例；单击⊟按钮，则缩小预览区的显示比例。

• 弹出式菜单：单击▼按钮，可在打开的下拉菜单中选择一个滤镜。

• 参数设置区："滤镜库"中共包含 6 组滤镜，单击一个滤镜组前的▷按钮，可以展开该滤镜组，单击滤镜组中的一个滤镜即可使用该滤镜，与此同时，右侧的参数设置区内会显示该滤镜的参数选项。

• 当前使用的滤镜：显示当前使用的滤镜。

• 效果图层：显示当前使用的滤镜列表，单击"指示效果图层可见性"图标👁，可以隐藏或显示滤镜。

• 快捷图标：单击"新建效果图层"按钮，可以创建效果图层。添加效果图层后，可以选取要应用的其他滤镜，从而为图像添加两个或多个滤镜。单击"删除效果图层"按钮，可删除效果图层。

在"滤镜库"中，选择一个滤镜选项后，该滤镜的名称就会出现在对话框右下方的滤镜列表中。例如，单击"颗粒"选项，并设置其参数，如图 10-85 所示。

图10-85 "颗粒"参数设置

单击对话框右下方的"新建效果图层"按钮，可以创建一个新的效果图层。然后，选择需要的滤镜效果，即可将该滤镜应用到创建的效果图层中，如图 10-86 所示。重复此操作可以添加多个滤镜，图像效果也会变得更加丰富。

值得一提的是，滤镜效果图层与图层的编辑方法相同，上下拖动效果图层可以调整它们的顺序，滤镜效果也会发生改变，如图 10-87 所示。

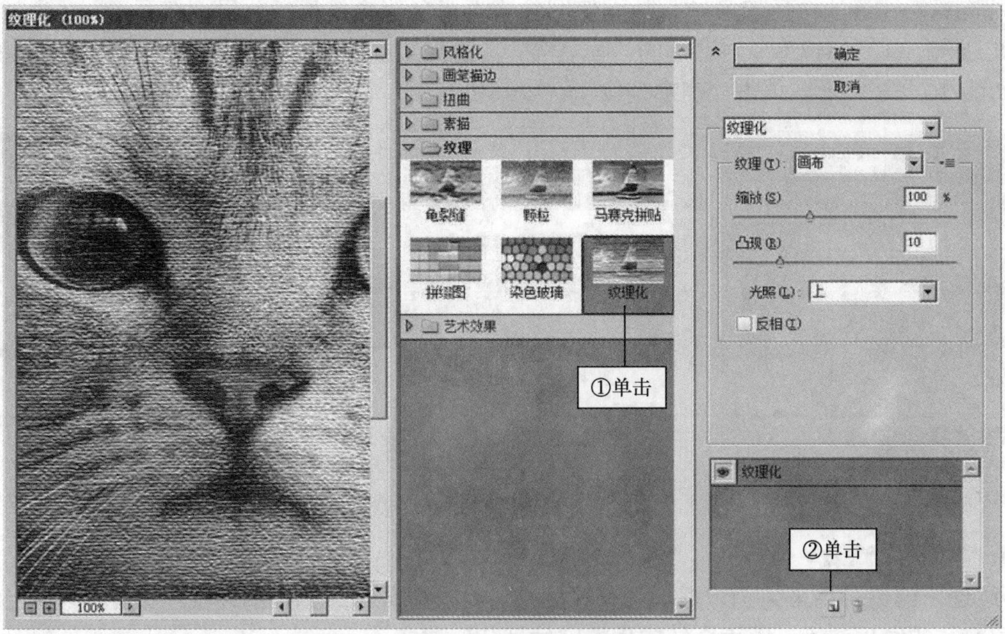

图10-86　创建效果图层

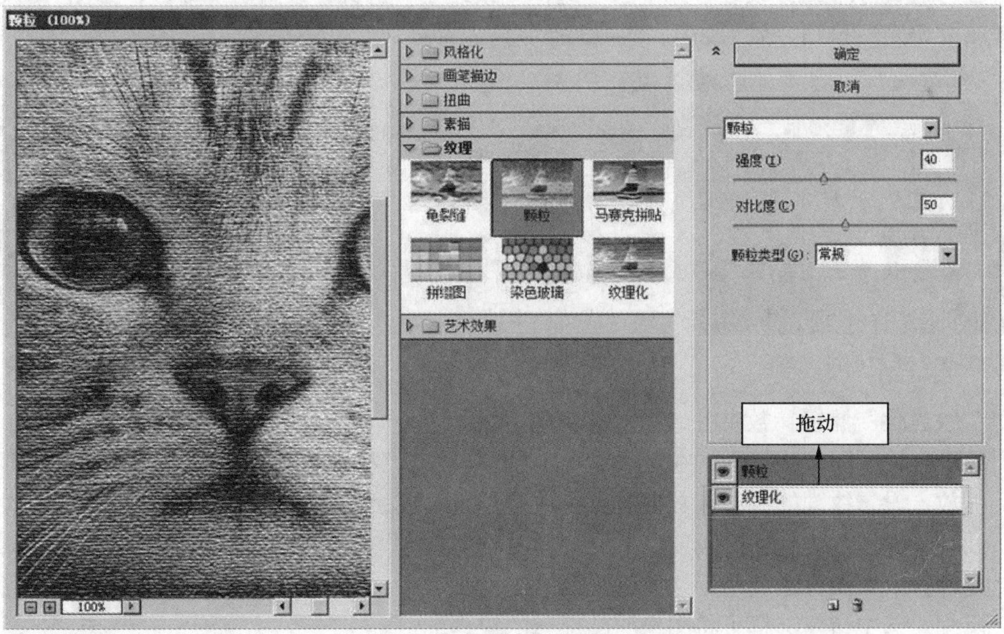

图10-87　调整效果图层的顺序

3.“画笔描边”滤镜

通过“画笔描边”滤镜可使用画笔和油墨来产生特殊的绘画艺术效果。该滤镜组中包括 8 个滤镜，下面介绍常用的“深色线条”滤镜。

通过“深色线条”滤镜可使用长的、白色线条绘制图像中的亮区域；使用短的、密线条绘制图像中与黑色相近的深色暗区域，从而使图像产生黑色阴影风格的效果。打开素材图片，如图 10–88 所示。在“滤镜库”对话框的“画笔描边”滤镜组中选择“深色线条”滤镜，并设置其参数，如图 10–89 所示。单击“确定”按钮，效果如图 10–90 所示。

图10–88 素材图像“篮球”

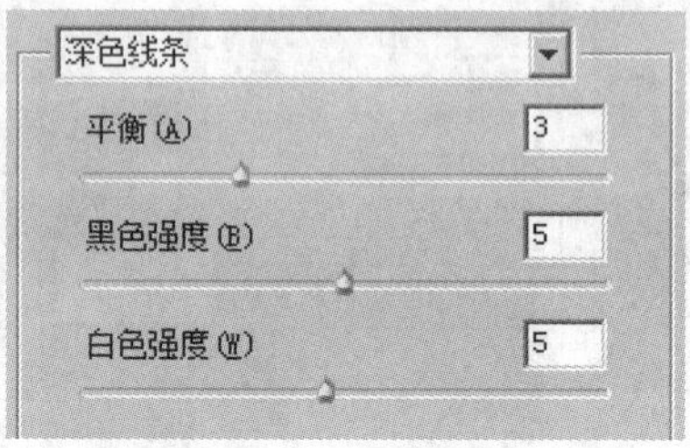

图10–89 参数设置

图10–90 “深色线条”效果

4. “纹理”滤镜

“纹理”滤镜可用来为图像增加具有深度感、材质感或组织结构的外观。该滤镜组中包含 6 种不同风格的纹理滤镜，下面介绍常用的“纹理化”滤镜。

通过“纹理化”滤镜可在图像上应用所选或创建的纹理。打开素材图像“房间.jpg”，如图 10–91 所示。在“滤镜库”的“纹理”滤镜组中选择“纹理化”滤镜，设置右侧参数，如图 10–92 所示。单击“确定”按钮，效果如图 10–93 所示。

图10–91 素材图像“房间”

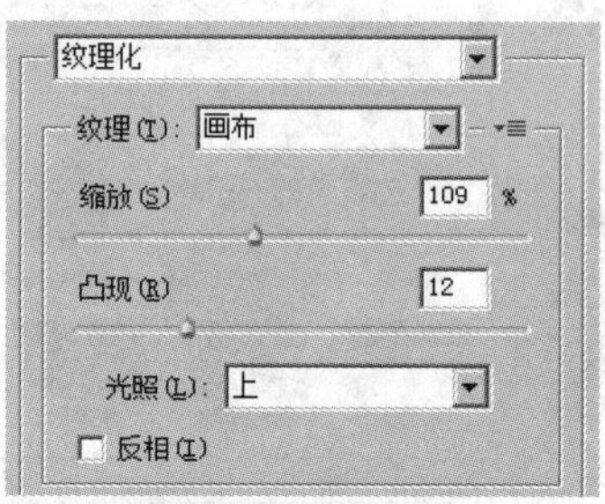

图10–92 参数设置

图10–93 “纹理化”效果

对“纹理化”滤镜参数中各选项的解释如下。

- 纹理：设置图像粗糙面的纹理类型，包括“砖形”“粗麻布”“画布”和“砂岩”4 种。
- 缩放：设置纹理的大小。数值越大，纹理越大；反之，则纹理越小。
- 凸现：设置纹理的凹凸程度。
- 光照：设置图像造成阴影效果的光照方向。
- 反相：选中该复选框可将图像凹凸部分的纹理颠倒。

5. “其他”滤镜

“其他”滤镜可用来修饰蒙版、进行快速的色彩调整和在图像内移动选区，此滤镜组中包括 5 种不同风格的滤镜。下面介绍常用的“最小值”滤镜。

“最小值”滤镜可以用来向外扩展图像的黑色区域并向内收缩白色区域，从而产生模糊、暗化的效果。打开素材图像，如图 10–94 所示。执行“滤镜→其他→最小值”命令，弹出“最小值”对话框，如图 10–95 所示。在该对话框中，“半径”用来设置像素之间颜色过渡的半径区域。单击“确定”按钮，效果如图 10–96 所示。

图10–94　素材图像“荷花”

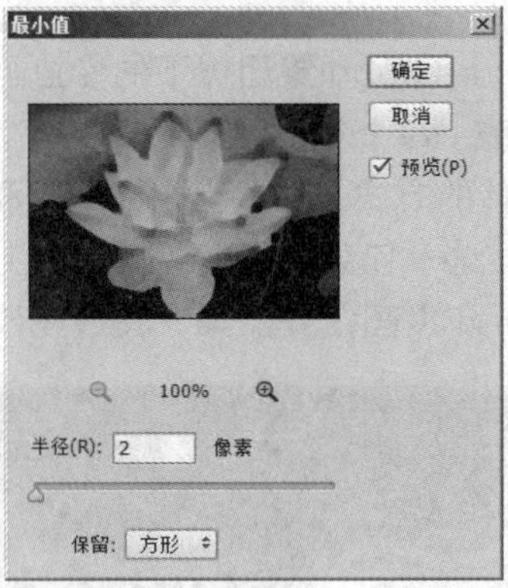

图10–95　“最小值”对话框

图10–96　效果图

6. “艺术效果”滤镜

“艺术效果”滤镜可以用来对图像进行多种艺术处理，表现出绘画或天然的感觉。该滤镜组中包含 15 种不同的滤镜效果，下面介绍常用的“粗糙蜡笔”滤镜。

“粗糙蜡笔”滤镜可以用来制作出使用蜡笔在有质感的画纸上绘制的效果。打开素材图像“花瓶.jpg”，如图 10–97 所示。在“滤镜库”的“艺术效果”滤镜组中选择“粗糙蜡笔”滤镜，设置右侧参数，如图 10–98 所示。单击“确定”按钮，效果如图 10–99 所示。

对“粗糙蜡笔”滤镜参数中常用选项的解释如下。

- 描边长度：设置蜡笔描边的长度，值越大，笔触越长。
- 描边细节：设置笔触的细腻程度，数值越大，图像效果越粗糙。

图10–97　素材图像“花瓶”

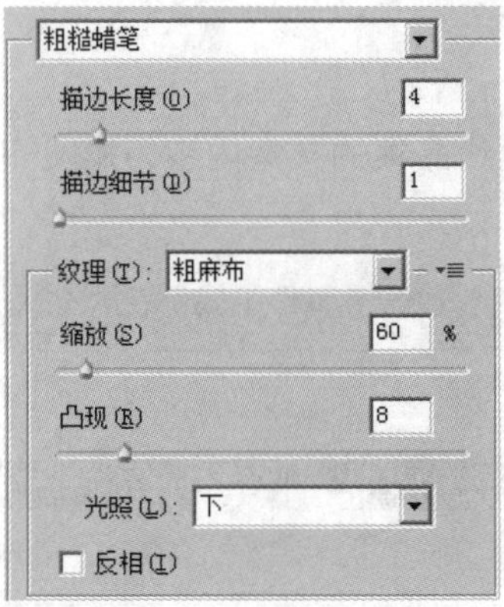

图10–98　参数设置

图10–99　“粗糙蜡笔”效果

10.3 任务 27：艺术画册包装设计

画册设计即用流畅的线条、精美的图片、优美的文字等素材，构成一本能够传达品牌精神、内涵情感，并具有收藏价值的作品。本任务将制作一款艺术画册的包装设计，通过本任务的学习，读者可以掌握“液化”滤镜和“扭曲”滤镜的操作方法，并熟悉智能滤镜的功能和基本使用方法。

10.3.1 任务描述

维纳斯油画馆是法国 Great-son-Gmbn 集团旗下的专业画馆，近十年的历史发展完成了为签约画家创造更好的艺术生涯的初衷。每个年度，维纳斯油画馆都会将上一年度的画馆销售作品集结成册，以此作为画馆和画家宣传的方式之一，也用以承载和记录画馆的发展历史。每一年度的作品集都有一个精美的纸盒包装，这一包装的图案或主题由上一年度销售价格最高的作品作为基础素材内容。本任务将制作 2015 年度画馆作品集，其最终效果如图 10-100 所示。

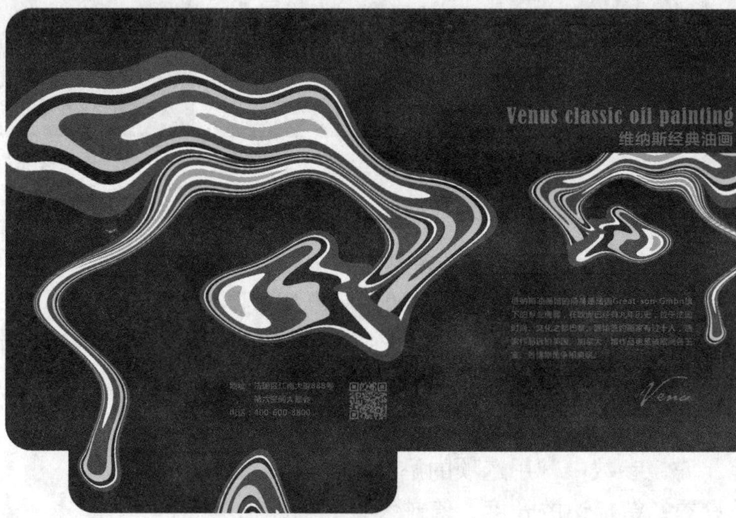

图10-100 油画包装盒设计效果展示

10.3.2 任务分析

维纳斯油画馆提供了本次画馆作品集的文案内容，如图 10-101 所示。其中，封底内容需要增加二维码信息，如图 10-102 所示。

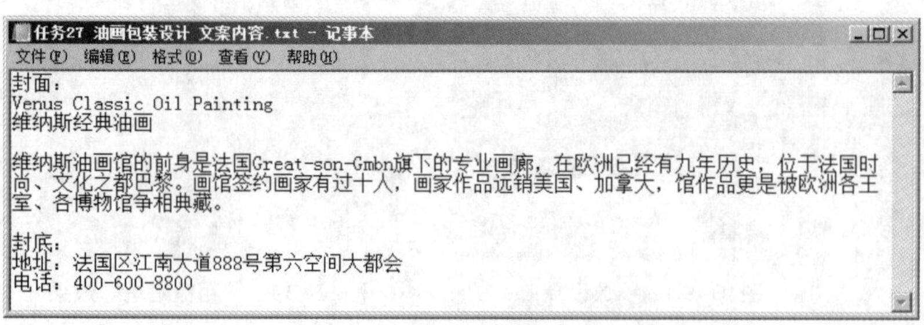
任务27 油画包装设计 文案内容.txt - 记事本

文件(F) 编辑(E) 格式(O) 查看(V) 帮助(H)

封面：
Venus Classic Oil Painting
维纳斯经典油画

维纳斯油画馆的前身是法国Great-son-Gmbn旗下的专业画廊，在欧洲已经有九年历史，位于法国时尚、文化之都巴黎。画馆签约画家有过十人，画家作品远销美国、加拿大，馆作品更是被欧洲各王室、各博物馆争相典藏。

封底：
地址：法国区江南大道888号第六空间大都会
电话：400-600-8800

图10-101 文案内容

图10-102 二维码

在 2015 年度，维纳斯油画馆销售价格最高的油画作品为安德鲁·金先生的系列作品《舞》，如图 10-103 所示。作品《舞》是一组几何抽象画系列作品，分别用圆圈的形式表现舞者的律动和速度，画家以俯视表现独具的视角，用大量的肌理和笔触堆叠出由规则到不规则的形状。作品《舞》中的颜色、造型、意境都可以作为本任务包装的设计素材。

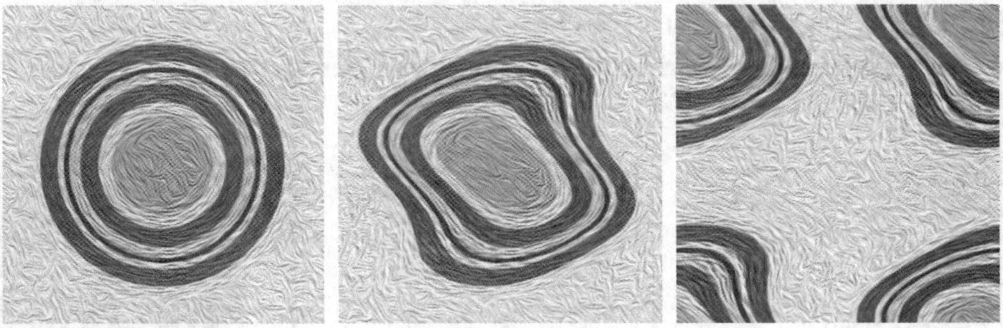

图10-103 作品《舞》

由于该作品的肌理并不适合直接作为图案应用在包装设计上，故而提取了油画的“形”和“色”。在“形”的方面，继续对《舞》的“形”做扭曲和抽象，以此为基本图案。在“色”的方面，提取《舞》中的基本色彩，并辅以深紫色（CMYK：60、100、60、30）作为包装的主色调。

客户提供画册的成品尺寸为 210mm×285mm×10mm，以此尺寸计算出外包装尺寸为 470mm×325mm，出血尺寸为 3mm，包装的总尺寸应为 476mm×331mm。

10.3.3 任务制作

1. 底色制作

STEP 1 打开 Photoshop CC 软件，按【Ctrl+N】组合键，在“新建”对话框中设置“名称”为【任务 27】油画包装盒、“宽度”为 476 毫米、“高度”为 331 毫米、“分辨率”为 300 像素/英寸、“颜色模式”为 CMYK 颜色、“背景内容”为白色，如图 10-104 所示。单击“确定”按钮，完成画布的创建。

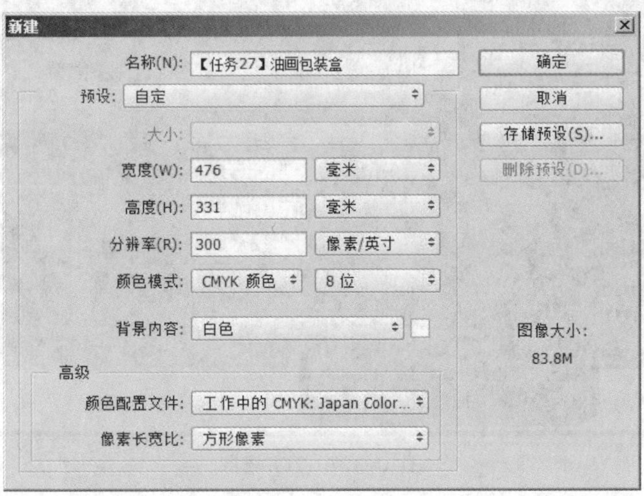

图10-104 “新建”对话框

STEP 2 按【Ctrl+R】组合键调出标尺，新建参考线，四周参考线与画布的间距为 3 毫米，其他具体数值如图 10-105 所示。

STEP 3 选择“圆角矩形工具”，绘制一个圆角矩形，弹出“属性”面板，设置其中一个圆角矩形“左上角半径”和“左下角半径”为 200 像素、“右上角半径”和“右下角半径”为

0 像素，如图 10-106 所示，得到“圆角矩形 1”。

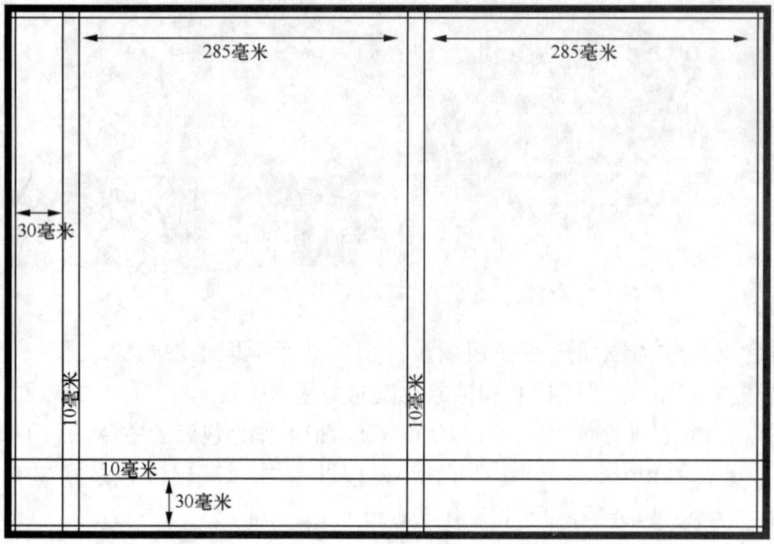

图10-105　参考线具体数值

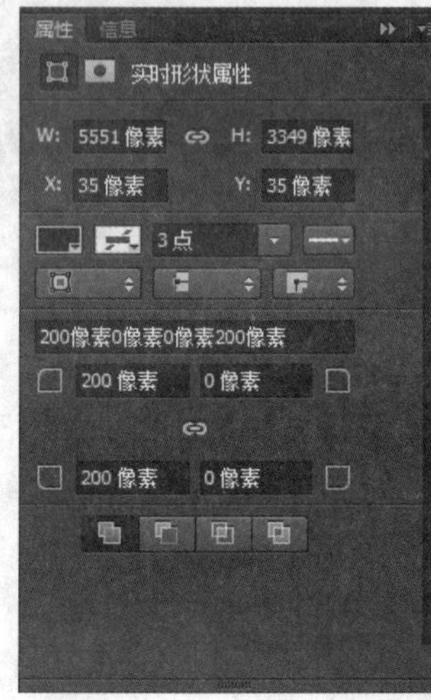

图10-106　“属性”面板

STEP 4 继续绘制圆角矩形，在“属性”面板中，设置“左上角半径”和“右上角半径”为 0 像素、“左下角半径”和“右下角半径”为 200 像素，得到“圆角矩形 2”。

STEP 5 将“圆角矩形 1”和“圆角矩形 2”合并图层，设置“填充颜色”为紫色（CMYK：60、100、60、30），大小和位置如图 10-107 所示，并将图层重命名为“外皮”。

图10-107　合并图层

STEP 6 选择“椭圆工具”，在画布中绘制一个正圆，设置“填充颜色”为白色、“描边颜色”为粉色（CMYK：30、100、40、0）、“描边宽度”为 45 点，“描边选项”中“对齐”为外部，大小和位置如图 10-108 所示，得到“椭圆 1”。

STEP 7 在圆中继续绘制一个正圆，设置“填充颜色”为浅黄色（CMYK：10、10、50、0）、“描边颜色”为紫色（CMYK：60、100、60、30）、“描边宽度”为 28 点，“描边选项”中“对齐”为外部，效果如图 10-109 所示，得到“椭圆 2”。

图10-108　绘制“椭圆1”

STEP 8 在圆中继续绘制一个正圆，设置“填充颜色”为白色、“描边颜色”为粉色（CMYK：30、100、40、0）、“描边宽度”为 55 点，“描边选项”中“对齐”为外部，效果如图 10-110 所示，得到“椭圆 3”。

STEP 9 在圆中继续绘制一个正圆，设置“填充颜色”为黄色（CMYK：10、40、90、0），效果如图 10-111 所示，得到“椭圆 4”。

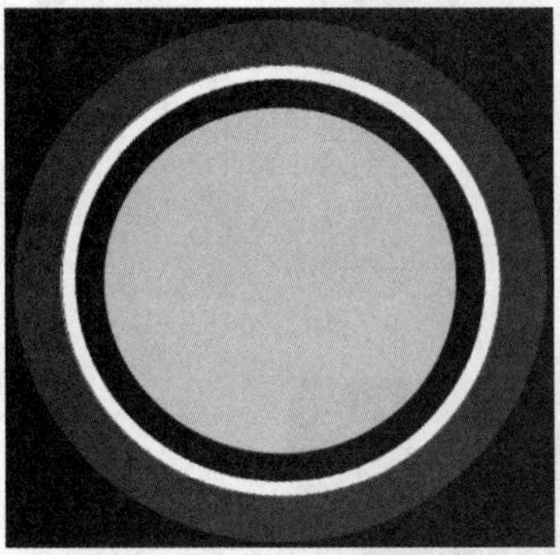

图10-109　绘制“椭圆2”

图10-110　绘制“椭圆3”

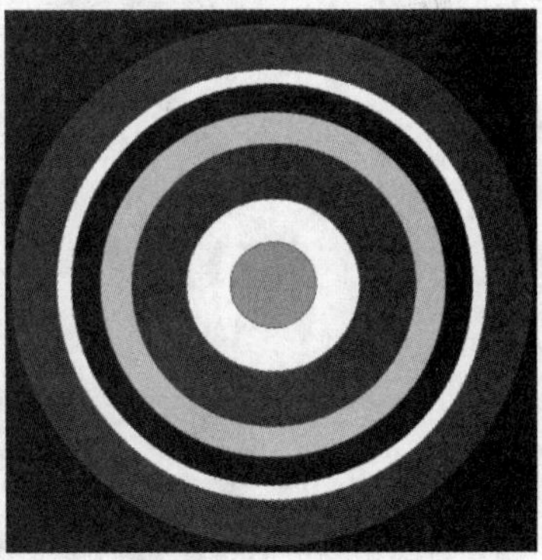

图10-111　绘制“椭圆4”

STEP 10 在“图层”面板中，选择“椭圆 1”至“椭圆 4”图层，右击选择“转化为智能对象”命令。

STEP 11 按【Ctrl+J】组合键，复制图层，按【Ctrl+T】组合键，调出定界框，调整大小和位置，并按【Ctrl+E】组合键，合并所有圆圈图层，效果如图 10-112 所示。

2. 图案制作

STEP 1 对合并的圆圈图层执行“滤镜→扭曲→波浪”命令，弹出“波浪”对话框，设置参数具体如图 10-113 所示，效果如图 10-114 所示。

图10-112　复制并合并图层

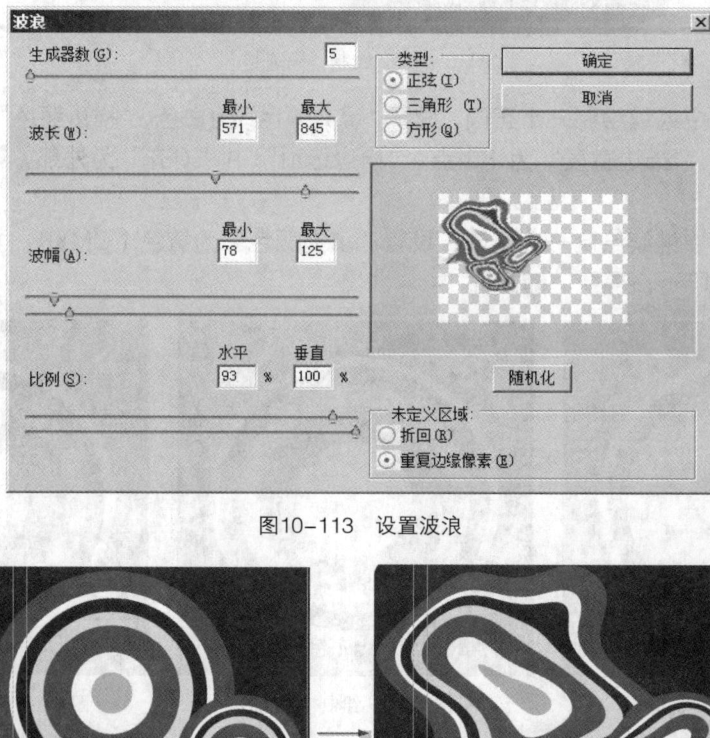

图10-113　设置波浪

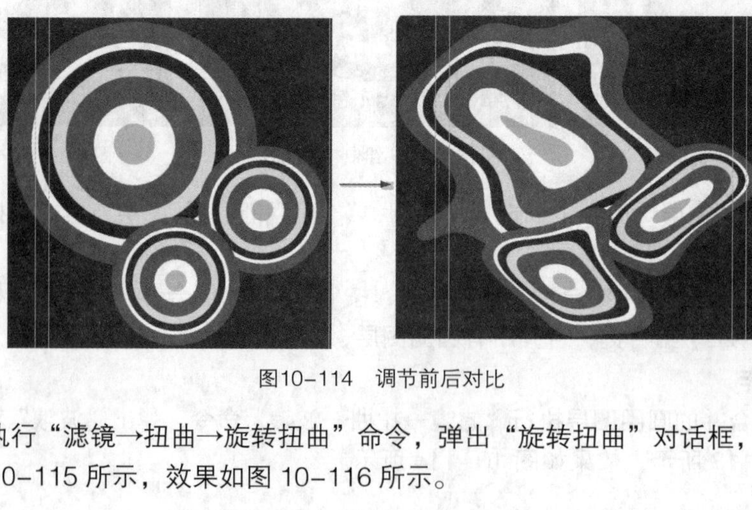

图10-114　调节前后对比

STEP 2 执行“滤镜→扭曲→旋转扭曲”命令，弹出“旋转扭曲”对话框，设置“角度”为 368 度，如图 10-115 所示，效果如图 10-116 所示。

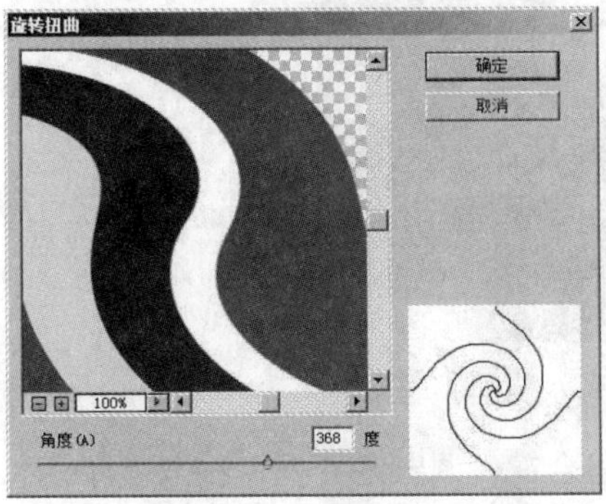

图10-115 设置旋转扭曲

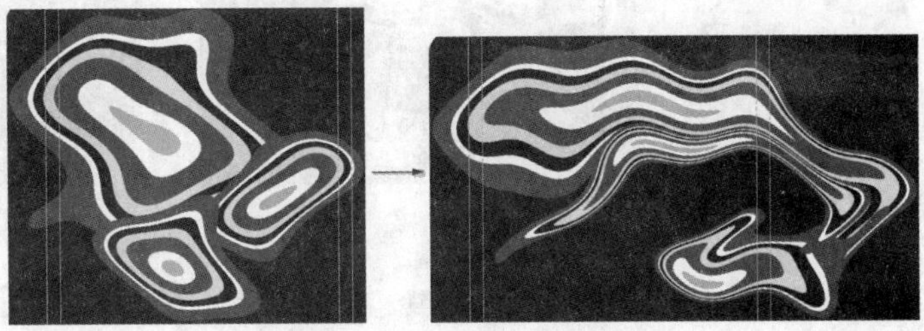

图10-116 调节前后对比

STEP 3 执行“滤镜→扭曲→液化”命令，弹出“液化”对话框，运用“向前变形工具”，如图 10-117 所示。在左侧预览区中进行反复涂抹，完成效果如图 10-118 所示，并将图层重命名为“扭曲 1”。

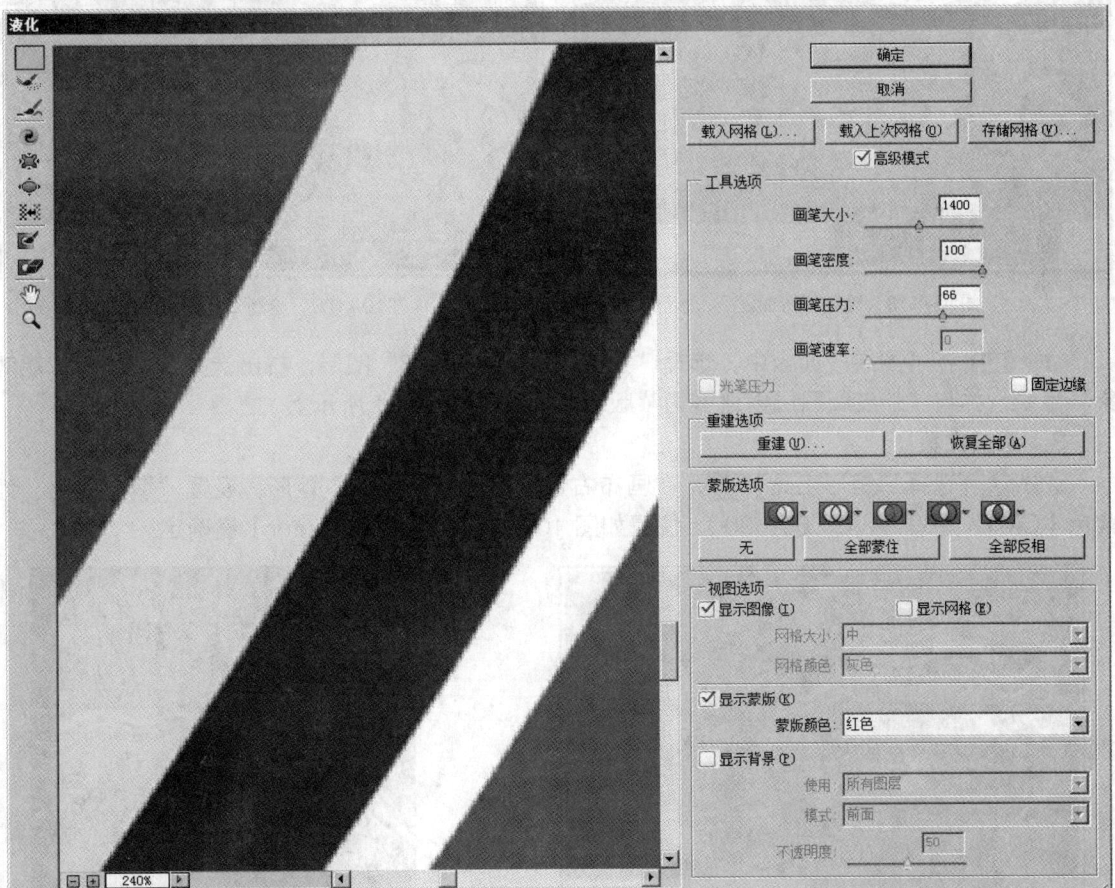

图10-117 设置液化

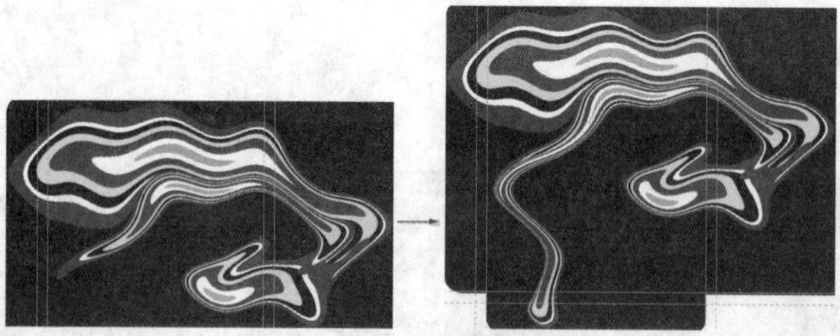

图10-118 调节前后对比

STEP 4 按【Ctrl+J】组合键，复制图层，按【Ctrl+T】组合键，调出定界框，右击选择“水平翻转”命令，并调节大小，得到的效果如图 10-119 所示，将图层重命名为“扭曲 2”。

STEP 5 按【Ctrl+J】组合键，复制图层，执行“滤镜→扭曲→液化”命令，完成效果如图 10-120 所示，将图层重命名为“扭曲 3”。

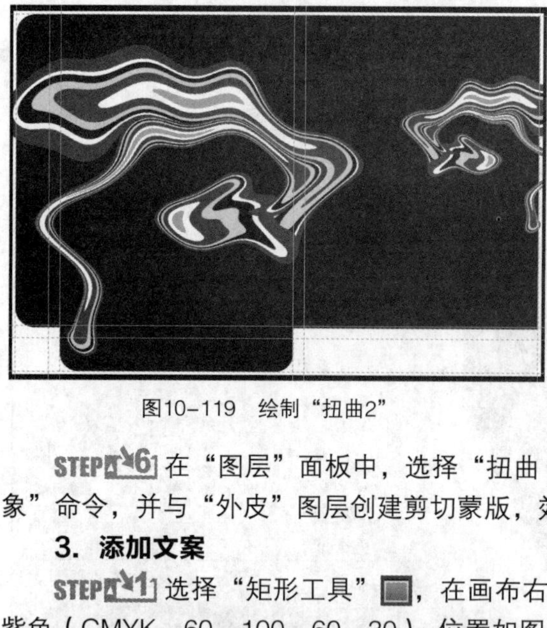

图10-119 绘制“扭曲2”

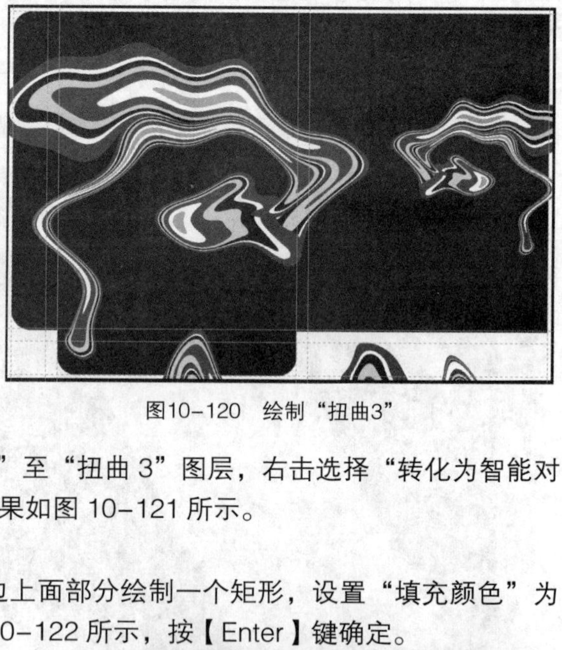

图10-120 绘制“扭曲3”

STEP 6 在“图层”面板中，选择“扭曲 1”至“扭曲 3”图层，右击选择“转化为智能对象”命令，并与“外皮”图层创建剪切蒙版，效果如图 10-121 所示。

3. 添加文案

STEP 1 选择“矩形工具”▣，在画布右边上面部分绘制一个矩形，设置“填充颜色”为紫色（CMYK：60、100、60、30），位置如图 10-122 所示，按【Enter】键确定。

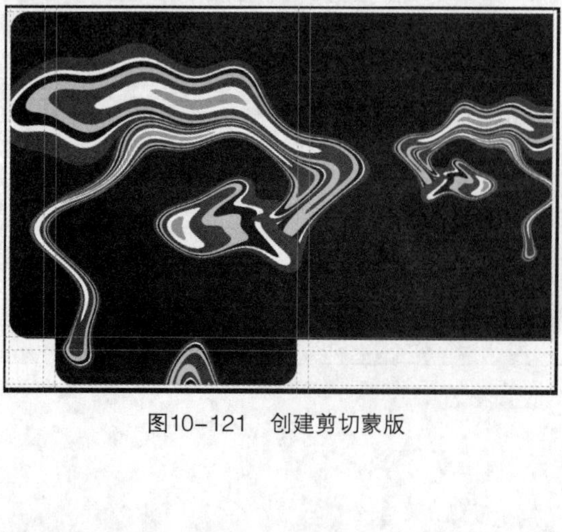

图10-121 创建剪切蒙版

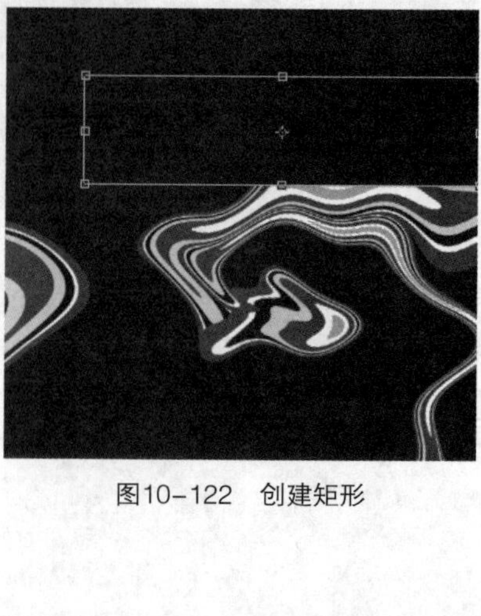

图10-122 创建矩形

STEP 2 选择“横排文字工具”，设置“字体”为 Bernard MT Condensed Regular、“文本颜色”为浅粉色（CMYK：30、80、25、0），字体大小、内容和位置如图 10-123 所示。

STEP 3 继续输入文字信息，并在选项栏中设置“字体”为方正兰亭中黑、“文本颜色”为浅粉色（CMYK：30、80、25、0），字体大小、内容和位置如图 10-124 所示，完成标题文字的绘制。

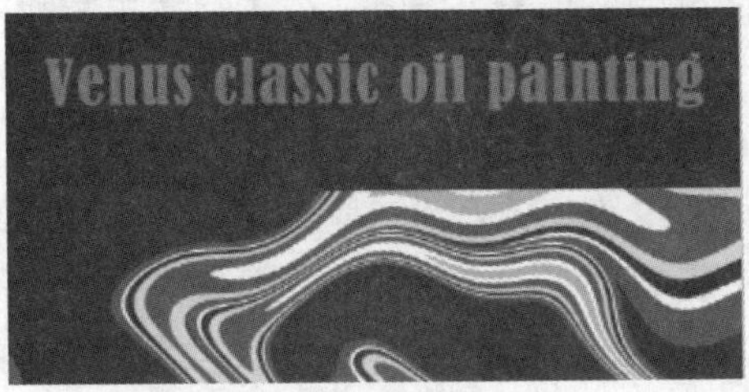

图10-123 添加文字

图10-124 设制标题文字

STEP 4 在标题文字下方继续输入文案，在选项栏中设置“字体”为微软雅黑、“文本颜色”为浅粉色（CMYK：30、80、25、0），输入素材“文案.txt”中内容，字体大小和位置如图 10-125 所示。

STEP 5 打开素材“签名.png”如图 10-126 所示，并将其移动到如图 10-127 所示的位置。

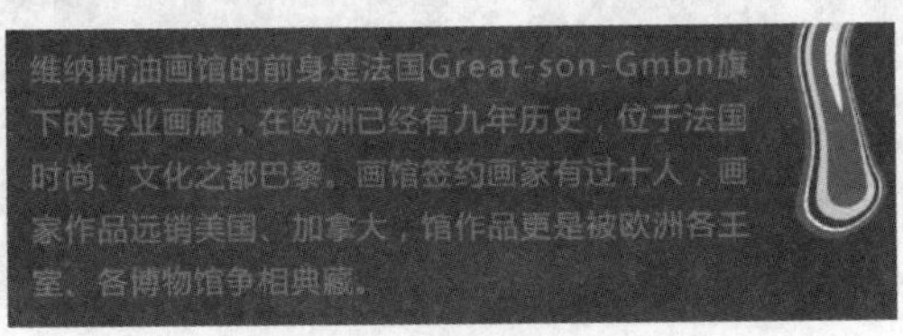

图10-125 添加文案

图10-126 签名

STEP 6 在画布左侧添加地址和电话信息，在选项栏中设置“字体”为微软雅黑、“文本颜色”为浅粉色（CMYK：30、80、25、0），字体大小和内容如图 10-128 所示。

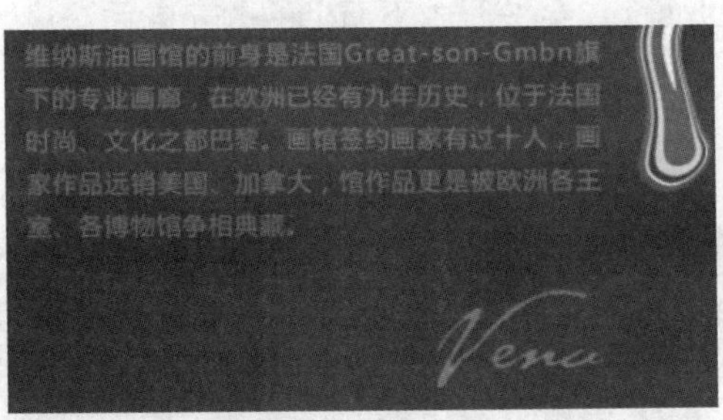

图10-127 移动位置

图10-128 添加地址和电话信息

STEP 7 打开素材“二维码”，如图 10-129 所示，并将其移动到如图 10-130 所示的位置。

图10-129 二维码

图10-130 移动位置

STEP 8 按【Ctrl+S】组合键，将文件保存在指定文件夹中。

10.3.4 知识点讲解

1. 智能滤镜

智能滤镜是一种非破坏性的滤镜，可以达到与普通滤镜完全相同的效果，但不会真正改变图像中的像素，却可以随时进行修改。

- 转换为智能滤镜

选择应用智能滤镜的图层，如图 10-131 所示。执行“滤镜→转换为智能滤镜”命令，把图层转换为智能对象，效果如图 10-132 所示。然后选择相应的滤镜，应用后的滤镜效果会像“图层样式”一样显示在“图层”面板上，如图 10-133 所示。双击图层中的图标，弹出“混合选项”对话框，用于设置滤镜效果选项，如图 10-134 所示。

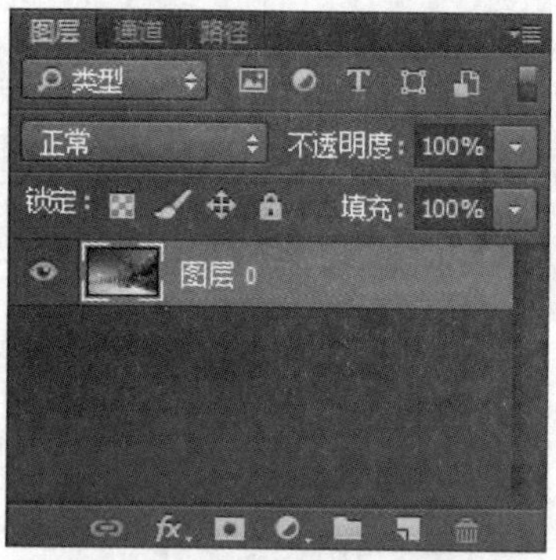

图10-131 选择应用智能滤镜的图层

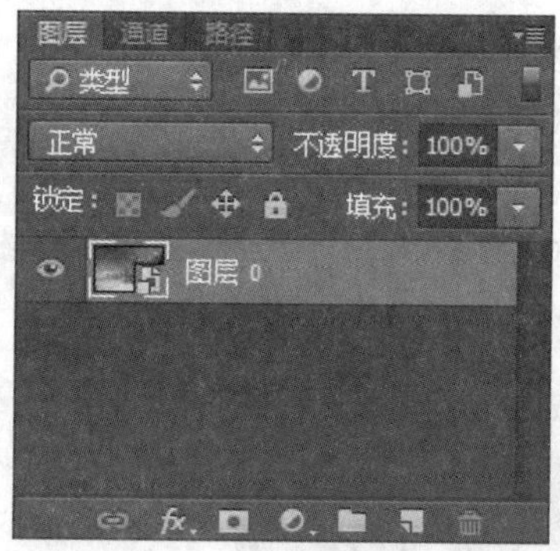

图10-132 转换为智能对象

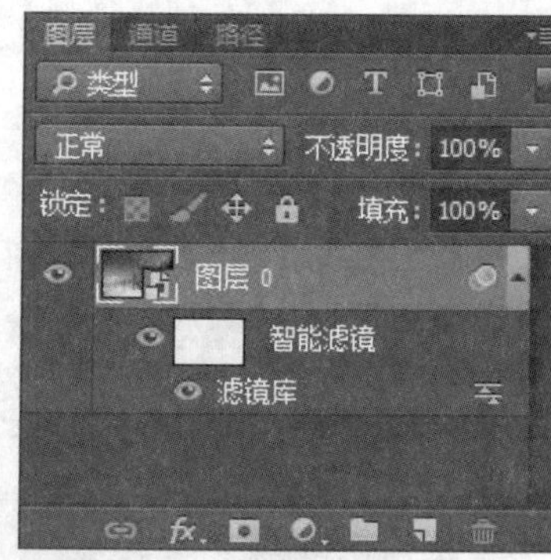

图10-133 “智能滤镜”图层

- 排列智能滤镜

当对一个图层应用了多个智能滤镜后，通过在智能滤镜列表中上下拖动滤镜，可以重新排列它们的顺序，如图 10-135 和图 10-136 所示。Photoshop 会按照由下而上的顺序应用滤镜，图像效果也会发生改变。

图10-134 “混合选项”对话框

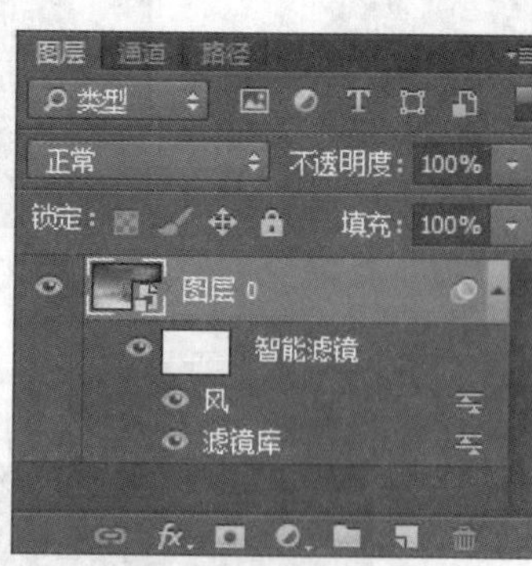

图10-135 应用多个智能滤镜的图层

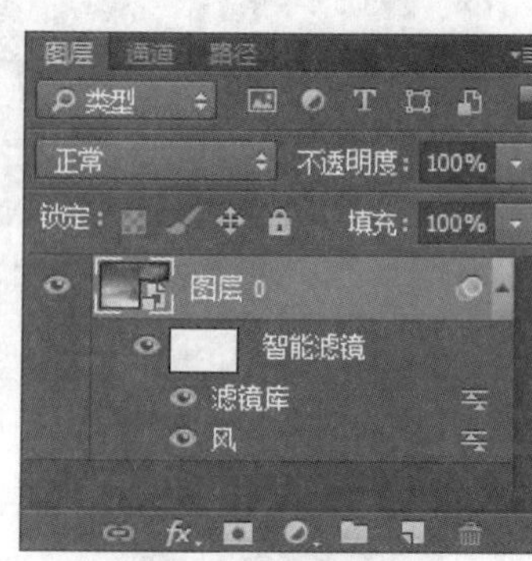

图10-136 调整智能滤镜的顺序

- 遮盖智能滤镜

智能滤镜包含一个智能蒙版，编辑蒙版可以有选择性地遮盖智能滤镜，使滤镜只影响图像的一部分。智能蒙版的操作原理与图层蒙版完全相同，即用黑色来隐藏图像，用白色来显示图像，而灰色则产生一种半透明效果，如图 10–137 所示。应用智能蒙版后的图片效果如图 10–138 所示。

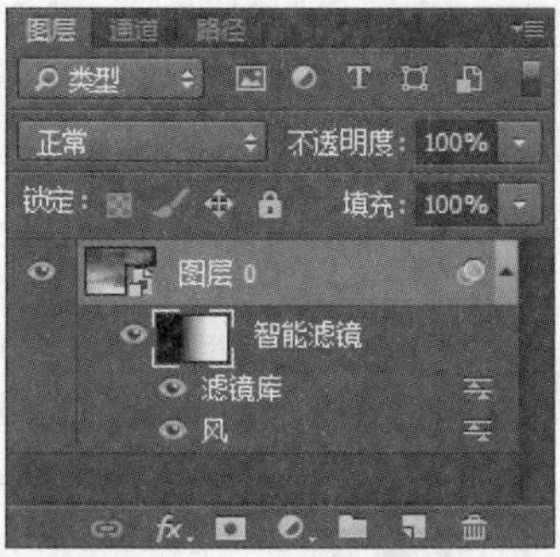

图10–137　智能蒙版

图10–138　应用智能蒙版后的效果

• 显示与隐藏智能滤镜

如果要隐藏单个滤镜，可以单击该智能滤镜旁边的眼睛图标，如图 10–139 所示。如果要隐藏应用于智能对象图层的所有智能滤镜，则单击“智能滤镜”图层旁边的眼睛图标（或者执行“图层→智能滤镜→停用智能滤镜”命令），如图 10–140 所示。如果要重新显示智能滤镜，可在滤镜的眼睛图标处单击。

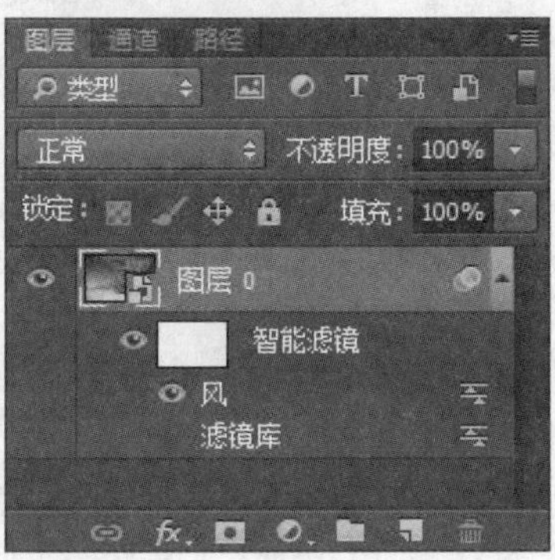

图10–139　隐藏单个滤镜

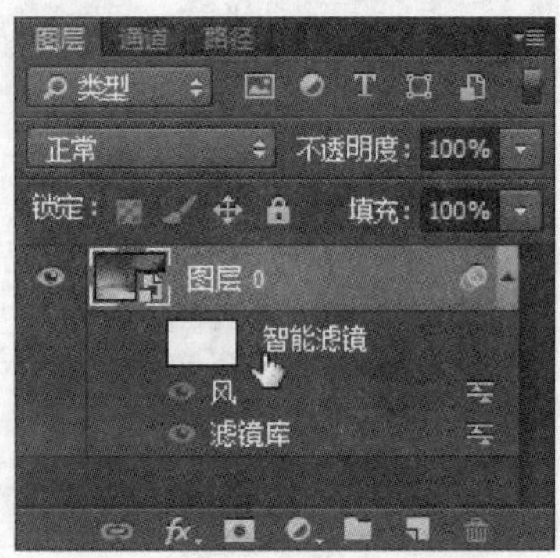

图10–140　隐藏所有滤镜

2. “风格化”滤镜

“风格化”滤镜可用来置换图像像素并查找和增加图像中的对比度，从而产生各种不同的作画风格效果。此滤镜组中包括 9 种不同风格的滤镜。下面介绍常用的两个“风格化”滤镜。

• “等高线”滤镜

“等高线”滤镜主要用于查找亮度区域的过度，使其产生勾画边界的线稿效果。打开素材图像“卡通狐狸.jpg”，如图 10–141 所示。执行“滤镜→风格化→等高线”命令，弹出“等高线”对话框，如图 10–142 所示。

在该对话框中，“色阶”用于设置边缘线的色阶值；“边缘”用于设置图像边缘的位置，包括“较低”和“较高”两个选项。单击“确定”按钮，效果如图 10–143 所示。

•“风”滤镜

使用“风”滤镜可以使图像产生细小的水平线，以达到不同“风”的效果。打开素材图像“树.jpg”，如图 10–144 所示。执行“滤镜→风格化→风”命令，弹出“风”对话框，如图 10–145 所示。

图10-141 素材图像“卡通狐狸”

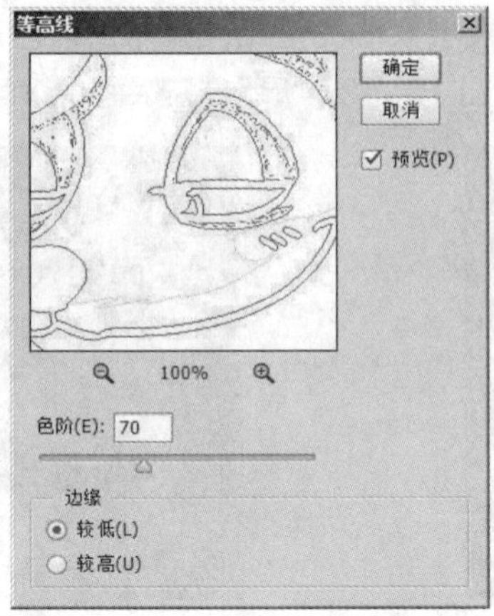

图10-142 “等高线”对话框

图10-143 效果图

在该对话框中，“方法”用于设置风的作用形式，包括“风”“大风”和“飓风”3 种形式；“方向”用于设置风源的方向，包括“从右”和“从左”两个方向。单击“确定”按钮，效果如图 10-146 所示。

图10-144 素材图像“树”

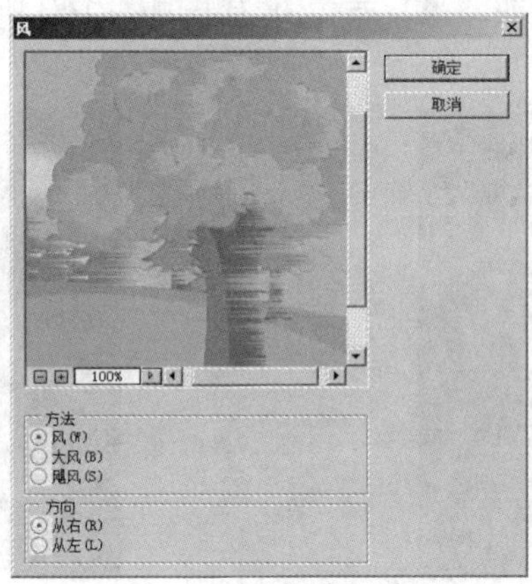

图10-145 “风”对话框

图10-146 效果图

3. “液化”滤镜

“液化”滤镜具有强大的变形及创建特效的功能。执行“滤镜→液化”命令(或按【Shift+Ctrl+X】组合键)，弹出“液化”对话框。在对话框右侧选择“高级模式”复选框，如图 10-147 所示。

对“液化”对话框中各选项的解释如下。

- 工具按钮：包括执行液化的各种工具。其中，“向前变形工具”可通过在图像上拖动，向前推动图像而产生变形；“重建工具”可通过绘制变形区域，部分或全部恢复图像的原始状态；“冻结蒙版工具”可将不需要液化的区域创建为冻结的蒙版；“解冻蒙版工具”可以擦除冻结的蒙版区域。
- 工具选项：用于设置当前选择工具的各种属性。
- 重建选项：通过下拉列表可以选择重建液化的方式。其中，可以通过“重建”按钮将未冻结的区域逐步恢复为初始状态；通过“恢复全部”按钮可以一次性恢复全部未冻结的区域。
- 蒙版选项：设置蒙版的创建方式。其中，单击“全部蒙住”按钮可冻结整个图像；单击“全部反相”按钮可反相所有的冻结区域。

图10-147　“液化”对话框

• 视图选项：定义当前图像、蒙版以及背景图像的显示方式。

使用“液化”可以方便地对图像进行变形和扭曲，选择对话框中的“显示网格”复选框可以更清晰地显示扭曲效果，如图 10-148 所示。

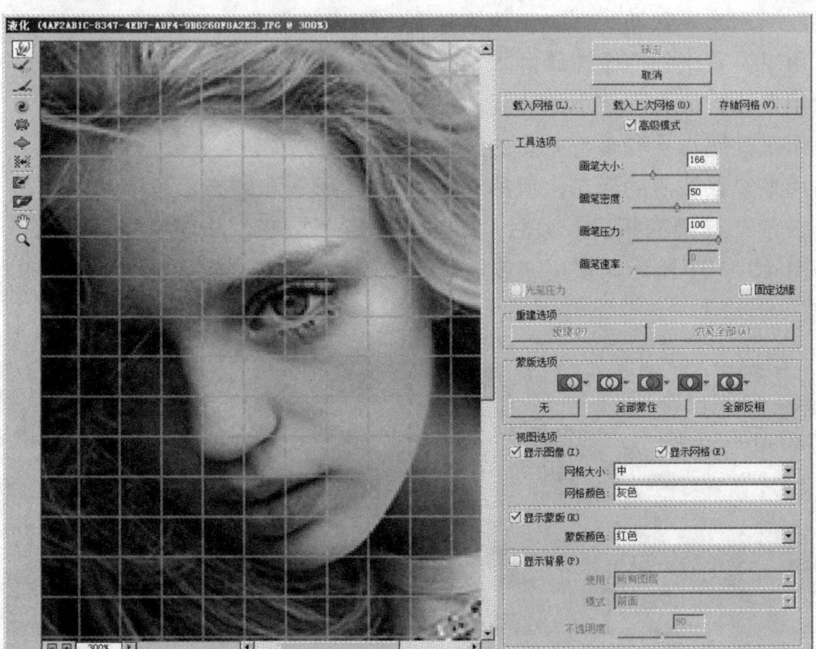

图10-148　选择“显示网格”复选框

4. “扭曲”滤镜

“扭曲”滤镜组中包含 9 种滤镜，它们可以用来对图像进行几何变形、创建 3D 或其他扭曲效果。下面介绍常用的 4 个“扭曲”滤镜。

（1）“波浪”滤镜

“波浪”滤镜可以用来在图像上创建波状起伏的图案，生成波浪效果。执行“滤镜→扭曲→波浪”命令，弹出“波浪”对话框，如图 10-149 所示。

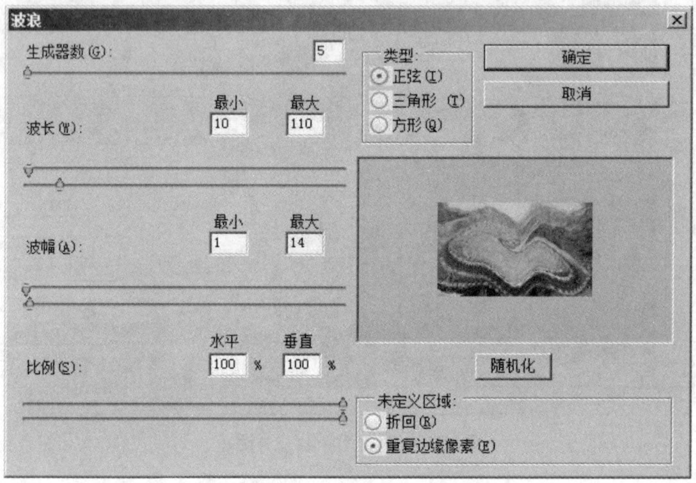

图10-149 “波浪”对话框

对“波浪”对话框中常用选项的解释如下。

- 生成器数：用来设置波的多少，数值越大，图像越复杂。
- 波长：用来设置相邻两个波峰的水平距离。
- 波幅：用来设置最大和最小的波幅。
- 比例：用来控制水平和垂直方向的波动幅度。
- 类型：用来设置波浪的形态，包括“正弦”“角形”和“方形”。

设置好“波浪”滤镜的相应参数后，单击“确定”按钮，画面中即可出现“波浪”效果。图 10-150 与图 10-151 所示为使用“波浪”滤镜前后的对比效果。

图10-150 素材图像“公路”

图10-151 “波浪”效果

（2）“波纹”滤镜

“波纹”滤镜与“波浪”滤镜的使用方式相同，但提供的选项较少，只能控制波纹的数量和大小，如图 10-152 和图 10-153 所示。

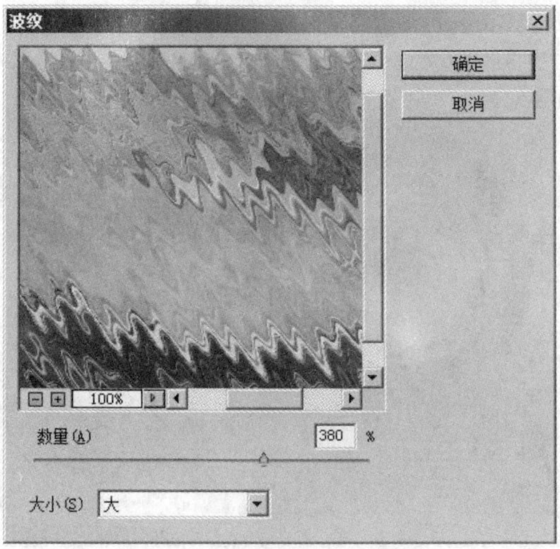

图10-152　“波纹”对话框

图10-153　“波纹”效果

（3）“极坐标”滤镜

“极坐标”滤镜以坐标轴为基准，可以将图像从平面坐标转换为极坐标，或从极坐标转换为平面坐标。执行“滤镜→扭曲→极坐标”命令，弹出“极坐标”对话框，如图 10-154 所示。

选择“平面坐标到极坐标”选项，可以将图像从平面坐标转换为极坐标。转换前后的效果分别如图 10-155 和图 10-156 所示。

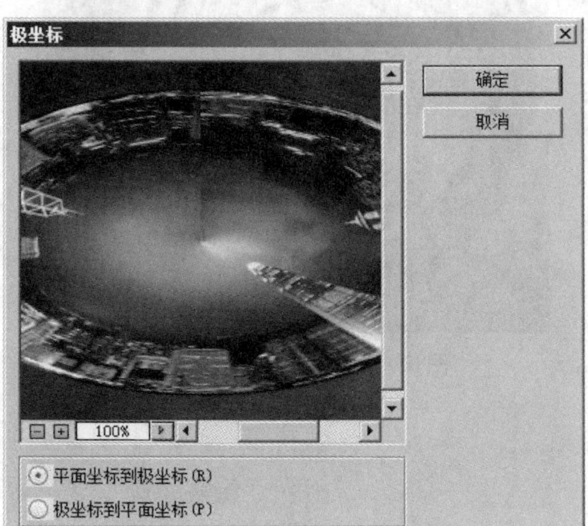

图10-154　“极坐标”对话框

图10-155　素材图像“夜晚城市”

（4）“旋转扭曲”滤镜

“旋转扭曲”滤镜可以使图像产生旋转的风轮效果，旋转围绕图像中心进行，且中心旋转的程度比边缘大。执行“滤镜→扭曲→旋转扭曲”命令，弹出“旋转扭曲”对话框，如图 10-157 所示。

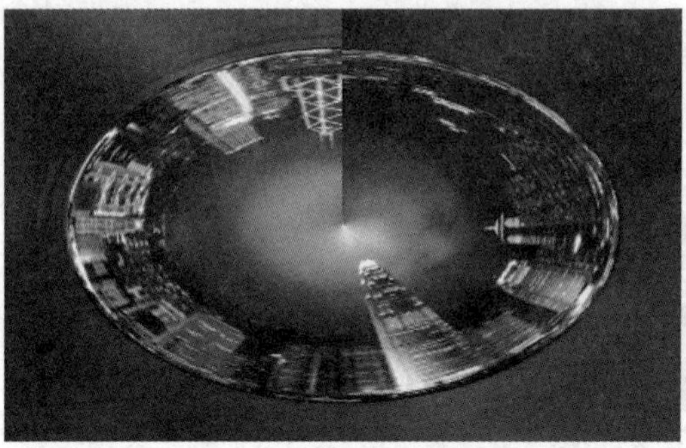

图10-156 “极坐标”效果

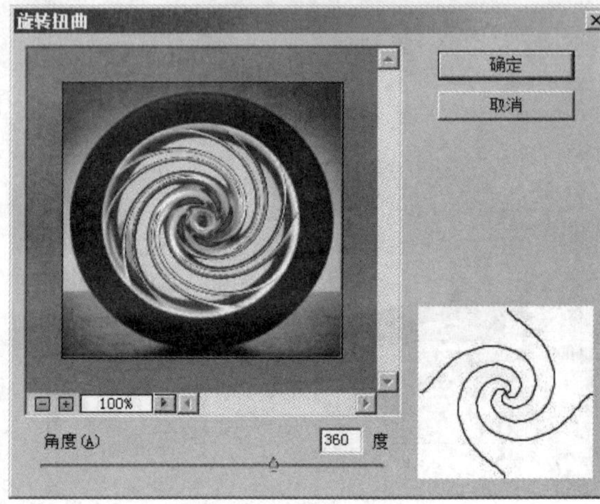

图10-157 “旋转扭曲”对话框

拖动“角度”滑块，可控制“旋转扭曲”的程度。图 10-158 和图 10-159 所示为使用“旋转扭曲”滤镜前后的对比效果。

图10-158 素材图像“轮胎”

图10-159 “旋转扭曲”效果

10.4 课后练习

学习完包装设计的内容，下面来完成课后练习吧！

请结合给出的素材，使用所学工具制作如图 10-160 所示的包装效果。

图10-160 摄像头包装盒设计